未讀
A
三
DR
探索家

Nobel Prize
Master
诺奖大师通识经典

THE
GOD PARTICLE

LEON M. LEDERMAN
DICK TERESI

UNREAD

诺奖大师
写给所有人的
粒子物理趣史

粒子上帝

[美]
利昂·莱德曼
迪克·泰雷西
著

米绪军 古宏伟 赵建辉 陈宏伟 译
尹传红 校

四川科学技术出版社

图书在版编目（CIP）数据

上帝粒子：诺奖大师写给所有人的粒子物理趣史 /
（美）利昂·莱德曼，（美）迪克·泰雷西著；米绪军等
译 . -- 成都：四川科学技术出版社，2022.6
书名原文：The God Particle: If the Universe Is
the Answer, What Is the Question?
ISBN 978-7-5727-0506-9

Ⅰ . ①上… Ⅱ . ①利… ②迪… ③米… Ⅲ . ①粒子物
理学—普及读物 Ⅳ . ① O572.2-49

中国版本图书馆 CIP 数据核字 (2022) 第 057934 号

著作权合同登记图进字 21-2022-80 号
THE GOD PARTICLE: If the Universe Is the Answer, What Is the Question?
By Leon M. Lederman and Dick Teresi.
Copyright © 1993 by Leon M. Lederman and Dick Teresi
All rights reserved including the rights of reproduction in whole or in
part in any form.
Simplified Chinese edition copyright © 2022 by United Sky (Beijing)
New Media Co., Ltd.
All rights reserved.

上帝粒子：诺奖大师写给所有人的粒子物理趣史
SHANGDI LIZI: NUOJIANG DASHI XIEGEI SUOYOU REN DE LIZI WULI QUSHI

著　　者	［美］利昂·莱德曼　　［美］迪克·泰雷西
译　　者	米绪军　古宏伟　赵建辉　陈宏伟
出 品 人	程佳月
责任编辑	肖　伊
选题策划	联合天际·边建强
校　　者	尹传红
责任出版	欧晓春
封面设计	@吾然设计工作室
出版发行	四川科学技术出版社
	成都市锦江区三色路 238 号　　邮政编码 610023
	官方微博：http://weibo.com/sckjcbs
	官方微信公众号：sckjcbs
	传真：028-86361756
成品尺寸	170mm×240mm
印　　张	30
字　　数	462 千
印　　刷	北京联兴盛业印刷股份有限公司
版次 / 印次	2022 年 6 月第 1 版　2022 年 6 月第 1 次印刷
定　　价	98.00 元

ISBN　978-7-5727-0506-9
版权所有　翻印必究
本社发行部邮购组地址：成都市锦江区三色路 238 号新华之星 A 座 25 层
电话：028-86361758　邮政编码：610023

关注未读好书

未读 CLUB
会员服务平台

谨以此书献给埃文和杰娜

单位换算表

本书将涉及以下单位换算：

1英寸＝0.025 4米

1平方英尺＝0.092 9平方米

1英尺＝0.304 8米

1英亩＝4 046.856 4平方米

1码＝0.914 4米

1加仑（英）＝0.004 5立方米

1英里＝1 609.344米

1磅＝0.453 6千克

1平方英寸＝6.451 6平方厘米

目录

我喜欢相对论和量子论

因为我对此一窍不通

它们让我觉得宇宙飘浮不定

就像四处游弋的天鹅

从不停止,无法观测

原子这个任性的家伙

似乎想怎么变就怎么变。

——D.H.劳伦斯(D. H. Lawrence)

序

在前往沃克西哈奇的路上，一种奇特的想法向我袭来……

这本1993年写的书原本就基于一个错误的假定，现在再版，重写一篇序言就显得更为别扭了。虽然那个假定不关键，但仍是假定无疑。再说"上帝粒子"这一书名，本身有问题不说，它也基于那个错误的认识。

1993年，我认为科学世界面临着一系列激动人心的新发现，这些发现将带我们更加接近宇宙运行的规则，也让我们更加了解宇宙运行基石的特性。我们在期待一种全新的仪器，即当时正在得州沃克西哈奇建设的超导超级对撞机（SSC），带给我们豁然开朗的顿悟。那将是迄今为解答我们最深刻的问题而设计建造的最强大的粒子加速器，或者称为"原子粉碎机"。但意想不到的事情发生了。

在讲述这件事之前，让我再说一下写本书的动力，一种当时有效现在仍然有效的动力。《上帝粒子》是起始于公元前600年前后希腊殖民地米利都哲学家泰勒斯的粒子物理学史。泰勒斯自问，世间万物是否能够极本穷源到某种简单的基本物质和包罗万象的简洁原理呢？今天，我们依然坚持泰勒斯及其追随者的思路：相信终极简洁。尽管2 600年来的研究表明我们的宇宙表面上是非常复杂的，但我们仍坚持这一信仰。我们的历史在创造"原子"（"小得看不见且不可分"）这一术语的德谟克利特那里短暂停留后，继续穿越一个又一个世纪，进入对现代成就的探究中。进行探究的主角包括爱因斯坦、费米、费曼、盖尔曼（Murray Gell-Mann）、格拉肖（Sheldon Glashow）、李政道、温伯格（Steven Weinberg）、杨振宁以及其他许多粒子物理学家。尽管这里我只列了一些理论家的名字，但真正肩挑重担的还是我的那些实验家同行。

我认为，1993年我们有理由对有机会建立"终极理论"——我的同行温伯格这样称它——持乐观态度。19世纪末还只有一种可以称作"原子"的基本粒子——电子——被发现并得到实验证实，但在随后的一个世纪里我们捕捉了其他的粒子：另外5种轻子（电子的"兄弟"），6种夸克，光子、W子、Z子等基本玻色子以及所有传递力的粒子——胶子。然而，还有一种重要粒子"逍遥法外"，那就是希格斯玻色子，一种将最终解释许多物质谜团的粒子。SSC的主要任务就是找到希格斯玻色子。

面对未来，我们充满希望。SSC的建设已完成了20%。这项工程的申请始于里根时期，建设始于1990年。当时我们都以为万事大吉了，直到1993年国会终止了这项计划。爱因斯坦说物理学家的工作是"读懂上帝的思想"，但你怎样才能读懂美国议员的思想呢？阿尔伯特，你当时干活多么容易！停止SSC将省下来110亿美元，用这笔钱可以支持一大堆其他物理实验，可以消减贫困、治愈粉刺，并将带给我们和平。（顺便问一声，结果怎么样了？）可我离题了。

也有好消息。《上帝粒子》只是超前了。一种崭新的机器即将诞生，那就是大型强子对撞机（LHC）。它的第一束粒子将在2007年到2008年射出，据宣传它将找到希格斯粒子、发现超对称（资料是这么说的！），并将探索1993年那个黑色日期以来提出的不说是疯狂也称得上惊世骇俗的一些概念。这样看来我还是比原来自认的聪明一些，毕竟只是在错误的时间出了书而已。这台新机器的周围将不再是友善的沃克西哈奇居民，它位于瑞士日内瓦，那里没有这么多美味的牛排店，但多了芝士火锅，而且名字也容易拼写了。LHC要探索的目标之一就是"多维度空间"，一个让通常冷漠的理论物理学家兴奋得不能自已的概念。在我们上下、左右、前后的三维空间（x-y-z）基础上加入隐藏的更多维度将揭示我们置身和游乐其中的一种新宇宙。这不仅非常有助于支撑激动人心的万物理论（TOE），而且还将如实验家亨利·弗里希（Henry Frisch）所言，"帮我们找到所有那些丢失的袜子"。

至于本书的题目"上帝粒子",我的合作者迪克·泰雷西同意担当其咎（算我"贿赂"他吧）。有一次在演讲过程中我开玩笑提了这个词，结果他给记住了，而且还用它做了暂定书名。"别担心，"他说，"没有哪家出版社在最终定稿时会采用暂定名的。"余下的就是历史了。结果书名得罪了两种人：那些信奉上帝的人，以及那些不信上帝的人。处于中间的人倒是乐于接受。

但我们坚持用这个名字。物理学界一些人也已经开始使用这个词了，《洛杉矶时报》和《基督教科学箴言报》都将希格斯玻色子称作"上帝粒子"。这些让我们想入非非，觉得快要出影视版了。这次我们终于就要发现希格斯粒子了，迄今在我们眼皮底下深藏不露的更加简洁、更为美丽的宇宙也将露出端倪了。有关这些描述尽见于书中。

我跟您撒谎了吗？

利昂·莱德曼

2006年

"人物"表

"原子"（Atomos or a-tom）：德谟克利特构想的理论粒子，既不可见也不可分割，是物质的最小单位。请不要与所谓的化学原子（atom）混淆，化学中的原子只是各元素的最小单位，如氢原子、碳原子、氧原子等。

电子（Electron）：1898年发现的第一个"原子"。与所有现代发现的"原子"一样，人们认为电子也具有"零半径"的奇异特性。它是"原子"中轻子家族的成员。

夸克（Quark）：一种"原子"。夸克共有6种，其中5种已经被发现，另外一种还在探寻过程中（至1993年）。这6种夸克中每种又有3种色。其中只有2种夸克，即上夸克和下夸克在今天的宇宙中自然存在。

中微子（Neutrino）：轻子家族中的另一类"原子"，共有3种类型。中微子不构成物质，但对于某些反应不可缺少。中微子是微型冠军：零电荷、零半径，很可能也是零质量。

μ子和τ子（Muon and Tau）：这些轻子是电子的同胞兄弟，但比电子重得多。

光子，引力子，W⁺、W⁻、Z⁰族，胶子（Photon, graviton, the W^+, W^-, Z^0 family, and gluons）：这些也是粒子，但与夸克和轻子不同的是，它们不是物质粒子。它们分别传输电磁波、引力、弱力和强力。其中只有引力子还没有被探测到。

虚空（The void）：虚无，也是德谟克利特之作。它指"原子"能够在其中移动的地方。今天，理论家们给虚空里塞进了五花八门的真实粒子和其他碎片。

虚空在现代的相应术语是"真空"（vacuum），有时也用"以太"（见下条）。

以太（The aether）：牛顿发明的术语，后来又被麦克斯韦翻了出来。它指充满宇宙空间的那种物质。虽然爱因斯坦不相信也不使用以太，但现在这一概念又经历了尼克松式的回归。它事实上就是真空，只不过其中充满了怪异的理论粒子而已。

加速器（Accelerator）：用于提高粒子能量的装置。由于 $E = mc^2$，加速器也使得粒子的重量增加。

实验家（Experimenter）：做实验的物理学家。

理论家（Theorist）：不做实验的物理学家。

现在向大家介绍……

上帝粒子（The God Particle）

（又名：希格斯粒子、希格斯玻色子、希格斯标量玻色子）

第1章

看不见的足球

除了原子和真空是实际存在的，其他一切都只在意念之中。

——阿布德拉的德谟克利特

　　宇宙的最开始是一片虚空——一个奇特的真空世界——没有空间，没有时间，没有物质，没有光，没有声音。但是在自然法则的作用下，这个神奇的真空世界中潜在的能量正等待释放，就像高耸的悬崖边上摇摇欲坠的巨石一般。

　　等一等。

　　在"巨石"落下之前，我要解释一下，其实我真的不明白我在谈论什么。从逻辑上说，一个故事应该从开始讲起。但这是一个关于宇宙的故事，很遗憾，我们没有任何证据表明什么是最开始。没有，一无所有。我们了解的只是已经到达成熟期的宇宙，而对于最初千千万万亿分之一秒的时间，也就是在"大爆炸"后非常短的一段时间内的情况我们一无所知。如果你读到或听说了关于宇宙创生时的一些事情，那肯定是虚构的。这一领域属于哲学的范畴。只有上帝才知道宇宙创生时发生了什么（但是他从来没透露过一点）。

　　好，我们讲到哪儿了？哦，对了——

　　就像高耸的悬崖边上摇摇欲坠的巨石一样，虚空中的平衡是非常敏感的，只要一点点冲动就会发生变化，而这种变化就产生了宇宙。事实上也确实这样发生了，那一片虚空爆炸了，时间和空间就在爆炸之初的炙热中创生。

物质则从这些能量中脱颖而出：一堆密集的粒子在辐射中消失了，重新归于物质（现在我们至少是在基于一些事实和理论推理来进行研究）。粒子的碰撞产生了新的粒子。在黑洞形成与解体的同时，时间和空间搅在一起翻滚沸腾着。这是多么奇妙的景象啊！

随着宇宙的膨胀、冷却、变得稀薄，粒子开始结合，不同的力也开始出现。质子和中子产生了，接着出现了原子核和原子。然后就是至今仍在膨胀的巨大的尘埃云，它们在某些地方聚集起来，形成了恒星、星系和行星。在一个标准星系的旋臂上，一颗最为普通的行星在围绕着一颗普通的恒星运行。在这个星球上，绵延的大陆和澎湃的海洋经历着自组织的过程，海洋里冒出的一些有机分子开始发生反应，并产生了蛋白质，生命就这样开始了。植物和动物从简单的有机体中进化出来，并最终产生了人类。

人类与其他生物的不同之处，主要在于他们是对自己的周围环境极富好奇心的唯一物种。随着物种变异的出现，一小撮与众不同的人开始在大陆上活动。他们非常傲慢。他们并不满足于欣赏宇宙的灿烂，而总是在问"怎样"：宇宙是怎样产生的；那些宇宙"原料"怎样造就了我们这个令人难以置信的多样的世界——恒星、行星、水獭、海洋、珊瑚、阳光以及人类的大脑。这些异类也提出过一个人类可以回答的问题，但只有经历从老师到学生，数百代人几千年的努力和献身后才有可能找到问题的答案。在找到正确答案之前，这个问题也产生了许多错误百出、令人为难的答案。幸运的是，这些异类天生不知道什么是为难。他们的名字叫物理学家。

现在，在审视过这一探讨了 2 000 多年——这段时间只相当于宇宙时间长河中微不足道的一滴水珠——的问题以后，我们开始瞥见宇宙创生的整个过程了。在望远镜和显微镜中，在天文台和实验室里，甚至在便笺簿上，我们开始觉察到在宇宙产生的第一时刻起支配作用的原始的对称和美的轮廓。我们几乎能够看到这些了。但是这些图景还不是很清晰，而且我们也感觉到有什么东西在使我们的视野变得更为模糊——有一种黑暗的势力在使宇宙固有的简单本质变得模糊、隐秘和令人困惑。

宇宙是怎样运行的？

这本书致力于探讨一个从古代就困扰着科学发展的问题：物质的终极组成基元是什么？希腊哲学家德谟克利特把物质的最小组成单位称为"原子"（意为"不可分割"）。这个"原子"并不是你在高中科学课上学的那种原子，像氢、氦、锂，一直到铀以及超铀元素。按今天的标准来看（其实也就是按德谟克利特的标准看），那些都是大型的、不完整的和复杂的实体。对于一个物理学家，甚至是化学家来说，这些原子是装着更小的粒子——电子、质子和中子——的真正的废物箱，而质子和中子中又装着更小的粒子。我们需要知道最基本的粒子有哪些，我们需要明白控制这些粒子之间相互作用的力是什么。因此，德谟克利特所说的"原子"，而不是化学老师所说的原子，才是构成物质的关键。

我们今天所看到的周围的物质都是非常复杂的。一共有100多种化学原子，这些原子的有用的组合数是可以计算的，但非常庞大，以亿亿计。自然界就是利用这些组合即分子来构成行星、恒星、病菌、高山、支票、安定药片、经纪人以及其他有用的事物。但事情也并非一直这样。在大爆炸宇宙创生之后的最初一段时间里，并没有像今天我们所知的这样复杂的物质。没有原子核，没有原子，除了最基本的粒子以外就没有其他东西了。这是因为在宇宙创生之初的极高温度下，是无法形成任何复合物体的。假如经过短暂的碰撞形成了这种物体，它也马上就会分解成最原始的状态。此时可能只有一种粒子和一种力——甚至是一种粒子与力的统一体——以及相应的物理定律。在这些原始的实体里蕴藏着复杂世界的种子，人类就是在这个复杂世界中进化出来的，他们可能主要就是为了思考这些问题而生的。你可能会觉得原始宇宙很无趣，可是对于粒子物理学家来说，这才是最美的景致。它是如此简单、如此美丽，只是在我们的思考中有些模糊。

科学的起源

在我们的主角德谟克利特出场之前，就有希腊哲学家试图对世界进行解释了。他们运用理性的论证，严格地排除迷信、神话以及上帝的干预。在适应一个充满恐怖且从表面上看又反复无常的世界时，这些都是十分宝贵的经验。但是，诸如昼夜交替、四季轮回、风云水火等自然界的规律性也给希腊人留下了深刻的印象。到公元前650年，在地中海地区出现了许多令人惊叹的新技术。那里的人们懂得如何测量土地和通过恒星来导航；他们掌握了复杂的冶炼技术，以及有关恒星和行星位置的详尽知识，可以用来制定历法并进行各种预报；他们制造了精密的工具、漂亮的纺织品和精巧的装饰瓷器。在希腊帝国的一个位于现在土耳其西海岸的熙熙攘攘的殖民城市米利都，有一种公认的观点认为，这个看起来复杂的世界实质上非常简单，而且这种"简单"可以通过逻辑推理来发现。在大约200年后，阿布德拉的德谟克利特提出"原子"是解开简单宇宙的一把钥匙，研究也就随之展开。

物理学是源于天文学的，因为最早的哲学家总是满怀敬畏地仰望夜空，寻找能够解释恒星位置、行星运动以及太阳升落等天文现象的逻辑模型。后来，科学家把他们的目光投向了地面，开始研究地球表面发生的现象，如苹果落地，箭矢飞行，钟摆、风雨和潮汐的有规律运动等，从而建立起一套"物理定律"。物理学在文艺复兴时期开始繁荣起来，并在1500年左右成为一门独立的学科。随着时间的推移，以及显微镜、望远镜、真空泵、钟表等仪器的发明，我们的观察能力得到了大大加强，有越来越多的现象被揭示。我们可以通过在笔记本上记录数字，绘制表格和图表，然后成功地用统一的数学语言记录下来那些现象，从而对其进行详尽的描述。

到20世纪初，原子已经成为物理学的前沿。20世纪40年代，原子核也已成为研究的中心。渐渐地，越来越多的领域成为观测的对象。随着观测仪器的日益改进，我们可以更加精细地观察越来越细微的东西，随之而来的便是对我们的观察和测量结果的分析、综合和总结。伴随每一次重大进步的是研究领域的进一步细分：一些科学家沿着"还原论者"的道路去探索原子核以及亚核领域；而另一些科学家则致力于对原子（原子物理学）、分子（分子物理学和化学）和核物理学等领域的更深层次的理解。

利昂陷进去了

我还是少年的时候就与分子结了缘。在高中和大学低年级阶段，我非常喜欢化学，但是后来我逐渐转向了物理学，因为它似乎比较干净——实际上是没有气味。那些学物理学的小伙子不仅更加有趣，而且篮球也打得非常棒，他们深深地感染了我。我们中的巨人是哈尔彭（Isaac Halpern），他现在是华盛顿大学的物理学教授。他声称每次去看张贴出来的考试成绩时，只是想确认一下自己的那个A是"平头还是尖头"。很自然，我们大家都很喜欢他。他跳远的成绩也比我们任何人都要好。

我对物理学问题感兴趣是因为它们有清晰的逻辑和明确的实验结果。在大学四年级的时候，我高中以来最好的朋友克莱因（Martin Klein）——现在是耶鲁大学著名的爱因斯坦研究专家——有一次和我喝着啤酒彻夜长谈，他高谈阔论地给我讲起了物理学的灿烂辉煌。这确实起了作用。加入美国军队前，我拿的是化学学士的学位，可是我决定如果能在日常训练和第二次世界大战中活着回来的话，就去做一个物理学家。我是在1948年才最终进入物理学领域的，这一年我利用当时世界上最强大的粒子加速器——哥伦比亚大学的同步回旋加速器——开始做我的博士学位研究课题。哥伦比亚大学校长艾森豪威尔是在1950年6月为这台加速器剪的彩。由于帮助艾克*赢得了战争，哥伦比亚大学校方显然非常乐于接受我，他们付给我一年4 000美元左右的报酬，只是一星期需要工作90个小时。那真是一个令人疯狂的时代！ 20世纪50年代，同步回旋加速器和其他强大的新设备一起开创了粒子物理学的新格局。

对外行来说，粒子物理学最显著的特征也许就是仪器和设备。我正是在粒子加速器时代来临时加入这个领域的。在随后的40多年里，这些加速器统治着物理学领域，而且今后仍将如此。最早的"原子粉碎器"的直径只有几英寸。今天，世界上最强大的加速器坐落在伊利诺伊州巴达维亚的费米国家加速器实验室，这一机器被称为太瓦质子加速器，其周长约有4英里，能以前所未有的能量粉碎质子和反质子。到2000年左右，太瓦质子加速器的能量之冠地位被打破。所有加速器之母——超导超级对撞机（SSC）——目前正在得克萨斯建设，**其周长约有54英里。

有时我们会问自己：我们是否已在什么地方走错了路？我们是否已被机器迷惑住了？粒子物理学是不是某种神秘的"计算科学"，花费巨大的人力、使用庞大的机器研究如此深奥的现象，当粒子在高能作用下发生碰撞时，甚至连上帝也无法确定会发生什么。当然，把这一过程当作一条历史之路——这条路可能始于公元前650年的希腊殖民地米利都——的延续，我们可以获得信心和鼓舞。这条路的终点是一座无所不知的自由之城，在那里，就连环卫工人甚至市长都明白宇宙是怎样运行的。许许多多的科学家都走过这条路：德谟克利特、

---

* 艾森豪威尔的昵称。——译者。以下注释如无特殊说明，均为译者所注。

** 1993 年 10 月 30 日，美国众议院以压倒多数的投票结果，决定放弃已在进行中的超导超级对撞机计划。

阿基米德、哥白尼、开普勒、伽利略、牛顿、法拉第，一直到爱因斯坦、费米，以及与我同时代的人。

这条路时宽时窄：有时它经过很长的一段空白（就像穿越内布拉斯加州的80号公路），有时又会穿过有很多美景的弯道。在这条道路两旁有许多标着"电力工程""化学""无线通信"或者"凝聚态物质"的诱人的支路。选择支路的那些人已经改变了这个星球上人类的生活方式；而那些还在这条路上行进的人则会发现，一路上遇到的都是相同的标牌，上面清晰地写着："宇宙是如何运行的？"就是在这条路上，我们可以找到20世纪90年代的加速器。

我是在纽约的百老汇大街和120号大街踏上这条科学道路的。那个时候，所有的科学问题看起来都非常清晰和重要，这些问题都涉及所谓的强核力和一些理论上预言的粒子——π介子的特性。哥伦比亚大学的加速器就是专门用质子轰击目标靶来产生介子的。当时，这台仪器的原理非常简单，就连研究生也能够理解。

20世纪50年代的哥伦比亚大学是物理学的温床。汤斯不久就发现了激光并获得了诺贝尔奖，雷恩沃特（Leo Rainwater）凭借他的原子核模型获得了诺贝尔奖，兰姆（Willis Lamb）则是因为测量了氢光谱中的微小位移而获得诺贝尔奖的。曾经给我们巨大鼓舞的诺贝尔奖获得者拉比（I. I. Rabi）带领了一个小组，其中的拉姆齐（Norman F. Ramsey）和库什（Polykarp Kusch）都在适当的时候获得了诺贝尔奖。李政道则因为宇称不守恒理论分享了诺贝尔奖。有如此之多的教授受到过瑞典圣水的洗礼，真是一件令人既高兴又沮丧的事：作为年轻的一代，我们的西服扣上都印着"仍未获奖"。我的专业认识的"大爆炸"出现在1959—1962年，当时我和哥伦比亚大学的两位同事正在进行前所未有的高能中微子碰撞的测量工作。中微子是我喜欢的粒子。中微子几乎没有任何性质：没有质量（或者极小），没有电荷，没有半径，甚至也没有强力作用于它。如果文雅一点描述中微子，可以用"难以捉摸"这个词。这就是仅有的一点儿事实，而且它能够穿过几百万英里的固体铅，只有很低的概率会发生可以测量出来的碰撞。

我们 1961 年的实验为 20 世纪 70 年代逐渐为人所知的粒子物理学"标准模型"奠定了基础。1988 年，这个实验被瑞典皇家科学院授予了诺贝尔奖。（每个人都会问，他们为什么要等 27 年的时间？我真的不知道。我常对家人开玩笑说，瑞典皇家科学院把时间拖后是因为他们不能确定应该奖励我的哪一项伟大成果。）获得诺贝尔奖当然令人非常激动，但这种激动实在不能与我们意识到实验成功那一刻那种难以名状的激动相比。

物理学家今天的感觉和几个世纪前的科学家是一样的。他们的生活充满渴望、痛楚、困苦、紧张、绝望、沮丧和气馁，但是中间也偶尔穿插着喜悦、兴奋、笑声和得意。这些感情都是在不经意间产生的，缘由往往只是对由其他人揭示出来的新鲜的、重要的或者美丽的事物的顿悟。如果你是一个凡人，就像我所认识的大多数科学家一样，当你自己发现了宇宙中的一些新奥秘时，以为美好的时刻就会到来。令人惊奇的是，这个时刻经常发生在凌晨 3 点，此时你往往独自在实验室里，发现了某种意义深远的事情，而且你意识到地球上的其他50 亿人都不知道你现在发现的东西。或者你希望如此。当然，你也会急着想告诉那些不知道的人，这就是"发表"。

本书串接了过去 2 500 年间科学家们经历的无穷的幸福时刻。这些幸福时刻加在一起，便构成了目前我们关于宇宙及其运行机制的知识。痛苦和失望也是故事的一部分。常常是固执、保守甚至仅仅是性情问题阻碍了这些"尤里卡时刻"*的出现。

然而，科学家并不能依赖这些"尤里卡时刻"来充实自己的生活。在日常的活动中还应该有一些乐趣。对于我来说，乐趣就是设计和制造能教我们认识特别抽象之问题的仪器设备。当我还是哥伦比亚大学的一名感情丰富的研究生

---

*　"尤里卡"源于希腊语，意为"我发现了"。传说阿基米德在泡澡时顿悟了浮力理论，他光着身子跑出来，大喊："尤里卡！尤里卡！"后来人们就把通过灵感获得重大发现的时刻叫作"尤里卡时刻"。

时，我就帮助一位来自罗马的举世闻名的教授制作了一台粒子计数器。当时我是这方面的新手，而他是一位老手。我们一起在车床上加工黄铜管（那时已经是下午5点以后，机械师们都回家了），然后在试管两端焊上带玻璃尾端的端盖，并且在穿过玻璃的绝缘金属短杆中间拉了一条金线。我们往计数器内充入特殊气体，一充就是几个小时，同时把金线连在一个示波器上，使用1 000伏电源供电，并且用一个特殊的电容进行保护。我的教授朋友——我们可以称他为吉尔贝托，因为这是他的名字——一边仔细地盯着示波器上的绿色波形，一边用十分蹩脚的英语给我讲解粒子计数器的历史和发展。突然吉尔贝托停了下来，并语无伦次地大喊起来："Mamma mia！ Regardo incredibilo！ Primo secourso！"（或者类似的话。）他指着示波器大声嚷着，并把我举到了空中——尽管我比他高6英寸，重50磅——还拉着我满屋子跳舞。

"发生什么事情了？"我结结巴巴地问。

"Mufileto！"他回答道，"Izza计数，Izza计数！"

他可能有意为我装出这很重要的样子，但通过我们自己的双手、眼睛和大脑，我们改进了一种仪器，能够检测到宇宙线粒子的通过，并通过示波器的扫描尖峰将其记录下来，这确实让他非常激动。虽然他可能数千次地观察到这种现象，但他依然激动不已。这种宇宙线可能是从一个遥远的星系发出来的，经过数光年的旅途到达了百老汇大街和120号大街的一间位于10层的房间里，这只是他兴奋的一部分原因。吉尔贝托似乎从不衰竭的热情是极富感染力的。

物质图书馆

在解释基本粒子的物理学时，我经常会引用（还会修饰一番）古罗马诗人和哲学家卢克莱修的一个可爱的比喻。假设我们的任务是寻找一座图书馆的最基本的组成单元，那该怎么办呢？首先，我们会想到按不同主题分类的图书：历史、科学或是传记。或者，我们可能会依照尺寸分类：厚的、薄的、高的、矮的。在考虑过这样一些分法后，我们会发现图书是很容易就可以进一步细分的复杂对象。所以我们要往深处看。章节、段落和句子等这些粗糙而又复杂的成分可以很快被排除。那就是单词！想想在图书馆入口处桌子上放着的那本厚厚的所有单词的分类目录——词典。我们可以通过遵循特定的规则，也就是语法，用词典里的单词组合出图书馆里所有的图书。相同的单词可以被一次又一次地重复使用，按照不同的方式组合起来。

但是单词的数目也太多了！进一步的思考会使我们想到字母，因为单词也是"可分的"。现在我们终于找到了！26 个字母可以组成成千上万的单词，这些单词又可以组成数以百万（抑或亿万？）计的图书。现在我们必须引入一组限制字母组合的拼写法则。如果不是非常年轻的批评家的干扰，我们可能就会发表这个不成熟的发现了。年轻的批评家们毫无疑问会扬扬自得地说："你根本就不需要 26 个字母，老爷爷。你所需要的只是 1 和 0。"今天的孩子们都是玩着数字纸牌长大的，他们更为熟悉把 0 和 1 转换成字母的计算机算法。如果你已经老得对这些不太熟悉的话，那你可能还记得由"点"和"画"组成的莫尔斯电码。无论怎样，现在我们已经可以通过适当的编码使用 0 和 1（或者点和画）组成的序列来构成 26 个字母，并且可以拼写出词典里的所有单词；这些单词按照一定的语法又可以构成句子、段落、章节，最后是图书；而图书则构成了图书馆。

现在，如果 0 和 1 已经不能再拆分了，那么我们就已经发现了图书馆的最基本的"原子"构成。打个不太恰当的比喻，宇宙就是这座图书馆，自然界的作用力就是语法、拼写规则和算法，0 和 1 就是我们所说的夸克和轻子，这些是目前最接近德谟克利特所说的"原子"的粒子。当然，所有这些粒子都是看不见的。

夸克和教宗

听众中的那位女士很顽固。"你看到过原子吗？"她总是这样问。对一个早已接受原子的客观存在性的科学家来说，这是一个恼人的问题，但也是可以理解的。我可以把原子的内部结构形象化。我可以说出一个想象中的图像：电子围绕着微小的原子核，"形成"了一片有些模糊的云状结构，而原子核则对薄雾状的电子云有吸附作用。由于大家都是根据方程来构建模型的，所以对于不同的科学家来说，这种想象中的图像不可能完全相同。这种书面描述虽然满足了科学家们希望有一幅形象的图像的需要，但它还算不上用户友好。可是我们能够"看见"原子和质子——对了，还有夸克。

我在回答这个棘手的问题时，总是先归纳一下"看见"这个词的含义。如果你戴着眼镜，是否"看见"了这页纸？如果你看的是这本书的微缩胶卷版呢？如果你看的是影印版呢？（这样你就侵犯了我的版权）如果你读的是计算机屏幕上的文字呢？最后，我绝望地问："你见到过教宗吗？"

"嗯，当然。"这是常见的回答，"我在电视上看到过他。"唔，是这样吗？她看到的不过是电子束打到涂在玻璃屏幕内侧的磷上发出的光。我对于原子和夸克的证据也是如此。

证据是什么呢？就是粒子在气泡室中的轨迹。在费米实验室的加速器里，一台三层楼高、价值6 000万美元的探测器采用电子方式检测到了质子和反质子的碰撞"碎片"。这里的"证据"——"视觉"，就是这些传感器，当一个粒子经过时就会发出一次电脉冲。所有这些电脉冲通过成千上万根导线输送到电子数据处理器上，最后用0和1编码，记录在磁带上。磁带记录的是质子和反质子的热碰撞，1次碰撞可以产生多达70个粒子，它们分别飞进探测器的不同部分。

科学，尤其是粒子物理学，需要通过重复实验才能得出可信的结论，也就是说，在加利福尼亚做的实验应该可以被日内瓦的不同类型的加速器验证出来。此外，还要通过在每次实验过程中设置测试和验证点，以确保仪器按照设计的方式运行。这是一个长期而复杂的过程，是数十年实验的结果。

但是，许多人对粒子物理学还是感到很神秘。那位固执的女士并不是被那些整天寻找微小的不可见粒子的科学家弄糊涂的唯一听众。那么，就让我们换个说法……

看不见的足球

让我们想象一下从"特维洛"行星来的某种智能物种。他们看起来和我们很像，也像我们一样交谈，能像人类一样做任何事情，只有一件事情例外——他们的视觉器官比较特殊，这样就无法看到黑白对比鲜明的物体，比如斑马、橄榄球裁判的衬衫或者足球。顺便说一下，这并不是什么稀奇古怪的现象。地球人还有更奇怪的地方。如在我们视野的中间有两个盲点，我们之所以察觉不到它们的存在，是因为大脑会通过视野中其他地方的信息进行推断，来猜测盲点处的信息应该是什么，然后反馈给我们。尽管人们看到的部分信息充其量不过是很好的猜测，但他们还是能在高速公路上以时速100英里行驶，能操作脑外科手术，或者玩火把戏法。

一组"特维洛"使者肩负友好的使命来到了地球。为了让他们感受一下我们的文化，我们就带他们去看这个星球上最受欢迎的文化盛事之一：世界杯足球赛。当然，我们并不知道他们看不见那个黑白相间的足球。所以，他们虽然很有礼貌地坐在那里观看比赛，但是脸上的表情却很困惑。他们看到的不过是一群穿着短裤的人在场地上跑来跑去，在空中毫无目的地踢腿，相互撞在一起，人仰马翻。有时一位官员会吹一声哨，一个运动员就跑到边线上，在其他运动员的注视下将双手举过头顶。有时守门员会莫名其妙地倒在地上，观众中就爆发出一阵欢呼，而另一方就会加上一分。

特维洛人大概在前15分钟都是非常困惑的。随着时间的推移，他们开始尝试着去理解这种游戏。有些人采用了分类技术。部分是由于服装的缘故，他们推断出是两个队在互相争斗。他们还根据场上队员的跑动绘制出图表，发现每个运动员看起来都或多或少在场地的某一区域活动。这样，特维洛人为了阐明他们所发现的世界杯足球赛的含义，就像地球人一样，给场上每个运动员的位置都起了名字。他们还对这些位置进行了分类、比较和对照，并把每个位置的优点和缺点都标在一幅巨型图表上。当特维洛人发现了足球比赛中存在的对称性时，他们就取得了一个重大突破。也就是对于A队中的任何一个位置，在B队中也有相应的位置。

离比赛结束还有两分钟，特维洛人已经画了几十张图表，绘制或总结出数百个表格和公式，还有许多足球比赛的复杂规则。虽然这些规则在一定程度上可能都是正确的，但是没有一条真正把握住了这种比赛的实质。这时，一个一直保持沉默的不起眼的年轻特维洛人说出了他的想法。"我们可以假设，"他有点战战兢兢，"有一个看不见的球。"

"你说什么？"年长的特维洛人问道。

当那些年长者还在检查什么才有可能是这场比赛的核心，想弄清是各个运动员的来来往往还是场地的划分时，那个不起眼的小人物却擦亮了眼睛，去注意那些很少出现的事件。而他确实发现了一点。就在裁判宣布得分之前的一瞬间，以及人群开始沸腾之前那一刻，这位年轻的特维洛人注意到球网后面在一刹那间凸起了一块。足球是一种低比分的比赛，所以只能观察到很少几次凸起，而且每次持续的时间都很短。即使这样，也有足够的事例能使那位小人物注意到那个凸起的形状是半圆形。所以他就得出了一个疯狂的结论，认为足球比赛需要有一个看不见的球（至少对于特维洛人是看不见的）。

使团中的其他特维洛人听了这个理论，经过激烈的争论，他们认为，尽管经验证据不足，但这个年轻人说的还是有点道理。其中一位年长的政治家——他其实是一位物理学家——指出，为数不多的稀有事件有时会比那些出现了上千次的寻常事件有意义得多。而这种比赛的一个无可辩驳的结论就是肯定有一个球这一简单的事实。假设确实有一个球存在，虽然由于某种原因特维洛人看不到这个球，但所有的问题一下子都迎刃而解。这场游戏是合乎情理的。不仅如此，他们在那个下午得出的所有理论、图表和公式仍然是正确的，而球则解释了这些规则的合理性。

这个故事对于许多物理学难题都有启发，尤其是与粒子物理学密切相关。要是不知道对象（球），也没有一套合乎逻辑的规律可以遵循，我们就不可能理解规则（自然规律），也无法推断出所有粒子的存在。

科学的金字塔

我们现在是在讨论科学和物理学，所以在继续进行之前，需要先定义一些术语。物理学家是怎样的一类人？物理学在科学那宏大的框架中处于怎样的位置？

自然科学是有明显层次之分的，虽然它不是社会价值甚至智力水平那样的层次之分。得克萨斯大学人文学家弗雷德里克·特纳（Frederick Turner）的说法更为深刻。他指出，存在一座科学的金字塔。这座金字塔的基础是数学，这倒不是因为数学更加抽象或者更为绝妙，而是因为数学不依赖或需要任何其他学科；处于金字塔上一层的物理学则要依赖数学。处在物理学上层的是化学，因为化学需要物理学知识，而在这种公认的简单分类中，物理学是与化学定律无关的。比如说，化学家关心的是原子是怎样构成分子的，以及在近距离情况下分子是如何起作用的。原子之间的作用力非常复杂，但归根结底它们要遵循带电粒子之间的吸引与排斥定律，换句话说就是物理学定律。接下来的一层就是建立在物理学和化学基础上的生物学。金字塔再往上的层次就越来越模糊也不大容易确定了：当谈到生理学、医学和心理学时，原来的层次就已经很不清晰了。在层与层的接口之间是一些边缘学科：数学物理学、物理化学、生物物理学，等等。当然，我会把天文学塞到物理学里，不过对于地球物理学和神经生理学，我就不知道该怎么办了。

这座金字塔可以用一句古老的谚语不太礼貌地总结出来：物理学家只听数学家的，而数学家只听上帝的（尽管你很难找到一名那样谦虚的数学家）。

理论家和实验家：农夫、猪和块菌

粒子物理学领域有理论家和实验家之分。我属于后一类人。物理学总体上就是在这两类人的相互影响下发展起来的，但两者却永无休止地陷入一种"爱恨"交织的纠葛之中，因为人们总在计算两者的高下：有多少重要的实验发现是理论预言过的？有多少完全属于意外？例如，反电子（正电子）就被理论预言过，介子、反质子和中微子也是如此；而 μ 子、τ 子和 Υ 介子则是意外发现的。一项比较粗略的研究表明，在这场愚蠢的争论中两种情况出现的次数大致相等。可是究竟谁统计过呢？

实验意味着观察和测量，它需要构建一些特殊条件，以便使观察和测量最富有成效。古希腊人和现代天文学家都面临着一个共同的问题，那就是他们从来没有操纵过他们所观察的对象。古希腊人不能或不愿进行实验，他们仅仅满足于观察。那些现代天文学家倒是满心想让两颗恒星相撞——要是星系就更好了——不过他们还不具备这个能力，也就只能满足于提高观测水平了。但是在西班牙，我们已经掌握了 1 003 种研究粒子性质的方法。

利用加速器我们可以设计发现新粒子的实验。我们可以有目的地用粒子轰击原子核，然后采用迈锡尼学者阅读 B 类线形文字*的方式——如果我们能够破译那些代码的话——读出粒子发生偏转的详情。我们可以制造一些粒子出来，然后对其进行“观察”，看它们能存在多长时间。

当一位富有洞察力的理论家综合现有的数据，觉得需要存在一种新粒子的话，他就会预言存在一种新粒子。可是更多的情况是这种粒子并不存在，这一理论自然就会受到质疑。这样，理论能否继续生存下去就完全取决于理论家的决心了。对于该理论是否成立的关键则在于进行两种实验：专门验证一种理论的实验和开拓一个新领域的实验。当然，推翻一个理论常常更有意思。像赫胥黎所说，“科学的悲剧就在于一个漂亮的假说被一个难看的事实推翻了”。好的理论不仅可以解释已有的实验，也能预言新的实验结果。实验和理论的相互作用是粒子物理学的乐趣之一。

历史上有些著名的实验家——包括伽利略、基尔霍夫、法拉第、安培、赫兹、汤姆逊父子（J.J. 汤姆逊和 G.P. 汤姆逊）和卢瑟福——同时也是相当有才华的理论家。但这种理论暨实验物理学家是一个正在消失的种群（在我们这个时代，费米是一个突出的例外）。拉比曾以欧洲的实验家不会在图表上增加一个栏目，而理论家不会系自己的鞋带的评论，来表达他对“理论”与“实验”之间逐渐加宽的鸿沟的关注。今天有两类物理学家，虽然他们有着探索宇宙的共同目标，但在文化视野、技巧和工作习惯上有着很大的不同。理论家总是很晚才去工作，在希腊的海岛或瑞士的山峰上参加令人精疲力竭的讨论会，出去休很长的假期，在家里时会极为频繁地倒垃圾。他们经常担心会失眠。据说有一个理论家心事重重地到实验室的医生那里抱怨说：“医生，你一定要帮我！我晚上睡得很好，早上起来也没有不舒服，可是整个下午都辗转反侧、坐立不安。”这种举止

---

* 早期希腊语的文字表达形式，是古希腊迈锡尼文明时期迈锡尼人所使用的文字。

经过人们添油加醋地模仿，就铸成了凡勃伦（Thorstein Veblen）的畅销书《有闲阶级论》（*The Leisure of the Theory Class*）所表露出来的不公正的形象特质。

实验家从来不迟到——他们可能就没有回家。当实验室工作紧张的时候，外面的世界对于他们来说已经不存在了，他们的精力完全投入了工作之中。睡觉嘛，也仅仅是在加速器的地板上眯上一个小时。理论物理学家可能一辈子也碰不到实验工作中存在的智力挑战，也经历不到其中的激动和危险——高悬在头顶的重达10吨的起重机、醒目的头盖骨和交叉腿骨图案，以及"危险，有放射性"的标牌。理论家面临的唯一风险是当他们在查找计算错误时用铅笔戳到自己的头。我对他们的态度是既羡慕又畏惧，既尊敬又关心。理论家写了几乎所有的科普图书，如帕格尔斯（Heinz R.Pagels）、维尔切克（Frank Wilczek）、霍金、费曼等人都是这样。为什么不呢？他们有那么多空闲时间。不过理论家总有些骄傲自大。在我掌管费米实验室的时候，就曾跟理论组的人郑重地谈过要防止傲慢自大的问题。其中至少有一个人非常认真地接受了我的意见。我永远也忘不了偶然听到的从他的办公室里传出的祈祷声："亲爱的上帝，原谅我傲慢的过失吧，上帝呀，我说的所谓傲慢，是指……"

理论家像其他许多科学家一样，有着非常强烈，有时甚至是荒谬的竞争意识。不过有些理论家却非常平静，可以超然于只有凡人才会参与的斗争之外。费米就是一个典型。至少从表面上看，这位伟大的意大利物理学家从未认同过"竞争"这个概念。尽管普通物理学家常常会说"某个发现是我们首先发现的"，但费米却只想知道细节。然而，有一年夏天，在长岛的布鲁克黑文实验室附近的海滩上，当我向费米演示怎样用潮湿的沙子堆出栩栩如生的建筑时，他立刻提议我们比试一下，看谁能堆出最好的侧身裸体沙雕。（我拒绝透露那场比赛的结果，那取决于你是喜欢裸体雕刻的地中海流派还是培勒姆湾流派。）

在一次会议期间，我发现自己午餐时坐在费米旁边。我充满敬畏地坐在伟人面前，问他关于刚刚在会议上听到的一种被称为K-0-2粒子的相关证据的看法。他盯着我看了一会儿，然后说道："年轻人，如果我能够记得这些粒子的名字，我就是植物学家了。"此后，我作为一个给人深刻印象的年轻人与这件事情的经过一起成了许多物理学家口中的故事。

理论家可能是实验家（我们只不过是水管工和电工）乐于请教和学习的热心人。我荣幸地同这个时代的一些著名理论家进行过长谈——已过世的费曼，他在加州理工学院的同事盖尔曼，狡黠的得克萨斯人温伯格，与我一样爱讲笑话的格拉肖。还有比约肯（James Bjorken）、韦尔特曼、盖拉德（Mary Gaillard）和李政道也是我乐于共事、学习和交往的伟人。我的实验中有很大一部分是参考这些专家的论文或者与他们讨论的结果。不过，有些理论家却不那么令人愉快，他们的光辉由于某种古怪的不安全感而显得黯淡，这可能会让人想起电影《阿马多伊斯》（*Amadeus*）中萨列里对年轻的莫扎特的看法："上帝啊，为什么你为如此天才的作曲家赋予了一个卑鄙的皮囊？"

理论家一般会在年纪轻轻时就达到其研究水平的顶峰；创造力总是很早就会出现，并且在 15 岁以后便开始枯竭，或者看上去是这样。他们只用知道那一点就够了，在年轻的时候他们还没有背上无用的智力包袱。

当然，理论家经常会得到一些并非恰如其分的荣誉。理论家、实验家和科学发现的关系有时也会被比作农夫、猪和块菌的关系。农夫把猪带到可能有块菌的地方，猪就开始努力地寻找块菌。最后，猪找到了一块，可正当它要吃掉块菌时，农夫却把块菌拿走了。

"夜猫子"

在接下来的章节中，我要从发现者——主要是实验家——的角度讨论物质的历史和未来。我希望这样做不会失之偏颇。想想伽利略，他爬上比萨斜塔的顶端，往木台子上扔下两个不同重量的铁球，以便能够听到一声或两声撞击。想想费米和他的同事们，他们在芝加哥大学橄榄球馆下面实现了第一个持续链式反应。

当我谈到科学家一生的痛苦和艰难时，我说的可不是一般的焦虑。伽利略的工作受到教会的责难；居里夫人则由于辐射患上白血病，付出了生命的代价。我们中有太多的人患有白内障，而且全都缺少足够的睡眠。我们所了解的关于宇宙的大多数知识都是那些"夜猫子"先生（和女士）赐予我们的。

"原子"的故事当然也有理论家的身影，是他们帮助我们度过了温伯格所说的"实验突破之间的黑暗时期"，带领我们"不知不觉地走出了误区"。温伯格的著作《最初三分钟》尽管现在有些过时，但仍不失为通俗地介绍宇宙起源的最好作品（我总是认为这本书之所以卖得好是因为人们以为它是一本性知识手册）。我谈论的重点将是我们在原子内部进行的关键的测量。但是不涉及理论你就无法解释数据。所有这些测量数据都是什么意思呢？

哦，数学

我们将不得不谈论一下数学。即使是实验家也不能一辈子避免与方程和数字打交道。完全避免数学，其后果就好像人类学家不去考察他所研究的文化的语言，或者莎士比亚学者不去学习英语一样。数学是科学——尤其是物理学——之网中最复杂的部分，排斥数学也就意味着失去了许多美丽的东西、恰当的表示方法和有关问题的神圣外衣。在实际工作中，数学使得我们更加容易解释思想是如何形成的、仪器是如何工作的以及事物是如何结合成一个整体的。你在这里发现了一个数据，在那里又发现一个相同的数据——也许它们就是相关的。

请打起精神来。我并不准备进行计算，而且最后也不会有任何数学。我在芝加哥大学曾给非科学专业的学生上过一门课（叫"给诗人的量子力学"），课堂上我在介绍这一问题时对于数学只是点到为止，并没有进行实际的演算。因为在全班学生面前，连上帝也会禁止我这样做的。即便如此，我还是发现黑板上那些抽象的符号会让教室里的观众眼神呆滞。比如，如果我写下 $x=vt$（读作：x 等于 v 乘以 t），大厅里就会响起一片叹息。并不是这些父母每年要为他们支付 20 000 美元学费的优秀孩子不会计算 $x=vt$。如果给他们 x 和 t 的值，让他们求 v，48% 的人能给出正确答案，15% 的人根据律师的建议拒绝回答，5% 的人会要求演示（是的，我知道这些数加起来不等于 100%，但我是一个实验家，不是理论家。何况愚蠢的错误还能让我的学生们增强信心）。学生们逃避问题的原因是他们知道我后面就要谈到这一问题。对他们来说谈论数学是一件很不习惯的事，会带来很严重的焦虑感。

为了重新获得学生们的尊重和好感，我马上换了一个更加熟悉、更为合适的话题。请检验图 1.1：

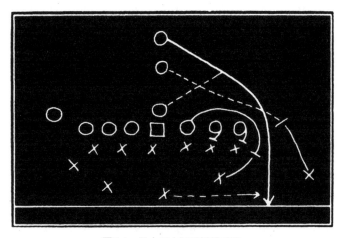

图 1.1　是火星人还是橄榄球赛

如果一个火星人盯着这幅图看，试图去理解其含义，那么泪水肯定会从其肚脐眼里流出来的。但是那些高中都不能毕业的橄榄球迷会大喊起来："这不是华盛顿红皮肤队的达线得分吗？！"这种后卫阻挡路线的表示比 $x=vt$ 要简单吗？实际上，它是一样的抽象，当然也显得更加神秘。方程$x = vt$在宇宙的各个地方都可使用。红皮肤队的短码战术可以在底特律或布法罗持球触地得分，但是永远也不可能到大熊星座上得分。

所以我们可以认为方程具有实际意义，就像橄榄球比赛中的战术图——尽管过于复杂和粗糙——对于球场一样有实际意义。事实上，重要的不是使用方程$x = vt$，而是要理解，将其理解为对我们生活于其中的宇宙的一种描述。理解了$x = vt$，你就拥有了力量，你就能预测未来并了解过去，包括灵应牌和罗塞塔石碑。那么这个公式到底是什么意思呢？

x表示物体的位置。这个物体可以是驾驶着保时捷汽车沿着州际高速公路兜风的哈里，也可以是呼啸着冲出加速器的电子。如果$x = 16$个单位，则表示哈里或者电子距离定义为0的位置有16个单位。v表示哈里或者电子移动得有多快——比如哈里以80英里/时的车速行驶或者电子以100万米/秒的速度运动。t表示在某一个人喊了一声"开始"之后流逝的时间。现在我们可以预言物体在任意时刻的位置，无论t等于3秒或者16小时或者100 000年。我们还可以说出物体在哪里，无论t等于-7秒（在$t = 0$之前7秒）还是$t = -100$万年。换句话说，如果哈里从你所在的车道出发，以80英里/时的速度向东行驶，那么"出发"1小时后他显然会在你的车道以东80英里的地方。相反，假定他的速度一直是v，并且v是已知的，那你就可以计算出哈里1小时之前（-1小时）在哪里。当然，假定的前提条件是必不可少的，因为如果哈里是一个酒鬼的话，他在1小时前可能会待在乔氏酒吧里。

费曼从另一个角度解释了这个方程的微妙之处。在他的版本中，一个警察拦住了一位驾驶小旅行车的女士，侧身冲着她的车窗咆哮道："你知道你的速度已经达到每小时80英里了吗？"

"别开玩笑了，"女士回答道，"我离开家只有15分钟。"费曼认为他发明了一种很轻松的微分学方法，但当他讲的这个故事被指责有性别歧视时，他感到非常震惊。所以我在这里就不讲了。

我们在数学王国里的这一短暂旅程的关键就是方程有解，这些解可以被比作现实世界中的测量和观察结果。如果结果和解吻合得很好，人们对于原定律的信心就会增强。可是，我们有时会发现方程的解和测量观察结果并非总是一致的，在这种情况下，经过检验和再检验，解所体现出来的"规律"就会被扔进历史的垃圾箱。有时，方程的解所揭示的自然规律完全出人预料而且会非常古怪，这样就会带来尚未证实的新理论。如果以后的一系列观测结果也都证明它是正确的，那就值得庆祝了。不管结果如何，我们知道宇宙的基本原理和电子振荡电路的功能、建筑钢梁的振动一样，都可以用数学的语言描述出来。

以秒计算的宇宙年龄（10^{18}秒）

关于数字还有一件事情。我们的主题会经常从极为细小的微观世界转到巨大的宏观世界，因此，处理的数据可能非常非常大，也可能非常非常小。所以，在大多数情况下，我会使用科学记数法。例如，我会把 1 000 000 写成 10^6，意思是 10 的 6 次方，表示 1 后面有 6 个 0。如果有这么多美元，可以维持美国政府运转20秒钟。如果不是以 1 开头的大数，也可以用科学记数法表示，例如 5 500 000 可以写成 5.5×10^6。如果是小数，则只需加上一个负号：一百万分之一（1/1 000 000）可以写成 10^{-6}，意思是 1 在小数点右边的第六个位置，即 0.000 001。

但关键是要掌握这些数字的量级。科学记数法的一个缺点就是它隐藏了数字真正的大小。科学上与时间相关的数字，其跨度是令人难以置信的：10^{-1} 秒就是一眨眼的工夫；10^{-6} 秒是 μ 子的寿命；10^{-23} 秒就是光子——光的粒子——穿过原子核的时间。请记住：数字以 10 的幂次增长是极其迅速的。所以 10^7 秒就相当于4个月多一点，10^9秒就是30年。而10^{18}秒就粗略地等于宇宙的寿命，也就是从大爆炸开始宇宙所经历的时间。物理学家是用秒来衡量时间的，尽管数字很大。

时间并不是范围从无穷小一直到无穷大的唯一的量。今天所能测量的最短距离约为10^{-17}厘米，相当于一种被称为Z^0的粒子在其一生中所经过的距离。而理论家有时会遇到更小的空间概念。例如，当他们谈及超弦理论——一种非常时髦却非常抽象的假想粒子理论时，他们会说一个超弦的大小是10^{-35}厘米，真的非常非常小。在另一个极端，最大的距离是可观测宇宙的半径，大约为10^{28}厘米。

两个粒子和终极T恤的故事

我在10岁的时候由于出麻疹而卧床不起，为了给我鼓气，爸爸给我买了一本大字版的《相对论的故事》，是由爱因斯坦和英菲尔德（Leopold Infeld）合作撰写的。我永远也忘不了爱因斯坦和英菲尔德写的这本书的开头。书里讲的是侦探故事，每一个故事中都包括一个谜案、几条线索和一个侦探。侦探通过线索来解决这一谜案。

在本书接下来的故事里主要有两个谜案需要去解决。这两个谜案都是有关粒子的。第一个就是人们苦苦追寻的由德谟克利特最早提出的不可见也不可分的物质粒子——"原子"。"原子"位于整个粒子物理学讨论的基础问题的核心。

我们已经为解决这个谜案奋斗了2 500年，也有了数千条线索，每一条都是经过千辛万苦才得来的。在本书的前几章中，我们将会看到前辈们是如何将这一难题理顺的。你会吃惊地发现，有许多"现代"的思想早在16世纪和17世纪，甚至在基督教产生之前的几个世纪就已经出现了。最后，我们会回到现在，来追寻第二个，也许是更大的一个谜案，其主角是我认为在指挥着宇宙交响曲的粒子。在这本书中你可以看到两位不同时代的科学家之间存在的天然血缘关系。其中一位是16世纪的数学家，他从比萨斜塔上将两个重物抛了下来；另一位是当代的粒子物理学家，他坐在寒风扫过的伊利诺伊平原上的一间临时营房里，冻僵了手指，还在检查从埋在封冻的地下、价值5亿美元的加速器里流出来的数据。他们问了相同的问题：什么是物质的基本结构，宇宙是怎样运行的？

我是在布朗克斯长大的，那时我经常一连几个小时地看我哥哥摆弄化学药品。他是一个神童。我情愿做所有的家务活，以便他允许我看他做实验。现在他在做一些新奇商品的买卖，出售的东西包括发声软垫、升降机牌照或者印有流行字眼的T恤等。这些T恤能够让人们用一句长度不超过胸宽的话总结出他们的世界观。科学家的目标也不过如此。我的目标就是活到能看到所有的物理学定律都被还原为一个简洁优美的公式，可以非常轻松地印到一件T恤的胸前。

在寻找这样一件终极T恤的过程中，人们经过几个世纪的努力，已经取得了重大进展。例如，牛顿发现了引力——一种可以解释好多看起来毫不相关的现象的力，如潮汐、苹果下落、行星轨道和星系的形成等。牛顿的T恤上写着 $F = ma$。再往后，法拉第和麦克斯韦揭开了电磁波谱的秘密。他们发现，电、磁、阳光、无线电波和X射线都是同一种力的表现。任何一间不错的校园书店都会卖给你印有麦克斯韦方程组的T恤。

今天，经过研究多种粒子，我们建立了标准模型，可以把现实中的一切归结为大约12种粒子和4种力。这个标准模型代表了自比萨斜塔实验以来从所有的加速器中得出的所有数据。它把被称为夸克和轻子的粒子——每类6种——归结到一个优美的表格型阵列中。整个标准模型也可以印在T恤上，虽然这有些繁杂。这种简洁的模型是经过许多在同一条道路上行进的物理学家的努力才得到的。然而，标准模型T恤并不可信。12种粒子和4种力，确实非常精确，可是还不完备，实际上，连其内部也还有相互矛盾的情况。为了在T恤上对这些不完备的地方进行简洁的解释，我们需要一个超大号的T恤，不过上面的空间还是不够。

那么，究竟是什么，或者到底是谁在阻碍我们找到那件完美的T恤呢？这就要回到我们的第二宗谜案。在完成那件由古希腊人肇始的任务之前，我们必须考虑到这种可能性，也就是我们苦苦追寻的东西是基于一些迷惑我们的错误线索。所以，实验家必须像勒卡雷小说中的侦探一样，设置一个陷阱。他必须迫使犯罪分子自己暴露行踪。

神秘的希格斯先生

粒子物理学家当前确实设置了这样一个陷阱。我们正在建设一个周长为54英里的管道，里面装着超导超级对撞机的双束射管，希望借此抓住那个大坏蛋。

这是多么可恶的一个大坏蛋呀！可以说是有史以来最大的一个坏蛋！我们相信，宇宙中有一个无所不在的幽灵一样的大坏蛋，正在阻止我们理解物质的真正本质。就好像有某种东西或某个人，想阻止我们获得终极的知识。

这个看不见的、阻止我们了解真相的障碍叫希格斯场。它那阴冷的触角伸向宇宙的各个角落，而它的科学和哲学意义让物理学家起了一身鸡皮疙瘩。希格斯场通过一种粒子（还有其他的吗？）来施展它的邪恶魔力。这种粒子的名字就叫希格斯玻色子。寻找希格斯玻色子就是建造超级对撞机的主要原因之一。我们认为，只有超导超级对撞机才拥有这样的能量来产生和检测希格斯玻色子。由于这种玻色子对于今天的物理学如此重要，对于我们最终理解物质的结构是如此必不可少，但又如此令人难以捉摸，因此我给它取了一个绰号：上帝粒子。为什么叫它上帝粒子呢？这有两个原因：一是出版商不允许我们叫它"该死的粒子"，尽管考虑到它那"恶毒"的本性，再加上花在它身上的巨额资金，我认为这个名字可能更加合适；二是这个名称和另一本书有着各种各样的联系，一本更为古老的书……

巴别塔和加速器

那时，天下人的口音、言语都是一样。他们往东边迁移的时候，在示拿地遇见一片平原，就住在那里。他们彼此商量说：来吧！我们要做砖，把砖烧透了。他们就拿砖当石头，又拿石漆当灰泥。他们说：来吧！我们要建造一座城和一座塔，塔顶通天，为要传扬我们的名，免得我们分散在全地上。耶和华降临，要看看世人所建造的城和塔。耶和华说：看哪，他们成为一样的人民，都是一样的言语，如今既做起这事来，以后他们所要做的事就没有不成就的了。我们下去，在那里变乱他们的口音，使他们的言语彼此不通。于是耶和华使他们从那里分散在全地上；他们就停工，不造那城了。因为耶和华在那里变乱天下人的言语，使众人分散在全地上，所以那城名叫"巴别"（就是"变乱"的意思）。

——《创世记》11:1—9

在许多许多万年前的某一时刻，也就是上面那几段话存在以前很久，自然界中只有一种语言。各处的物质都完全相同——存在于一个美妙炙热的对称体中。但是，在经过数不清的年代以后，这些物质又以不同的存在形式散播到宇宙的各个地方，使得我们这些生活在绕着一颗普通恒星旋转的普通行星上的人类迷惑不解。

在某些时期，人类为理性地理解世界所进行的探寻过程进展得非常迅速，许多重大突破纷纷涌现，科学家们也充满了乐观情绪。但是在有些时期，巨大的困惑又困扰着人们。不过，通常来说，最为混乱的时期，也就是出现智力危机和完全不可理解的现象的时期，本身就是重大突破出现的先兆。

在过去的几十年里，粒子物理学一直处于一个与巴别塔故事非常相像的求知欲非常旺盛的时期。粒子物理学家一直在使用巨大的加速器来分析宇宙的组成及其演化过程。这些探寻在最近一些年又得到了天文学家和天体物理学家的帮助，他们使用巨大的天文望远镜搜寻天空，去寻找大爆炸后残余的光线和尘埃。他们认为这场大爆炸就发生在150亿年前。

粒子物理学家和天文学家都在朝着一个方向迈进，即构建一种简单、紧凑、可以解释一切现象的无所不包的模型，比如解释在各种环境下物质和能量的结构以及各种力的作用形式，既包括宇宙形成最初一刻有着极高温度和压力的极端环境，也包括我们今天所知道的相对比较寒冷空旷的宇宙。当我们偶然发现宇宙中存在一种令人困惑的似乎具有对抗性的力时，我们在非常谨慎地前进着，也许是太过谨慎了。有些东西看起来是从我们这个充满行星、恒星和星系的空间中突然出现的。有一些东西我们还无法检测得到，有人可能会说，这些东西就是为了考验和迷惑我们的。是我们离终点太近了吗？真的有通往那个什么地方的向导吗？

关键是物理学家是否会被这些困惑所打乱，还是与不幸的古巴比伦人相反，继续建造那个通天的高塔，就像爱因斯坦所说的，"了解上帝的思想"。

> 那时，宇宙人的口音、言语是多种多样的。
>
> 他们往东边迁移的时候，在沃克西哈奇地遇见一片平原，就住在那里。他们彼此商量说：来吧！我们要建造一座巨型对撞机，其碰撞可以通往时间的起点。于是他们就拿超导磁体当弯轨，又拿质子当碰撞物。
>
> 耶和华降临，要看看世人所建造的加速器。耶和华说：看哪，他们正在把我变乱的东西变得统一。耶和华叹息着说：我们下去，给他们上帝粒子，使他们看到我所创造的宇宙是多么美丽。
>
> ——《最新新约全书》11:1*

---

* 此三段话为作者自创之语。

第2章

第一位粒子物理学家

他看起来很惊讶。"你找到了能切开原子的刀子？"他问道，"是在这座城市里吗？"

我点了点头说："我们现在就坐在它的主干上。"

——向亨特·S.汤普森致歉

尽管费米实验室是世界上最复杂的科学实验室，但任何人都可以开着车（也可以步行或骑自行车）进去。联邦政府的很多机构出于保密的考虑而戒备森严，但费米实验室的天职是揭示秘密，而不是保守秘密。在激进的20世纪60年代，原子能委员会（AEC）给罗伯特·R.威尔逊（Robert R. Wilson，我的前任，也是实验室的第一任主任）打招呼说，得做好准备，随时对付那些将会聚在费米实验室门口闹事的激进学生。但威尔逊的应对办法很简单。他告诉AEC，他只需使用一种"武器"，就能独自抵挡住示威者，那就是物理学讲演。他向委员会保证，这种"武器"厉害至极，足可以赶走最勇敢的煽动者。直到今天，实验室主任还总是要准备一个物理学讲演，以备急时之需。让我们祈祷永远也不要采用这种招数吧。

由7 000英亩玉米地改造而成的费米实验室，坐落在伊利诺伊州的巴达维亚以东5英里的地方，向东距芝加哥约1小时的车程。在松树大道的入口处立着一座巨大的钢铁雕塑，雕塑的设计者罗伯特·R.威尔逊既是费米实验室的第一任主任，同时也负责实验室大楼的建造，他在艺术、建筑和科学方面都颇有建树。这座雕塑名为"破缺的对称"，它由3条向上伸展的弓形曲线组成，仿佛要在离地面50英尺处相交，但这种效果绝非刻意为之。3条曲线不期而遇，似乎是由彼此并没有通气的不同的建造者独自完成的。这座雕塑有一种让人沮丧的感觉——我们目前的宇宙也正是如此。如果你绕着雕塑走，会发现从任意一个角度看，这座巨大的钢铁作品都非常不对称。但是，如果你躺在它的正下方向上看，就会找到一个点，从这里看过去雕塑却是对称的。用威尔逊的这件艺术品装点费米实验室真是再合适不过，因为在这里，物理学家的工作就是从看起来很不对称的宇宙中，寻找他们猜想的存在隐含对称的线索。

驱车来到费米实验室，你会看到这里最重要的建筑——威尔逊大楼。这是费米实验室16层高的中央实验室大楼。它拔地而起，有点像丢勒画的《祈祷的双手》。这座建筑的灵感来源于威尔逊访问法国博韦时见到的建于1225年的一座大教堂。这座教堂的特征是一座由圣坛连接的双塔。竣工于1972年的威尔逊大楼也有两座塔（象征着祈祷的双手），连接其中几层的是天桥和全世界最大的中庭之一。在大楼的入口处有一口池塘，池塘的一头有一座高高的方尖碑。这座方尖碑是威尔逊留给实验室的最后的艺术品，被所有的研究人员称为"威尔逊的最后建筑"。

威尔逊大楼的旁边是实验室存在的基础——粒子加速器，由埋在地下30英尺、直径只有几英寸的不锈钢钢管围成一个周长4英里的圆圈。管子周围环绕着1 000只超导磁体，引导质子沿环形轨道运行。加速器里充满着碰撞和炙热。在这个环形轨道中，质子以接近光速的速度运行，同它的兄弟反质子碰撞并湮灭。碰撞即刻会产生绝对零度以上1亿亿（10^{16}）度的高温，比太阳中心及超新星剧烈爆炸产生的温度还要高得多！这里的科学家就是时间旅行者，他们比你从科幻电影中看到的时间旅行者要真实可信得多。这种温度能够"自然"存在的最后时刻，只是在大爆炸之后宇宙诞生的那一瞬间。

虽然加速器埋在地下，但从高空中仍然可以清楚地看到加速器环，因为在环上有一条20英尺高的圆形堤（可以将其想象成这么一个非常薄且周长有4英里长的面包圈）。许多人都以为这个圆形堤是用来吸收机器里的辐射的，而实际上这是威尔逊审美眼光的产物。加速器工程全部完工后，威尔逊很失望，因为他无法分辨出机器的具体位置。所以，当工人们在加速器周围挖散热池的时候，威尔逊让他们把挖出的泥土堆在这个巨环上。为了突出这个环，他还让工人绕着它挖了一条10英尺宽的水渠，并安装了用以产生喷泉的循环泵。这个水渠既显出了美观的效果，又具有给加速器输送冷却水的实际功能，整体设计非常漂亮。从高空往下看，圆形堤和水渠形成了完美的圆形，同时它们也构成了从这一高度拍摄的卫星照片上伊利诺伊北部最明显的标记。

加速器环围成的这660英亩土地真是一方妙土。实验室正在环内恢复大草原的风貌。大草原上最初生长的高高的青草，在过去的两个世纪里几乎被欧洲草种吞噬了，而它们能够重展芳容，得归功于那些成百上千的志愿者——他们从芝加哥地区的大草原保留地里收集了成熟的草籽种在这里。在环的里面还有一些湖，湖中点缀着天鹅、加拿大鹅和沙丘鹤的巢穴。

穿过马路，在主环的北面还有一处生态恢复项目，这是一处牧场，里面有上百头野牛在自由自在地漫步。有这样的局面其实很不容易，要知道在巴达维亚地区野牛已经没落大约800年了。这些野牛主要从科罗拉多和南达科他运来，也有一小部分是伊利诺伊本地的。很久以前，牛群在物理学家们现在待的这片草原上随处可见。而考古学家根据在目前费米实验室所处的这片土地上发现的许多箭头则告诉了我们野牛没落之谜——早在9 000年前，猎杀野牛的活动就已在这里非常盛行。似乎是在几个世纪里，定居在福克斯河旁边的一个美洲土著部落经常派遣猎手到现在的费米实验室这里猎杀野牛，然后带回他们河边的定居点。

有些人看到现在养的野牛后有点不安。有一天，当我正在菲尔·多纳休*的节目中为实验室鼓吹时，接到了住在实验室附近的一位女士打来的电话。"莱德曼博士把加速器打扮得看起来没什么危害，"她不满地说，"如果真是这样，那他们为什么还要养那些野牛呢？我们都知道，它们对辐射物质非常敏感。"在她看来，野牛就像用来检测井下瓦斯的金丝雀一样，是训练用来检测辐射的。我猜测，在她的想象中，待在高层办公室里的我，肯定专门腾出了一只眼睛，时时刻刻盯着牛群，一旦看到有一头牛倒下，就立马开溜。实际上，野牛就是野牛。如果真要检测什么辐射的话，那盖革计数器可比野牛好使多了，而且还不用吃草呢。

驱车沿着松树大道向东，距威尔逊大楼稍远处，还有几处重要的设施。其中一个是碰撞探测设备（CDF），我们有关物质的多数重要发现都是在这里做出的；还有一座新建的理查德·P.费曼计算中心，它是以几年前去世的加州理工学院那位伟大的理论物理学家的名字命名的。继续向前走，最后就来到了尤拉大道。在这里向右转，再往前走1英里左右，就会看到左边一座已有150年历史的农舍，那就是我当主任时住过的地方：尤拉大道137号。这不是官方地址，仅仅是我选来写在房门上的数字。

事实上，是费曼建议所有的物理学家都在办公室或家里挂上标记，以提醒自己还有许多未知的东西。我的标记很简单，就是137。137是精细结构常数的倒数，还与电子发射或吸收光子的概率有关。精细结构常数也叫 α，它等于电子电荷的平方除以光速与普朗克常量的积。这个复杂的式子只是表明137这个数字跟电磁学（电子）、相对论（光速）和量子理论（普朗克常量）有关。如果这些重要的参数组合在一起是1，或者3，或者 π 的倍数，似乎也没什么不可。但为什么是137呢？

这个不寻常的参数的最不寻常之处在于它是无量纲的。几乎所有的数字都

---

* 菲尔·多纳休（Phil Donahue），美国著名的"脱口秀"节目主持人。

带有量纲，比如光速是 300 000 千米/秒，林肯身高 6 英尺 6 英寸。但事实上，如果把构成 α 的所有的量都合在一起计算，所有单位都会相互抵消，最后只剩下 137，它在哪里都一样。也就是说，不管火星上或天狼星的第 14 颗卫星上的科学家使用什么上帝才知道的单位来表示电荷、速度和他们的普朗克常量，他们都会得到 137。这是一个纯粹的数字。

在过去的 50 年里，物理学家对 137 这个数字头疼不已。海森堡有一次宣称：如果 137 全然被解释清楚了，那么有关量子力学的所有困惑就都化解了。我曾对我的研究生说，如果他们在世界上任何一座大城市里遇到困难，那么只要在繁华的街道上举出一块写有"137"字样的招牌，最后必定会有一个物理学家能看出他们遇到了麻烦并给予帮助。（据我所知还没有人这样试过，不过这一招应该管用。）

物理学界有一个未经证实的绝妙故事，既凸显了 137 的重要性，也使得理论家的傲慢表露无遗。故事说的是，著名的瑞士籍奥地利数学物理学家泡利来到了天堂。可以肯定，由于在物理学界地位显赫，泡利被允许同上帝交谈。

"泡利，你可以提一个问题，你想知道什么呢？"

泡利立刻就问了那个在他生命的最后 10 年里一直努力探寻却没能找到答案的问题："为什么 α 等于 1/137？"

上帝笑了，他拿起粉笔开始在黑板上写公式。过了几分钟，他转向泡利，这时泡利正挥舞着他的手臂嚷道："Das ist falsch（太荒谬了）！"

还有一个发生在地球上的可以证实的真实故事。泡利确实为 137 所迷惑，他花了无数的时间研究它的重要性，到最后这个数字仍然困扰着他。当助手到医院病房看望他的时候，泡利正准备做那个致命的手术。当他离开病房时，他特意让助手注意门上的数字。这个数字正是"137"。

这就是我住过的地方：尤拉大道 137 号。

深夜与莱德曼相会

一个周末的夜晚，在巴达维亚用过晚餐后，我驾车经过实验室回家。从尤拉大道上的几个地方，都看得到空旷夜空之下那灯火通明的中央实验室大楼。物理学家探寻宇宙奥秘的执着，在星期天晚上11点30分从威尔逊大楼里透出的灯光中可以得到明证。在16层双塔大楼上下闪烁的每一缕灯光后面，都会有一位戴眼镜的研究人员。他们循着那些有关物质和能量的并不明朗的理论前行，一心要解开大自然的死结。幸运的是，我可以先开车回家睡大觉。作为实验室主任，需要我值守的夜班大大减少，所以我可以放下问题轻松地睡觉了。我非常高兴能够睡在真正的床上，而不必为等待实验数据而在加速器边上打地铺。不过，我总是辗转反侧，思考着夸克、吉娜、轻子、索菲娅……最后，我只好用数绵羊的办法来摆脱对物理学问题的思考："……134，135，136，137……"

突然，我掀开被子坐了起来，一种紧迫的感觉驱使我走出了房间。我从车库里取出自行车——身上还穿着睡衣，当我上车时领子上的徽章掉了下来——骑着车晃晃悠悠地向CDF的方向驶去。虽然我知道有很重要的事情要做，可这车我怎么也骑不快。这时我想起一位心理学家跟我说过，有一种梦是神志清醒的梦，在这种梦里，做梦者知道自己是在做梦。这位心理学家说，一旦你认识到了这一点，你就可以在梦中做你想要做的任何事情。第一步就是要发现你是在梦里而不是在现实中的证据。这很简单，我通过这种强调字体就知道自己是在梦里。我讨厌强调字体，它读起来太费劲了。我控制住自己的梦。"不要强调字体！"我喊道。

这样就好多了。我把自行车换到高速挡，以光速向CDF进发（嘿，你真的可以在梦里做任何事情呢）。哇，太快了：我已经绕地球8圈啦，最后又回到了家门口。我把速度降下来，又以每小时120英里的中等速度驶向CDF。这时已经是凌晨3点了，但停车场依然是满满的——加速器实验室里的质子晚上可不会停止运动。

我"咻溜"一声钻进了CDF。CDF是一座飞机棚模样的工业建筑，到处都涂着明亮的橘红色和蓝色。各类办公室、计算机室和控制室沿着一堵墙依次排开，余下的是一片开放的空间，用来放置足有3层楼高、5 000吨重的探测器。这个重达1 000万磅的特殊的"瑞士表"，是由约200名物理学家和同样数目的工程师耗时8年多装配而成的。探测器五颜六色，在结构上以一个小孔为中心呈放射形对称。它是整个实验室的看家宝。没有这个玩意儿，我们就"看"不见在加速器管道里运行的是什么粒子，也不知道位于探测器中心的是什么粒子。实际上，在探测器中心发生的是质子和反质子的碰撞。探测器的放射状辐条大致可以跟碰撞所产生的数百种粒子相对应。

探测器可以通过铁轨移出加速器的隧道，以便进行周期性保养和维修。我们经常安排在夏天保养仪器，因为这时电费最高（如果你的电费账单一年开销在1 000万美元以上，你就会采取各种措施去降低成本的）。今天晚上探测器就处于工作状态。它已经被移回隧道。为防止辐射，通往维护室的10英尺厚的钢门已经被关上了。精心设计的加速器能使质子和反质子（大部分）在通过探测器的管道区域——"碰撞区"——碰撞。显而易见，探测器的工作就是探测由质子和反质子碰撞所产生的物质，并将其归类。

我还穿着睡衣，走上了二楼控制室，在这里可以连续监控探测器的情况。屋子里像预想中的那样安静。没有负责维修和执行别的保养任务的焊工和其他工人在走动，在日班时这可是很常见的。跟平时一样，控制室里灯光很暗，这样才能使数十台计算机显示器上闪烁着与众不同的蓝光的数据显得更加清楚。CDF控制室里的计算机是麦金托什机，就像你买来用于观察财经走势或玩电子游戏的那种微型计算机一样。它们的信息来自一个庞大的"自制"计算机，该计算机和探测器一起工作，以便从质子和反质子碰撞的碎片中找出点东西来。这台自制的家伙实际上是一个复杂的数据采集系统（DAQ），由来自全世界15所左右的大学建造CDF的顶尖科学家们设计而成，它的程序可以确定在每秒钟发生的成千上万次碰撞中，哪一次对于分析是有意义的或比较重要的，并将其记录到磁带上。麦金托什机就控制着这个搜集数据的复杂系统。我环顾整个房间，看到了许多空的咖啡杯，还有一小帮被咖啡因和长时间工作搞得焦头烂额、精疲力竭的年轻物理学家。这时你看到的都是些还没有资历的研究生和年轻的博士后，所以没能排上什么好的班次。引人注目的是，他们当中有不少年轻的女士，这在大多数物理实验室里可算得上是"奇货可居"了。看起来，CDF在工作安排上深明"男女搭配，干活不累"之妙，好处可真是不少。

然而，在屋子的一角，却坐着一个与周围环境很不协调的人。他瘦瘦的，留着脏兮兮的胡子。尽管他看起来跟别的研究人员没什么两样，但不知何故我还是认出他并非这里的工作人员。也许是因为他穿着长袍。他坐在那里盯着麦金托什机，像犯神经病一样"咯咯"地傻笑。想想吧，这个家伙在CDF的控制室里傻笑！在曾设计出最伟大的科学实验的实验室里傻笑！我想我该好好盘问盘问他。

莱德曼：对不起，你是他们打算从芝加哥大学请来的新数学家吗？

穿长袍的人：职业对了，但地点错了。我叫德谟克利特，从阿布德拉来，不是芝加哥。他们管我叫"令人发笑的哲学家"。

莱德曼：阿布德拉？

德谟克利特：位于希腊大陆色雷斯的一个城镇。

莱德曼：我不记得从色雷斯请过任何人。我们不需要"令人发笑的哲学家"。在费米实验室里都是鄙人讲笑话。

德谟克利特：哦，我已经听说这里有个"令人发笑的主任"。不过别担心，我在这儿不会待太久的。到现在我还没有看到什么有意思的东西。

莱德曼：那你为什么待在控制室里？

德谟克利特：我正在找东西，一件很小的东西。

莱德曼：那你来对地方了，找小东西正是我们这里的特长。

德谟克利特：我知道，我找这东西已经有 2 400 年了。

莱德曼：哦，你就是那个德谟克利特。

德谟克利特：你还知道另一个德谟克利特吗？

莱德曼：我明白了。你就像《美好生活》中的天使克拉伦斯一样，到这里是想来劝我不要自杀的吧。事实上，我正琢磨着如何割腕呢，我们实在找不到顶夸克。

德谟克利特：自杀！你使我想起了苏格拉底。不，我不是天使。那个不朽的概念是在我之后提出来，由那个没有主见的柏拉图普及开的。

莱德曼：但如果你没有不朽的话，你怎么能到这里呢？你不是已经死了 2 000 多年了吗？

德谟克利特："霍拉旭，天地之间有许多事情，是你们的哲学里所没有梦想到的呢。"*

莱德曼：听起来很耳熟嘛。

德谟克利特：那是我从 16 世纪时碰到的一个家伙那儿借用的观点。还是回答你的问题吧：我正在做你们所谓的时间旅行。

莱德曼：时间旅行？你在公元前 5 世纪的希腊就明白了时间旅行？

德谟克利特：时间嘛，小菜一碟，它可以朝前，也可以往后，让你进出自由，就像加利福尼亚的冲浪者一样。不过物质可不太好描述。嗯，我们甚至把一些研究生送到你们这个时代。我听说，其中一个叫霍金的人引起了轰动。他专门研究"时间"。他所知道的一切都是我们教给他的。

莱德曼：那你为什么不发表这项发现呢？

德谟克利特：发表？我写了 67 本书，足有厚厚的一捆，但是出版商却拒绝出版。

---

* 出自莎士比亚剧作《哈姆莱特》。

你所了解的有关我的大多数东西，都是通过亚里士多德的著作看到的。我再给你补充一点，小伙子，我确实穿越时空了！我比我那个时代的任何人都涉足了更多的领域，做过更为广泛的调查，看到了更多的国家和地区，并且听到了更多名人……

莱德曼：可柏拉图憎恨你的勇气。他是不是很不喜欢你的思想，以至于要烧掉你所有的著作啊？

德谟克利特：是的，这个迷信的老头差点得手了。不过，亚历山大的烈火却造就了我的声誉。那也正是你们所谓的现代人在时间掌控上一无所知的原因所在。现在我听到的都是牛顿、爱因斯坦……

莱德曼：那你为什么要在20世纪90年代访问巴达维亚呢？

德谟克利特：我只是想检验一下我的一个想法。很不幸，这个想法被我的同胞给舍弃了。

莱德曼：我敢打赌，你说的是"原子"。

德谟克利特：是的，"原子"，那个终极的、不可分也不可见的粒子，所有物质的基本组元。我一直赶在时间前面，就是想看看人们在改进我的理论的道路上走了多远。

莱德曼：那么你的理论是……

德谟克利特：不要骗我了，年轻人！你应该非常清楚我的信念。不要忘了，我是一个世纪接一个世纪、一代接一代走过来的，我非常清楚19世纪的化学家和20世纪的物理学家一直在围绕我的理论进行工作。别误解我——你们这么做是对的。但愿柏拉图也能够这么聪明。

莱德曼：我只是想听听你用自己的语言是如何描述的，因为我们对你的工作的了解主要来自别人的著作。

德谟克利特：好吧，不过我已经说过无数次了。如果我说的听起来很无聊，那是因为我刚跟那个叫奥本海默的人谈过这个问题。还有，在听我说的过程中，请不要再用物理学与印度教的对比之类的无聊话题来打断我。

莱德曼： 你不想听听我的有关中餐在破坏镜像对称中的角色的理论吗？ * 它与说世界是由气、土、火和水组成的理论一样言之有据。

德谟克利特： 为什么你不能不吱声，静静地坐下来听我从头说起呢？来，坐在这个麦金托什机旁边，注意听。如果你想理解我的工作以及我们所有原子论者的工作，就必须回到 2 600 年前。我们需要从在我出生之前 200 多年出现的一个人物——泰勒斯开始。他活跃在公元前 600 年左右的米利都。米利都是爱奥尼亚的一个小镇，如今你们把爱奥尼亚称为土耳其。

莱德曼： 泰勒斯也是一个哲学家吗？

德谟克利特： 何止！他是希腊的第一个哲学家。而在前苏格拉底时代的希腊，哲学家实际上是博学之士。泰勒斯是一个颇有造诣的数学家和天文学家，他在埃及和美索不达米亚受到过很好的训练。你知道他曾经预言过在吕底亚人和美堤亚人的战争结束时出现的一次日食吗？他编写了最早的一部历书——今天你们却把这活计留给了农夫；他还教会了水手如何根据小熊星座的位置在夜间航行。他也是出色的政治顾问、精明的商人和优秀的工程师。早期的希腊哲学家赢得尊重不仅要凭他们出色的思想，而且还要凭他们的实用技艺或应用科学，这不就像是今天的物理学家吗？

莱德曼： 无论是过去还是现在，我们都想做出一点有用的东西来。可遗憾的是，我们的工作通常都集中在非常狭窄的领域，而且我们也很少有人懂得希腊语。

德谟克利特： 幸运的是我会讲英语，对吗？总之，泰勒斯也像我一样，一直在问自己一个基本的问题："世界是由什么组成的？它是怎样运行的？"我们周围可以看到许多表面上的混沌现象：花开花落，洪水泛滥，沧海桑田，流星天象，旋风暴雨，山崩地裂，生老病死……那么，在这些不断的变化

---

* 这方面的情节在本书的"间奏曲 C"中有详细描述。

中有没有一种基本的东西是永恒不变的呢？所有这一切能否归纳成我们所
能理解的简单规律呢？

莱德曼：泰勒斯找到答案了吗？

德谟克利特：水。泰勒斯认为水是最基本的终极元素。

莱德曼：他是怎么想的？

德谟克利特：这并不是一种狂想，我也不是完全理解泰勒斯的想法。但请想一
想，水对于生长是必不可少的，至少对植物是这样。种子都需要一个潮湿
的生存环境。几乎所有的植物加热后都会蒸发出水。而且，水是当时所知
的唯一一种能以固态、液态和气态（水蒸气）存在的物质。他可能认为，
如果这个过程持续下去的话，水是可以转变为土的。我不知道。但泰勒斯
给你们所谓的"科学"开了一个好头。

莱德曼：作为第一次尝试，确实不错。

德谟克利特：但在爱琴海周围产生的反响是，历史学家们，尤其是亚里士多德，
却对泰勒斯及其支持者严加抨击。亚里士多德被力和因果关系迷惑住了。
你几乎很难跟他谈论任何其他问题，他总是挑剔泰勒斯及其在米利都的朋
友们。为什么是水？是什么力使固体的水变为气体的水？为什么有那么多
不同形态的水？

莱德曼：就当代物理学，嗯，就这些年代的物理学观点来看，是需要了解力的，
还有——

德谟克利特：泰勒斯和他的同伴可能已经把因果概念与他的水基物质的本性纠
缠在一起了。力和物质是统一的！我们以后再说吧。现在跟我说说你们称
之为胶子和超对称性的东西吧。

莱德曼（挠着鸡皮疙瘩）：哦，这个天才还做了些什么？

德谟克利特：他还有一些传统的神秘观念。他认为大地是浮在水面上的，还相
信磁石有灵魂，因为它可以移动铁。但他信仰简单性，尽管在我们的周围

有多种多样的"物质"，他还是认为宇宙中存在一种统一性。泰勒斯还把一系列的理性思维和他所有的神秘观念结合在一起，为的是给"水"赋予一个特殊的地位。

莱德曼：我猜想泰勒斯一定认为，世界是由希腊神话中的阿特拉斯站在龟背上扛着的。

德谟克利特：恰恰相反。泰勒斯和他的同伴召开了一次非常重要的会议，很可能是在米利都城区一家餐厅的密室里。在喝了许多埃及葡萄酒以后，他们抛弃了阿特拉斯，作出了神圣的决定："从今天开始，对于世界是如何运行的解释和理论都要基于严格的逻辑推理。不再需要迷信，不再求助于雅典娜、宙斯、大力神、太阳神、佛和老子。让我们看看能否依靠自己的力量找到答案。"这可能是有史以来人类所作出的最重要的决定。当时是公元前650年，可能是一个星期四的晚上，科学就这样诞生了。

莱德曼：你认为我们现在已经破除迷信了吗？你见过我们的特创论者吗？你见过我们的极端动物保护主义者吗？

德谟克利特：就在费米实验室这里吗？

莱德曼：不，不过也不远。现在请你告诉我，关于土、气、火和水的理论是在什么时候出现的？

德谟克利特：打住。在那个理论之前还有其他许多人呢。阿那克西曼德就是其中的一个。他是米利都城里泰勒斯的年轻追随者之一。阿那克西曼德也是通过实际工作而扬名的，比如他为米利都水手们绘制了黑海的地图。像泰勒斯一样，他也在寻找物质的基本组成单元，但他认为不可能是水。

莱德曼：毫无疑问，这是希腊在思想上的又一次伟大跃进。那么他找到的是什么呢？土耳其果仁蜜馅吗？

德谟克利特：不要笑，我们马上就说到你们的理论了。阿那克西曼德也是一个实践天才，而且，像他的前辈泰勒斯一样，他把业余时间都花在了哲学讨论上。阿那克西曼德的逻辑相当精妙，他认为世界是由矛盾——热与冷、干与湿——组成的。水可以灭火，太阳可以把水晒干，等等。所以，宇宙的基本物质就不会是水、火或者任何只能代表矛盾一方的东西，因为这样就不对称了。你知道我们希腊人是多么热衷于对称。例如，如果所有的物质都像泰勒斯所说的那样来源于水，那么火或者热就不会产生，因为水不能产生火而只可以灭火。

莱德曼：那么，他提出的基本物质究竟是什么呢？

德谟克利特：他把这种东西叫作"初始态"，意思是"无界"。物质的这种最初状态是一团不可区分的、巨大的，也可能是无限大的物质。它是原初的"物质"，处于矛盾的中间。这种思想对我自己的思想影响很深。

莱德曼：如此看来，这个"初始态"倒有点像你的"原子"了——除了它是无限大的物质，而原子是无限小的粒子，是吗？这不是越来越乱了吗？

德谟克利特：不，阿那克西曼德意识到了一些有用的东西。"初始态"在空间和时间上都是无限的，但是没有结构，没有组成部分，除了彻头彻尾的初始态以外什么也没有。如果你想确定一种基本物质，那它最好也具有这种性质。实际上，我就是想让你们难堪，因为 2 000 年后你们终于开始承认我们这些人的先见之明了。阿那克西曼德所做的就是发明了真空，我想你们的狄拉克到 20 世纪 20 年代才最终开始描述真空应有的性质。阿那克西曼德的"初始态"就是我所说的"虚空"的原型，即粒子在其中运动的虚无状态。牛顿和麦克斯韦称其为"以太"。

莱德曼：但事物即物质又是如何形成的呢？

德谟克利特：听着（他从长袍里取出一张羊皮纸，在鼻子上架了一副打折的 Magna Vision 牌老花镜），阿那克西曼德说，"它既不是水也不是其他任何所谓的元素，它只是一种无界的不同物质，宇宙万物都是由此而生的。物质毁灭后就恢复到这种状态……事物是对立统一的"。现在，我知道你们 20

世纪的人都在谈论真空中产生的物质和反物质，还有湮灭……

莱德曼： 当然，不过……

德谟克利特： 阿那克西曼德说在"初始态"——可称为真空或以太——中存在
的物质是对立统一的，这难道不是有点像你们的想法吗？

莱德曼： 多少有点吧。不过我更感兴趣的是，究竟是什么使阿那克西曼德想到
这些东西的？

德谟克利特： 当然，他不是在预言反物质。但他认为，在有合适条件的真空中，
相反的东西会分开：热和冷、湿和干、甜和酸。今天你们又加上了正和反、
南和北。它们结合后，就会丧失所有的性质而成为中性"初始态"。这难道
还不简洁吗？

莱德曼： 那么共和党人和民主党人呢？有被称为共和党人的希腊人吗？

德谟克利特： 真搞笑。不过，至少阿那克西曼德尝试过以基本元素来解释产生
物质多样性的机制，并且从他的理论还引申出了许多子理论，有一些你们
可能也非常赞同。例如，阿那克西曼德相信人是从低级动物进化来的，而
低级动物又是从海洋生物进化来的。他在宇宙论方面的最大贡献是摆脱了
阿特拉斯说，甚至摆脱了泰勒斯的支撑大地的海洋。他知道地球并不需要
支撑。他把大地（当时还没有给出球形）说成悬挂在无限的空间中。这跟
牛顿的理论没有什么不同，正如这些希腊人所想的，不存在任何其他东西
来支撑。阿那克西曼德还指出，存在着不止一个世界或宇宙。事实上，他
认为存在着无数个可灭的宇宙，这些宇宙按照顺序交替出现。

莱德曼： 就像《星际迷航》中的交替宇宙？

德谟克利特： 别跟我提你们那些商业性的东西。无数个世界的概念对于我们原
子论者来说非常重要。

莱德曼： 等一下。我想起你曾经写过一些令我震惊的与现代宇宙学说非常一致
的文字。我甚至能背下来，你看："有无数不同大小的宇宙，有的宇宙中没

有太阳和月亮，有的宇宙中的太阳和月亮比我们的更大，有的宇宙中有更多的太阳和更多的月亮。"

德谟克利特：是的，我们希腊人同你们的柯克船长有一些观念相同，不过我们描述得更好。我宁愿把我的理论比作空旷的宇宙，一段时间以来你们在这方面发表了堆积如山的论文。

莱德曼：这正是我感到震惊的原因。你的一个前辈不是认为气是终极元素吗？

德谟克利特：你说的是阿那克西曼德的一个更年轻的同事阿那克西米尼吧，他是泰勒斯学派的最后一位。他实际上从阿那克西曼德的观点后退了一步。像泰勒斯一样，他也认为存在着一种根本的元素，不过他认为这种元素是气，而不是水。

莱德曼：如果他听导师的话，他就不会考虑像气那样的物质了。

德谟克利特：是的，但阿那克西米尼确实找到了一种解释各种不同形式的物质如何由这种基本元素转变而来的灵活机制。从我的讲述中我看出你是那些实验主义者之一。

莱德曼：是的，你对此有何见教？

德谟克利特：我发现你在讽刺这些希腊人的理论。我猜你的这些偏见源于如下事实：许多观点大家谈起来都振振有词，但它们并不能得到确切的实验证明。

莱德曼：是的。实验家特别喜欢那些能够被证明的思想，这是我们赖以生存的根本。

德谟克利特：那么你应该更为尊重阿那克西米尼，因为他的信念是基于观察的。他的理论指出，物质中的不同元素通过凝聚和稀释从空气中分离出来。空气可以变为湿气，反之亦然。热和冷可以把空气变为不同物质。为了解释热和稀释以及冷和凝聚是如何联系在一起的，阿那克西米尼建议人们做这样一个实验：把嘴唇闭合，只留出一条小缝吹气，呼出的空气就是冷的；

如果把嘴张开，呼出的空气就比较温暖。

莱德曼：国会会喜欢阿那克西米尼的，他的实验比我的实验开销要少得多。并且所有的热空气……

德谟克利特：我知道，但我是想打消你认为我们古希腊人从来不做任何实验的念头。泰勒斯和阿那克西米尼这样的思想家的主要问题是，他们认为物质会相互转换：水可以变成土，气可以变成火。可这些都是不可能发生的。在我们早期哲学中存在的这一障碍，直到与我同时代的两位哲人——巴门尼德和恩培多克勒——出现以后才真正得以解决。

莱德曼：恩培多克勒就是那个认为物质是由土、气等组成的人，对吧？就跟我说说巴门尼德的事情好啦。

德谟克利特：他常被称为唯心主义的鼻祖，因为他的很多想法都被那个柏拉图捡去了。可实际上他是一个不折不扣的唯物主义者。他多次谈到"存在"（Being），但这种"存在"是物质的。究其本质，巴门尼德认为存在既不能创生，也不能消失。物质不可能突然出现，或突然消失。它就在那里，我们不能毁灭它。

莱德曼：到下面的加速器那里去吧，我要给你展示一下他究竟错在哪里。我们每时每刻都在制造并毁灭着物质。

德谟克利特：好的，好的。但这是一个重要的概念。巴门尼德提出了一个对我们希腊人来说很宝贵的概念：完整性，也就是整体性。存在的究竟是什么？这个概念是完整而又恒久不变的。我猜你和你的同事也信奉统一性吧。

莱德曼：是的，这确实是一个重要而且有趣的概念。我们一直在为理论中的统一而努力。现在面临的主要困惑之一就是大统一理论。

德谟克利特：事实上，你们并不是凭空随意产生新物质的，我敢肯定你们要在这个过程中加入能量。

莱德曼：是的，我有电费账单为证。

德谟克利特：所以，在某种程度上，巴门尼德离你们并不遥远。如果你把物质和能量都归结于他所定义的存在，那么他就对了。存在既不能产生也不能消失，至少从整体上看是这样。但我们的感觉给了我们另一种经历。我们看到树木被烧成灰，而水可以灭火，夏天的热气可以使水蒸发，以及花开花落，等等，是恩培多克勒从这些表面对立的现象中找到了规律。他同意巴门尼德的观点，即物质必须守恒，它不能毫无规律地出现和消失。不过，他不同意泰勒斯和阿那克西米尼的物质转换的观点。那该如何解释我们周围可以看到的经常出现的变化呢？恩培多克勒说只有4种基本物质，也就是著名的土、气、火和水。它们不能互相转换，是不变的而且是终极的粒子，它们可以组成世界上各种具体的事物。

莱德曼：总算转到正题上了。

德谟克利特：我就知道你喜欢听这些。事物就是通过这些元素的混合形成的，也是通过元素的分离消失的。但这些元素本身——土、气、火和水——既不会产生也不会消失，而是保持不变。很明显，在这些粒子的一致性上我并不完全同意他的观点，但原则上他迈出了重要的一步。宇宙中只有几种基本的组成成分，你可以通过不同的方式把它们组成不同的物质。例如，恩培多克勒说骨头是由2份土、2份水和4份火组成的。我可记不得他是怎样得到这个配方的了。

莱德曼：我们实验了气、土、火、水的混合物，得到的只是热得冒着气泡的烂泥。

德谟克利特：把这个论题留给“现代人”去讨论吧。

莱德曼：那么力的作用呢？看起来你们希腊人谁都没有意识到既需要粒子也需要力的作用。

德谟克利特：对此我表示怀疑，但恩培多克勒会同意。他知道你们需要用力来把这些元素结合成其他物质。他提出了两种“力”：亲和与争斗——亲和使物质结合，争斗使它们分开。这也许不太科学，但你们现代的科学家对于宇宙不是也有一套类似的理论体系吗？有许多粒子和一组作用力，对吧？它们常被赋予了异想天开的名字，是吧？

莱德曼：在某种程度上是这样的。我们把自己的理论称为"标准模型"。这套理论认为，我们已知的宇宙中的万事万物可以用12种粒子和4种作用力的相互作用来解释。

德谟克利特：是的。恩培多克勒的世界观听起来同你们的理论也没有太大的不同，不是吗？他说宇宙可以用4种粒子和2种作用力来解释，而你们不过是加了更多的粒子和作用力，但是两种模型的结构有点相似，不是吗？

莱德曼：当然，但我们并不赞同这样的内容：火、土、争斗……

德谟克利特：好吧，我想你一定会展示2 000多年来的一些研究成果。不过，我也不同意恩培多克勒理论中的内容。

莱德曼：那么你信奉什么？

德谟克利特：呃，我们现在就转到正题上吧。巴门尼德和恩培多克勒的工作为我的工作做了准备。我相信"原子"是不可分割的。原子是宇宙的构成单元。所有的物质都是由原子通过不同的组合构成的。它是宇宙中的最小事物。

莱德曼：在公元前5世纪的古希腊，你有用于找到看不见的粒子的必备仪器吗？

德谟克利特：用"找到"不确切。

莱德曼：那用什么？

德谟克利特：也许用"发现"更好一些，我通过纯粹的推理来发现原子。

莱德曼：你是说你只通过思考？你不必麻烦做任何实验了？

德谟克利特（用手指了指实验室里）：有些思想上的实验甚至比最大、最精密的仪器都要好得多。

莱德曼：是什么使你有了原子这个想法？我必须承认，这是一个非常精彩的假说，但它好像超越了那个时代。

德谟克利特：面包。

莱德曼：面包？有人付钱给你，让你提出这个想法吗？

德谟克利特：不是这个意思。那时候还没有联邦拨款，我指的是真正的面包。一天，在我很长时间没吃东西的时候，有个人带着一条刚出炉的面包走进了我的研究室。我不用看就知道是面包。我想：面包中有一些看不见的基本物质跑在前面进入了我的希腊式鼻子中。我"记"下了气味，并想到了其他"会跑的基本物质"。一小池水逐渐收缩，最后干涸，为什么？是怎么回事？是不是水中有什么看不见的东西像我的热面包中的气味那样从水池中跑出来，并跑得很远？我们所看、所想、所谈论的就是这些小东西。我和朋友留基伯天天讨论这个问题，有时直到太阳落山妻子们怒气冲冲地带着棍子来赶我们。最后我们得出的结论是：如果每种物质都由原子组成，这些原子小得我们用肉眼根本看不见，那么就应该有很多不同种类的原子：水原子、铁原子、雏菊花瓣原子、蜜蜂前腿原子——这么丑陋的系统可不是希腊式的。随后我们又有了一个更好的想法：也许只存在一些不同类型的原子，有光滑的、粗糙的，有圆形的、带角的，还有其他一些数目有限的形状，只是每一种可以用无穷多次。然后把它们放在空空间中（小伙子，你应该看看我们为了理解空空间喝了多少啤酒！你是怎么定义"什么都没有"的呢？），让这些原子任意地四处运动。让它们不停地运动，偶尔会发生碰撞，有时会粘住并组合在一起。就这样，一组原子组合成了葡萄酒，另有一组原子组合成了装酒的杯子，它们同样也可以组合成奶酪、甜饼或者橄榄。

莱德曼：难道亚里士多德不是认为这些原子会自然下落的吗？

德谟克利特：那是他的问题。你看过在黑暗的房屋里射进的光线中舞动的灰尘吗？原子就像那些灰尘一样向各个方向运动。

莱德曼：你是如何想象原子的不可分割性的？

德谟克利特：那是在思想中进行的。请想象有一把磨光的青铜刀，我让仆人们花整天的时间来磨它，直到刀刃变得非常锋利为止。最后终于满意了，我就开始行动。我拿起一块奶酪……

莱德曼：是羊奶酪？

德谟克利特：当然。我用刀把奶酪切成两块，如此下去，直到奶酪块小到我拿不住了为止。这时我就想，如果自己的身材非常小，那么这块小奶酪对我来说就会比较大，我就可以拿住它；而且我的刀也足够锋利，就能继续切它。这样我就必须再在思想中把自己缩小到蚂蚁鼻子上的斑点那样大。我继续切奶酪。如果我一直不断地重复这个过程，你知道结果会是什么吗？

莱德曼：肯定是一块还没有切完的羊奶酪。

德谟克利特（哼了一声）：即使是"令人发笑的哲学家"也会被这恶心的话噎死的。如果我继续下去……最后，就会得到一块坚硬得永远也不可能切开的东西，即使让仆人们把刀磨上100年也切不开。我相信这个最小的无法切割的物体就是物质的必要组成部分。像有些所谓的博学的哲学家所说的那样，物质可以无限分割下去，这根本就是无法想象的。现在我就得到了最终的不可分割的物质：原子。

莱德曼：你是在公元前5世纪的希腊产生这个想法的吗？

德谟克利特：是的，怎么了？与你们现在的观点有什么不一样吗？

莱德曼：嗜，事实上相当一致。只是我们气不过是你最先发表的。

德谟克利特：然而，你们的科学家所称的原子并不是我头脑里想的那种。

莱德曼：噢，那是19世纪一些化学家的错误。实际上，现在没有人认为元素周期表中的原子——氢、氧、碳，等等——是不可分割的了。那些家伙行动过早了。他们认为自己已经发现了你所说的原子。不过这些东西离那块终极奶酪还差得远呢。

德谟克利特：那么，如今你们发现它了吗？

莱德曼: 是发现了它们,那可不止一种。

德谟克利特: 嗯,当然,留基伯和我都相信有好多种。

莱德曼: 我想留基伯实际上并不存在吧。

德谟克利特: 这个你跟留基伯夫人说去吧。噢,我知道有些学者认为他是个子虚乌有的人物。可无论如何,他确实像这台麦金托什机(他敲了敲计算机)一样是真实存在的。留基伯与泰勒斯和其他一些人一样都来自米利都。我们一起琢磨出了原子理论,所以很难说是谁提出了什么东西。只是因为他比我年纪大一些,人们就说他是我的老师。

莱德曼: 但正是你坚持认为存在很多原子。

德谟克利特: 是的,我记得是这样。有无数的不可分割的粒子。它们的形状和大小都不一样,除此之外,它们都是固态的、不可贯穿的,而且没有实际质量。

莱德曼: 它们有形状但没有结构。

德谟克利特: 对,这是一个很好的解释。

莱德曼: 那么,在你们的标准模型中,是怎样把原子的性质和由它们所组成的物质联系起来的呢?

德谟克利特: 哦,这个还不是很明确。例如,我们认为甜的东西是由光滑的原子组成的,而苦的东西是由锋利的原子组成的,这是因为苦的东西会伤害我们的舌头。液体是由圆形原子组成的,而金属原子有小锁把它们紧密地联系在一起,这就是金属如此坚硬的原因所在。火是由小型的球形原子组成的,这与人类的灵魂一样。就像巴门尼德和恩培多克勒预言的那样,没有实际的东西产生和消失。我们看到周围的事物经常改变,那是因为它们由可以组合和分散的原子所组成。

莱德曼: 那么,这种组合和分散是怎样发生的呢?

德谟克利特: 原子是在不断运动的。有时它们恰好处于一种可以连锁的状态,就结合到一起。这样能产生大到足以看见的物体:树木、水、山丘。这种不断的运动也可以使原子分散，这就造成了我们所看到的周围事物的明显改变。

莱德曼：但根据原子理论，新的物质既不会产生也不会消失呀？

德谟克利特：不。那是一种幻想。

莱德曼：如果所有的物质都是由这些实质上没有特性的原子组成的，那么万事万物为什么会如此不同？比如为什么石头很坚硬，而羊毛却比较柔软呢？

德谟克利特：这个很简单。坚硬的物质内部有很少的空隙，原子结合得更为紧密，而柔软的物质内部空隙较多。

莱德曼：所以你们希腊人接受了空间的概念：虚空。

德谟克利特：确实如此。我的同伴留基伯和我发明了原子，就需要有一些地方来放它们。留基伯花了几乎全部的精力（和一些酒）来试图阐述我们可以放置原子的空空间。如果它是空的，那就是"无"（nothing），但该怎么定义"无"呢？巴门尼德举出了确切的证据说空空间是不存在的。我们最后认定他的证据并不存在。（呵呵）这个糟糕的问题，让我们浪费了好多葡萄酒。在气土火水的时代，虚空被认为是第5种基本元素。它给我们带来了太多的问题。你们现代人就毫无疑问地接受了"无"这个概念了吗？

莱德曼：我们不得不接受。因为如果没有"无"的话就什么也做不了啦。但即使在今天，这也是一个复杂而难以理解的概念。然而，就像你提醒我们的那样，我们的"无"，即真空中，经常充满了理论上的概念：以太、辐射、负能量海、希格斯粒子，就像阁楼上的储物间一样。我不知道没有了它我们还能做什么。

德谟克利特：那你就可以想象在公元前420年，解释虚空的概念是多么困难了。巴门尼德否定了空空间的存在性。留基伯第一个指出没有虚空就没有运动，因此虚空必须存在。但是恩培多克勒做了一个迷惑众人好一阵的聪明反击——他说运动不需要空空间就可以发生。看看在海洋里游动的鱼，位于鱼的头部的那部分水，会即刻运动到游动的鱼的尾部留下来的那部分空间。鱼和水这两种事物一直都保持接触。还是忘了空空间吧。

莱德曼： 人们赞成这种说法吗？

德谟克利特： 恩培多克勒是个聪明人，他在此之前就推翻了虚空理论。不过，与他同时代的毕达哥拉斯学派就接受了虚空，这显然是因为他们认为元素必须保持分离。

莱德曼： 您说的是那些拒绝吃豆的哲学家吗？

德谟克利特： 是的。不过在任何时代那都不是一个坏的想法。他们还持有其他一些琐碎的信念，比如你不应该坐在一个容器上或者踩到你自己的脚指甲屑。但正像你已经非常了解的那样，他们也在数学和几何学方面做了一些有趣的事情。尽管如此，恩培多克勒也击败过他们，因为他们说虚空中充满了气。恩培多克勒只通过证明气也是物质的，就推翻了这种观点。

莱德曼： 那你是怎样接受虚空的呢？你不是很尊重恩培多克勒的想法吗？

德谟克利特： 事实上，这一点困扰了我很长时间。我在处理空空间问题时遇到了很多麻烦。我是怎样描述虚空的呢？如果它是真正的"无"，那它是怎样存在的呢？我的手接触到你这里的桌子。在快到桌面上时，我的手掌感觉到有轻微的空气流充满了我和桌子表面之间的虚空。但就像恩培多克勒巧妙指出的那样，空气并不是虚空本身。如果我不能感觉到我的原子必须在里面运动的虚空，那么我该如何来设想那些原因呢？如果我想用原子来解释世界，那么就必须定义一些看起来不能定义的东西，因为它没有性质。

莱德曼： 那你是怎么做的呢？

德谟克利特（笑了笑）：我决定不去惹麻烦了，我避开了这个问题。

莱德曼： 哦？

德谟克利特： 对不起。准确地说，我用我的刀子解决了这个问题。

莱德曼： 你想象中用来把奶酪切成原子的那把刀子？

德谟克利特：不，是一把真正的刀子，切的也是真正的苹果。刀刃必须找到空空间才能够切进去。

莱德曼：如果苹果是由固体原子组成的，而且相互结合的原子之间没有空隙呢？

德谟克利特：那就不能切开，因为原子不能被切开。但是，只要有一把足够锋利的刀，我们所能见到或感觉到的所有物体都可以被切开，因此虚空是存在的。但通常我会反过来对自己说，而且我也相信，一个人永远也不能被逻辑困境所左右。所以我们继续前进，就像"无"能够被接受一样。如果我们要继续寻找万物存在的关键，这将是一次非常重要的练习。我们必须做好掉下去的准备，因为我们是在逻辑的刀刃上前行。我想，你们当代的实验主义者对这种观点会感到非常震惊。你们要想前进就必须证明每个步骤、每一方面。

莱德曼：不，你的方法非常富有现代气息。这跟我们的做法相似。我们也作一些假定。有时我们甚至会去关注理论家的说法。我们也懂得绕过一些难题，将它们留给以后的物理学家去解决。

德谟克利特：你们开始明白一些道理了。

莱德曼：所以，总的来说，你们的宇宙非常简单。

德谟克利特：除了原子和空空间，什么都不存在；其他一切都是意念。

莱德曼：如果你已经把一切都弄明白了，那你为什么还要在20世纪末到这里来呢？

德谟克利特：就像我已经说过的，我一直在穿越时空，就是要看看人们的观念何时以及是否与现实相吻合。我知道我的同胞不相信"原子"，不相信终极粒子。我也知道，1993年的人们不仅接受了它，而且相信能够找到它。

莱德曼：既对又不对。我们相信存在终极粒子，但并不像你说的那样。

德谟克利特：那是怎样？

莱德曼：首先，尽管你相信"原子"是基本的组成粒子，但你实际上认为存在很多种"原子"：液体有圆的"原子"；金属有带锁的"原子"；组成糖的是光滑的"原子"；柠檬和苦的物质有锋利的"原子"；等等。

德谟克利特：那么你指的是什么呢？

莱德曼：太复杂了。我们的"原子"就简单得多。在你的模型里，"原子"的种类过于繁杂了。你可能给每一种物质都准备了一种"原子"，可我们却希望只找到一种"原子"。

德谟克利特：我非常欣赏这种对简单性的追求，但这样一种模型该怎样运作呢？你如何通过一种"原子"得到各种不同的物质，而这种"原子"又是什么呢？

莱德曼：现在这个阶段，我们只得到了少量的"原子"。我们把一种叫"夸克"，另一种叫"轻子"，每一种我们又发现了6种形式。

德谟克利特：它们跟我的"原子"有哪些相同的地方？

莱德曼：它们都是不可分割的、实心的、没有结构的。它们也不可见，而且……很小。

德谟克利特：有多小？

莱德曼：我们认为夸克就像是一个"点"。它们没有尺度，而且也不像你的"原子"，它们没有形状。

德谟克利特：没有尺度？可它是存在的，而且是实心的啊？

莱德曼：我们认为它是一种数学意义上的点，而实心问题还需要讨论。物质的整体形状取决于夸克之间以及夸克与轻子之间作用的细节。

德谟克利特：这太不可思议了。请给我点时间。但我确实理解你这里所谈的理论问题。我想我能够接受夸克这种没有尺度的物质。但是，你是如何用这么少的粒子来解释我们周围世界的多样性，比如树木、天鹅、麦金托什机的呢？

莱德曼：夸克和轻子结合在一起可以组成宇宙中的所有物质，而且每一种还有 6 种形式。只需要两种夸克和一种轻子就能组成数十亿种不同的物质。我们曾经认为这就足够了，但自然界却不止于此。

德谟克利特：我承认 12 种粒子确实比我的无数种"原子"简单多了，但 12 还是一个不小的数目。

莱德曼：6 种夸克可能是同一种粒子的不同表现形式，我们说夸克有 6 种"味"。我们所要做的就是把各种夸克组合起来，构成所有的物质。但是宇宙中的每一种物质都不一定要有不同夸克的"味"，不像你的模型中那样：火有一种，氧有一种，铅有另外一种。

德谟克利特：这些夸克是怎么组合的呢？

莱德曼：夸克之间有一种强力，这是一种极不寻常的力，其作用形式与电力有很大的不同，不过电力也包含在这种力之中。

德谟克利特：是的，我知道有关这种电的情况。我在 19 世纪同法拉第有过一次简短的交谈。

莱德曼：他是一个非常优秀的科学家。

德谟克利特：也许是，不过他的数学非常糟糕。他如果置身于埃及——我就是在那里学习的——是不可能有那样的成就的。我扯远了。你说到了强力，这就是我曾听说过的引力吗？

莱德曼：引力？那太微弱了。夸克实际上是通过我们称作胶子的粒子维系在一起的。

德谟克利特：哦，胶子！我们现在谈的是一种全新的粒子了，我还以为它就是构成物质的夸克呢。

莱德曼：确实是这样，但别忘了作用力。还有一些粒子我们叫作规范玻色子。这些玻色子的任务就是把来自 A 粒子的作用力信息传递给 B 粒子，并且再传回 A 粒子。否则，B 怎么知道 A 正在给它施加作用力呢？

德谟克利特：哎哟！真棒！真是一个希腊式的想法！泰勒斯一定会喜欢它。

莱德曼：规范玻色子或者作用力传递者，或者像我们称呼的那样叫力的介质，它们拥有性质，包括质量、自旋、电荷等，实际上正是这些性质决定了力的作用方式。例如，传递电磁力的光子就没有质量，这样它们能够以很高的速度运行，也表示力的作用可以到达很远的范围。由零质量的胶子传递的强力也可以到达无限远，只是这个力太强了，以至于夸克不可能分开很远。质量较大的W粒子和Z粒子传递的是我们所说的弱力，其作用范围很小，只在非常近的距离内产生作用。我们还给引力找了一个粒子叫"引力子"，尽管我们还不曾看到过一个引力子，甚至还没有成熟的相关理论。

德谟克利特：这就是你所说的比我的模型"简单"的那种情形？

莱德曼：那你们原子论者怎么解释不同的作用力呢？

德谟克利特：我们不解释。留基伯和我都知道原子肯定是在不断运动的，我们只是简单地接受这个想法。我们并不给出这个世界最初存在这种永无休止的原子运动的原因，可能就像米利都人所感觉的那样，运动的起因乃是原子的一种属性。世界就是这样，你必须接受一些基本的特性。你们已经有了关于4种不同作用力的理论，难道你还不同意这个看法吗？

莱德曼：不全是。但这是否意味着原子论者坚信命运或偶然性呢？

德谟克利特：宇宙中的所有事物都是偶然性和必然性的结果。

莱德曼：偶然性和必然性——两个相反的概念。

德谟克利特：然而，两者都在自然界中起作用。可以肯定，罂粟的种子只能长成罂粟，而不是蓟。这就是必然性在起作用。但通过原子碰撞形成的罂粟种子的数目却有很强的偶然性因素。

莱德曼：你的意思是说自然界给了我们一只扑克手，这就是偶然性问题了，但是那只手也会有必然结果。

德谟克利特：粗俗的比喻，是的，这就是自然界的工作方式。这对于你就那么不可接受吗?

莱德曼: 不,你刚才描述的有点像现代物理学的基础理论之一,我们称之为量子理论。

德谟克利特: 哦,是的,我想起了20世纪二三十年代的那些年轻的土耳其人。我在那个时代没有逗留太长时间。那些人都在同一个叫爱因斯坦的家伙争吵——这对我来说确实没有多大意义。

莱德曼: 你没有欣赏到在量子学派——包括玻尔、海森堡、玻恩等一帮人——和薛定谔及爱因斯坦这样的物理学家之间的精彩辩论。后面两位反对偶然性决定自然规律的思想。

德谟克利特: 别误解我。他们都是些聪明人。但是他们争论的结果,无非是一方或另一方打出上帝的旗号,假定是由他产生运动的。

莱德曼: 爱因斯坦说他不能够接受上帝在宇宙中掷骰子。

德谟克利特: 是的,当讨论进行不下去的时候,他们总是要打出上帝这张王牌。相信我,我在古希腊见得多了。即使是我的维护者亚里士多德,也会对我相信偶然性和接受固有运动的观念细加盘查的。

莱德曼: 你觉得量子理论怎么样?

德谟克利特: 我想我肯定喜欢这个理论。后来我遇到了费曼,他说他也从未明白过量子理论。我总是不太明白……等一等!你把话题岔开了,我们还是回来讨论那些你一直在念叨的"简单"粒子吧。你正在解释夸克是如何粘在一起组成……组成什么来着?

莱德曼: 夸克是一大类我们称之为强子(hadrons)的物质的构成模块。"hadrons"是一个意为"重"的希腊语单词。

德谟克利特: 是的!

莱德曼: 至少我们能把它做出来。夸克组成的最有名的粒子就是质子。3个夸克组成一个质子。事实上,3个夸克可以组成许多质子的"表亲"。不过,因为有6种不同的夸克,所以3个夸克的组合有很多种——我想是216种吧。大部分强子已经被发现,并使用希腊字母来命名,如拉姆达(Λ)、西格马(Σ)等。

德谟克利特: 质子是一种强子吗?

莱德曼: 它是我们目前的宇宙中最常见的一种强子。你可以用3个夸克组成一个质子或一个中子。你往一个质子上再加一个电子就组成了一个原子,而电子属于一种被称为轻子的粒子。这种特殊的原子就被称为氢原子。用8个质子和相同数量的中子和电子就构成了一个氧原子。这些质子和中子挤在一个狭小的空间,我们称之为原子核。两个氢原子和一个氧原子粘到一起可以组成水分子。这样就构成了一点点的水、碳、氧气、氮气,这样迟早会形成蚊子、马匹,还有希腊人。

德谟克利特: 这一切都源于夸克。

莱德曼: 是的。

德谟克利特: 这就是你所需要的全部?

莱德曼: 不完全是。还需要一些东西使原子汇集在一起,以及同其他原子相结合。

德谟克利特: 又是胶子。

莱德曼: 不,胶子只能结合夸克。

德谟克利特: 太糟糕了!

莱德曼: 这就是法拉第及其他电学家,如库仑等人研究的结果。他们研究把电子束缚在原子核周围的电力。原子通过原子核和电子的复杂运动而互相吸引。

德谟克利特: 那么这些电子也都带电了。

莱德曼: 这是它们的主要财富之一。

德谟克利特: 所以它们也是规范玻色子,就像光子、W粒子和Z粒子一样?

莱德曼：不，电子是物质粒子，它们属于轻子。夸克和轻子构成了物质。光子、
　　　　胶子、W 粒子、Z 粒子和引力子构成了作用力。目前最引人注目的发展，就
　　　　是力和物质之间的巨大差别正在变得模糊起来。它们都是粒子。这是一种
　　　　新的简单性。

德谟克利特：我更喜欢我的系统，我的复杂性看起来比你的简单性更简单。那
　　　　么另外 5 种轻子呢？

莱德曼：有 3 种中微子，加上 μ 子和 τ 子两种轻子。但是我们现在不要深究这
　　　　些。到目前为止，电子是全球经济舞台上最重要的轻子。

德谟克利特：所以我应当只关心电子和 6 种夸克，它们组成了飞鸟、海洋、
　　　　白云……

莱德曼：事实上，构成现在宇宙中的几乎一切事物的，只有两种夸克——上夸
　　　　克和下夸克——及电子。中微子在宇宙中自由地运动，也可以由放射性原
　　　　子核发射出来，而其他大多数轻子和夸克就只能在实验室里制造出来。

德谟克利特：我们为什么需要它们呢？

莱德曼：这个问题提得好。我们相信这一点：有 12 种基本的物质粒子，分别为 6
　　　　种夸克和 6 种轻子。在今天大量存在的只有几种，不过，在宇宙创生的大爆
　　　　炸发生时，它们都是处于同等地位的。

德谟克利特：但谁相信这 6 种夸克和 6 种轻子呢？你们一小部分人？一些背叛
　　　　者？还是你们都相信？

莱德曼：我们都相信。至少，所有聪明的粒子物理学家都相信。但这一理论在
　　　　相当程度上被所有的科学家接受了。在这方面他们相信我们。

德谟克利特：那么我们不一致的地方在哪里呢？我说有不可分割的原子，而且
　　　　有许多许多种。它们之所以结合在一起是因为有互补的形状特征。你说只
　　　　有 6 种或者 12 种这样的"原子"。它们没有形状，但能够结合在一起是因为
　　　　有互补的电荷。你的夸克和轻子也是不可分割的。那么，你真的确认只有

12种吗?

莱德曼:哦……这要看你怎么数。其实还有6种反夸克、6种反轻子和……

德谟克利特:天哪,这可是宙斯的秘密啊!

莱德曼:不像听起来那么糟。我们的理论中一致的地方要多于不一致的地方。但不管你告诉我什么,我还是对那么原始、落后的古人能够提出原子——我们称之为夸克——感到震惊。你们验证这一想法用的是什么样的实验来着?在这里我们花费了数十亿的金钱来验证每一个概念。你们的工作怎么做到花费如此之低?

德谟克利特:我们用的是古老的方法。我们可没有能源部或国家科学基金会可以依托,只能采用纯粹的推理。

莱德曼:所以你们是在凭空构筑自己的理论啰?

德谟克利特:不,即使我们古希腊哲学家也会根据线索来塑造自己的思想。就像我说的,我们观察到罂粟的种子只能长成罂粟,春天总是跟在冬天的后面,太阳每天东升西落。恩培多克勒研究过水钟和旋转吊桶。其实一个人只要睁大眼睛就会有所发现!

莱德曼:跟我同时代的一个人曾经说过:"通过观察就可以发现很多东西。"

德谟克利特:非常正确!这个圣人是谁?他的观点非常具有希腊风格。

莱德曼:约吉·贝拉*。

德谟克利特:毫无疑问,他是你们这个时代最伟大的哲学家之一。

莱德曼:可以这么说。不过你为什么不相信实验呢?

德谟克利特:思想比感觉更重要,它包含纯粹的知识。而后者是一种衍生的知识,是通过感觉——看、听、闻、尝、摸——得到的。想一想,一杯饮料你尝着是甜的,而对我来说可能是酸的。你看到的美女对我来说可能就不

---

* 约吉·贝拉(Yogi Berra),美国职业棒球大联盟捕手,主要效力于纽约扬基队,以睿智著称,有许多哲理名言广泛流传。

怎么样。一个丑陋的男孩在他母亲眼里就非常漂亮。你怎么能相信这样的信息呢？

莱德曼： 不过，你不认为我们可以测量这个物质世界吗？仅凭我们的感觉就能产生感知信息？

德谟克利特： 不，我们的感觉不是凭空产生知识的。物体释放出原子，我们看到或者闻到它们——就像我前面提到过的那条面包。这些原子或它们的形象以我们的感觉器官为通道进入心灵。但是这些形象在通过空气的时候被扭曲了，所以离得很远的事物可能根本就无法被看到。感觉无法给出关于现实的可靠信息。所有的都是主观的。

莱德曼： 对你来说就没有客观现实了吗？

德谟克利特： 哦，客观现实还是有的。不过我们根本就不可能准确地觉察到它。当你生病的时候，食物的味道就跟平时不同。一只手感觉到的水可能是热的，而另一只手可能感觉比较凉。这都是因为我们身体里的原子是临时性排列的，它们会与被感觉到的物体中同样临时组合起来的原子产生反应。而真相肯定比感觉要深刻得多。

莱德曼： 被测量物体和测量仪器——在这里是身体——相互作用，改变了物体的本质，就掩盖了测量结果。

德谟克利特： 真是一种笨拙的想法，不过是正确的。那么你是暗指什么呢？

莱德曼： 嗯，不把它想成一种衍生的知识，而可以认为这是一种测量或者感觉的不确定性问题。

德谟克利特： 我承认。或者，引用赫拉克利特的话说，"感觉是个糟糕的证人"。

莱德曼： 虽然你把思想称作"纯粹"知识的来源，难道它就更好吗？在你的世界观里，思想是被你称作心灵的那种东西的一个特性，但心灵也是由原子组成的。这些原子不也在不停地运动吗？它们就不会被外部扭曲的原子干扰吗？一个人真的能绝对区分出感觉和思想吗？

德谟克利特：你问到点子上了。就像过去我所说的那样，"可怜的思想就源于我们"，源于感觉。不过，纯粹的推理就比感觉要少一些误导。我还是非常怀疑你们的实验。我觉得这些充满电线和机器的大房子看起来非常可笑。

莱德曼：可能是吧。不过，它们在帮助我们确信看、听、触摸等感觉的过程中起到了里程碑式的作用。对于我们来说，你刚才所描述的测量的主观性，是在16世纪到18世纪才慢慢被认识到的。渐渐地我们学会了将观察和测量还原为客观行为——像在笔记本上写下数字。我们还学会了通过不同角度，在不同的实验室里由不同的科学家来验证假说、想法和自然过程，直至得到最接近客观现实的结果——而且结果要一致。我们制造精密的仪器来帮助观察，不过，我们学会了对于由它们揭示出来的结果仍采取怀疑的态度，直到它能够被不同的技术在不同的地点再现。最后，我们把结论交给时间去检验。如果100年后某个追名逐利的年轻家伙推翻了这个结论，那也只好如此。我们会奖励给他金钱和荣誉。我们学会了抑制住自己的嫉妒和恐惧，并去喜欢这种不完善的结果。

德谟克利特：那权威怎么办呢？全世界大都是通过亚里士多德来了解我的工作的。说起权威，如果有人敢反对亚里士多德，就会被流放、监禁或者活埋。原子思想只是到了文艺复兴时期才被人接受。

莱德曼：现在要好多了。没有最好，只有更好。今天我们几乎可以通过受质疑的程度来认定一个优秀的科学家。

德谟克利特：宙斯保佑，这是个好消息。那你们是怎么对待那些不做计算也不做实验的成熟科学家呢？

莱德曼：显然，你是在申请一个理论家的职位。我这里没有雇太多的理论家，虽然他们干得不错。他们从来不安排在星期三开会，因为这样会浪费掉周末。另外，你也不像外表看上去的那样是个反实验者。不论你喜不喜欢这种观点，你确实在做实验。

德谟克利特：我做了吗？

莱德曼：是的。用你的刀子。这是一个思想实验，但无论如何都是一个实验。
  通过在思想中不断地切那块奶酪，你最后得到了你的原子理论。

德谟克利特：对，不过那些都是在脑子里做的啊，是纯粹的推理。

莱德曼：如果我能把那把刀展示给你看，那会怎样？

德谟克利特：你说什么呢？

莱德曼：如果我能把一把刀展示给你，它可以无限次地切割物质，直到最后切
  到"原子"，那会怎么样呢？

德谟克利特：你找到了能切开原子的刀子？是在这座城市里吗？

莱德曼（点了点头）：我们现在就坐在它的主干上。

德谟克利特：这座实验室，它是你的刀子？

莱德曼：粒子加速器。在我们的脚下，粒子绕着4英里长的管道螺旋运动并互相
  碰撞。

德谟克利特：这就是你用来切割物质，最后达到"原子"的方法？

莱德曼：是的，是夸克和轻子。

德谟克利特：这给我的印象很深刻。不过，你确定没有更小的啦？

莱德曼：哦，是的；绝对肯定，我想，也许。

德谟克利特：还是不能肯定，否则你们就会停止切割了。

莱德曼：即使夸克和轻子没有内部组成粒子了，"切割"也能使我们得以了解它
  们的性质。

德谟克利特：还有一件事我忘问了。夸克都呈点状，没有尺度，没有实际尺寸。
  那么，除了它们的电荷以外，你们是怎么区分它们的呢？

莱德曼：它们有不同的质量。

德谟克利特：有些重，有些轻？

莱德曼：是的。

德谟克利特：这很让人费解。

莱德曼：你是指它们有不同的质量？

德谟克利特：那就是说它们会有重量，可是我的原子是没有重量的。夸克有质量难道没使你们感到麻烦吗？你能解释一下吗？

莱德曼：是的，这让我们困惑很长时间了，而且，我们无法作出解释。但这就是我们的实验所揭示的情况。这甚至比规范玻色子更糟糕。一些可信的理论说它们的质量应该是零，无，微不足道。可是……

德谟克利特：任何一个无知的色雷斯修补匠都会发现自己处于同样一种困境。你拾起一块石头，感到很沉；捡起一束羊毛，感到很轻。从这个世界的日常生活中就会得出原子——或者你们所说的夸克——具有不同的质量。可感觉是很不可靠的。通过纯粹的推理，我看不出为什么物质要有质量。你能解释一下吗？是什么赋予了粒子质量呢？

莱德曼：这是一个谜。我们还在努力去解决这个问题。如果你能在控制室里逗留到我们说到本书的第8章，那里会彻底阐明这个问题。我们假设质量来源于场。

德谟克利特：场？

莱德曼：我们的理论物理学家称之为希格斯场。它弥漫在空间、初始态，填塞你的虚空，牵引各种物质，从而产生重量。

德谟克利特：希格斯？谁是希格斯？你们为什么不用我的名字命名某种东西——德谟克利特粒子！这个名字会提醒你们知道所有其他粒子都会与它相互作用。

莱德曼：对不起。理论家总是相互使用他们自己的名字来命名。

德谟克利特：这个场是什么？

莱德曼：这个场由一种我们称之为希格斯玻色子的粒子来描述。

德谟克利特：一种粒子！我已经喜欢这个想法了。在你们的加速器里找到这种希格斯粒子了吗？

莱德曼：哦，没有。

德谟克利特：那你们发现它在哪里了吗？

莱德曼：我们到现在还没有找到它。它只存在于一大批物理学家的思想中，有
　　点像不纯粹的推理。

德谟克利特：那你们为什么相信呢？

莱德曼：因为它必须存在。夸克、轻子，还包括4种已知的作用力，都不足以作
　　出完善的解释，除非有一个巨大的场来扰乱我们的视听，扭曲我们的实验
　　结果。通过推导，希格斯粒子就出现了。

德谟克利特：说得像一个希腊人。我喜欢这个希格斯场。哦，看，我必须走了。
　　我听说21世纪会有一些特别的进展。在我前往未来之前，你能告诉我什么
　　时候以及到哪里，可以看到在寻找我的原子的历程中的一些伟大进展吗？

莱德曼：两个时间，两个不同的地点。第一，我建议在1995年再回到巴达维亚
　　这里。第二，试一试在2005年前后到得克萨斯州的沃克西哈奇。

德谟克利特（哼了一声）**：**哦，看看。你们物理学家都很相似。你们总是以为
　　所有的东西在几年内就会弄明白的。我曾经在1900年拜访过开尔文勋爵，
　　1972年见过盖尔曼，他们都向我保证说物理学已经走到尽头了，所有的事
　　情都完全被解释了。他们说我6个月以后再回去的话，就会发现所有的问题
　　都已解决了。

莱德曼：我可没这样说。

德谟克利特：我希望没有。我沿着这条路已经走了2 400年了。这并不容易。

莱德曼：我知道。我说让你在1995年和2005年回来，是因为到那时你可能会发
　　现一些有趣的事情。

德谟克利特：比如说？

莱德曼：有6种夸克，还记得吗？我们只发现了其中5种，最后一种是1977年在

费米实验室发现的。我们要寻找第6种，也就是最后的夸克——最重的夸克。我们管它叫顶夸克。

德谟克利特：你们将在1995年开始寻找？

莱德曼：正如我所说的，我们现在就开始了。回旋的粒子就在我们脚下的加速器里被切割，并且被仔细地检查，以搜寻这种夸克。不过到现在为止还没有发现。但到1995年我们将会发现它，或者证明它并不存在。

德谟克利特：你们能做到吗？

莱德曼：是的，我们的仪器功率很大也很精密。如果我们发现了它，那么一切的一切就有秩序了。我们就进一步巩固这种理论，即6种夸克和6种轻子就是你所说的"原子"。

德谟克利特：如果你们没有……

莱德曼：那所有的东西就都崩溃了。我们的理论，我们的标准模型，都将一文不值。理论家就会开始另一个故事，可以看到他们的手上都握有一把黄油刀。

德谟克利特（大笑）：这太有趣了！你说得对，我需要在1995年回到巴达维亚。

莱德曼：我再补充一句，那意味着你的理论也可能终结了。

德谟克利特：我的理论已经存在很长时间了，年轻人。如果"原子"不是夸克或者轻子，那它就是另外一种东西。总是这样的。可是，告诉我为什么还有2005年？沃克西哈奇在哪儿？

莱德曼：在得克萨斯的沙漠里，我们正在那里建造历史上最大的粒子加速器。事实上，那将是继大金字塔之后人类建造的最大的科学仪器（我不知道是谁设计的金字塔，可我们的前辈毕竟建成了）。我们的新仪器叫超导超级对撞机，到2005年它应该在全速运转了——这要等几年，还有赖于国会批准拨款。

德谟克利特：你的新加速器可以发现哪些这个加速器不能发现的东西？

莱德曼：希格斯玻色子。它伴随着希格斯场，我们试图能够捕获它。我们希望

它能够第一次让我们发现为什么物质会有重量，为什么世界看起来会如此
复杂，而我们在内心深处却认为世界是简单的。

德谟克利特：像一座希腊神庙。

莱德曼：或者像布朗克斯的犹太教堂。

德谟克利特：我一定要来看看这台新机器，还有这种粒子，希格斯玻色子——
这个名字毫无诗意。

莱德曼：我叫它上帝粒子（God particle）。

德谟克利特：好一些了，尽管我更喜欢小写的"g"。但请告诉我：作为一个实
验家，到目前为止你收集了多少关于这种希格斯粒子的物理学证据？

莱德曼：没有，一点也没有。事实上，除了纯粹的推理之外，现有的证据使大
多数敏感的物理学家认为希格斯粒子是不存在的。

德谟克利特：但是你却在坚持。

莱德曼：那些反面的证据只是非常初步的，而且，在这个国家有一句谚语……

德谟克利特：什么？

莱德曼："事情在真正结束之前，都不算结束。"

德谟克利特：约吉·贝拉说的？

莱德曼：是的。

德谟克利特：他真是一个天才。

在爱琴海北边古希腊的色雷斯，阿布德拉城坐落在奈斯托斯河的入海口。
像这个地区的其他许多城镇一样，在可以俯瞰超级市场、停车场和影院的小山
的石块上，记录着这座城市的历史。2 400年前，这座城镇坐落在从古希腊大陆
通往位于爱奥尼亚的重要领地——现土耳其西部——的陆路交通要道上。阿布
德拉的居民实际上是一些被居鲁士大帝的军队赶跑的爱奥尼亚难民。

想象一下公元前5世纪阿布德拉的生活。在这片放牧着牛羊的土地上，所有

的自然现象肯定还没有被赋予科学的解释。闪电是居住在奥林匹亚山上的愤怒的宙斯从山顶扔下的霹雳。无论是平静的海面还是惊涛骇浪，都由海神波塞冬那善变的情绪所掌控。富足或饥饿则有赖于克瑞斯这个掌管农业的女神的兴致，而不是天气情况。想象一下，无视当时流行的信念而提出与夸克和量子理论相一致的概念，需要多么专注和坚定的思想。在古希腊，和今天一样，进步都来源于具有远见和创造力的天才们的偶然发现。但即使作为一位天才，德谟克利特也远远超越了他的时代。

他最著名的可能是那两句曾被一位古人引用过的最充满科学意味的名言："除了原子和空间，什么都不存在；其他一切都是意念"和"宇宙中的一切都是偶然性和必然性的结果"。当然，我们还要感谢米利都的德谟克利特的前辈们所做的大量工作。这些人定下了这样一个使命：在我们感觉到的混沌下面隐藏着简单的秩序，而且我们有能力去理解这种秩序。

德谟克利特到处游历，这也许让他受益匪浅。"我比我那个时代的任何人都涉足了更多的领域，做过更为广泛的调查，看到了更多的国家和地区，并且听到过更多名人的谈论。"他在埃及学习了天文学，在巴比伦学习了数学。他还到过波斯。不过，希腊才激发了他的原子理论，这就像他的前辈泰勒斯、恩培多克勒，当然，还有留基伯那样。

更重要的是，他发表了著作！亚历山大图书馆目录中列出了他的60多本著作：物理学、宇宙学、天文学、地理学、生理学、药理学、知觉、认识论、数学、磁学、植物学、诗歌和音乐理论、语言学、农艺、绘画，以及其他学科。但他出版的著作几乎没有一本完整地流传下来。我们对他的了解主要是通过他的只言片语和后来的希腊历史学家的见证。就像牛顿一样，德谟克利特还写过关于魔法和炼金术发现的著作。他到底是怎样的一种人呢？

历史学家把他称为"令人发笑的哲学家"，人类的荒唐每每让他忍俊不禁。他可能很富有，大多数希腊哲学家都是如此。据我们所知，德谟克利特不赞成性爱。他认为性爱太令人愉快了，以至于会让人意乱情迷。可能这是他的秘密。或许，我们应该在理论家中禁止性爱，以便让他们更好地思考（实验家不需要思考，所以应该排除在外）。德谟克利特珍视友谊但讨厌妇女。他不想要孩子，因为教育孩子会打扰他的哲学思考。他声称不喜欢一切激烈或充满激情的东西。

接受这些事实是很困难的。因为他对于激烈的东西并不陌生：他的原子就是在不断地激烈运动着。另外，相信德谟克利特的理论也需要激情。尽管他的理论没有带给他声誉，但他还是执着地信守他的理论。亚里士多德敬重他，可柏拉图却想把他所有的书都烧掉。在他的家乡，德谟克利特被另一个哲学家，也是最著名的智者派代表——普罗泰戈拉的光芒所掩盖。智者派是当时以给富家子弟教授辩术为业的一派哲学家。普罗泰戈拉离开阿布德拉来到雅典时受到了热烈的欢迎；而德谟克利特则说："当我到达雅典时，没有一个人认识我。"

德谟克利特还相信其他许多在我们神秘的梦中谈话中没有涉及的东西，这可以从他的著作中的只言片语再加上一些想象拼凑出来。我比较随意，但却没有随意对待德谟克利特的基本信念，虽然我承认自己要改变他有关实验价值的看法实在是白费工夫。我肯定他决不会拒绝这种诱惑：看到他想象中的"刀子"，在费米实验室里活生生地出现。

德谟克利特关于虚空的工作是革命性的。例如，他知道空间没有顶部、底部和中部之别——尽管这个观点最早由阿那克西曼德提出——这对出生在这个芸芸众生都以其为中心的星球上的人来说，仍是一个非常了不起的成就。其实，没有上下的概念就是对现在的大多数人而言也很难理解，尽管在电视上可以看到太空舱内的情况。德谟克利特的另一个超前的信念是认为存在着无数不同尺寸的世界。它们在距离上并不固定，可能在一个方向上比较多，而在另一个方向上比较少。有的兴盛，有的衰败；有的刚刚形成，有的已经通过相互碰撞而毁灭；有的上面根本就没有动植物生命，也没有水。尽管听起来很奇怪，但这种思想可以跟被称为"暴胀宇宙"的现代宇宙学观念相联系，该观念认为由

"暴胀宇宙"可以产生无数的"气泡宇宙"。这便是源于2 000多年前在希腊大陆上艰苦跋涉的"令人发笑的哲学家"的工作。

至于他那关于一切事物都是"偶然性和必然性的结果"的著名论断，我们在20世纪最伟大理论之一的量子力学中也发现了类似最具戏剧性的悖论。德谟克利特称原子的个别碰撞有必然性的结果，有严格的规则。但是，哪一种碰撞更频繁，在特定的位置哪些原子占优势，这些都属于偶然性的范畴。这种观念的一个逻辑推论就是：现在我们这个近乎理想的地球-太阳体系的创生就是一种偶然性问题。在现代量子理论中，对这种现象的解释是：确定性和规律性的出现取决于各种概率反应分布的平均。随着与平均相关的随机过程数目的增长，我们可以用不断增加的确定性预言将会发生什么。德谟克利特的观点同我们现在的理论是相容的。虽然我们很难确切地知道一个给定原子的命运，但我们却可以准确地预言空间中难以计数的原子随机碰撞所产生运动的结果。

甚至连德谟克利特不信任感觉这一点也具有非同寻常的洞察力。他曾指出：我们的感觉器官是由原子组成的，它们与被感觉物体的原子相碰撞，因此限制了我们的理解能力。在第5章中我们会看到，他表述这一问题的方式与20世纪的另一项伟大发现——海森堡的不确定性原理有着异曲同工之妙。测量行为对于被测量粒子是有影响的。是的，这里确实有些诗意。

那么，德谟克利特在哲学史上的地位如何呢？套用传统的标准来衡量，不是很高，肯定不比实际上与他同时代的苏格拉底、亚里士多德和柏拉图高。一些历史学家把他的原子理论看作希腊哲学的一种神奇注解。但至少还有一种有力的少数派观点——英国哲学家罗素（Bertrand Russell）认为，哲学从德谟克利特之后就开始走下坡路了，直到文艺复兴时期才苏醒过来。罗素写道，德谟克利特和他的前辈"致力于通过一种客观的努力去理解这个世界"。他们的态度"富有想象力和活力，并且充盈着冒险的乐趣。他们对于所有的事物都感兴趣——流星和日食，游鱼和旋风，信仰和道德。他们具有敏锐的洞察力和孩子般的追求热情"。他们不是迷信，而是充满了真正的科学性，他们不太在乎时代的偏见。

当然，罗素像德谟克利特一样，也是一个严肃的数学家，所以他们能合到一块儿去。一位数学家偏向于如德谟克利特、留基伯和恩培多克勒这样一些严密的思想家，这也是很自然的。罗素指出，尽管亚里士多德及其他哲学家指责原子论者没有说明原子最初的运动，可留基伯和德谟克利特不屑于给宇宙指定什么最终目的，这比起他们的批评者来说要科学得多。原子论者知道世间的前因后果必然起始于某种事物，而这种最初的事物是不需要原因的。运动只是一种约定。原子论者提出了机械论的问题并给出了机械论的答案。如果他们问"为什么"，那意思就是：什么是事物的原因？如果他们的后来者——柏拉图、亚里士多德等——问"为什么"，那他们则是在寻找事物的目的。不幸的是，罗素说，后一种询问方式"通常不久以后就会得出创世者，至少是某个万能的工匠"。随后，这种"创世者"肯定就不用解释了，除非你想成为"超级创世者"。罗素还指出，这种思想把科学引进了一条死胡同，科学在那里停滞了许多世纪。

相比公元前400年左右的希腊，我们今天站在什么位置呢？今天由实验驱动的"标准模型"与德谟克利特推测出来的原子理论并非完全不同。我们可以仅仅使用12种物质粒子制造过去或者现在的宇宙中所有的事物，小到鸡汤，大到中子星。我们的"原子"可以归结为两类：6种夸克和6种轻子。6种夸克分别叫上夸克、下夸克、粲夸克、奇夸克、顶夸克（或者真夸克）和底夸克（或者美夸克）；6种轻子包括我们所熟知的电子、电中微子、μ 子、μ 中微子、τ 子和 τ 中微子。

注意，我们说的是"过去或者现在"的宇宙。如果我们仅仅讨论现在的环境，从芝加哥的南部一直到宇宙的边缘，那可能需要更少的粒子就行了。对于夸克，我们真正需要的是上夸克和下夸克，即以它们的不同组合来构造原子（元素周期表中的原子）的原子核。在轻子中，我们离不开"围绕"原子核运动的电子；还有中微子，它在各种反应中是必不可少的。但我们为什么需要 μ 子和 τ 子，或者粲夸克、奇夸克以及更重的夸克呢？是的，我们可以在加速器里制造出它们，或者在宇宙线碰撞中观察到它们。但它们为什么会在这里呢？后面还要讲到更多这些"额外"的"原子"。

透过万花筒看世界

在我们确立标准模型之前，原子论的命运经历了许多波折起伏。一开始泰勒斯说万物皆水（原子个数：1），恩培多克勒提出了气土火水说（个数：4），德谟克利特没有给出"原子"形状的确切数字而只是给出了一个概念（个数：?）。然后，是长时间的历史停顿，尽管卢克莱修、牛顿、博斯科维奇以及其他一些科学家把原子作为哲学问题来讨论。1803 年，道尔顿终于用实验指出了原子存在的必然性。后来，在化学家手中，原子数开始增加——20、48，到 20 世纪早期达到了 92。很快，原子核化学家开始制造新的原子（个数：112，并且还在增加）。卢瑟福勋爵向回归简单性跨出了一大步，他发现（约 1910 年）道尔顿的原子并不是不可分割的，而是包含原子核和电子（个数：2）。当然，也还有光子（个数：3）。1930 年，人们发现原子核中还包括中子和质子（个数：4）。今天，我们有 6 种夸克、6 种轻子、12 种规范玻色子。如果你要较真儿，还可以考虑反粒子和色，因为夸克具有 3 种色（个数：60）。可是谁在计算这些数目呢？

历史表明，我们可能会发现被称为"前夸克"的东西，这样就会减少基本组元的数目。可历史也并不总是正确的。比较新的观念是，我们正在透过深色眼镜看事物：在我们的标准模型中，"原子"的增加取决于我们观察的方式。就像一种儿童玩具——万花筒，它利用镜子的反射把简单的形状复杂化了，从而显示出可爱的图形。恒星的某种布局被看作一个引力透镜造成的假象。正如现在设想的那样，希格斯玻色子——上帝粒子——可能会提供一种机制，揭示出在我们日益复杂的标准模型背后隐藏着的一个原始对称的简单世界。

这就把我们带回到了一个古代的哲学争论之中。这个宇宙是真实的吗？如果是，我们可以理解它吗？对这个问题理论家常常不得其要领。他们只是简单地接受停留在表面上的客观现实，像德谟克利特一样，然后进行计算。（如果你走到哪儿都带着笔和小本子倒是个不错的选择。）同时，实验家也经常被他的仪器和感觉的脆弱所折磨：当他拿把尺子试图去测量这种现实时，可能会被事物的不可捉摸吓出一身冷汗。有时，实验数据的奇怪和不可思议会让我们的物理学家毛骨悚然。

现在考虑质量问题。我们搜集到的夸克、W 粒子和 Z 粒子的质量数据绝对令人大惑不解。轻子——电子、μ 子和 τ 子——在各个方面看起来都是相同的，除了质量。质量是真实存在的吗？或者它不过是个幻觉，只是宇宙环境的产物？在 20 世纪八九十年代的文学作品中提到过一种观点，认为在这种空空间中充满某种东西，从而使原子具有了虚幻的重量。总有一天，这"某种东西"会在我们的仪器中显示为一种粒子。

与此同时，除了原子和空空间，什么都不存在；其他一切都是意念。

我能听见老德谟克利特在咯咯发笑。

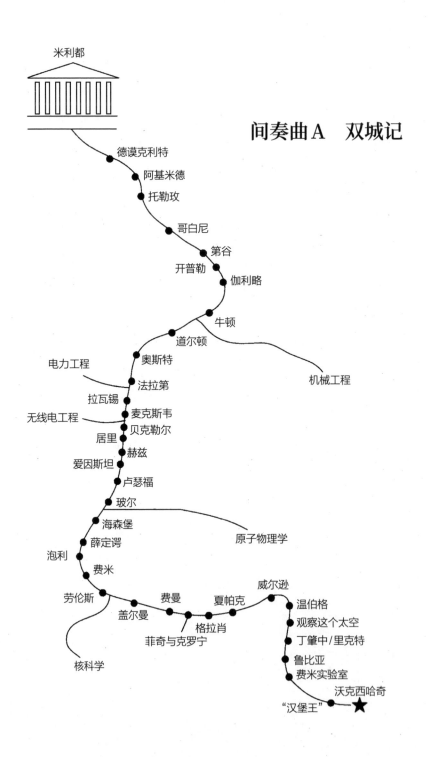

间奏曲 A 双城记

米利都

德谟克利特

阿基米德

托勒玫

哥白尼

第谷

开普勒

伽利略

牛顿

道尔顿

电力工程

奥斯特

法拉第

拉瓦锡

麦克斯韦

无线电工程

贝克勒尔

居里

赫兹

爱因斯坦

卢瑟福

玻尔

海森堡

薛定谔

原子物理学

泡利

费米

威尔逊

劳伦斯

费曼

夏帕克

温伯格

盖尔曼

观察这个太空

菲奇与克罗宁

格拉肖

丁肇中/里克特

核科学

鲁比亚

费米实验室

沃克西哈奇

"汉堡王"

第3章

寻找原子：力学

对于那些正在准备庆祝伽利略的伟大著作《关于两大世界体系的对话》出版350周年的人，我要说的是，教会在经历过伽利略事件之后，已经持有一种更为成熟的态度，并且对专属于它的权威也有了更为准确的领会和把握。我想重复一遍1979年11月10日我在教宗科学院当着诸位的面说过的话："我希望神学家、学者和历史学家能够在真诚合作精神的推动下，更为深刻地认识伽利略事件，坦率地承认错误，无论它来自哪一方。借此我希望能够消除在许多人心中仍在构成障碍的误解，达到科学与信仰的繁荣和谐。"

——约翰·保罗二世教宗陛下，1986

温琴佐·伽利莱讨厌数学家。这听起来可能很奇怪，因为他本身就是一名很优秀的数学家。但最初他是一位音乐家，16世纪佛罗伦萨享有盛誉的鲁特琴弹奏师。16世纪80年代，温琴佐转向研究乐理，并发现其理论相当匮乏。他认为，这主要应归咎于2 000多年前去世的数学家毕达哥拉斯。

毕达哥拉斯是一个神秘兮兮的人物，他出生于希腊的萨摩斯岛，大概比德谟克利特早一个世纪。他的大半生是在意大利度过的。在那里，他组织了一个秘密社团——毕达哥拉斯学派。社团里的人都虔诚地信奉数字，并且在其生活中有着一套极为陈腐的禁忌。例如，他们拒绝吃豆，决不捡掉在地上的东西。早晨起床时他们会精心地整理被褥，以消除身体留下的印记。他们相信生命轮回，所以从来不吃狗肉，也不打狗——因为那很可能就是他们故去的朋友。

他们对数字迷恋至极，相信万物皆数。他们所指的不仅是物体的可数性，而且认为物体本身就是数字，正像1、2、7或者32一样。毕达哥拉斯认为数字是有形状的，并提出了数字的平方和立方的思想，这些术语我们今天仍然在使用。（他还提到过"长方形"和"三角形"数字，不过我们今天已经不这样用这些术语了。）

毕达哥拉斯是察觉到直角三角形的一条重要规律的第一人。他指出：直角三角形斜边长度的平方等于两直角边长度的平方和。这个公式从得梅因到乌兰巴托，一直是几何学课程上向十几岁的孩子们重点灌输的内容。这让我想起了我的一个学生参军时，中士对着一队刚入伍的列兵，发表了一番关于公制的训话：

中士：在公制下，水的沸点是90度。

士兵：请原谅，长官，水的沸点是100度。

中士：当然。我太傻了，是直角会在90度沸腾。

毕达哥拉斯学派的人喜欢研究比率和比例。他们提出"黄金矩形"是一种完美的形状——其比例在帕特农神庙及其他许多古希腊建筑上都得到了体现，而且在文艺复兴时期的绘画作品中也可以看到。我以为，荣膺第一位"宇宙先生"称号的，应该是毕达哥拉斯——是毕达哥拉斯而不是卡尔·萨根，发明了"kosmos"这个词，来代表宇宙中从人类到地球，再到头顶上旋转的各种星星等所有事物。kosmos是一个不可直译的希腊语单词，表示秩序和美好的程度。毕达哥拉斯说宇宙就是一个kosmos，是一个有秩序的整体，我们每个人也是一个kosmos（有些要比其他一些更kosmos）。

　　如果毕达哥拉斯活到今天的话，想必他就住在马利布的小山上或者地中海的一座小镇里。他会在出售健康食品的饭馆里消磨时间，身边围满了憎恨豆类的、名字大概是阿佳西娅（Sundance Acacia）或盖娅（Princess Gaia）之类的年轻女人。或许，他还会在加利福尼亚大学圣克鲁斯分校做一名数学副教授呢。

　　噢，我好像跑题了。我们这个故事的要点是：毕达哥拉斯学派的人非常喜欢音乐，这是由于他们对数字的崇拜。毕达哥拉斯相信音乐的和谐依赖于"响亮的数字"。他说，完美的和谐是音阶的间隔造成的，这些间隔可以用数字1、2、3、4的比例来表示。这些数字加起来等于10，也就是在毕达哥拉斯学派的世界观中最完美的数字。他们把各种乐器带回住处练习，使得房间里拥挤不堪。不过，我们不知道他们的演奏水平怎么样，因为当时并没有CD记录，只是后来的一位批评家对此做过学术上的猜想。

　　温琴佐认为，毕达哥拉斯学派那些人的耳朵一定很特别，所以他们才对和谐持有上述看法。可他自己的耳朵却告诉他，毕达哥拉斯完全错了。16世纪其他实际从事演奏的音乐家也没有注意到这些古希腊人的存在。但毕达哥拉斯学派的观点直到温琴佐时代依然在流行，而且"响亮的数字"仍为音乐理论的重要部分。毕达哥拉斯在16世纪意大利的一个最重要的支持者，是温琴佐的老师、当时最权威的音乐理论家扎里诺（Gioseffo Zarlino）。

　　在这个问题上，温琴佐和扎里诺进行过激烈的辩论。最后，温琴佐提出了一个证明其观点的方法：实验。这在当时是具有革命性意义的。他使用不同长度的琴弦，以及长度相同但张力不同的琴弦做实验，结果发现了在音阶中存在的与毕达哥拉斯学派不同的新的数学关系。有人说温琴佐是第一个通过实验推翻一个已被普遍接受的数学理论的人。至少，他站在了用现代和声学代替古老的复调音乐理论这场运动的前沿。

　　我们知道，对于这些音乐实验至少有一个感兴趣的观众：在温琴佐进行测量和计算的时候，他的长子就在旁边看着。可能是被音乐理论的教条激怒了，温琴佐冲着儿子把那种愚蠢透顶的数学骂了个够。我们不知道他的原话，不过我猜温琴佐是这样喊的："忘了那些哑巴数字的理论吧，应该相信自己的耳朵听到的东西。不要让我听到你想当数学家那样的话！"他把孩子教得很好，使他成了一名优秀的鲁特琴及其他乐器的演奏师。他训练儿子的感觉，教他如何体察节拍中的错误——这些都是音乐家的基本功。可他还是想让他的长子放弃音乐和数学。作为一个典型的父亲，温琴佐希望儿子成为一名医生，能有像样的收入。

出乎温琴佐预料的是，观看这些实验对这个年轻人居然产生了很大的影响。他对父亲做的一个实验特别着迷：父亲在琴弦的末端吊上不同的重物，使得琴弦具有不同的张力。在拨动琴弦的时候，那些挂有重物的琴弦的作用就像钟摆一样。或许，正是这一番见识，促使这个年轻人开始思考宇宙中物体运动的不同方式。

这个孩子当然就是伽利略了。在现代人眼中，他突出的成就掩盖了同时代其他人的光芒。他背离了温琴佐对纯粹数学的厌恶，成了一名数学教授。他不仅喜欢数学的推理，更把它作为观察和测量的辅助手段。事实上，他所做的这种"掺杂"，时常被援引为真正的"科学方法"的开端。

伽利略、嘉宝和我

伽利略标志着一个新时代的开端。在这一章以及后面的一章，我们将会看到经典物理学的诞生。我们将遇到一些令人敬畏的英雄：伽利略、牛顿、拉瓦锡、门捷列夫、法拉第、麦克斯韦和赫兹，等等。他们当中的每一位，都从一个新的角度触及了探寻物质终极构成单元这个问题。写这一章对我来说是很伤脑筋的，因为所有这些人都已经被反复介绍过许多次，整个物理学领域已经没什么没被人讲过了。我感觉自己就跟嘉宝*的第七任丈夫似的，虽然知道该做些什么，但如何做得有滋有味才是问题的关键。

真得感谢那些后德谟克利特时代的思想家。从原子论者的时代到文艺复兴前期，他们在科学上都没有什么作为——这也是黑暗时代如此黑暗的一个原因。而对于原子物理学来说，好就好在我们可以忽略几近 2 000 年的理性思考。要知道，亚里士多德的逻辑——地球中心说、人类中心说及宗教——就在这个时期主导着西方文明，把物理学园地搞得荒芜贫瘠、了无生气。当然，伽利略并不完全是在一片"沙漠"中成长起来的，他崇拜阿基米德、德谟克利特和罗马的诗人哲学家卢克莱修。毫无疑问，他还学习和吸取了其他前辈的知识，不过这些人的名字现在恐怕只有专家才知道了。伽利略（在经过认真验证后）接受了哥白尼的世界观，而且这也决定了他的人生和政治前途。

要谈论这个时期的事情，就得撇开古希腊讨论问题的方法。因为纯粹的推理已经没有多少发挥的余地，我们将进入实验的时代。就像温琴佐告诫他儿子的那样，在真实的世界和纯粹的推理（指的是数学）之间存在着感觉，但最重要的是测量。我们将会看到一代又一代的理论家和测量者。我们将会看到他们是如何互相影响，共同构筑了一座恢宏的智慧大厦，即现在所说的经典物理学。他们的工作不仅使学者和哲学家受益，而且由他们的发现产生出来的技术更改变了这个星球上人类的生活方式。

当然，测量者如果没有量尺，没有测量仪器，那是什么也做不出来的。所以，实验的时代不仅是伟大科学家的时代，也是伟大测量仪器的时代。

---

* 莎莎·嘉宝（Zsa Zsa Gabor，1917—2016），美国老牌影视演员，一生九度结婚，七度离婚，因而成为著名的好莱坞话题女王。

球和斜面

伽利略特别注意研究物体的运动。且不管他是不是真的从斜塔上扔过铁球，实际上，通过对距离、时间和速度之间关系的逻辑分析，他可能已经得到了实验的结果。伽利略研究物体的运动不仅仅通过让物体自由下落，而且还使用了倾斜的平面作为替代。他认为，小球沿着光滑的斜面下滑与自由下落在运动上有密切的联系，重要的是斜面可以减慢小球运动的速度以方便测量。

原则上，要验证这种推理，他可以从非常小的角度开始——把6英尺长的木板的一端抬起几英寸形成一个小的斜面——然后逐渐增大角度重复进行测量，直到小球的速度快到无法精确测量为止。这就使他有信心将结论推广到最大角度斜面的情况，即垂直自由下落。

现在，他需要一个仪器为滚动的小球计时。于是伽利略就到当地的商店去买秒表，但没有买到，因为这玩意儿是在他去世300年后才发明的。这时，他父亲的训练就起作用了。还记得吗，温琴佐曾经训练伽利略用耳朵来识别音乐节拍。例如进行曲可能就是每半秒钟一个节拍。对于像伽利略这样优秀的音乐家来说，他可以分辨出1/64秒的时间误差。

由于没有好的计时设备，伽利略决定在斜面上安装一套音乐装置。他在木板上间隔着拉上一根根鲁特琴琴弦。这样，小球滚下的时候，每经过一根琴弦，就会发出"咔嗒"一声。然后调整琴弦的距离，使得每个间隔的节拍与他耳朵中听到的节拍完全一致。他哼着进行曲的调子，然后把小球放下，将琴弦的位置正好调整到小球每隔1/2秒就撞上一根琴弦。当伽利略测量琴弦之间的间隔时，说来也巧，他发现间隔的长度是沿着木板按几何级数增长的。换句话说，尽管小球经过琴弦之间的时间间隔都是1/2秒，但是从起始位置到第二根琴弦的距离是到第一根琴弦距离的4倍；从起始位置到第三根琴弦的距离是到第一根琴弦距离的9倍；到第四根琴弦的距离是到第一根琴弦距离的16倍；依此类推。

（间隔的比例 1、4、9、16 还可以表示成平方的形式：1^2、2^2、3^2、4^2，等等。）

但是，如果把木板的一端再抬高一点，使得它变得更陡，情况又会怎样呢？伽利略尝试过很多角度，都发现了相同的规律，也就是这个平方序列。他的实验从缓坡逐渐变成很陡的斜坡，直到运动速度相对于他的"表"来说太快了，以至于无法准确地记下运动距离。重要的是，伽利略证明了下落物体并不仅仅是下落，而是下落的速度随时间变得越来越快。它做的是加速运动，而且加速度是恒定的。

作为一名数学家，伽利略提出了一个公式来描述这种运动，即一个下落物体经过的距离 s 等于一个常数 A 乘以下落时间 t 的平方。用古老的代数学语言，可以简写为：$s = At^2$。常数 A 随着木板倾斜角度的不同而变化。A 代表了加速度这一至关重要的概念，也就是物体持续下落时速度的增量。伽利略还能推断出速度随时间而改变的关系，要比距离随时间而改变的关系简单，也就是只随时间的增加而简单增加（而不是随时间的平方而增加）。

倾斜的平面，经过训练的能够分辨出 1/64 秒时间间隔的耳朵，以及略好于 1/10 英寸的距离测量能力，使伽利略能够得到他所需的测量精度。后来，伽利略根据钟摆的固定周期发明了一种钟表。今天，标准局里的铯原子钟的计时精度可达到每年少于百万分之一秒的误差！不过，自然界也有自己的不比这些时钟差的计时器：太空中的脉冲星，即旋转的中子星，会有规律地向宇宙中发射可以用来定时的无线电波束，实际上这要比铯原子的原子脉冲精确得多。伽利略要是知道天文学和原子论之间还有这种深刻的联系，他一定会乐坏的。

那么 $s = At^2$ 究竟有什么重要性呢？

据我们所知，这是人类第一次正确地使用数学语言来描述物体的运动，并且准确地定义加速度和速度这些重要概念。物理学是研究物质和运动的科学。子弹的飞行、原子的运动、行星和彗星的旋转肯定都需要定量地进行描述。伽利略经过实验验证的数学公式就是这种描述的起点。恐怕所有这些听起来都太简单了，可我们不要忘了，伽利略对自由落体定律的热情持续了好几十年！他甚至在一个出版物上把这一规律给写错了。我们中的大多数人基本上都属于亚里士多德学派（亲爱的读者，你知道自己就是亚里士多德学派的追随者吗？），都会猜测球体的下落速度取决于它的重量。由于非常聪明，伽利略就进行了反向推理。但是，认为重的物体应该比轻的物体下落快有什么不对劲的吗？我们这么看是因为大自然误导了我们。其实，即便像伽利略这样聪明的人，也得通过精细的实验才能发现，物体下落的快慢之所以表面上与其重量相关，是由于木板与球体之间存在摩擦阻力。所以，他一遍又一遍地打磨木板，以减少摩擦力的影响。

羽毛和硬币

从一组测量结果中提炼出简洁的物理学定律并非易事。大自然总是把简单性隐藏在重重复杂的环境之中，实验家的工作就是要把这些复杂性除去。自由落体定律便是这方面的一个突出范例。在大学一年级新生的物理学实验中，我们在一根长玻璃管的顶端放一根羽毛和一枚硬币，让它们同时落下。硬币不到1秒钟就会迅速下落到玻璃管底部，而羽毛的下落要缓慢得多，需要5~6秒钟。正是基于这样的观察，亚里士多德提出了他的理论：重的物体比轻的物体下落快。现在，我们把玻璃管里的空气抽掉，再重复一下这个实验，看到的却是羽毛和硬币花了同样的时间落下。所以说，是空气阻力隐藏了自由落体定律。要取得进步，我们必须除去这个让事物复杂化的因素，才能得到简单的定律。此后，如果这个因素重要的话，我们可以尝试着再把这个因素考虑进来，以得到更为复杂但适用性更强的定律。

亚里士多德学派认为，物体的"自然"状态应该是静止的。沿着木板推一个小球，最后它会静止下来，不是吗？伽利略明白，这些结论都不是在理想条件下得出的，这样的认识导致了一项伟大的发现。他观察、思考斜面上的物理学现象，就像米开朗琪罗欣赏宏伟的大理石雕像一样。他认识到：由于存在摩擦力、空气阻力以及其他一些非理想条件，对于研究作用在不同物体上的力来说，那个倾斜的木板也是不理想的。他考虑到：如果有一个理想的平面会怎样呢？就像德谟克利特在思想中磨砺他的刀子一样，伽利略也必须在思想中把木板磨得非常光滑，直到完全没有摩擦力的影响为止；而且，还要把它放在真空室中，以消除空气阻力的影响；然后，再把这个平面延伸到无穷远处，并且确保其完全水平。现在，把一个磨光的小球放在这个非常光滑的平面上，轻轻地推一下，它会滚多远、滚多长时间呢？（只要是在"想象的世界"中，这个实验就是可能的，而且开销也不大。）

答案是：小球会永远滚动下去！伽利略是这样推理的：当平面（即使是现实中的非理想平面）向上倾斜时，一个从底部被推上斜面的小球，其行进速度会越来越慢；当平面向下倾斜时，将一个小球从顶部放下，其行进速度会越来越快。因此，伽利略以运动连续性的直觉推断：如果小球是在平面上运动，那它就不会减慢也不会加快，而是一直运动下去。伽利略通过直觉得到的这个结论，我们今天称之为牛顿第一运动定律：运动的物体有保持运动的趋势。力不是运动的必要条件，而只是改变物体运动状态的必要条件。同亚里士多德的观点相反，物体的自然状态应该是匀速运动。静止是速度为零的一种特殊状态，但就这个新的观点来看，它并不比任何其他的匀速运动显得更为自然。对于那些开汽车或驾马车的人来说，这与直觉是相悖的。如果你不踩油门或不抽几鞭子，汽车或马车就会停下来。伽利略认识到，要想发现事实，就必须从思想上让你的工具在理想条件下使用（不然就试试在冰面上驾车吧）。把摩擦力和空气阻力等蛊惑人心的自然因素除去，确立关于这个世界的一套基本关系，这就是伽利略的天才。

就像我们将要看到的一样，上帝粒子本身就是某种附着于简洁、美妙的宇宙之上的复杂事物。或许自然界就是要把它耀眼夺目的对称隐藏起来，好像不屑于留给人类欣赏似的。

斜塔的真相

伽利略从复杂的事物中删繁就简，找到简单规律的最著名的一个例子，就是比萨斜塔实验。许多学者都怀疑这个神话般的故事的真实性。霍金就是其中一个，他曾写道，这个故事"几乎可以肯定并非真事"。霍金问：他已经在倾斜的平面上做过实验，为什么还要在没有准确计时方式的情况下爬到高塔上去验证呢？真是活见鬼！在这里，霍金这个理论家使用了纯粹推理。不过，伽利略纯粹是为实验而实验的，这种推理用在他身上没有什么意义。

伽利略最好的传记作者德雷克（Stillman Drake）通过许多确凿的历史根据推断，斜塔实验是真实的，而且这也符合伽利略的个性。斜塔实验并不是一个真正的实验，而是一种演示、一种公关活动，也是最早的科学公众表演。伽利略展现了自我，也嘲讽了那些批评者。

伽利略是个脾气暴躁的家伙。他实际上并不喜欢争吵，只是性格上比较敏感，在受到挑战时会是一个强劲的对手。生气的时候，他甚至连屁股也会疼；而且各种愚蠢行为都会让他恼怒。这个不拘礼节、特立独行的人，对在比萨大学必须穿的博士礼袍大加嘲讽，还写了一首题为《反对长袍》的幽默诗。那些几乎买不起长袍的年轻而又落魄的学者对此大加赞赏、津津乐道（喜欢长袍的德谟克利特当然不欣赏这首诗了），而年长的教授们无疑都很不开心。伽利略还使用不同的笔名来攻击对手。不过，他的风格是如此独特，以至于没有多少人会被他蒙住。毫无疑问，他树敌很多。

他的主要学术对手就是亚里士多德学派的人。他们相信物体的运动需要力的作用，而且，由于地球对重物体的引力更大，这就使得重物体下落得比轻物体要快。但他们从来没有想过用实验来检验这些理论。亚里士多德学派的学者控制着比萨大学，实际上是意大利的大多数大学。你想象得到，伽利略肯定不讨他们喜欢。

在比萨斜塔上的表演就是针对这些人的。霍金说得对，这并不是一个理想的实验，但却是一个"事件"。就像任何"有预谋"的事件一样，伽利略肯定预先知道结果会怎样。我能看见他在凌晨3点的一片漆黑中爬到塔顶，向下面的博士后助手扔出两个铅球。"你应该感觉得到两个球同时从你头顶上冲下来，"他冲着助手大声喊道，"如果重球先落下，你就大叫一声。"不过他用不着真正这样做，因为他已经推断出这两个球会同时落地。

他是这样想的：我们先假设亚里士多德是正确的。重物会首先着地，这意味着它加速得更快。好了，让我们把重的球和轻的球绑在一起，如果轻的球确实落得慢，它就会拖住重的球，让它减速。然而，把它们绑在一起就可以看作更重的物体，那么这个组合体就应该比其中任何单独一个球都下落得更快。我们该怎样解决这个矛盾呢？看吧，只有一个结论能满足所有的条件：这两个球一定是以相同的速度下落的，此乃这个快慢难题的唯一解。

依故事所述，伽利略花了一早晨的时间来表演铅球下落，向众多感兴趣的观众证明了他的观点，也让其他人吓破了胆。他非常聪明，没有使用羽毛和硬币，而是用重量不同但形状非常相似的物体（比如具有相同半径的木球和空心铅球）来粗略地平衡空气阻力。余下的事情已经成为历史了，或者说它就应该如此。伽利略的演示表明：自由落体运动同质量完全无关（尽管他并不知道为什么，而且直到1915年爱因斯坦才真正理解了这一点）。亚里士多德学派的人得到了一个终生难忘（或难以宽恕）的教训。

这到底是科学还是表演秀？两者都有一点。实际上，并不是只有实验家愿意这样做。伟大的理论物理学家费曼（他经常对实验表现出浓厚的兴趣）在"挑战者号"航天飞机空难调查委员会任职时，在公众面前就展示过自己。也许你能回忆起来，当时有一场围绕航天飞机上的O形环能否承受低温的争论。费曼通过一个简单的实验使争论戛然而止：当着电视摄像机，他把一截O形环放在一杯冰水里，让观众亲眼看到其弹性消失。现在，你还会猜想费曼是否像伽利略一样事先就知道将会发生什么吗？

事实上，在20世纪90年代，伽利略的斜塔实验已经加入了新的内容，其中包括存在"第五种力"的可能性。这是建立在牛顿的引力理论基础上的一种假设，认为这种力会造成铜球和铅球下落时存在极其微小的差别，时间差据说是每100英尺的高度不到十亿分之一秒。要测量出如此短暂的时间，在伽利略时代是不可想象的，即便对今天的技术而言也是一个不小的考验。迄今为止，在20世纪80年代末出现过的关于第五种力的证据几乎都消失了，不过还是请密切关注报纸上的最新报道吧。

伽利略的原子

伽利略是怎样看待原子的呢？受阿基米德、德谟克利特和卢克莱修的影响，伽利略也是一个直觉型的原子论者。对于物质和光的本质，他在几十年里一直在讲授并撰写关于这方面问题的内容，尤其是在1622年的著作《尝试者》，以及他最后的著作《关于两种新科学的对话》中。他似乎相信光是由点状粒子组成的，而且物质结构也与此类似。

伽利略把原子称为"最小的量子"。后来，他描绘了一幅"无穷多原子被无穷多虚空分隔开来"的图景。这种机械论观点和数学上的无穷小概念密切相关，是牛顿创立微积分的一个预兆。但现在我们陷入了矛盾之中。拿一个简单的圆锥形物体——比如一个小丑帽——想象一下平行于底面水平地切割它。让我们来看看两个连续的切片。下面一片的顶部是一个圆，上面一片的底部也是一个圆。因为它们此前是点点相对直接相连的，所以有相同的半径。可这个圆锥体是连续地变得越来越小，这些圆怎么可能完全相同呢？如果每个圆都是由无数的原子和虚空组成，那么你会认为上面的圆包含的原子数目应该少一些，虽然也是无穷多个。不是吗？别忘了，我们处在1630年左右，面对的是极其抽象的概念，而这些概念几乎是在200年以后的实验中才得到验证的。（还有一条路来解决这个问题，就是要看你切割的刀子有多薄。我想我又听见德谟克利特在"咯咯"地笑了。）

在《关于两种新科学的对话》中，伽利略表述了他对原子结构的最后想法。最近的历史学家说，他作出了这样的假设：原子是一个抽象的数学点，没有尺度，显然也不可分割，而且不具备德谟克利特所描述的形状。

这样一来，伽利略就很接近最现代版的原子思想了，即点状的夸克和轻子。

加速器和望远镜

夸克相对于原子来说更加抽象，也更难形象化。没有人真正"看见"过它，那该怎样证明它们是如何存在的呢？我们有间接的证据。加速器中粒子相互碰撞；探测器的各种传感器里的复杂电子器件接受和处理由粒子产生的电子脉冲；计算机分析这些来自探测器的电子脉冲后，把它们变成一串0和1的组合，再将结果送达我们控制室里的显示器上。我们看着这些0和1的显示说："天哪，一个夸克！"这声嚷嚷对外行来说似乎有点牵强——我们为什么那么肯定呢？会不会是加速器、探测器、计算机或计算机到显示器的连线出了问题，"制造"了这个夸克？毕竟，我们永远也不可能用上帝赋予我们的肉眼看到夸克。噢，曾几何时，科学是多么简单啊！回到16世纪难道不好吗？问一问伽利略吧。

据记载，伽利略制作了许多望远镜。用他自己的话说，他"对数以万计的星星和其他物体测试了上万次"，以验证望远镜的效果。他信任这种东西。我可以想象当时的情景：伽利略和他所有的学生站在一起，他通过望远镜观察窗外的景物，并且描述出他所看到的东西，学生们则快速地记录下"那里有一棵树，这个方向有树枝，那个方向有树叶"。他把自己通过望远镜看到的东西描述完毕，学生们就骑上马或坐上马车——也许是一辆大巴——穿过田野去查看伽利略所望见的树木，并和伽利略的描述进行比较。他们就是这样数万次地验证仪器的。所以伽利略的一个批评者在形容验证的精确性时这样说道："如果我用那些地面上的物体来做实验，那么望远镜棒极了。尽管在上帝赋予的眼睛和上帝创造的物体之间加入了一样东西，我还是信任这个结果，毕竟它并没有欺骗你。但是，如果你观察天空时看到了一颗星星，而通过望远镜却看到了两颗，那就麻烦了！"

当然，这些并不是他的原话。不过，有一位批评者就是以这样的话来批驳伽利略关于木星有4颗卫星的说法。因为望远镜使他看到了用肉眼看不到的东西，所以它一定具有欺骗性。一个数学教授也批评伽利略说，如果花上足够多的时间"将它们弄到镜子上"，他也可以发现木星的4颗卫星。

所有使用仪器的人都会陷入这个难题之中。难道是仪器"制造"了结果吗？以今天的眼光看，伽利略的批评者们似乎有点傻。那么，他们到底是指明了事物的本质还是在科学上过于保守呢？毫无疑问，两者都有。1600年，人们相信眼睛在我们的观察中占据了非常重要的地位：上帝赐予我们的眼睛能帮助我们认识这个视觉中的世界。今天，我们知道，眼睛不过是具有许多感受器的透镜，由它把感受到的视觉信息传送给大脑的视觉皮层，这样我们才能真正"看"见东西。眼睛实际上是物体和大脑之间的中间媒介，就像望远镜所扮演的角色一样。你也戴眼镜吧？那你已经在对看到的事物进行调整了。事实上，16世纪欧洲虔诚的基督教徒和哲学家都把戴眼镜视作亵渎神灵或污辱神圣的行为，尽管当时戴眼镜已经有 300 年左右的历史了。有一个明显的例外就是开普勒，他也非常虔诚，不过他却戴眼镜，因为这有助于他进行观察；真幸运，否则他也成不了当时最伟大的天文学家。

我们应该承认，一个经过精密校对的仪器可以给我们提供关于现实事物的一个极好的近似，或许还能够做到跟最棒的仪器——我们的大脑——一样好。不过，即使是大脑也需要不时地调整，需要在受到扰动时进行保护和纠正。比如，即使你有非常好的视力，几杯酒下肚你也会看到周围的朋友增加了一倍。

1600 年的卡尔·萨根

伽利略帮助人们接受了仪器，这一成就对于科学和实验的重要性是无可比拟的。那么，他到底是怎样的一个人呢？作为一位深邃的思想家，他具有令今天的理论物理学家们羡慕的缜密思维和远见卓识；作为实验家，他又是一位精力充沛的能工巧匠：他会打磨透镜，还制造了许多仪器设备，包括望远镜、显微镜和摆钟；政治上他时而是温顺的保守派，时而又胆大包天，给对手以猛烈的攻击。他就像一台充满活力的永动机，在他身后留下了许多里程碑式的鸿篇巨制。他也是一个大众化的人。1604 年超新星爆炸时，他用通俗的语言在大批公众面前做了精彩的演讲，并用通俗流畅的拉丁文将其记述下来。要说他那个时代的卡尔·萨根，那就非他莫属。但就是这样，也没有多少学校会给他终身职位，他的作风是如此的雷厉风行，他的批评是那样的尖刻——至少在面对别人对他的非难时是这样。

伽利略是一个全面的物理学家吗？实际上，他是历史上最全面的物理学家之一，因为他把理论家和实验家两方面的素质完美地结合到了一起。如果说他有什么缺陷的话，那也是在理论上。虽然这种结合在 18 世纪和 19 世纪相当普遍，但在非常专业化的今天就凤毛麟角了。17世纪，许多被称为"理论"方面的东西因为与实验支持太接近而无法分开。我们马上就会看到，在一位伟大的实验家身后紧跟着一位伟大的理论家是多么重要。事实上，在伽利略时代已经出现了这种关键性的承接。

没有鼻子的人

我们先回过头来看一下，关于仪器和思想、理论和实践的著作几乎没有一本不提到两个相关的名字，比如马克思和恩格斯，爱默生和梭罗，或者齐格弗里德和罗伊*。我这里要提到的两个人是第谷和开普勒。他们是严格意义上的天文学家而不是物理学家，不过这两者差别不大。

第谷是科学史上的一个怪人。这个1546年出生的丹麦贵族是一个纯粹的测量者。与那些向下看的原子物理学家相反，他把目光投向了天空，而且达到了前所未有的测量精度。第谷组装了各种仪器来测量恒星、行星、彗星以及月亮的位置。他差了几十年没赶上望远镜的发明，所以就自己制造了一些精巧的观测工具——方位角半圆仪、托勒玫尺、铜六分仪、地平象限仪、视差尺——这样，他和助手就可以用肉眼来确定恒星以及其他天体的坐标位置了。这些位置在今天的六分仪上由十字坐标和圆弧来表示。天文学家用像来复枪一样的象限仪，通过附着在悬臂末端的金属瞄准器来校正星体的位置。而连接十字坐标的圆弧的作用就像学校里用的量角器一样，天文学家用它来测量恒星、行星或彗星的视线角。

第谷的仪器在基本概念上没有什么特别的新颖之处，但他应用起来达到了很高的水准。他试用不同的材料，设法弄清楚如何在水平或垂直方向转动这些笨重的装置，并将它们安装定位，以便能够从同一个地点日复一日地跟踪观察

---

* 著名魔术表演搭档。

天体的运动。最为特别的是，第谷的测量仪器都很庞大。用现代的眼光来看，大往往是好的，虽然并不总是如此。第谷最著名的仪器是墙象限仪，它的半径有6米，约18英尺，需要40个壮小伙才能把它放置好，简直就是当时的超级对撞机！圆弧上的标记间隔很大，第谷可以把60分的弧度中的每一分再分成6个10秒。简而言之，其误差幅度就是一臂远处的针尖宽度。所有这些都是通过肉眼做到的！如果你想得到一些有关这个人自负的印象，在墙象限仪圆弧内有第谷本人一幅真人大小的肖像。

你一定以为这般挑剔的人想必古板得令人生厌，但第谷并非如此。他最不同寻常的特征是他的鼻子——或者说他缺了鼻子。当第谷还是一名20岁的学生时，在一个数学教授家举行的庆祝会上，他和一名叫帕斯伯格（Manderup Parsberg）的学生因为一个数学问题发生了激烈争执，朋友们好不容易才把他们分开。（也许他是有点古板，会为数学公式而不是女孩子打架。）一周以后，第谷和他的对手在一个圣诞聚会上再次相遇。酒过三巡，他们又开始争吵起那个数学问题来。但这次双方都没能冷静下来，于是他们就来到墓地旁一个僻静的地方，拔出剑进行决斗。结果，帕斯伯格削掉了第谷的一大块鼻子，很快就结束了决斗。

这次鼻子事件贯穿着第谷的一生。关于他的鼻子美容术，有两个版本的说法。第一个说法——很可能是假的——说他准备了一套不同材料的人工鼻子，以应付不同的场合。但多数历史学家普遍接受的说法则一样好玩。这种说法认为第谷定制了一只用金银制成的永久性鼻子，这个精致的鼻子在颜色和形状上做得像真的一样。据说他走到哪里都会带着一小瓶胶水，以防备鼻子松动。这个鼻子成了第谷的笑柄，一个学术上的对手嘲笑第谷说，他的天文观察是以他的鼻子为视觉标尺的。

虽然有这些烦心事纠缠，但第谷同时还拥有一个超越许多现代科学家的优势——他的高贵出身。他是国王腓特烈二世的朋友，在他因为发现仙后座超新星而闻名以后，这个国王把位于松德海峡的汶岛赏赐给他作为观测实验室。他可以对岛上的佃农发号施令、收取租金，另外还能得到国王大量的资金支持。这样，第谷就成了世界上第一位实验室主任。他是多么厉害的一个主任啊！他拥有赋税，国王提供资金，自己还有财富，简直过着王室般的生活，就差与20世纪美国的基金代理商们谈交易赚钱了。这个2 000英亩的小岛成了天文学家的天堂。岛上有供工匠们制造观测仪器的作坊，一架风车，一座造纸厂，还有大约60个鱼塘。第谷在小岛的最高点为自己建造了豪华的住宅和实验室，他称之为乌拉尼堡，或者"天堡"。在天堡周围一个建有围墙的方形区域内，分布着印刷厂、仆人的住处、看门狗的窝棚、花园、菜园，还有300多棵树。

第谷最终离开了这座岛屿，因为他的资助者腓特烈国王因过度饮用嘉士伯酒或某种在1600年的丹麦很流行的蜂蜜酒而毙命，整个环境对他就不那么有利了。汶岛的归属权又回到了王室手里，新国王随后把它赏赐给了他在一个婚庆舞会上弄到手的情妇安德斯戴特（Karen Andersdatter）。这着实给所有的实验室主任都上了一课，让他们想明白自己在这个世界上的地位，以及在权贵眼中的可替代性。幸运的是，第谷另外谋得了出路，把实验数据和仪器转移到了邻近布拉格的一座城堡里，那里的人欢迎他去继续从事实验工作。宇宙的规律性激发了第谷对自然的兴趣。14岁的时候，他就对1560年8月21日按预言出现的日全食非常着迷：人们怎么能把恒星和行星的运动了解得如此透彻，以至于能够预言多年以后它们的位置呢？第谷最终给后来者留下了一大笔财富：标注有1 000颗恒星精确位置的星图，它超越了托勒玫的经典星图，并且推翻了许多旧的理论。

第谷的实验技巧中的一个很大的优点是：他非常注意测量过程中可能出现的错误。他坚持每次测量要重复多遍，并且每次测量时必须估计它的准确度，这在1580年是闻所未闻的。他将实验数据与其误差范围一起表述，这种执着远远超前于他所处的时代。

作为测量者和观察家，第谷是独一无二的。但是作为理论家，他还差了许多。他在哥白尼去世3年后出生，但他从来也没有接受认为地球是绕着太阳旋转的哥白尼体系，而托勒玫在许多世纪前描述的是太阳绕着地球旋转。第谷的观察证明：托勒玫体系是不对的，但是作为一个受过良好教育的亚里士多德学派的信徒，他从来不相信地球会旋转，也不放弃地球是宇宙中心的观点。他解释说，如果地球真的在旋转，那么朝着地球旋转方向发射一颗炮弹会比朝相反方向发射的炮弹打得远，而实际上这样的事情不会发生。所以，第谷做了一个折中：地球静止在宇宙的中心，但与托勒玫体系不同的是，行星围绕着太阳旋转，而太阳是围绕地球旋转的。

命运的差遣

第谷在其职业生涯中有过许多优秀的助手，其中最出色的一位是开普勒——一个古怪神秘的数学家和天文学家。作为一个在德国出生的虔诚的路德教徒，要是没有数学这样一种谋生手段，开普勒倒更想成为一名牧师。事实上，他是在牧师资格考试失利后因为辅修课"占星学"成绩不错而不经意地沾上了天文学。即便是这样，他最终还是成了一名伟大的理论家。他在第谷海量繁复的观测数据中发现了简洁而意义深远的真理。

作为一名新教徒，开普勒很不走运（当时反宗教改革正席卷欧洲）。他非常脆弱，有些神经质，而且还近视，完全没有第谷或伽利略的自信。开普勒的整个家庭也有点奇特。他父亲是个雇佣兵，母亲被当作女巫审判过，他自己则把大部分时间花在占星学上。不过，幸亏他做得很好，可以赚点钱。1595年，他为格拉茨市制定了一套历法，预言了严冬来临、农民起义和土耳其人的进攻——这些都一一实现了。公平地讲，开普勒并不是唯一一个通过做占星家捞"外快"的人，如伽利略就曾为美第奇家族占星。第谷也涉足于此，尽管他不是很擅长：他曾根据1566年10月28日发生的月食预言奥斯曼帝国苏丹苏莱曼一世将一命呜呼。不幸得很，当时这位苏丹实际上已经不在人世了。

第谷对待他的助手相当刻薄——他对开普勒更像是对博士后，而不是平等的同事，实际上开普勒与其平起平坐是当之无愧的。敏感的开普勒在这种侮辱下开始反抗，他与第谷经历了许多次争吵和同样多次的和解，因为第谷确实逐渐认识到了他的才干。

1601年10月的一天，第谷去参加一个宴会。像往常一样，他又喝多了。按照当时严格的礼节，中途退出宴席是不礼貌的，可当他最终冲到洗手间时已经太晚了。"某种重要的东西"在他体内爆裂，11天以后他就去世了。临终前，第谷把在其杰出的职业生涯中获得的所有观测数据都交给了他此前任命的首席助手开普勒，希望开普勒运用他出色的分析更深入地理解天体。当然，第谷也希望开普勒继承他那以地球为宇宙中心的"第谷假说"。

开普勒双手交叉，毫不犹豫地答应了这位临终之人的嘱托，因为他认为第谷的体系虽然没用，但留下的那些数据却是无价之宝！开普勒开始认真地分析其中的信息，寻找行星运动的模式。既然他摒弃了拙劣的第谷和托勒玫体系，那他自己就得从某个地方重新开始。于是他先把哥白尼体系当作一个模型，因为它有一套当时最完美的球形轨道系统。

开普勒难以捉摸的想法又开始转向以太阳为中心的思想。他认为太阳不仅照亮了行星，而且还对行星施加了一种力的作用，或当时所说的"原动力"，从而使它们运行。他并不确切知道太阳是怎样做到这一点的——他曾经猜想是某种磁力——不过他为牛顿铺平了道路。他是最早提出太阳系中需要有作用力这一思想的人之一。

另外，同等重要的一点是，他发现哥白尼体系并不完全符合第谷的观测数据。那个刻板的老丹麦人把开普勒教得很好，给他灌输了归纳的方法：只在观测数据的基础上追溯事物的起因。尽管他相信神秘主义，而且对几何图形非常敬畏甚至迷恋，但他还是信守观测数据。开普勒从第谷的观测数据——尤其是火星的数据——中提炼出了行星运行的三大定律，即使在400年后的今天，这仍然是现代行星天文学的基础。这里我就不再深究这些定律的细节了，但要指出一点：他的第一定律打破了漂亮的哥白尼圆形轨道思想，这是一个自柏拉图以来一直没有被触及的观念。开普勒将行星轨道确定为椭圆形，而太阳位于椭圆的一个焦点上。这个古怪的路德教徒保留了哥白尼体系，并把它从希腊人烦琐的偏心圆中解脱出来；他这么做也确保了自己的理论能与第谷精确到弧分的观测数据相一致。

椭圆！纯粹的数学！它会不会也是纯粹的自然呢？如果像开普勒发现的那样，行星围绕着位于一个焦点上的太阳做完美的椭圆运动，那么大自然一定偏爱数学。有人——也许是上帝——看着地球说："我喜欢数学图形。"其实，要证明大自然喜欢数学图形很简单。拿起一块石头扔出去，它就会划出一道非常漂亮的抛物线。如果没有空气阻力的话，这将是一条完美的抛物线。上帝不仅是数学家，而且还非常友好。在人们没有做好接受的思想准备时，他总是小心翼翼地把复杂性隐藏起来。我们现在知道，行星的轨道也不是完美的椭圆（因为行星之间存在着相互作用），但这种偏差用第谷的观测仪器不可能看到。

开普勒的天才经常被他书中大量唯心的东西掩盖着。他认为彗星是不祥的预兆，宇宙被分成3个区域，以对应于圣三一。他还认为潮汐是地球呼吸的结果，这里他把地球比作一头巨大的动物。（这种把地球看成生物体的观点在今天以盖娅假说的形式又复活了。）

即便如此，也不能掩盖开普勒的伟大思想。1931年，当时最著名的物理学家之一、沉着克制的英国人阿瑟·爱丁顿爵士称开普勒是"现代理论物理学的先行者"。爱丁顿赞美开普勒为我们展示了一幅可以跟量子时代的理论家的工作相媲美的图景。尽管开普勒没有给出太阳系具体的运行机制，但根据爱丁顿的观点，他"通过一种数学的感知，达到了普适万物的美学追求"。

教宗与伽利略：死后平反

1597年，在解决那些麻烦的细节问题之前，开普勒写信给伽利略，劝他支持哥白尼体系。带着典型的宗教热情，他让伽利略"一定要信仰坚定地向前走"。伽利略拒绝放弃托勒玫体系，因为他需要证据。证据就来源于观察仪器——望远镜。

1610年1月4日到15日的夜晚，伽利略在天文学史上留下了浓墨重彩的一笔。那几天，伽利略使用一架自己制造的改进了的新望远镜，观察、测量和跟踪了在木星周围运动的4颗小"星"。他不想得出然而却又"看到"了的结论却是：这些天体在环绕着木星的圆形轨道上运动。而正是这个结论使伽利略转向了哥白尼的观点。如果天体可以环绕着木星运动，那么所有恒星和行星都围绕着地球转动的观念就是错误的。一旦转变了信仰，那么无论在科学、宗教还是在政治上，伽利略都成了哥白尼天文学的一个狂热而又坚定的支持者。历史把荣誉给了伽利略，不过我们还是要感谢帮助他打开天空大门的望远镜。

关于伽利略和占统治地位的教会权贵之间冲突的漫长而又复杂的故事，人们早就讲过很多次了。由于天文学上的信仰，他被教会判处终身监禁（后来改为永远监禁在家）。直到1822年，时任的教宗才正式宣布太阳可能位于太阳系的中心。再往后，直到1985年，梵蒂冈的罗马教廷才承认伽利略是一位伟大的科学家，教会当年对他的判罚是错误的。

太阳海绵

伽利略因提出"异端邪说"而获罪，可他的那些观点与火星和木星的轨道学说相比，倒更接近我们这个宇宙的神秘核心。在他第一次到罗马讲授其物理光学成果的科学之旅中，他随身带着一个小盒子，里面装着博洛尼亚的炼金术士发现的岩石碎片。这些岩石可以在黑暗中发光。今天我们知道，这种发光材料是硫化钡，但在1611年，炼金术士给它们取了一个更富有诗意的名字——太阳海绵。

伽利略把这些太阳海绵石块带到罗马去，是为了他最喜欢的消遣：难为那些亚里士多德学派的同行。当那些亚里士多德学派的人坐在暗处看着硫化钡的闪光时，他们那位爱捉弄人的同行也没有放过他们。光是一种物质。伽利略把岩石对着太阳晒一会儿，然后带到暗处，而光就随之被带进来了。在此之前，亚里士多德学派的观点认为，光只是一些发光物体的性质而不是实在的物质。伽利略却把光从物体中分离出来了，并且可以任意移动。对于亚里士多德学派的天主教徒来说，这就像是说你可以把圣母玛利亚的微笑带走，放到一头骡子身上或一块石头中。那么，光实际上是由什么组成的呢？伽利略认为是看不见的微粒。粒子！光拥有一种机械作用。它可以传输、反射、撞击物体、穿透物体，等等。正是这种想法使伽利略很容易地接受了不可分割的"原子"观。他并不确定这些太阳海绵是什么原理，也没有做什么理论阐述，他以为这种岩石可能就像磁石吸引铁屑一样地吸引光。无论如何，伽利略的类似这样的一些观点，加剧了他与罗马教会正统观念之间业已存在的危险关系。

伽利略的历史似乎总是与教会和宗教纠缠在一起，但他不可能把自己看作彻头彻尾的异教徒，当然也不是什么被冤屈的先圣。在我们看来，他是一个物理学家，而且还是一个伟大的物理学家，远远不只是一个哥白尼理论的支持者。他把实验同数学思想结合在一起，在许多领域开拓了新的天地。他指出，一个物体在运动时，使用数学公式来量化其运动过程是很重要的。他总是问："物体是怎样运动的？到底是怎样运动的？"但他从来不问："为什么？为什么球体会下落？"他明白自己只是在描述运动，但这对于他那个时代来说已经是难能可贵的了。德谟克利特可能会打趣说，伽利略想留一些事情给牛顿去做。

造币厂厂长

仁慈的阁下：

可能您并不相信，我就要被处死了。我就要被最残忍地处死了。如果不能被您的仁慈之手相救，那我就逃不过法律的判决了。

1698年，被指控制造假币的查洛纳（William Chaloner）向一位最终抓获、起诉并证明其有罪的官员递交了上面这封信。查洛纳是那个时代最狡猾、最富有传奇色彩的罪犯，他的所作所为严重地威胁了英国货币体系的信誉——当时的货币主要还是金币和银币。

这封绝望的请求信是呈送给一个叫牛顿的人的，他是当时的造币厂督办，不久就升为厂长。牛顿当时负责的工作是监管造币厂，检查大量的重铸硬币，保护货币不受假币制造者的影响——那些人总是把硬币中的一些贵重金属刮下来，再让其进入流通领域。这个职位有点像财政部部长，既需要有高超的议会斗争手腕，又需要跟那些劫持王国货币的恶棍、骗子、小偷、洗钱者或其他流氓的人做斗争。王室把这个闲职奖励给当时最伟大的科学家牛顿，是让他有精力去做更重要的事情。但牛顿还真把它当回事，他发明了在钱币边缘铸上凹槽的方法来防止假币。他还亲自出席过假币制造者的绞刑仪式。这种状况可能与牛顿早期娴静伟大的形象不太相符，那时他沉迷于科学和数学，给世界自然哲学史带来了只有20世纪前10年的相对论才有可能明显超越的最深刻的变革。

作为年代上的巧合之一，牛顿于1643年，也就是伽利略去世一年后出生于英格兰。提到物理学就不能不提到牛顿，他是一位非常伟大的物理学家。他的贡献对人类社会的影响，足可以跟耶稣、穆罕默德、摩西、甘地，以及亚历山大大帝和拿破仑等历史名人相提并论。牛顿的万有引力定律和他创立的方法论占据了每一本物理学教科书的前几章，理解这些内容成为有志于科学或工程工作的人的必由之路。牛顿说过一句名言："如果说我能看得更远的话，那是因为我站在了巨人的肩膀上。"这些"巨人"通常被认为是指哥白尼、第谷、开普勒和伽利略等人。人们因此赞扬他谦虚。不过也有一种解释说，他只是在嘲笑自己在科学上的主要对手胡克，那个宣称如果存在正义的话，应该是他首先发现了重力的小个子。

我曾经做过统计，大概有不下20种关于牛顿的较为正式的传记；而分析、解释、发展和评论牛顿的生平及科学的文学作品更是不计其数。韦斯特福尔在1980年出版的牛顿传记中就包括了满满10页的参考文献，书中显露出韦斯特福尔对牛顿的无限崇敬：

> 我有幸在不同时间认识了许多伟人，那些我毫不犹豫地推崇其智慧在我之上的人。面对这些人，我总愿意拿自己同他们相比，看是不是可以合理地说我的能力是他们的二分之一、三分之一、四分之一，等等，总之是一个有限的比例。不过，在研究了牛顿之后，最终的结果使我确信自己根本没法跟他相比。作为屈指可数的少数超级天才之一，他几乎构建起了人类科学的所有门类。

如果说原子论的发展历史是一种还原法——把自然界的各种运行机制归纳成支配少量基本物质的少数几条定律，那么最成功的还原论者就是牛顿。等到1879年，那个也许能够跟他媲美的人在德国乌尔姆的芸芸众生中横空出世*，时间又过去了250年。

---

* 指爱因斯坦，他出生于乌尔姆。

力与我们同在

要想了解科学是如何起作用的，就必须研究牛顿。然而，信奉牛顿学说的人在"物理学101"这门课程中教给学生的东西，往往都会忽略掉他集大成的重要意义和深远影响。他发展了一种定量而又全面地描述物理世界的方法，而且与对事物运行方式的实际描述相一致。他从下落的苹果到做周期性运动的月亮的富有传奇色彩的联系，得到了数学推导这一可怕动力的推动。苹果是如何落到地上的，以及准确地说月球是如何绕地球旋转的，这些都被包含在一个无所不包的思想之中。牛顿写道："我希望剩下的自然现象都可以用力学原理通过同样层次的推导来解释，因为我有许多理由相信，它们可能都依赖于某种特定的力的作用。"

在牛顿的时代，物体的运动方式已经为人们所了解：抛出石头的轨迹、钟摆的规律性摆动、沿斜面下滑的物体的运动、不同物体的自由下落、结构的稳定性、下落水滴的形状，等等。牛顿所要做的就是把这些以及其他许多复杂的现象统一到一个系统中去。他的结论是：任何运动的变化都是力的作用的结果，而且物体对力的反应与物体自身的一种性质有关，这种性质被他称作"质量"。每一个中学生都知道牛顿提出了三大运动定律。他的第一定律重新表述了伽利略的发现，也就是静止和匀速直线运动是不需要力来维持的。我们在这里将要谈到的是他的第二定律。这个定律以力的作用为核心，但却与我们这个故事中的神秘事物之———质量，有着千丝万缕的联系。另外，它也说明了力是如何改变运动的。

一代又一代的教科书一直在为牛顿第二定律的定义和逻辑一致性而努力。牛顿第二定律被写成：$F = ma$，即力等于质量乘以加速度。在这个方程式中牛顿并没有定义力和质量，这就很难弄清楚该方程式到底是一种定义还是一条物理学定律。但无论怎样，人们都可以从中得到最有用的物理学定律。这个简单的方程式有着强大的力量。尽管它看起来普普通通，却可以作为解决问题的可怕武器。哇！又是数学！别担心，我们只是谈谈它，而不是真的去演算。此外，它还是打开力学世界大门的一把钥匙，所以我们会一直用到它。（我们将讨论牛顿的两个公式，为方便起见，就把这个公式叫公式Ⅰ。）

a是什么？a就是伽利略在比萨和帕多瓦定义并测量过的同一个量，即加速度。它可以是任何物体（比如石头、钟摆、飞行物或者阿波罗飞船等）的加速度。如果我们不限制这个小公式的应用范围，那么a还可以包括行星、恒星或电子的运动。加速度就是速度的变化率，汽车里的加速踏板就是这样名副其实地定义的。如果你的车速在5分钟内从10英里/时提升到40英里/时，你就会得到一个加速度a。如果在10秒钟内车速从0提升到60英里/时，那么这个加速度就大得多了。

m是什么呢？m是物质的一种属性。它可以通过测量物体对力的反应来得到。施加相同的力，m越大，物体的反应（a）就越小。这种性质通常被称为惯性。m的全称就叫作"惯性质量"。伽利略引入惯性的概念来说明为什么运动的物体"有保持运动的趋势"。我们当然可以使用这个公式来区别不同的质量。把相同的力（至于是什么力我们以后再说）施加在不同的物体上，使用秒表和尺子来测量产生的运动，得到加速度a。由于不同m的物体有不同的a，我们就可以通过这种实验来比较各种不同物体的质量。等我们这样做了以后，就可以任意制作一个标准物体，最好是用某种不易腐蚀的金属精心制成，标上"1.000千克"（这就是质量单位），并且把它放在世界各主要首都的标准局的保险柜里。现在我们就可以给出任意物体的质量了，结果无非是那个1千克标准质量的多少倍或多少分之一。

好了，质量已经说得够多了，得说说F了。F代表力，那么，力又是什么呢？牛顿说力是"一个物体挤另一个物体"——它是改变物体运动状态的原因。我们是不是进入逻辑循环了？可能是，不过别着急，我们可以利用定律来比较作用在一个标准物体上的力。现在，我们就进入最有趣的话题了。丰富多彩的自然界给我们提供了各种力，而牛顿则给了我们一个公式。记住，这个公式适用于各种力。现在我们知道，自然界有4种基本作用力，但在牛顿那个年代，科学家们只是开始了解到其中的一种，那就是重力。重力造成了各种物体的下落、飞行物的抛物线运动以及钟摆的摆动。对其表面附近的所有物体都有吸引作用的地球，它所产生的力就会导致各种各样的运动，甚至也包括不运动。

还有，我们可以用$F = ma$解释静止物体的受力结构，比如坐在椅子上的读者，或者更有启发性的例子是站在秤上的读者。地球施加给读者一个向下的力，椅子或者秤施加给读者一个大小相等、方向相反的力，这两种力对读者的作用之和等于零，所以读者就没有运动。秤还能告诉我们"哦，天哪，明天该减肥了"，因为秤显示出来读者重60千克，或者在仍未采用公制单位的国家是132磅。牛顿知道你的重量在深谷或高山上会有微小的不同，而在月球上会有很大的不同。可你身体里抗拒力的作用的那部分东西，即质量，并没有改变。

牛顿并不知道对地板、椅子、绳子、弹簧、风以及水等物体的拖动或者拉动实质上是电的作用。不过没关系，力的起源与他给出的著名公式的准确性没有关联。他可以分析弹簧、板球拍、机械装置、下落水滴的形状或者地球本身的运动。给定一个力，我们可以计算物体的运动。如果力等于零，那么速度的改变就为零；也就是说物体会保持其原速做匀速运动。如果你向上抛出一个小球，它的速度就一直减慢，直到其轨迹的顶点，在这里它会停下来，然后再加速下落。这些都是竖直向下的重力作用的结果。如果把小球向外抛出，我们又该怎么理解那条优美的曲线呢？我们把物体的运动分解成两部分：垂直部分和水平部分（由小球在地上的阴影表示）。水平方向没有作用力（与伽利略一样，我们必须忽略空气阻力，因为这是一个很小但却很复杂的因素），所以水平方向的运动是匀速运动。垂直方向有上升和下落的效果。那么，合成运动是什么呢？抛物线！喔！上帝又出现了，展现出了几何的美丽！

假设我们知道小球的质量，而且能够测量出它的加速度，那么它精确的运动可以由 $F = ma$ 来计算。其路径也可以确定，即它划出的是一条抛物线。不过抛物线有很多种：软弱无力的投球几乎不能到达接球手那里，而用力投出的球却要让外场手往回跑了。两者有什么不同吗？牛顿把这些不同称为初始条件。什么是初始速度？什么是初始方向？其范围可以从竖直到近乎水平。在所有情况下，物体的运动轨迹都是由运动开始时的速度和方向决定的，这就是初始条件。

等一等！！！

这里有一个深刻的哲学概念。对特定的物体给予确定的初始条件，并且知道了作用在物体上的力，那么物体的运动就是可以预测的……永远如此。牛顿的世界观就是可预测而且是确定的。例如，假定世界上所有的物体都是由原子组成的——在本页提出的一个古怪想法，而且我们知道这数以亿亿计的原子中每一个的初始运动状态和作用在每个原子上的力，我们还假定某台超级宇宙计算机能够算出所有这些原子未来的位置，那么在未来的某个时刻，比如在加冕日，这些原子将会在什么位置呢？总之，结果将是可以预见的。在这数以亿亿计的原子中，将会有一小撮构成了"读者""莱德曼"或者"教宗"。预测，确定……所谓的自由选择只是自私自利的意识产生的虚无缥缈的东西。牛顿的科学显然是决定论的科学。在后牛顿哲学家们看来，创世主的作用只不过是把这个世界的发条拧紧并启动而已，以后宇宙的发展变化就跟他没什么关系了。（20世纪90年代，冷静考虑这些问题的人自然会心存异议。）

牛顿对哲学和宗教的影响丝毫不亚于他对物理学的贡献，这一切都来自他那个关键的公式 $\vec{F} = m\vec{a}$。这里在字母上加了箭头是为了提醒学生们力和加速度是有方向的。许多物理量在空间中都没有方向，如质量、温度、体积等，但是"矢量"，如力、速度和加速度等物理量，上面都有个小箭头以彰显其方向性。

在我们结束关于 $F = ma$ 的讨论之前，我还要强调一下它的重要性。它是机械、土木、水利、声学和其他各种工程学科的基础；借助它我们可以理解表面张力、管道中的流体、毛细作用、大陆漂移、声音在空气和钢铁中的传播以及结构的稳定性等重要问题，比如西尔斯大厦或最壮观的一座桥——布朗克斯白石桥，该桥横跨佩勒姆湾，桥身弧线非常优美。我小时候经常从家里出发，骑车经庄园大道到佩勒姆湾沿岸去，从那里我就能看到这座结构优美的建筑。设计这座桥梁的工程师对牛顿的公式有着深刻的理解。现在，随着计算机的运算速度越来越快，我们用 $F = ma$ 解决问题的速度也越来越快。这一切都得益于牛顿！

我提到过三个定律，到现在只解释了两个。第三定律可表述为"作用力等于反作用力"。确切地说，如果 A 物体对 B 物体施加一个作用力，那么 B 物体对 A 物体也施加了大小相等、方向相反的反作用力。这个定律的重要性在于它是所有力的一个必备条件，无论这个力是如何产生的，无论是重力、电力还是磁力，等等。

牛顿最爱的 F

牛顿的下一个重要发现与他在自然界发现的一种具体的作用力有关，这种力就是重力 $\vec{F}$。记住，牛顿第二定律中的 F 只代表力，任何力都行。当你要选定一个力代入方程时，首先必须定义这个力，并将它量化，然后才能使用方程。这样，我们就有幸得到另一个方程了。牛顿写下了力 F（重力）——当作用力是重力时——的表达式，并称它为万有引力定律。它表示所有物体相互之间都存在引力作用。这些力取决于物体间隔的距离以及每个物体的质量。质量？等等！这里又体现了牛顿对于物质的原子本性的偏爱。他认为这种引力作用在物体的所有原子上，而不仅仅局限于部分（例如表面原子）。例如地球对整个苹果施加引力，地球的每一个原子都对苹果的每一个原子施加了引力。我们必须补充的是，苹果也对地球有引力。这是一个可怕的对称，因为地球也要向着下落的苹果移动一个非常微小的距离。该定律"万有"的性质表明这种力是无处不在的。地球作用在月球上的力，太阳作用在火星上的力，以及太阳作用在半人马座比邻星——距太阳25万亿英里之遥的（还是相距最近的）恒星——上的力都是这种作用力。简而言之，牛顿的万有引力定律适用于任何地方的各种物体之间。物体之间的引力就像学生们学过的"平方反比定律"一样，随着物体之间距离平方的增加而减小。如果物体之间的距离变成原来的两倍，那么它们之间的引力就减小到原来的四分之一；如果距离变成三倍，那么引力就减小到原来的九分之一；依此类推。

是什么在向上推动?

正如我刚才提到的，力是有方向的，例如重力是向下指向地球表面。那么，反作用力的本质是什么呢？椅子给坐在上面的人以向上的力，球棒撞击棒球，锤子钉钉子，氦气进入气球把它撑开，水把压在水面下的木片冲起，你躺在弹簧床上被弹起来，我们无法穿越高墙，这一切都是怎么回事呢？令人惊异的答案是，所有这些"向上"的力都是电力的不同体现。

乍一看这个想法有点怪异。当我们站在秤上或坐在沙发上时，毕竟感觉不到电荷在向上推我们。应该说这种力是间接的，就像我们从德谟克利特（还有20世纪的实验）那里得到的结论一样，在物质中大多数是空空间，万事万物都是由"原子"组成的。把"原子"组合在一起构成物质刚性的就是电力。（固体的不可穿越性也与量子理论有关。）这种力非常强大，一个小金属秤里的这种作用力足以抵消整个地球的吸引力。另外，你不会愿意站在湖中央，或从10层楼的阳台上跨到外面。因为在水中，尤其是在空气中，原子间的距离都太远，以至于不能提供可以承受你的重量的那种刚性。

跟将物质聚在一起的电力比较起来，引力的作用就显得非常微弱了。弱到什么程度呢？我在教授物理课时做了下面的实验。我拿出一块1英尺长、4英寸宽、2英寸厚的木板，在6英寸长的地方绕着它画了一道线。我垂直地拿着这块木板，在上半部分标上"顶"，在下半部分标上"底"。我抓住顶端问学生们："为什么在整个地球的引力作用下木板底部没有掉下来？"回答是："底部通过木板内部原子之间的电力与顶部牢牢地结合在一起，而老师拿着顶部，所以掉不下来。"正确。

为了估计木板顶部作用于底部的电力比引力（地球向下拉底部的力）到底强多少，我用一把锯子从画线的地方把木板锯开。（我一直想做一名工艺课教师。）这时，我用锯子把顶部和底部之间电的作用降低到基本为零。顶部对底部没有了电的作用，但是它们之间还存在着万有引力，而地球对底部木板也有吸引力。猜猜谁赢了？地球赢了，最后木板底部掉到了地上。

运用万有引力定律公式，我们可以算出两个引力之间的差别，结果是地球对木板底部的引力比木板顶部对木板底部的引力至少强10亿倍（这一点请相信我）。结论就是：木板在被锯开之前，其顶部对底部的电力至少是它对底部的引力的10亿倍。这是我在演讲大厅所能讲的，实际上确切的倍数是10^{41}，或者说就是在1后面跟着41个0！！我们把它写出来是：

100 000 000 000 000 000 000 000 000 000 000 000 000 000

10^{41}这个数字可能不太好理解，没办法。不过这样写出来也许会有些帮助。你也可以试着考虑一个电子和一个正电子相距百分之一英寸，计算它们之间的引力作用。现在再计算需要相隔多远才能让它们之间的电力减小到等于引力作用，答案是数千万亿英里远（50光年）。这里假设电力也是按照距离的平方减小的，就像引力一样。这样计算对我们的理解是否有些帮助呢？对于伽利略最早研究的那些物体运动，引力是主要的作用力，因为地球的每一细微部分都对其表面上的物体施加了引力。在研究原子以及更小物体的时候，引力的影响就小到可以忽略不计了。在其他许多现象中，我们也可以不管引力的作用。例如，在两个台球的碰撞（物理学家喜欢用碰撞来理解事物）中，地球的影响就被做实验用的桌子给屏蔽掉了，因为垂直向下的重力与桌子的向上的支撑力平衡，剩下的只有在台球碰撞时起作用的水平作用力了。

两个质量之谜

牛顿的万有引力定律解决了只需考虑引力的所有情况。我说过，他所写的 F 就是一个物体对另一物体的作用，比如说地球对月球的作用。这种作用依赖于"引力质量"，即地球的质量乘以月球的质量。为了量化这个事实，牛顿提出了另一个公式。换句话说，两个物体 A 和 B 之间的引力等于常量 G 与 A、B 质量（M_A，M_B）的乘积再除以 A、B 间距离（R）的平方。用符号可表示成：

$$F = G\frac{M_A \times M_B}{R^2}$$

我们把它叫作公式 II。即使对数学一窍不通的人也会承认这个公式的简洁。具体来说，你可以把 A 当成地球，把 B 当成月球——虽然牛顿的这个公式是适用于所有物体的——那么适用于这两个星球这一系统的具体的公式就变成：

$$F = G\frac{M_{地球} \times M_{月球}}{R^2}$$

地球和月球之间的距离 R 大约是 250 000 英里。在 M 的单位是千克、R 的单位是米的情况下，常量 G 等于 6.67×10^{-11} 牛·米^2/千克^2。这个已确切知道的常量就决定了引力的强度。你不用记住它，甚至也不用关心它，只需要知道 10^{-11} 意味着非常小就行。只有在至少有一个 M 能像地球的全部质量那样巨大的时候，F 才会比较显著。如果哪个报复心强的创世主能够让 G 等于 0，那么生命马上就结束了。地球会因此沿着围绕太阳的椭圆轨道上的某个切线方向被甩掉，全球变暖的趋势顷刻间就会急剧逆转。

重要的是 M，我们称之为引力质量。我说过它可以表示地球和月球的质量，就是这个质量通过我们的公式产生了引力。"等一等，"我听见后排有人说话了，"你现在得到了两个质量。在 $F = ma$（公式 Ⅰ）中的质量（m）和在公式 Ⅱ 里的质量（M），这是怎么回事呢？"非常深刻！出现两个质量并不是一种不幸，而是一种挑战。

我们把这两种不同种类的质量称为 M 和 m。M 是物体的引力质量，用来吸引其他物体。m 是惯性质量，在物体中用来抵抗力的作用并决定相应的运动。两种质量表示了物质两种非常不同的性质。在理解伽利略的实验（记住比萨斜塔！）以及其他的实验中，牛顿都认识到 $M = m$。引力质量确切等于在牛顿第二定律中出现的惯性质量。

带有双元音变音的人

牛顿并不理解为什么两种质量是相等的，他只是把它接受下来。他甚至做了许多巧妙的实验来研究它们是否相等。他的实验结果表明，$M/m = 1.00$，即 M 除以 m 得到精确到小数点后两位的 1。200 多年后，这个数字的精度又有了大幅度的提高。1888—1922 年，匈牙利贵族罗兰·厄特沃什男爵设计了一系列精妙的实验。他使用铝、铜、木材以及其他各种材料制成的钟摆，证明了这两种质量之间相差不到十亿分之五。用数学的方法表示出来就是：

$$M（引力质量）/m（惯性质量）= 1.000\,000\,000 \pm 0.000\,000\,005,$$

也就是说比值在 1.000 000 005 和 0.999 999 995 之间。

今天，我们确认这个比值能精确到小数点后 12 个零。伽利略在比萨证明了两个不同的球以相同的速度下落，而牛顿给出了原因——M 等于 m，引力的作用与物体的质量成正比。例如，炮弹的引力质量（M）可能是滚珠的 1 000 倍，这就意味着加在它上面的引力作用要比滚珠大 1 000 倍，但是这也意味着它抵抗作用力的惯性质量（m）比滚珠大 1 000 倍。所以如果炮弹和滚珠从高塔上同时落下，这两种效果相互抵消，炮弹和滚珠就会同时着地。

M 和 m 的一致性是令人难以置信的。这个问题困扰了科学家几个世纪，和那个神秘数字 137 一样经典。直到 1915 年，爱因斯坦才把这种"一致性"统一到一个深奥的理论——广义相对论中。

厄特沃什男爵对 M 和 m 的研究是他最值得一提的科学贡献，但绝不是他主要的贡献。他是双元音变音停顿的一位先驱！更重要的是，厄特沃什对科学教育很感兴趣，并致力于培养高中教师——这也是我本人钟爱的课题。历史学家早就注意到，厄特沃什男爵培养了一大批天才——像物理学家特勒（Edward Teller）、维格纳（Eugene Wigner）、西拉德（Leo Szilard）和数学家冯·诺伊曼都是从厄特沃什时代的布达佩斯走出来的。这些匈牙利科学家和数学家的成就在 20 世纪初期非常辉煌，以至于连许多冷静的观察家也相信，火星人专门定居布达佩斯，就是为了完成他们渗透并接管地球的计划。

牛顿和厄特沃什的工作在太空飞行中展现无遗。我们都在电视上看到过太空舱里这样的镜头：宇航员松开手里的钢笔，钢笔就在他身边悬浮着，形成一种非常好玩的"失重"现象。当然，宇航员和钢笔并没有真正失重，引力仍然在起作用。地球还在拉着太空舱、宇航员和他的那支钢笔。同时，根据公式 I，围绕地球的圆周运动由惯性质量决定。由于这两种质量相等，所有物体的运动都是相同的，这就造成了失重的假象。

另一种看法认为，宇航员和钢笔是在做自由落体运动。太空舱绕着地球飞行，实际上是在落向地球。这就是轨道运行的实质。从某种意义上说，月球就是这样落向地球的，它只是永远也不会落到地球上，因为地球也在以相同速度下落。所以，如果宇航员和钢笔同时做自由落体运动，他们就相当于同时从斜塔上扔下的两个重物。如果在太空舱里或者自由落体过程中宇航员可以站在一个秤上的话，那么显示出来的重量应该是零，这就是"失重"的缘由。事实上，NASA（美国国家航空航天局）就是利用自由落体的方法来训练宇航员的。在模拟失重时，宇航员被喷气式飞机带到很高的高空，飞机的飞行轨迹是40个左右的抛物线（又出现这种曲线了）。在飞机俯冲的时候，宇航员就会感觉到自由落体……失重（当然有些不舒服。这种飞机被人私下称作"呕吐彗星"）。

这是太空时代的东西。不过，牛顿知道关于宇航员和钢笔的所有情况。回到17世纪，他应该能够告诉你在航天飞机里将会发生什么事情。

伟大的集大成者

牛顿在剑桥过着半隐居的生活，不时回到林肯郡自家的庄园，而当时英国大多数杰出的科学家都住在伦敦城。从1684年到1687年，牛顿致力于撰写他的主要著作之一——《自然哲学的数学原理》（以下简称《原理》）。这本书总结了牛顿在此之前所有的数学和力学的研究成果，尽管也有很多地方不成熟、不明确甚至自相矛盾。《原理》就像是一部汇集了他过去20年努力的完整的交响曲。

为了撰写《原理》，牛顿必须重新进行计算、思考和总结，而且需要搜集新的数据——关于彗星的运行、木星和土星的卫星、泰晤士河河口的潮汐，等等。在这里他一方面开始坚持绝对空间和绝对时间的观念，另一方面严格表述了他的三大运动定律。他还把质量的概念发展为物体中所含物质的数量，即"物体的量同它的密度和大小有关"。

疯狂的创造性研究也有其负面影响。据跟他在一起生活的助手证实：

> 他在研究上非常专心和仔细，以至于只吃很少的饭，或者根本忘记了吃饭……有时想到要到餐厅去吃饭，他却走到街道上去，停下来，发现自己有什么错误，然后又匆匆地走回去——不是去餐厅，而是去了书房……偶尔他还会站在桌子旁边开始写东西，甚至没有时间拉一把椅子坐下来。

这就是创造性科学家的专注。

《原理》就像一颗炸弹一样撼动了英国甚至整个欧洲。出版商手中的书还没有推出，有关的消息就已经迅速传播开来。在物理学家和数学家眼中，牛顿的大名早已如雷贯耳了。《原理》更把他塑造成了一个传奇式人物，并且引起了一些大哲学家如洛克和伏尔泰的注意。这是很大的成功，多少学者、助手，甚至名望很高的批评家如惠更斯和莱布尼茨，都对这部著作所达到的罕见的广度和深度给予了好评。他的主要竞争对手、身材矮小的胡克也给了《原理》最高的"褒奖"，说这本书剽窃了他的成果。

在最近一次访问剑桥大学的时候，我请求能够看一眼《原理》的原书。开始我想象着那本书会被放在充满氦气的玻璃容器里。出乎我意料的是，第一版的《原理》，那本改变了科学进程的伟大著作，竟然就放在物理学图书馆的书架上！牛顿的灵感是从哪里来的呢？来自关于行星运动的大量文献，其中也包括胡克的一些很有启发意义的成果。这些来源的影响就跟那个古老的苹果故事表明的直觉的力量一样大。故事中说，牛顿在一个傍晚看到苹果落到了地上，而此时一轮月亮已经挂在天空。这就构成了一种联系。地球用引力把苹果这个地面上的物体吸引下来；同样，这种力也可以到达月球而对天上的物体起作用。

也就是说，这种力既使得苹果落到地上，也使得月亮绕地球运动。牛顿就是由此得到了他的方程，并与观察到的现象完全一致。到17世纪80年代中期，牛顿已经把天体力学同地球力学统一起来了。万有引力定律解释了潮汐、太阳系的复杂运动、哈雷彗星很少见但却可以预测的回归、星系中恒星的聚集以及星系的形成等问题。1969年，NASA用火箭把3名宇航员送上了月球。这一壮举的实现离不开太空时代的技术，但在NASA用于编制登月以及返回轨道的计算机程序中用到的关键公式，却诞生于3个世纪之前。这一切都离不开牛顿！

引力的麻烦

我们已经看到，在原子尺度，比如说一个电子对一个质子的作用，引力就显得非常弱了，我们需要在1前面加上41个0才能表示。就像……太微弱了！引力的平方反比定律在宏观领域被太阳系的运动所证实，但在实验室里检验就很困难，需要用到精密的扭秤。而在20世纪90年代，引力遇到的麻烦是，它是4种基本作用力中唯一不符合量子理论的。正如前面所提到的那样，我们已经确定了携带弱力、强力和电磁力的基本粒子。但与引力相关的粒子至今还在与我们捉迷藏。我们也给引力假设了一种粒子——引力子，但是至今还没有检测到它。现在，人们建造大型的精密仪器来检测只有在剧烈的宇宙现象中——比如超新星爆发、黑洞吞噬恒星或者两颗中子星不太可能出现的对撞等——才能发现的引力波。不过，到目前为止我们还没有检测到引力波*，相关研究还在继续。

引力是我们把粒子物理学与天体物理学统一起来的最重要的纽带。现在，我们就像古希腊人那样，只能等着事件的发生，却做不了实验。如果我们可以

---

* 科学家已在2016年探测到引力波。

使两颗恒星像质子那样碰撞的话，就可以看到一些真实的情况。而如果宇宙学家们确实没有搞错，"大爆炸"也真是一个可靠的理论的话——在最近的一次会议上有人向我打包票说这仍是一个可靠的理论——那么在某一个早期阶段，宇宙中的所有粒子都集中在一个很小的空间中，每个粒子的能量都变得非常巨大。引力被所有这些能量——相当于质量——加强，成为原子领域的主要作用力。原子是遵循量子理论的，如果不能把引力统一到量子理论中，我们就永远也不可能理解大爆炸的细节，事实上也就不能理解基本粒子更深层次的结构。

牛顿和他的原子

牛顿学派的大多数人都认为牛顿相信物质的粒子结构。引力只是牛顿运用数学方法解决的作用力之一。他认为，物体之间的作用力，不管是地球和月球之间还是地球和苹果之间的作用力，都是构成这些物体的粒子之间相互作用的结果。我甚至斗胆做个猜测：牛顿发明微积分也与他的原子信念不无关系。比如，为了搞清楚地球与月球之间的作用力，我们需要使用公式 II，但是地球与月球之间的距离 R 怎么确定呢？如果地球和月球都非常小，那没什么问题，R 就是两个物体中心之间的距离。然而，要计算地球的每一微小部分的粒子对月球的引力并把这些引力加起来，这就需要发明积分了。积分就是把无数个无穷小量相加的一种方法。事实上，微积分就是牛顿在那个著名的年份——1666 年——前后发明的，当时有物理学家称赞他的头脑"非常适合发明"。

在 17 世纪，原子理论的证据少得可怜。牛顿在《原理》中提到，我们必须将感觉经验进行外推，来理解组成物体的微观粒子的运作："由于整体的硬度来源于部分的硬度……我们有理由推断，不可分割粒子的坚硬性不仅属于我们感觉到的物体，而且也属于其他所有物体。"

　　像伽利略一样；牛顿对光学的研究导致他把光解释为由粒子流组成的。在他的著作《光学》的结尾，他回顾了当时流行的一些光学观点，并写出了以下的大胆论断：

　　　　物质的粒子不是具备能够有超距作用的某种特别的能量、性质或者力吗？这种作用不仅存在于光线之中，并产生了光的反射、散射、透射，而且还存在于彼此之间，从而形成了大量的自然现象。现在已经知道物体之间有引力、磁力和电力。这些例子表明了自然的规律和进程，而且使某些吸引力更大、作用距离很短、迄今为止我们还没有观察到的力的存在成为可能……也许电的吸引力可以在很短的距离内起作用，甚至不需要摩擦就可以产生。

　　这就是先知，这就是洞察力，甚至可以说这是20世纪90年代物理学家们孜孜以求的圣杯——大统一理论的预言。牛顿在这里寻找的原子内的作用力，不就是我们今天所知道的弱力和强力吗？不就是那种跟引力不一样、只在"短距离"内起作用的作用力吗？他继续写道：

　　　　这里谈论的所有东西，在我看来，很有可能是上帝在混沌初期制造的坚硬、巨大、不可分割但可移动的粒子……这些粒子都是固态的……坚硬得永不磨蚀、永为一体，一般的力是无法将上帝在创世时亲创的一体分割开来的。

　　虽然证据不足，但牛顿给物理学家们指明了一条坚忍不拔地通往夸克和轻子构成的微观世界的道路。寻找不寻常的力以分开"上帝亲创的一体"已成为当今粒子物理学领域最活跃的前沿课题。

幽灵般的介质

在《光学》第二版里，牛顿把他的结论隐藏在一系列"质疑"之中。这些问题颇具真知灼见，但又是开放性的：你可以在里面找到想要的任何东西。即使牛顿是以某种透彻的直觉预言了量子理论的波粒二象性，那也绝非牵强附会。牛顿理论的一个最烦人的分支就是超距作用问题。地球吸引苹果，会使它落到地上；太阳吸引行星，能使它们做轨道运动。这都是如何做到的呢？两个物体之间除了空间以外一无所有，力是如何传递的呢？当时一个流行的模型就是假设存在一种以太，这是一种看不见的虚构的介质，遍布整个空间。物体 A 就是通过它来吸引物体 B 的。

我们将要看到，以太的概念也被麦克斯韦用来承载他的电磁波。这种观点在 1905 年被爱因斯坦推翻了。但以太这个概念仍时不时地会死灰复燃。现在我们又相信，某种新版的以太（实际上是德谟克利特和阿那克西曼德的虚空）正在把上帝粒子隐藏起来。

牛顿最终拒绝了以太的概念。他的原子观需要一种特殊的以太，但他发现这会引起争议。这种以太需要能够传递力的作用但又不能阻碍物体的运动，例如行星在其轨道上运行。

《原理》中的一段话表明了牛顿的态度：

> 存在某种使得力可以通过空间传播的东西，不论它是某种中心物体（就像位于磁力中心的磁体）或是其他没有表现出来的东西。我只是给出了这种力的数学概念，而没有考虑它们的物理原因和作用。

如果是在我们现代的一次科学研讨会上，这时听众一定会站起来鼓掌，因为牛顿提到了一个很现代的主题，即检验理论的依据就是它必须与实验和观察结果相符。所以，如果牛顿（以及他现在的崇拜者）不知道为什么会有引力那又如何呢？是什么产生了引力呢？直到某一天有人提出引力是一系列更深层次的概念——可能是某种高维时空的对称性——之前，这将永远是一个哲学问题。

我们不谈哲学了。牛顿通过建立一套严格的预测方案，一套可用于大量物理学问题的综合方案，极大地推进了我们对"原子"的探寻。就像我们所看到的那样，随着这些原理的实现，它们对应用科学——如工程和技术等——产生了极其深远的影响。牛顿力学及其崭新的数学观念确实构成了各层物理科学与技术所依赖的基石，这一革命标志着人类思维观念的重大变革。没有这种变革就不会有工业革命，对新知识和新技术的系统探索也就无从谈起。它标志着一个巨大的转变，人们不再只是被动地接受外在世界的变化，而是开始寻求理解外在世界，变得更为主动。牛顿的思维烙印还极大地推动了归纳法的发展。

牛顿对物理学和数学的贡献以及他对原子论宇宙的信奉都留下了详尽的历史记录，但还有一点不清楚的是他"生活的另一面"，如他对炼金术的广泛研究及其对神秘的宗教哲学——特别是那些可以追溯到古埃及僧侣巫术的玄学——的专注到底对他的科学研究有着怎样的影响。这些活动大部分都秘而不宣。作为剑桥大学的卢卡斯教授（霍金的职位）以及后来伦敦政府组织的一员，牛顿是不会把这些带有宗教颠覆色彩的经历公之于世的，因为那样即便不使他颜面扫地，也会让他窘迫不堪。

我们要把对牛顿的最后评论留给爱因斯坦：

> 牛顿，原谅我；你开创了你那个时代只有最富智慧和创造力的人才能开创的道路。你创造的观念至今仍然指导着我们对物理学的思考，尽管我们现在知道，在涉及事物联系的更深层次，取而代之的是距离我们的直觉更远的其他观念。

达尔马提亚的先知

这是关于这个初始阶段、这个力学时代、这个伟大的经典物理学时代的最后一个注脚。尽管"超越了他的时代"这句话已经被用滥了，但我还是要再用它一次。我不是指伽利略或者牛顿，他们的露面真是恰逢其时，不早也不晚。在他们的那个时代，引力、实验、测量、数学证明……所有这些概念都已不是什么稀罕之物。伽利略、开普勒、第谷和牛顿都被他们自己的时代接受了，因为那时的科学界已经具备了接受其观念的条件。当然，并不是每个人都这般幸运。

博斯科维奇（Roger Joseph Boscovich）是杜布罗夫尼克人，他大部分时间都在罗马工作。他出生于1711年，也就是牛顿去世前16年。博斯科维奇是牛顿理论的重要支持者，但他发现了万有引力定律中的一些问题，并称之为"经典限制"，即在距离很大的情况下的一种充分近似。他指出，引力定律"几乎可以说是非常正确的，不过平方反比定律的误差确实存在，尽管其非常细微"。他推断这种经典理论在原子层次上就不再成立了，那时引力会被一种介于吸引力和排斥力之间的振荡所代替。这对18世纪的科学家来说简直不可思议！

博斯科维奇在古老的超距作用问题上也有所建树。作为一个几何学家，他竟然提出了作用力场的概念来解释力是如何作用于远距离物体的。而且还不止于此！

博斯科维奇还有其他的想法，其中一个在18世纪的人看来真的是非常疯狂（甚至可能在任何世纪都是如此）。他认为物质是由看不见的、不可分割的"原子"组成的。这一点没有什么特别，留基伯、德谟克利特、伽利略、牛顿都会同意他的观点。下面才是最重要的：博斯科维奇认为这些粒子是没有尺寸的，也就是说它们是几何点。当然，就像科学上那么多思想一样，这一观念也不是没有先例——很可能在古希腊就有，更不必说伽利略的著作中的点点滴滴了。

不妨回忆一下你在高中学过的几何学，一个点仅仅代表一个位置，它没有大小。博斯科维奇认为物质由没有大小的粒子组成！直到二三十年前我们才发现了一种粒子具有这种性质，它的名字叫夸克。

后面我们还会提到这位博斯科维奇先生。

第4章

仍在寻找原子：化学家和电学家

科学家并不是要向宇宙挑战。他接受宇宙，那是他要品尝的菜肴、他要探索的领域，也是他冒险的事业、他的快乐之源。尽管宇宙有时候是那么难以捉摸，但从来不会了无情趣。它在大和小两方面都十分美妙。简而言之，对宇宙的探索是一个绅士最高尚的职业。

——拉比

告白：物理学家并不是唯一探寻德谟克利特所说的"原子"的人。化学家在这方面的工作同样令人瞩目，特别是在经典物理学几百年的发展过程中（约1600—1900年）。化学家和物理学家之间的区别实际上并不是那么绝对。我原来就是个化学家，后来才转向物理学领域，部分原因是我觉得物理学更容易一些。可从那时候起我却常常注意到，我身边最好的一些朋友老爱跟化学家们泡在一起交谈。

化学家做了不少物理学家不曾做过的工作。他们做过与原子相关的实验。虽然伽利略、牛顿等人在实验上的成就非常大，但他们在处理原子问题的时候，却完全是基于理论假设。不是他们懒，而只是没有合适的实验设备。正是化学家完成了第一个证明原子存在的实验！在这一章中，我们会给出众多支持德谟克利特的"原子"存在的实验证据。我们还将看到许多错误的出发点，一些误导和曲解——它们委实多次给实验家们带来了祸害。

发现9英寸空无所有的人

在见识众多有分量的化学家之前，我们先得跟一位名叫托里拆利（1608—1647）的科学家打个照面。当那时候的力学家和化学家试图重新把"原子"当作正确的科学概念时，是托里拆利架起了他们之间的桥梁。让我们来回顾一下历史吧。德谟克利特曾经说过："除了原子和空空间，什么都不存在；其他一切都是意念。"因此，为了证明原子论的正确性，你就需要找到原子，同时还要证明原子之间存在"空空间"。亚里士多德反对真空这种观点，甚至到了文艺复兴时期，教会还一直坚称"自然界憎恶真空"。

这时托里拆利出现了！他是伽利略晚年的一个学生。1642年，托里拆利被老师派去解决一个问题。佛罗伦萨的挖井工人发现抽水泵总是无法把水抽到10米以上。为什么会这样呢？最初伽利略和其他人提出的假说认为，真空是一种"力"，由抽水泵产生的"部分真空"推动着水上升。很显然，伽利略本人并不想在挖井人的问题上纠缠过久，于是就把它推给了托里拆利。

托里拆利认识到，水根本不是靠真空提上去的，而是由标准大气压推上去的。当水泵使水柱上面的空气压力减小时，水泵外面的标准大气对地下水的向下的压力就会迫使泵管里的水上升。在伽利略去世后一年，托里拆利通过实验验证了自己的理论。他推断：既然水银的比重是水的13.5倍，那么，大气压力能够支撑的水银柱的高度，应该只有水的1/13.5，即约30英寸（约76厘米）。托里拆利用一根1米（约39英寸）左右的厚玻璃管做了一个简单的实验。这根玻璃管一端封闭，另一端开口。他首先在这个玻璃管里面灌满水银，用塞子把开口封住，然后倒放在盛有水银的槽里，再拔出塞子。这时可以看到，有部分水银从玻璃管中流到了槽里。但是，正如托里拆利所预计的那样，管子里还留下了30英寸高的水银。

人们通常把物理学上的这一重要事件当作第一个气压计的发明。当然，事实上就是这样。托里拆利注意到水银柱的高度随着气压的波动而不断改变。但对我们目前所讨论的问题而言，这个实验还有一个更为重要的意义。我们不要再去理会那占了玻璃管很大部分的30英寸高的水银柱，对我们来说重要的是玻璃管顶端那比较怪异的9英寸（约23厘米）。在玻璃管顶端——是密闭的——几英寸的地方里，什么都没有！真正的一无所有。没有水银，没有空气，什么都没有。嗯，严格地说，应该称"几乎什么都没有"，它确实是真空，但还会含有那么一丁点的水银蒸气，其含量取决于温度。一般说来，其真空度大约是10^{-6}托（"托"在托里拆利之后成为一种压力单位，10^{-6}托相当于标准大气压的十亿分之一）。现代的水泵可以达到10^{-11}托甚至更高的真空度。无论如何，托里拆利第一次用人工手段获得了高质量的真空。大自然也许会憎恶真空，也许不会，但是它得承认真空的存在。好了，现在我们已经证明了空空间的存在，随后只需找到原子，把它们往里面放就是了。

压缩气体

接下来该说到玻意耳（1627—1691）了。很显然，这位出生于爱尔兰的化学家所取得的成就主要属于化学领域，但他的同行却指责他在思维方式上太像物理学家，而太不像化学家。他是一个实验常常落空的实验主义者，但他却在英国和欧洲大陆率先提出了原子论的思想。因而有时人们也称他为"化学之父"，或者管他叫科克伯爵叔叔。

受托里拆利工作的影响，玻意耳也迷上了真空。他聘请胡克——那个非常"喜欢"牛顿的胡克——来为他制造一台改进的空气泵。是空气泵激发了玻意耳对气体的兴趣，他也逐渐意识到气体是理解原子论的关键。在这方面，胡克可能给了他一定的帮助。胡克指出，气体作用在容器壁上的压力——比方说气体对气球壁的张力——很可能是由原子流引起的。我们观察不到气球内的原子造成的凹凸不平，是因为它们的数目极其庞大，以至于从宏观上看就是平滑的向外的压力。

跟托里拆利一样，玻意耳的实验也和水银有关。他所用的实验设备是一个17英尺长的 J 形玻璃管。他先将短的那一端封死，然后从较长的开口端向玻璃管里面倒入水银，把 J 形玻璃管底部的弯曲部分封住。接下来就是继续往开口端倒入水银。倒得越多，被封在较短那一端的空气的体积就越小；相应地，这一小段空气所受的压力就越大。通过测量开口端比封口端高出的水银柱的高度，可以很容易地算出被封住的那段空气所受的压力。玻意耳发现，气体体积和作用在它上面的压力成反比。作用在密封端气体上的压力，等于两边的水银柱高度差产生的压力加上作用在开口端的大气压力。如果通过加入水银使压力增加一倍，气体体积就会变为原来的一半；当压力变为原来的 3 倍时，体积就是原来的三分之一；依此类推。这种效应就是我们现在所说的"玻意耳定律"——当今化学中的一条重要定律。

这个实验中还暗含一个更重要的结论：空气或任何气体都是可以被压缩的！理解这一点的一个途径，就是把气体看作由"空空间"隔开的粒子组成的。当气体受压的时候，粒子之间的距离会缩小。这是不是就证明了原子的存在呢？不幸的是，还有其他说法可以解释这个现象，玻意耳实验只是提供了与原子论的思想一致的证据。不过，对牛顿那样的科学家来说，这些证据已经足以使他们相信物质的原子理论的方向是正确的。玻意耳的气体压缩实验最起码对亚里士多德的物质连续假说构成了挑战。但对于液体和固体来说问题依然存在，因为它们可不是那么容易被压缩的。虽然这并不意味着它们不是由原子构成的，而只是说构成它们的原子之间的空空间较小。

玻意耳无疑是一个实验方面的斗士。虽然伽利略等人已经取得过非凡的成绩，但在 17 世纪，实验仍被人投以怀疑的目光。玻意耳曾经跟荷兰哲学家（和磨镜工匠）斯宾诺莎就实验到底能否作为一种实在的证据进行过很长时间的辩论。斯宾诺莎觉得，只有逻辑推导才能作为证据，而实验只不过是一种工具而已，是用来验证或者反证一种思想的。另外，像惠更斯和莱布尼茨这样的大科学家，也对实验的价值有所怀疑。在这场战争中，实验家们总是处于不利的被动地位。

玻意耳为了证明原子——他本人更倾向于用"微粒"一词——的存在而做的种种努力，使得当时有点混乱的化学科学得到了发展。那时候流行的观点还是古老的元素论，回到了恩培多克勒的气、土、火、水四元素说。随着时间的推移，人们又往里面添加了新的基本元素，比如盐、硫黄、水银、黏液（很怪吧，这玩意儿也是新的物质元素？）、油、酒精、酸和碱等。到17世纪，以上这些东西在流行的理论中不仅被当作最简单的物质元素，而且还被看作组成所有物质的基本成分！以酸为例，人们曾以为它存在于所有的"化合物"之中。大家可以想象一下，当时的化学家会是多么郁闷，他们常常被搞得晕头转向。因为按照这个标准，就算是最简单的化学反应都没有办法进行分析了。而玻意耳的微粒学说则开创了一种更有还原论色彩的、更简洁的方法来分析化合物。

名字游戏

17世纪和18世纪的化学家们面临的一个问题是：人们给各种化学物质取的名字毫无意义，直到拉瓦锡（1743—1794）于1787年出版了他的经典著作《化学术语命名方法》，这种情况才有了全面改观。拉瓦锡甚至可以被称为化学界的牛顿。（或许化学家们会称牛顿为物理学界的拉瓦锡吧。）

拉瓦锡的确令人惊诧、不同凡响。他是一个颇有成就的地质学家，也是科学农业的倡导者，还是能干的金融家、社会改革家——他对推动法国大革命有过一定的贡献。他创建了一套新的度量衡体系，最后发展成如今在文明国家通用的公制。（直到20世纪90年代，美国才开始从英制向公制转变，好在落后得不是太远。）

拉瓦锡之前的那个世纪留下了大量的数据，但这些数据却显得极其杂乱无章。看看那些物质的名字吧，像什么"蓬佛理克斯（氧化锌渣）""科尔科飒（铁丹）""砒霜油""锌华（氧化锌）""雄黄""威武的阿比西尼亚人（氧化铁）"等，真是五花八门，可根本体现不出任何内在的规律。拉瓦锡的一个导师曾经这么跟他说："推理艺术说起来很简单，就是经过严密组织的语言！"拉瓦锡把这句话牢牢地记在了心里。这位法国化学家最终担负起了重新整理和命名所有化学名词的重任。他把"威武的阿比西尼亚人"（还记得这个术语的真正意思吗？）改成了"氧化铁"，把"雄黄"改成了"硫化砷"。拉瓦锡还利用各种前缀，比如"ox"和"sulf"，以及各种后缀，比如"ide"和"ous"，来对不计其数的化合物进行组织和分类。这些名字有什么作用呢？有时名字的叫法会决定命运。如果加里·格兰特*用的还是他原来的名字——阿契巴尔德·里奇，他还能不能出演那么多的电影角色呢？

改名实际上对拉瓦锡而言也并非易事。因为在改变命名规则之前，他还要对化学理论本身进行修正。拉瓦锡对化学的最大贡献是对气体性质和燃烧本质的研究。18世纪的化学家认为，当你对水进行加热的时候，水就转变成了空气，当时他们相信空气是唯一真正的气体。而拉瓦锡的研究则第一次表明，任何给定的元素都可以有3种状态：固态、液态和"蒸气"。他还断定，燃烧过程其实是碳、硫或磷等元素和氧之间发生了化学反应。他的理论取代了燃素说，为正确理解化学反应扫除了一个重要障碍。更重要的是，拉瓦锡的研究方式——以精确性、精巧的实验技术和对综合数据的严密分析为基础——使化学得以成为一门现代科学。虽然拉瓦锡对原子论的直接贡献并不是很大，但如果没有他所做的那些基础性工作，那么科学家们在接下来的一个世纪中，是不可能找到原

---

* 加里·格兰特 (Cary Grant)，英国老牌电影演员。

子存在的最早的直接证据的。

曲颈瓶和气球

拉瓦锡对于水的性质十分好奇。当时，很多科学家依然认为水是一种基本元素，不能再被分解为更小的成分；也有一些人相信转化论，认为其他化合物中所含的水分是可以转化为土的。这种观点是有实验依据的。如果你长时间地烧一壶水，最终在壶壁上会形成一些固体残留物。这些科学家会说，这是水被转化成了另一种元素。甚至连著名的玻意耳也相信转化论！因为他自己做过的实验表明：植物通过吸收水分生长。因此可以说，水转化成了树干、叶子、花朵等。现在你可能会明白那时候为什么有那么多的人不相信实验了吧。这样的结论足以使你开始成为斯宾诺莎的追随者。

拉瓦锡发现，这些实验有一个很大的缺陷，那就是测量。于是，他在一个特殊形状的容器——曲颈瓶中煮蒸馏水来做自己的实验。这个容器被设计成加热形成的水蒸气可以在一个球形帽中收集冷凝，并通过两个柄状管返回到容器内。这样水就不会跑掉了。实验前他非常仔细地给曲颈瓶和蒸馏水称重，然后加热至水沸腾。101 天的加热产生了相当多的固体残留物。接下来的工作就是测量各部分的重量了。结果他发现：经过 101 天的沸腾，水的重量与此前完全相同，从中也反映了拉瓦锡精密的实验技巧。倒是曲颈瓶的重量略有减少，而且减少的量和残留物的重量相等。可见，这些残留物根本就不是由水转化来的，而是在加热时从曲颈瓶上溶解下来的玻璃和硅石。拉瓦锡的工作表明，缺乏精密测量的实验是没有意义的，它甚至还会产生误导作用。拉瓦锡的化学天平成了他的小提琴，他以此奏响了化学革命的序曲。

转化论到此就该寿终正寝了。但是，很多人，包括拉瓦锡在内，仍然相信水是一种基本元素。不过，在拉瓦锡发明了一种双嘴设备以后，他的想法最终得以改变。当初他制造这种设备是为了把两种不同的气体从两端通进去，希望它们相互反应并生成第三种物质。有一天，他决定用氢气和氧气来做实验，原以为它们结合在一起会形成某种酸。结果，他得到的却是水，"如蒸馏水一般纯净"。当然是这样，他是在从头开始造水嘛。很显然，水并不是一种基本元素，而是一种可以用两份氢气和一份氧气来生成的物质。

1783年发生了一件间接推进化学发展的历史事件：蒙戈尔菲耶（Montgolfier）兄弟成功地实现了第一次载人热气球飞行。很快，一位物理教师查尔斯（J. A. C. Charles）又乘坐充满氢气的气球，升到了10 000英尺的高空！这件事引起了拉瓦锡的注意，他觉得坐在这样的气球里面有可能飞过云层去更好地研究大气现象。没过多久，他就被指定参加了一个委员会，探索制备热气球所用气体的廉价方法。拉瓦锡制订了一套大规模生产氢气的实施方案，即将水通过装满红热铁圈的炮管过滤，这样水就会分解为其组成成分，从而得到氢气。

到了这个时候，稍有常识的人就不会认为水是一种元素了。拉瓦锡在制备氢气的过程中还发现了一个更令他惊讶的结果。虽然每次分解水时的原料用量并不一样，但最后的结果却一成不变——他得到的氧气和氢气的重量比总是8∶1。很明显，这里肯定有某种精妙的机制在起作用，这种机制可以用一种基于原子的观点进行解释。

拉瓦锡没有对原子论进行更多的思索，他仅仅指出：在化学反应中起作用的是一些不可分割的粒子，对于这些粒子我们还不太了解。当然，他实际上永远也没有机会挨到退休坐下来去写他的回忆录了，不然的话，他一定会给原子论的大厦添砖加瓦。在"恐怖统治"时期，拉瓦锡这位大革命的早期支持者却被人们抛弃，1794年，50岁的他被送上了断头台。

就在拉瓦锡掉了脑袋后的第二天，几何学家拉格朗日以这样一句话概括了这场悲剧："砍掉那颗脑袋只需要一眨眼的工夫，可要长出一颗像他那样的脑袋大概 100 年也不够！"

回到原子

拉瓦锡的工作中隐含的意义，在几十年以后由一位谦逊的英国中产阶级中学教师道尔顿（1766—1844）进行了研究。在道尔顿身上我们终于发现了可供电影电视宣扬的科学家形象。他好像一直过着一种非常平淡的生活并且终身未婚。用他自己的话来解释就是："我的脑子里面尽是些三角形啊，化学反应啊，电学实验啊等，以至于没有机会去思考婚姻问题了。"对于他来说，偶尔出去散散步或参加一次贵格会教友的聚会就是一件很大的事情了。

道尔顿起初是一所寄宿学校里的一名普通教师，空闲时间里他就读读牛顿和玻意耳的著作。他在这个职位上干了十余年，后来在曼彻斯特的一所学院谋得了一个数学教授的职位。但当他到学校报到的时候却被告知，他必须同时教授化学。一星期有 21 个小时被拴在课堂上，道尔顿自然是牢骚满腹。1800 年，他干脆辞去教授职务，自己开办了一所学院，这使得他有了充裕的时间来做自己的化学研究工作。不过，在道尔顿于 19 世纪之初（1803—1808）发表物质的原子理论学说之前，他在科学界一直被看作一个业余的科学爱好者。我们知道，道尔顿是正式重新使用德谟克利特的"原子"这一术语，来表示那些构成物质的不可分割的微小粒子的第一人。当然，这两者还是有区别的。记得德谟克利特说过，构成不同物质的原子形状各不相同，而在道尔顿的原子理论中，原子重量则扮演着重要的角色。

原子理论是道尔顿最重要的贡献。无论它过去是不是让人如堕五里雾中（它过去是的），也不管历史是不是给了道尔顿过多的赞誉（有些历史学家这么认为），都不会有人怀疑道尔顿的原子理论给化学所带来的巨大影响。此后不久，化学很快就成为影响最为深远的学科之一。如此看来，第一个证明原子存在的实验"证据"来自化学也还是最为合适的。记得古希腊的一句箴言吗：在一个变化无处不在的世界中看出一个不变的"本原"来。"原子"解决了这场危机。通过重组"原子"，我们可以创造出所能想到的一切变化，但我们存在的基石——"原子"——是不可改变的。在化学中，相对较少的原子提供了极其丰富的选择，这是因为它们有着多种可能的组合：碳原子可以和一个也可以和两个氧原子结合；氢原子可以和氧原子结合，也可以和氯原子或硫原子结合，等等。当然，在结合的前后，氢原子还是那个氢原子，相互之间完全一样，不可改变。但说到这里，我们却把我们的主人公道尔顿给忘了。

道尔顿注意到，原子假设可以对气体的性质给出最好的解释，于是他又把这种思想推广到了化学反应领域。他发现，每种化合物中所含的组成元素的重量比总是相同的。以碳和氧反应生成一氧化碳为例。要想生成一氧化碳，我们总是需要12克碳和16克氧，或者12磅碳和16磅氧。无论你用什么单位，它们的比例总是12：16。这个事实怎么解释呢？如果说一个碳原子的重量为12个单位，一个氧原子的重量为16个单位，那么，宏观地看起来，进入一氧化碳中的碳氧比例就是12：16。不过，这只能算是支持原子理论的一个不太有力的论据。但是，当你在制备氢氧化合物和碳氢化合物的时候，氢、碳和氧三者之间的相对重量比总是1：12：16。这样的话，用其他的理论就解释不通了。当把这种理论应用到其他更多的化合物上时，人们发现，只有原子才是唯一合理的结论。

道尔顿断言，原子是化学元素的基本单位，每种化学原子都有自己的重量。就这样，他带来了一场科学的革命。1808年，他这样写道：

　　各种物质都有3种截然不同的形式，或者说3种状态，这一点已经引起众多化学家的注意。这3种状态分别是弹性流体、液体和固体。一个我们经常见到的实例是水，它在特定的环境下可以变成上述 3 种状态的任意一种。水蒸气是完完全全的弹性流体，水是千真万确的液体，而冰则是实打实的固体。这些观察结果可以导出一个似乎普遍适用的结论：所有可观测的物质，无论是液体还是固体，都是由大量极小极小的粒子或者说原子，通过相互之间的吸引力结合在一起的，原子之间结合的紧密程度由周围的环境所决定……

化学分解和化学合成其实不过是这些微粒的重新分离或组合。在化学反应的范畴内不会有"新"的原子产生或消亡。一个氢原子的产生或消亡，就像我们试图往太阳系里加入一颗新的行星，或者消灭一颗已经存在的行星一样，是不可能的。我们所能实现的所有变化，只是把处于化合状态的原子分离，或者使原来远离的原子结合在一起。

对比一下拉瓦锡和道尔顿这两个人的科学风格是很有意思的。拉瓦锡是一个严谨的测量者，他十分看重精确性，这对化学方法论的戏剧性地重构起了很大作用。道尔顿则犯过很多错误。他曾经把氧原子与氢原子的相对重量比弄成了 7 而不是 8。另外，他还把水和氨的组分也搞错了。但不管怎样，他作出了对这个时代具有深远意义的科学发现：经过众多科学家持续大约 2 200 年的思索，提出各种含含糊糊的假说，最终由道尔顿确立了原子的真实性。他提出了一种全新的观点，"如果这种观点确立起来的话——我个人认为已经不会太久了——将会使化学体系发生最重大的变化，并将使整个领域成为一门非常简明的科学"。道尔顿使用的设备不是大倍数的显微镜，不是粒子加速器，而是一些试管，一台化学天平，当时的化学知识，以及创造性灵感。

当然，道尔顿所说的原子绝对不是德谟克利特想象的那种"原子"。以氧原子为例，就我们目前所知，它并不是不可分的，它也有着复杂的组成结构。但是这个名称流传了下来，我们现在通常所说的原子指的就是道尔顿概念上的原子，它是化学原子，是化学元素——比如氢、氧、碳或者铀——的一种单位。

我们来看看1815年《皇家探索者》上的大标题：

化学家发现了终极粒子，放弃了大蟒蛇和尿

难得有那么一次，冒出了个把科学家，他的发现是那么简单，但又是那么完美，似乎一下子就解决了一个困扰科学家们达数千年之久的问题。不过，如果这名科学家确实是对的，那简直就是千载难逢了。

对于普劳特（William Prout），我们能说的就是他离真理已经非常近了。普劳特提出了一个对于他那个世纪"近乎正确"的伟大猜想。但他的猜想最终因为错误的理由和命运的无情而遭到了摒弃。大约在1815年，这位英国化学家以为他已经找到了组成所有物质的粒子——他指的是氢原子。

公平地讲，普劳特提出了一个极有意义的一流想法，尽管有那么"一点"错误。他所做的正是每个优秀的科学家所做的工作：沿袭希腊传统，寻求简单性。那个时候，他正在寻找已知的25种化学元素的公因子。说起来普劳特真是有点"不务正业"，他所做的工作的确有些超出了他的研究领域。对于与他同时代的人来说，他的主要贡献是写了一本关于尿的权威教科书。此外，他还对大蟒蛇的粪便做过广泛的研究。到底是什么引导他来到了原子论领域呢，这里我就别再妄加揣测了吧。

普劳特注意到，氢原子（原子重量为1）是所有已知的元素中最轻的。他指出，也许氢原子是"基本物质"，而其他所有元素都只是氢原子的组合体。按照前人的风格，他将这种基本物质命名为"始质"。这个想法是说得通的，因为大多数元素的原子量都接近整数，也就是氢原子量的整数倍。但这个结论的得出，多少是由于原先相对原子量的测量并不是那么精确。随着原子量测量精度的提高，普劳特的假说就被推翻了（不过理由并不正确）。举例来说，人们发现氯原子的相对重量是35.5，这是跟普劳特的概念相冲突的，因为你不可能有半个原子。现在我们弄明白了，自然界中的氯是两种同位素的混合物，其中一种含有35个"氢"，另一种含有37个"氢"。这些所谓的"氢"，其实就是我们现在所说的中子和质子，这两种微粒的质量是非常接近的。

实际上，普劳特假设的是作为原子基元的核子（组成原子核的中子或质子中的随便哪一种）的存在性。普劳特的这个尝试实在是太好了。不过，寻找一种更为简单的系统来代替25种左右元素的集合的目标，是注定要实现的。

可惜，这个目标没能在19世纪实现。

元素的纸牌游戏

我们这次横跨200多年的化学史之旅最后将以门捷列夫（1834—1907）的伟大发现而告结束。这位出生于西伯利亚的化学家是元素周期表的发明者。元素周期表是化学分类学上的一次巨大飞跃，同时也是在寻找德谟克利特原子的过程中取得的重大进展。

即便如此，门捷列夫在他的一生中也有不少时间是在瞎折腾。这个孤僻古怪的人——他好像曾经靠以酸奶为主的饮食度日（这是在对医学方面的风尚进行检验）——在被他的同事谈及时常常受到嘲笑，就是因为他的那张周期表。他还是圣彼得堡大学学生的一个重要支持者，在他职业生涯晚期的一次抗议活动中，他站在学生们后面，因而被当局扫地出门。

如果没有学生们相助，门捷列夫恐怕永远也完成不了周期表。在1867年首次被任命为化学教授的时候，他发现根本没有一本适合学生的化学教材，于是他开始自己编写。在门捷列夫看来，化学实际上是一门"质量的科学"——又涉及质量——而在他的教科书里，他已经提出了把已知元素按照原子量的顺序来排列的简单想法。

相信吗，门捷列夫的周期表居然是靠"玩牌"玩出来的。他把元素符号以及它们的原子量和各种性质（比如，钠：活泼金属；氩：惰性气体）写在不同的小纸片上。他很喜欢玩一种叫"打通关"的单人纸牌游戏，于是他就用"元素"来打通关——把纸牌按照元素原子量递增的顺序排列起来。后来，他发现其中具有一定的周期性。相似的化学性质会在隔8张牌的元素中重新出现，比如锂、钠、钾，它们都是化学性质活泼的金属，它们的位置分别是3、11、19。类似地，氢（1）、氟（9）、氯（17）都是活泼气体。他把纸牌重新摆了一下，分成了8列，使处于同一列的元素有着相似的化学性质。

门捷列夫还做了其他一些不合传统的事情。在他看来，没必要把表格里的空格全部填满。就像玩纸牌游戏一样，有些牌还没有翻开呢。他希望这张表不仅仅是按行看有意义，而且按列瞧也要有"名堂"。如果某个空格需要一种具有某种特性的元素来填充，可一时又没有，他就干脆把它空在那里，而不是生拉硬拽地把一个已经存在的元素塞进去。门捷列夫甚至还用前缀"eka"来为这些空格命名，"eka"在梵语中是"类"的意思。比如说"类铝"和"类硅"分别是铝和硅下面与铝、硅处于同一列的元素。

表格中的这些空格正是门捷列夫遭到如此多嘲笑的原因之一。但在5年以后的1875年，镓被发现了，并被证实就是"类铝"。它的所有性质都被周期表预言出了。1886年，锗也被发现了，经证实就是"类硅"。化学元素的"纸牌游戏"原来并不是漫无目的、狂热无理的。

使门捷列夫的周期表成为可能的因素之一，还得益于化学家们已经可以更为准确地测量元素的原子量。门捷列夫本人就更正了好几种元素的原子量，他因此也得罪了那些因其测量数据有误而被迫做出更改的重要科学家。

在20世纪原子核和量子理论被发现之前，没有人知道为什么在周期表里会出现这样的规律性。实际上，周期表在被发现之初反而使科学家们感到气馁。当时有 50 多种物质被称为"元素"，它们是构成宇宙的基本成分，并被假设为不可再进一步分割，也就是说，世界上有 50 多种不同的"原子"，而且这个数字很快就升到了 90 多种。要走到一个终极基元，路还长得很呢。19 世纪末的元素周期表想必会让科学家们头疼不已。我们寻找了 2 000 多年的简单的统一性到底在哪里呢？然而，门捷列夫在这一堆混乱的原子中找到的规律指明了更深刻的简单性。回顾起来，周期表的结构性和规律性提示我们，原子自身必然存在不断做周期性重复的结构。可当时的化学家们还没有做好思想准备，来放弃化学原子——氢、氧等——不可分割的观念。很快，更有力的打击又从另一个角度袭来。

虽然门捷列夫的元素周期表比较复杂，但我们不应该去指责他。他只是尽其所能把原来混乱的东西组织起来，就像每个优秀的科学家都会做的那样：在复杂性中寻找秩序。门捷列夫在其有生之年从未被他的同事充分肯定过，也没有获得过诺贝尔奖，虽然这个奖创立几年后他仍然健在。尽管如此，当他于 1907 年离开人世的时候，他得到了作为一名教师的最高荣耀：一帮学生跟在他的送葬队伍后面，手中高高举着元素周期表。这张元素周期表是门捷列夫留给这个世界的宝贵遗产，迄今它一直被悬挂在世界各地的每一个高中化学课堂上或实验室里。

在经典物理学振荡发展的最后阶段，人们的注意力又从物质和粒子转回到对力的研究。这次是电力。在 19 世纪，电学被看作一门近乎独立的学科。

电是一种很奇怪的作用力。起初人们觉得，除了可怕的闪电之外，电并不会自然而然地产生。因此，研究者必须首先"制造"出这种现象，然后再去分析它。现在我们已逐步认识到，电是无所不在的：所有物质本质上都跟电有关。当我们进入现代，当我们讨论在加速器中"制造"的奇异粒子的时候，请你记住这一点。19 世纪的电就好像现在我们眼中的夸克一样奇异。今天，我们身边处处有电，这也是人类能够改变自身生存环境的又一个实例。

在电学发展的早期，涌现出了一大批电学和磁学方面的英雄，他们当中很多人的名字最后都成了各种各样的电学单位，其中包括库仑（电荷单位）、安培（电流单位）、欧姆（电阻单位）、瓦特（功率单位）、焦耳（能量单位）。伽伐尼发明了测量电流的检流计；而伏打的名字最后变成了电压或电动势的单位伏特。类似地，高斯、奥斯特和韦伯等人也都曾在电磁学上留下了辉煌的印记，他们的名字也成了电磁学单位，并且还会是未来电子工程学专业的学生敬畏和厌恶之源。只有富兰克林虽然做出了杰出的贡献，但却没有让他的名字成为任何电学单位。唉，可怜的人。不过，他的头像如今被印在了百元大钞上。富兰克林指出电有两种。他完全可以把它们一个称为乔，另一个称为莫，但是他没有这么做，而是选择了正（＋）和负（－）。富兰克林还将一个物体上所带负电的数量称为"电荷"，并引入了电荷守恒的概念——当电从一个物体传到另一个物体上的时候，总电荷加起来一定为零。不过，在这么多的科学家中，真正的巨人应该是两个英国人：法拉第和麦克斯韦。

带电的青蛙

我们的故事得从18世纪末期伽伐尼发明电池（另一个意大利人伏打后来对电池又做了改进）说起。伽伐尼起先研究的是青蛙的反射现象。他把青蛙的肌肉挂在窗外的格子上，当打雷的时候，他看到它们抽搐起来——这就证明了"生物电"。伽伐尼的实验激发了伏打在1790年左右所做的工作，而且还有一件好事。让我们来假想一下，亨利·福特在他的每辆汽车上安装了一盒子的青蛙，并告诉驾驶员"必须每15英里喂一次青蛙"，这该会多么省油啊。伏打发现，青蛙身上的电与被青蛙的某些组织分隔开来的两种不同金属有关，伽伐尼的青蛙就是用铜钩子挂在铁格子上的。伏打能在没有青蛙的情况下，通过浸在盐水里的皮革（代替青蛙），将一对对不同的金属分隔开来，从而产生电流。很快他就造出了由锌片和铜片组成的电堆，并发现：电堆越大，外部电路中得到的驱动电流也越大。当然，要得出这个结论，还得依靠伏打自己发明的测量电流的静电计。以上研究导致了两个重要的结果：一个是可以用来产生电流的实验工具，另一个就是使人们明白可以通过化学反应来产生电。

另外一个重要发展，是库仑对两个带电球体之间电力的大小和作用方式的测量。为了完成这个测量，库仑发明了扭秤，这是一种对微小的力非常敏感的测量装置。而他所研究的力，当然就是电力。利用这种扭秤，库仑发现，电荷之间的作用力和电荷之间距离的平方成反比，而且同性电荷相互排斥，异性电荷相互吸引。确定电荷间作用力 F 的库仑定律，将对我们以后理解原子概念起着至关重要的作用。

在接下来的 50 年（1820—1870）中，科学家们完成了一系列关于电学和磁学的实验。他们通过这些实验发现，原本"独立"的电学和磁学可以用统一的理论来解释，这个统一的理论甚至还能将光学包括进来。

化学键的秘密：又是粒子

我们对电的早期认识很多来自化学，特别是我们现在所说的电化学。伏打的电池使科学家们明白，只要把导线接在电池的两极，导线中就会有电流流过。如果电路有一部分被某种液体所代替，导线连到浸在液体中的金属片上，那么电流就会从液体中流过。他们发现，液体中的电流会产生一种化学反应：分解。如果这种液体是水，其中一片金属的附近就会出现氢气，另一片附近则出现氧气。两份氢气对一份氧气的比例表明是水被分解了。如果是熔融氯化钠，结果是在一极上析出一层钠，而在另外一极上会出现绿色的氯气。不久电镀工业就诞生了。

化合物在电流作用下的分解，揭示了一件很重要的事情：原子间的键跟电力相关。此后，人们逐渐接受了原子之间的吸引力——一种化学元素与另一种化学元素之间的"亲和力"——本质上是电相互作用这一观点。

法拉第在开始他的电化学研究的时候，首先做的也是把命名法系统化的工作。跟拉瓦锡对化学物质的命名一样，法拉第此举在他那个领域也产生了很大影响。他把浸在液体中的金属称为"电极"。负电极叫"阴极"，正电极叫"阳极"。当液体中有电通过的时候，就会推动带电原子通过液体从阴极向阳极运动。一般情况下化学原子是中性的，不带任何正电或负电。但水中的电流表明，这个时候原子以某种方式带上了电。法拉第把这些带电的原子称为"离子"。现在我们都已经知道，所谓的离子，就是得到或失去了一个或更多电子而带上电荷的原子。在法拉第时代，人们还不知道有电子，他们也不知道电到底是什么。但法拉第就没有怀疑过电子的存在吗？19世纪30年代，法拉第做了一系列惊人的实验，实验结果可以归纳为如下简单的两条，即法拉第电解定律：

1. 在电极上析出的化学物质的质量，跟电流大小与通电时间的乘积成正比。也就是说，析出的物质质量跟通过液体的电量成正比。

2. 确定的电量能够析出的物质质量，跟这个原子的原子量与它在化合物中的原子个数的乘积成正比。

以上定律意味着电并不是连续的，它可以被分割成"块"。根据道尔顿的原子思想，法拉第定律可以告诉我们，液体中的原子（也就是离子）运动到电极上的时候，从那里得到一个单位的电量后转变为氢、氧、银等自由原子。因此，法拉第定律得出的一个无法回避的结论是：存在电的粒子。不过，这个结论还要等60年左右，直到19世纪末电子被发现时，才得到最终证实。

来自哥本哈根的冲击

让我们继续在电——你花钱在家中的两相或三相电源插座上得到的玩意儿——的历史中遨游吧。这次我们要去的是丹麦的哥本哈根。1820年,奥斯特有了一个关键性的发现——有些历史学家称其为最关键的发现。按照通常的方式,他把导线接在伏打电池的两极以得到电流。电在当时还很神秘,人们只知道电流是一些被称为电荷的东西在通过导线移动。这些并没有什么特别之处。直到有一次,奥斯特把一个指南针(磁体)放到线路边上,当电流流过的时候,指南针不再指向地磁极的北极(通常它应该这样),而是偏转到了一个有趣的角度,与导线成直角。奥斯特开始对此非常迷惑,但他逐渐明白过来,毕竟指南针是用来探测磁场的。这就是说,导线中的电流肯定产生了一个磁场,不是吗?就这样,奥斯特发现了电和磁之间的联系:电流产生磁场。磁体本身当然也能产生磁场,人们在早些时候已经对它们吸引铁屑的性质做过较多的研究。电流能够产生磁场的消息很快就传遍了欧洲,引起了巨大轰动。

以此为契机,巴黎人安培发现了电流和磁场之间的数学关系。磁场的具体强度和方向,跟电流大小和电流流过的电路形状(直的、圆的等)有关。通过数学推导和快速完成的许多实验,安培最后得到了一个注定会引发争论的公式,一个在任何电路形式下计算由电流产生的磁场的统一公式,不管电路是直的、弯的、环状的还是绕成线圈。因为通过两条直导线的电流会产生两个磁场,它们会互相排斥。这个发现也启发法拉第发明了电动机。另外,环状电流产生的磁场也很有价值。是否存在这样一种可能:古人所说的磁石(天然磁体),实际上是由众多原子量级的环形电流构成的呢?这是另外一条证明原子电本性的线索。

奥斯特跟许多科学家一样,一直在为科学的统一、简化和还原而努力。他相信引力、电和磁都是一种力的不同表现形式。这就是为什么当他发现电磁之间的直接联系时会如此兴奋（或者震惊？）。安培也在探求简单性，他一直致力于通过把磁看成是电在运动时的一种状态（电动力学），来消灭磁学。

似曾相识

下面就轮到法拉第（1791—1867）了。没错，前面我们提到过他了，不过现在才是对他的正式介绍。那就开始吧。如果说法拉第算不上他那个时代最杰出的实验家的话，那他至少也是这个头衔的候选人。据说，有关他的传记比牛顿、爱因斯坦、梦露等人都多。为什么呢？也许这跟他的"灰姑娘"般的经历有关。法拉第出身贫寒，时常挨饿（有一次他一星期的食物只是一块面包），几乎没有受过正规教育，是靠教会抚养长大的。14岁那年，他到一个图书装订商那里做学徒，有机会读到一些自己装订的图书。这段经历使得他心灵手巧，自学成才，为以后成为一个杰出的实验家奠定了基础。有一天，一个客户拿了一本《不列颠百科全书》第三版来店里要求重新装订。书中有一篇关于电的文章，法拉第读完以后马上就着了迷，于是，这个世界也就改变了。

让我们来看看如果有线电视网的新闻办公室接到美联社传送的两条消息：

> 法拉第发现了电，皇家学会大加赞赏
>
> 拿破仑逃离圣赫勒拿岛，大陆军队正在进发

哪一条消息上了六点钟新闻呢？没错，是有关拿破仑的那条。可在接下来的50多年中，法拉第的发现实际上使英格兰实现了电气化，并且深深地改变了这个星球上人类的生活方式。要是能强迫电视新闻的主管们满足大学里的实际科学需求，那该多好啊……

蜡烛、电动机、发电机

下面就是法拉第所取得的成就。他的职业生涯从 21 岁时担任化学家开始。他发现了许多有机化合物，包括苯。他通过完成对电化学的整理工作而转向了物理学。（如果犹他大学那几位在 1989 年宣称发现了低温核聚变的化学家，对法拉第的电解定律有更好的理解的话，就不至于做出让自己下不来台而我们也为之尴尬的事了。）接下来他就在电磁学领域作出了许多重大发现。他——

- 发现了电磁感应定律（以他的名字命名），也就是变化的磁场产生电场。
- 第一个利用磁场产生电流。
- 发明了电动机和发电机。
- 验证了电和化学键之间的关系。
- 发现了光的磁效应。
- 还有更多!

这一切都是出自一个没有博士、硕士及学士学位，甚至连高中文凭都没有拿到的人之手。他也没有受过数学教育。他在描述自己的发现时，没有用公式，而是用了平实的描述性语言，通常还会加上一些插图来解释他的数据。

1990 年，芝加哥大学开办了一个电视系列讲座——"圣诞演讲"，我本人有幸成为第一位演讲者。我把讲题定为"蜡烛和宇宙"，这是从法拉第那里借用过来的提法。法拉第早在 1826 年就开始给孩子们做最早的圣诞演讲了。在第一次演讲中，他指出所有已知的科学过程都可以用燃烧的蜡烛来说明。当然，这在 1826 年是正确的，但到了 1990 年就大不一样了。我们已经知道，还有很多过程在蜡烛上是不会发生的，因为那里的温度太低。不管怎样，法拉第关于蜡烛的演讲思路清晰、生动有趣，如果由某个声音悦耳的演员将其制成CD，给孩子们作圣诞礼物是再好不过了。看起来，我们还应该为法拉第这个伟大人物再加上另外一个头衔——科学普及者。

前面我们已经介绍过他在电解方面的研究，这些研究为后来化学原子电结构的发现（实际上还包括电子存在性的证明）奠定了基础。现在，我们再来看一看法拉第最著名的两个贡献：电磁感应和他近乎神秘的"场"的概念。

对电（准确地说是对电磁学或电磁场）的现代理解所经历的过程，跟棒球上的著名双杀组合经历了从廷克到埃弗斯再到钱斯一样，在这里是从奥斯特到安培再到法拉第。奥斯特和安培在理解电流和磁场方面迈出了第一步。导线中的电流，比如说你家里的电线中的电流，能够产生磁场。通过控制电流，你可以按照自己的要求来获得适当强度的磁体，从利用电池产生的驱动小电扇的微小磁体，到用于粒子加速器的巨大磁体。对电磁体的理解也使我们明白，天然磁体的磁性是由原子量级的电流共同作用产生的。非磁性物质中也有这样的安培原子电流，但是它们的取向随机，使得宏观上来看这类物质就没有磁性。

法拉第奋斗了很长一段时间才将电和磁统一起来。他当初的想法是：既然电能产生磁场，那么磁能产生电吗？为什么不能？自然界是热爱对称性的。不过这可花了他十多年的时间（1820—1831）来证明。这也可能是他最伟大的成就了。

法拉第的实验发现被称为电磁感应，而他所寻找的对称性最后以一个惊人的形式出现。在通往荣誉的道路上铺垫着优秀的发明。法拉第最初想知道的是：一个磁体能否使带电的导线移动。为了使力变得可以看见，他装配了一套装置，其中包括一条导线，一头接在电池上，另一头吊着浸在装有水银的烧杯里。他让导线自由地吊着，以便能绕着烧杯中的一块磁铁旋转。当接通电流的时候，导线围着磁铁绕起圈来。这就是我们现在的电动机的原型。法拉第把电转化成了可以做功的运动。

下面让我们跳到1831年看看另一个发明。法拉第在一个软铁环的一边缠上了很多圈铜丝，然后把铜丝的两端接到一个很敏感的检测电流的检流计上；他在铁环的另一边也缠上相近长度的铜丝，不过把铜丝的两端接到了电池上，以使电流能在线圈中流动。这个装置我们现在称之为变压器。再看一遍，现在我们有了绕在铁环相对两侧的两个线圈。我们把接在电池上的线圈称为 A，而另一边接在检流计上的线圈称为 B。那么，当我们接通电流的时候会发生什么呢？

最终得出的答案在科学史上是非常重要的。当电流通过线圈 A 的时候，电会产生磁。法拉第起初推断这个磁场会在线圈 B 中感应出电流，可是他得到的结果却很奇怪。当他接通电流的时候，接在线圈 B 上的检流计指针发生了偏转——太好了，电！——可这却是暂时的。经过突然的一下偏转之后，检流计的指针又回到了零。当他拆下电池的时候，检流计指针会很快向反方向偏转一下。增加检流计的敏感度，没用；增加线圈圈数，没用；采用更大的电池，没用。随后"尤里卡时刻"便出现了：法拉第指出，线圈 A 中的电流的确在线圈 B 中感应出了电流，但只有在线圈 A 中的电流发生变化的时候才这样。接下来 30 年的研究表明，变化的磁场能够产生电场。

发电机理所当然地成了这项发现的产物。如果我们不断地采用机械方法旋转一个磁体，那么就能产生一个不断变化的磁场，由此就能得到一个电场。如果用外电路引出的话，那么就能得到电流。我们可以利用旋转曲柄、水的落差或者蒸汽轮机来带动磁体旋转。有了电，我们就可以将黑夜变成白昼，就可以使工厂和家中的电器运转起来。

但是我们这些纯粹科学家……我们正在寻找"原子"和上帝粒子。我们在这里介绍这种技术，只是因为如果没有法拉第的电，就不可能有粒子加速器。至于法拉第，他可能并不会对这个世界的电气化留下太多的印象，除了现在他可以在晚上工作以外。

法拉第亲手制造了第一台手摇式发电机。但是他本人实在是过于注重"发现新的事实……并且相信后者（实际应用）此后就会得到全面的发展"，以至于他并不知道如何来应用这项技术。对于这一点，人们常常会提到一个故事：1832年英国首相造访法拉第的实验室时，指着那台好玩的机器问法拉第它是做什么用的，法拉第答道："我不知道，不过我敢打赌，总有一天政府会对这玩意儿收税的。"在英国，发电税是从1880年开始征收的。

场与你同在

法拉第在概念上的主要贡献是场，这对于我们的还原论历史来说是至关重要的。说到这一点，我们必须先回过头去看看博斯科维奇，此人在法拉第之前约70年就发表了一个激进的假说，使"原子"理论向前迈进了重要一步。"原子"是如何碰撞的？他问道。当台球碰撞的时候，它们会发生形变；而后它们的弹性恢复力会使得两个球分开。但是"原子"呢？你能想象出一个变形的"原子"吗？变形了的是什么呢？又是什么恢复了呢？博斯科维奇的假说是根据把原子简化为一个没有尺度、没有结构的数学点的思想提出的。这个点是力的来源，包括吸引力和排斥力。他构造了一个详细的几何模型来看似非常合理地处理原子之间的碰撞。这个点"原子"具备牛顿的"实心的物质原子"的一切性质，而且还有其他优点。虽然它没有尺度，但却有惯性（质量）。博斯科维奇的"原子"是通过自身发出的力向空间伸展的。这是一个极有远见的概念。法拉第也相信"原子"是点，但是因为没有提供实际证据，所以他的支持也很无力。博斯科维奇与法拉第的观点可以这么表示：物质由被力包围的点"原子"组成。牛顿曾经说过力是作用在物质上的，可见他们这种说法明显是对牛顿观点的发展。可他们所说的力又是如何证明自己的呢？

"让我们来做个游戏，"我对大演讲厅里的学生们说道，"当你左边的同学放下手的时候，请你举手，然后再放下。"在每一排的最后，信号往后面一排传递，并变为传给"右边的同学"。我们从第一排最左边举起手的同学开始，很快这个"举手"波就在大厅里传播开了，直到最后消失在大厅顶层的尽头。我们看到的是一个"扰动"在由学生所组成的媒质中传播，足球场看台上掀起的人浪也是同样的道理。水波也有这样的性质。虽然扰动在传播，但水粒子只是上下运动而没有参与扰动的横向传播。衡量"扰动"的是波的高度，传播媒质是水，传播速度跟水的性质有关。通过空气传播的声音差不多也是这样。可是，力又是怎样通过空空间从一个原子传递到另一个原子的呢？"我不作任何假设！"牛顿说道。可是不管作与不作，对力的传递方式的最普遍的解释，当数神秘的超距作用。这也是后来人们理解引力作用方式的落脚点。

法拉第引入了场的概念，简单地讲，就是空间会因为某些源的存在而出现扰动。一个最常见的例子是一块伸向铁钉的磁体。法拉第对此的描述是，磁体或者线圈周围的空间由于源的存在发生了"扭曲"。场的概念历经多年论述才逐渐成形，历史学家们也很喜欢翻来覆去地研究这个概念是在何时形成，又是如何形成的等问题。下面是法拉第在1832年的一段记录："当磁体和远处的磁体或者铁块发生作用时，整个过程从磁体开始，并且需要传输时间。""扰动"——比如一个0.1特斯拉的磁场——可以在空间传播，并告知铁屑它在那里而且能施加作用力。一股很强的水波对一位粗心大意的游泳者也是这么做的。此处还有一个问题，水波——比如说有3英尺高——需要在水里传播，所以我们还必须找到磁场传播需要的媒介，这是后话。

磁力线可以通过一个你在学校里做的古老实验显示出来。把铁屑撒在一张纸上，纸下放一块磁石。轻轻敲击纸片以抵消表面摩擦力，铁屑就会按照把磁极连接起来的确定线路排列。法拉第认为这些线路就是他所说的场概念的真实表现。对我们来讲，重要的不是法拉第对这个将替代"超距作用"的概念的模糊表述，而是这个概念将怎样被我们的下一个电学家、苏格兰人麦克斯韦所改变和应用。

在离开法拉第之前，我想有必要阐明一下法拉第本人对原子的态度。下面摘引的是他在1839年说过的两段文字：

虽然我们不知道原子是什么，但我们却不由自主地形成了一些微小粒子的概念，来描述它们在我们大脑中的表现。众多的事实让我们相信：组成物质的原子在某种程度上是和电力相关的，原子大多数惊人的性质，其中还有它们的化学亲和力（原子与原子间的吸引）都是由电力引起的。

我必须承认，对"原子"这个术语我是非常小心谨慎的，因为虽然说起来很容易，但当我们同时考虑化合物的时候，就很难形成关于原子属性的清晰的概念。

派斯（Abraham Pais）在其《基本粒子物理学史》（*Inward Bound: Of Matter and Forces in the Physical World*）一书中也引用了这两段话，他得出的结论是："这就是真实的法拉第，一个严谨的实验科学家，他只接受那些建立在实验基础上的不得不接受的事实。"

以光速传播

如果说第一次双杀是从奥斯特到安培再到法拉第，那么下一次就是从法拉第到麦克斯韦再到赫兹。虽然法拉第这个发明家改变了世界，但是他的理论却是不能单独存在的。如果没有麦克斯韦所做的综合性工作，那么它必将陷入困境。对麦克斯韦而言，法拉第提供了一个模糊的（非数学化的）洞察。麦克斯韦之于法拉第就像是开普勒之于第谷。法拉第的磁力线的作用就像是场的概念的垫脚石；而他在1832年所作的关于电磁作用不是瞬时传递而需要一定时间的结论，在麦克斯韦以后的伟大发现中起着关键性的作用。

麦克斯韦给予了法拉第最高的评价，甚至法拉第没有受过数学教育在他眼里也是一件好事，因为这就迫使法拉第用"自然的、非专业的语言"来描述他的思想。麦克斯韦声称，自己所做的工作，其主要动机只是将法拉第关于电和磁的观点用数学方式表达出来。但是我们可以看到，他由此发展出来的论文，已经远远超出了法拉第的观点本身。

1860—1865 年，麦克斯韦发表的论文虽然都是晦涩繁杂的数学模型，但对于以琥珀和磁石的形式诞生于灰暗时期的电学来说无异于一个璀璨的光环。通过这个最终形式，麦克斯韦不仅把法拉第的理论谱成了数学的乐章（虽然有些单调），而且还导出了电磁波在空间以一个确定速度传播的结论，就像法拉第当初预测的一样。这是一个非常重要的论点，因为同时代的很多人都认为力的传递是即时的。麦克斯韦具体说明了法拉第的场是如何作用的。法拉第通过实验，发现变化的磁场能够产生电场；麦克斯韦根据方程的对称性和一致性，假定变化的电场反过来也能产生磁场。这就用数学的方式产生了一个来回振荡的电场和磁场。在麦克斯韦的笔记本上是这样记录的："（这个场）通过空间传播，离开其源的速度依赖于各种电磁量。"

接着就是一个令人惊讶的事实，这是法拉第没有预言到的，实质上是麦克斯韦一个重要发现，那就是这些电磁波的实际速度。麦克斯韦凝视着他的方程，在代入合适的实验数据后，推导出来的结果是 3×10^8 米 / 秒。他叫道："Gorluv a duck!"或者是让苏格兰人感到惊讶时常说的另外某句话。因为这个速度就是光速（在这个推导结果出来前几年才完成了光速的第一次测量）。与我们所了解的牛顿和两种神秘的质量一样，在科学上这样的巧合实在是太少见了。麦克斯韦断定，光不过是电磁波的一种特例而已！电没有必要被限制在导线中，它们可以像光一样在空间传播。"我们几乎不能避免这样的推论，"麦克斯韦写道，"在所有电磁现象可以发生的介质里面，光都能以横波的形式传播。"麦克斯韦的假设最后由赫兹通过实验产生电磁波而得到验证。到了后来，在包括马可尼在内的更为现代的发明家的努力下，掀起了电磁技术的第二"波"：广播、雷达、电视、微波和激光通信。

　　下面就是电磁波的运作方式。我们先来看看处于静止状态的电子。因为电子带有电荷，在它周围的空间就会产生电场。离电子越近，电场就越强；离得越远，电场就越弱。电场方向"指向"电子。那么，我们是如何知道哪里有电场的呢？很简单，我们在任意一个地方放上一个正电荷，它就会感受到一个指向电子的力。如果让电子在电场作用下沿着导线加速，会有两件事发生。电场会发生改变，不过不是即刻改变，而要等变化的信息到达我们正在测量的地方时才改变。另外，一个移动的电荷会形成电流，所以还会产生一个磁场。

　　现在，我们把力作用在电子（以及它的许多朋友）上，使它按照一定的周期沿着导线来回振荡。电场和磁场的变化会以一个有限的速度——光速——从导线这里传播出去。这就是电磁波。我们通常把这样的导线叫天线，而驱动电子的力称为射频信号。这样，信号——无论它携带的信息是什么——就以光速从天线这里传送出去了。而当它遇到另外一根天线的时候，会激发这个接收天线中的众多电子，使它们依次发生振动，从而产生一个共振电流。这个共振电流可以被探测并还原为音频或视频信号。

　　虽然有着里程碑式的贡献，但当年麦克斯韦根本不为人们所重视。让我们来看看别人是怎么评价他的论文的：

- "一个有点粗糙的概念。"——理查德·格莱兹布鲁克爵士
- "感觉有点不安，甚至经常是怀疑中夹杂着敬佩……"——庞加莱
- "在德国根本找不到立足之地，甚至根本不为人所注意。"——普朗克
- "我对此（光的电磁理论）只想说一点。我不认为这是一个可以接受的理论。"——开尔文勋爵

　　看了上面的评论，我们就不难明白，为什么当时麦克斯韦并没有被追捧为"巨星"。不用说，还需要一个实验家提携才能使他成为一个传奇式人物。可惜呀，这个人没能在麦克斯韦在世的时候现身。麦克斯韦在这一天真正到来的10年前就撒手而去了。

赫兹救场

真正的英雄（对麦克斯韦这位十分热衷于学习历史的人来说）是赫兹，他在十多年间（1873—1888）所做的一系列实验，完成了对麦克斯韦所有理论预言的验证。但凡波都有波长，也就是两个波峰之间的距离。我们在海洋中看到的波浪，其两个波峰之间的距离一般是 20～30 英尺。声波的波长大概在英寸量级。电磁力也以波的形式出现了。不同电磁波——红外线、微波、X 射线、无线电波——之间的差别只在于它们的波长不一样。可见光——蓝光、绿光、橙光、红光——处于电磁波谱的中间。无线电波和微波的波长要长一点，而紫外线、X 射线和 γ 射线的波长要比可见光短。

利用高压线圈和探测仪器，赫兹找到了产生电磁波以及测量其速度的方法。他的实验表明：这些电磁波有着和光波一样的反射、折射和偏振特性，它们也可以聚焦。尽管没有得到什么好评，但麦克斯韦却是对的。赫兹通过严格的实验验证了麦克斯韦的理论，并把它简化为我们马上就要提到的含有 4 个方程的"麦克斯韦方程组"。

在赫兹以后，麦克斯韦的观点被普遍接受了，而老的超距作用问题则被彻底抛弃了。以场的形式作用的力在空间中以有限的光速传播。麦克斯韦觉得他需要一种介质来支持他的电磁场，所以他接受了法拉第和博斯科维奇的想法，引入了一个电磁场可以在其中振动的无所不在的物质——以太。就像牛顿的被抛弃的以太一样，这个以太也有着奇怪的性质。很快，它就会在下一次科学革命中扮演一个重要的角色。

法拉第—麦克斯韦—赫兹的胜利带来了还原论的又一次成功。现在的大学再也不用单独雇用电学教授、磁学教授和光学教授了。随着这些领域的统一，现在只需要一个职位就可以了（可以把更多的钱花在橄榄球队上）。很多现象也可以包括在内，不论是科学成果还是自然现象：像电动机、发电机、变压器以及整个电力工业，像阳光、星光、广播、雷达和微波，像红外线、紫外线、X射线、γ射线和激光等。上述所有这些物质的传播都可以用麦克斯韦方程组来解释。在应用于无源自由空间的电磁力时，这个方程组的现代形式一般写成：

$$\nabla \times E = -(\partial B/\partial t)$$

$$c^2 \nabla \times B = \partial E/\partial t$$

$$\nabla \cdot B = 0$$

$$\nabla \cdot E = 0$$

其中 E 代表电场；B 代表磁场；c 是光速，代表可以在实验室工作台上测量出来的电学量和磁学量之间的关联。请注意这里 E 和 B 的对称性。如果读者不明白上面公式中的一些符号，那也没关系，因为就我们的目标来看，这些公式到底怎么用不是主要的，关键在于这是科学的召唤："要有光！"

在世界各地的物理学和工程学学生中，都会有人穿着印有那4个简洁的方程图案的T恤衫。不过，麦克斯韦最初总结出来的方程可不是现在这个样子。这种简练的形式完全得益于赫兹的工作。赫兹不像那些只对理论一知半解的普通实验家，他的难得之处在于实验和理论两方面都很出色。跟法拉第一样，他当然清楚自己所做的工作对于实际应用的巨大意义，但是他无意于此，而是把这些工作留给了那些科学思想比较少、对理论工作没有什么兴趣的人，像马可尼和拉里·金[*]等人。赫兹在理论上的贡献主要体现在对麦克斯韦理论体系的澄清、简化和推广上。如果没有赫兹所做的相关工作，那么现在物理系的学生就得增加体重，以便穿上3倍大的T恤，才能把麦克斯韦当初弄出来的那些复杂的数学公式写上去。

按照我们的惯例，以及跟德谟克利特的约定（他最近还发来传真提醒我呢），我们得问问麦克斯韦对原子的看法。当然，他是相信原子存在的。他还

---

[*] 拉里·金（Larry King），美国著名电视节目主持人。

十分成功地建立了一个理论模型，将气体当成原子的集合来处理。他正确地认为化学原子不只是微小的刚性颗粒，它们还有自己复杂的结构。这一信念是他对光谱学知识的总结，后面我们将会看到，这门学科在量子理论的发展过程中起到了重要作用。但是，他又错误地相信这些有着复杂结构的原子是不可分割的。1875年，他以优美的语言写道："虽然在过去的年代大灾变已经发生了，而且可能还在天空中发生着；虽然有很多原始的系统解体、消散了，又有很多新的系统在其废墟中发展起来，但是，构成这些系统（地球太阳系等）的（原子）——整个物质世界的基石——是不可分割并且永不磨蚀的。"唉，要是麦克斯韦能用"夸克和轻子"来代替上文的"原子"就好啦。

对麦克斯韦最后的定论又是来自爱因斯坦，他指出，麦克斯韦作出了19世纪最重要的贡献。

磁体和铁球

事实上，在我们的叙述中已经略过了一些重要的细节。我们是怎么知道场是以一个固定的速度传播的？19世纪的科学家们是怎么知道光的速度的？瞬间超距作用和延时响应的区别在哪里？

假设在橄榄球场的一头有一个非常强的电磁体，另一头用一根细线从非常高的地方挂起一个铁球。受到吸引的铁球会略略偏向远处的磁体所在方向。现在，假定我们极快地将电磁体中的电流切断，使磁场消失。仔细观察铁球及其连线，可以记下铁球回到它不受磁场作用时的平衡位置的响应。但这个响应是即时的吗？"是的！"持超距作用观点的人如是说。磁场和铁球之间的联系是非常紧密的，当磁场消失的时候，铁球会立即回摆。"不是！"那些相信传输需要时间的人这么说。"磁场消失了，你现在可以复原了。"这条信息只能以一定的速度穿过球场传到铁球那里，所以铁球的响应延迟了。

今天我们当然已经知道确切答案了：铁球必须等上一会儿，虽然只要很短很短的一点时间，因为信息是以光速传播的，但还是有可以测量出来的延迟。而在麦克斯韦时代，这一点正是激烈争论的核心。这关系到场的概念的正确性问题。可是，当时的科学家们为什么不做个实验来确定一下呢？那是因为光速实在太快了，光只要几百万分之一秒就能从橄榄球场的这一头传到另一头。这么短的时间在19世纪的开始几年还测量不了。今天，测量仅为其1/1 000的时间间隔都是轻而易举的事，因此要测量电磁波有限的传输时间也变得简单极了。例如，我们可以把激光信号射向月球并借助上面的一个新反射器返回，以此来测量地月距离。光来回一趟需要1秒左右的时间。

让我们来看看更高量级的例子：1987年2月23日，格林尼治标准时间7时36分，人们在南部天空发现了一颗恒星的爆发。这次超新星爆发发生在大麦哲伦星云，这个星云由大量的恒星和宇宙尘埃组成，距离地球160 000光年。也就是说，超新星爆发的电磁信息经过160 000年才传到地球。不过，这颗名为87A的超新星相对而言算是我们的近邻了。目前观察到的最远的物体距离地球80亿光年，相信在宇宙形成的初期它的光就开始向地球传播了。

对光速的第一次测量是在1849年由斐索（Armand–Hippolyte–Louis Fizeau）在地面实验室里完成的。那个时候还没有示波器和石英钟，斐索使用的是一系列经过巧妙设计的反射镜（加大光在空间经过的距离）和一个快速旋转的齿轮。如果我们知道齿轮的转速和半径，就可以算出齿轮的齿和间隙的交替时间。不断地调整齿轮的转速，使得从间隙射出去的光束经过远处的镜子反射以后恰好又从间隙透过，进入我们的斐索先生的眼中。"噢！上帝，我看见了！"现在，逐渐加快齿轮转速（缩短时间），直到光束被挡住为止。这样，我们就知道了光束走过的距离——从光源通过齿轮间隙到镜子再返回齿轮，我们也知道了光束走过这段距离所用的时间。就这样，斐索得到了这个有名的数字——每秒30

万千米或者 186 000 英里。

处在电磁学复兴时期的那些家伙所能达到的哲学深度总是让我惊讶不已。与牛顿相反，奥斯特相信自然界所有的力（在当时有重力、电力和磁力）都是同一种基本力的不同表现。这个想法实在是太、太、太现代了！法拉第如此卖力地要建立电和磁之间的对称性，继承的是古希腊人追求简单性和统一性的传统。而这可是 20 世纪 90 年代的费米实验室要实现的 137 个目标中的两个啊！

该回家了？

在上一章和本章中，从伽利略到赫兹，我们跨越了经典物理学 300 多年的历史。中间我们漏过了一些重要人物，像对光和波的研究作出贡献的荷兰学者惠更斯，像法国人笛卡儿——他不仅是解析几何的创始人，也是原子论的一个主要倡导者。笛卡儿有过一套关于物质和宇宙论的全面的理论，虽颇具创意但并不成功。

我们已从一个非传统的角度了解了经典物理学的发展，这一角度就是寻找德谟克利特的"原子"。通常人们会认为，经典物理学是对力——引力和电磁力——的探索过程。正如我们所看到的那样，引力来源于物质之间的吸引。而到了电学中，法拉第发现了不同的现象。他指出，在这里物质是不相干的。让我们看一看力场。当然，如果你还想知道一个力产生的运动结果，还是要用到牛顿的第二定律（$F = ma$），这时候惯性质量仍然起作用。法拉第关于电磁力与物质无关的想法，是从原子论的先驱博斯科维奇的直觉中继承过来的。当然，法拉第第一个暗示了"电的原子"的存在。或许不应指望人们都把科学史看作是在探寻一个概念——终极粒子。然而，就是这一观念在潜移默化地影响着物理学领域许多有识之士的智力活动。

到了19世纪90年代末，物理学家们觉得他们已经掌握了所有的东西。电的一切，磁的一切，光的一切，力的一切，一切运动的事物，还有宇宙学以及引力——所有这一切都可以用几个简单的方程来解释。至于原子，绝大多数化学家认为这一领域是相当独立的。元素周期表已经给出了各种元素的位置。氢、氦、碳、氧等都是不可分割的元素，对应着各自不可见也不可分割的原子。

不过，在这幅美妙的图景中仍有几个神秘的缺陷。比如太阳就是一个谜。依照当时流行的化学及原子理论，英国科学家瑞利勋爵计算出太阳应该只要30 000年的时间就会将自己所有的燃料燃烧完毕，可实际上科学家们知道，太阳的年龄远远大于这个数字。那个以太的问题也很让人头痛，它的力学性质确实非常奇怪。它对原子必须是完全透明的，不能对穿过其中的原子产生任何扰动。但是，以太在光面前又必须是像钢铁一般的坚硬，以支持光的高速传播。不过，人们都指望这些以及其他一些神秘的问题在适当的时候都会得到解决。如果让我回到1890年去教物理学的话，我也许会建议我的学生回家去，找找他们自己更感兴趣的课题来做做。所有的重大问题都已经解决了。至于那些当时还没有理解的问题——太阳的能量、放射性以及其他众多谜团，每个人都认为，这些问题迟早会被牛顿及麦克斯韦的理论解决的。整个物理学在他们的理论框架下被完好地包装在一个盒子里，并打上了一个漂亮的蝴蝶结。

可是，在19世纪末，这个盒子突然又被打开了，像通常一样，"罪魁祸首"就是实验科学。

第一个真正的粒子

19世纪，物理学家很喜欢用充入气体的低压玻璃管做放电实验。优秀的玻璃匠可以吹出精致的3英尺长的玻璃管。实验家们在管子里面装上金属电极，尽可能地将管子中的空气抽掉，代之以特定的低压气体（氢气、空气或者二氧化碳等）。然后，将从两个电极引出的导线接到外面的电池上，通过电池给电极加上高压。这样，在黑暗的房间里面就可以看到气体随着压强降低所发出的绚丽闪光。而且，闪光的形状和大小会随着压强的变化而变化。任何见过霓虹灯招牌的人对于这种闪光都会很熟悉。当压强足够低的时候，闪光会变成一种从阴极到阳极的射线。自然而然它就被称为阴极射线。这些连我们都认为相当复杂的现象曾使欧洲的一代物理学家非常着迷，还有许多科学爱好者也乐此不疲。

科学家们知道这种阴极射线有着一些极有争议甚至自相矛盾的性质。它本身带负电荷，并沿着直线传播。它可以使一个封闭在玻璃管中的桨轮旋转起来，电场有时可以使它偏转，有时却不能。一束窄的阴极射线在磁场中会弯曲成弧形。它可以被厚金属板阻挡，却可以穿透薄的金属片。

人们虽然知道这些有趣的性质，但还是不能解开其中之谜：这些射线到底是什么东西？19世纪末出现了两种猜测。部分研究者认为，阴极射线是以太中没有质量的电磁振荡。这个猜测并不坏。毕竟它们能像另一种电磁振荡——光一样发光。显而易见，电作为电磁的一种形式，一定与此射线有关。

而另一阵营则认为这种射线是物质的一种形式。一种比较好的猜想是：阴极射线是由玻璃管中的气体分子在阴极得到电荷后形成的。另一种猜想是：阴极射线其实就是物质的一种新的形式，由以前未曾分离出来过的微小粒子组成。由于各种各样的原因，存在电荷的基本携带者的想法一直悬而未决。现在我们就可以揭开谜底了：阴极射线不是什么电磁振荡，也不是什么气体分子。

如果法拉第能够活到19世纪末的话，他会对此说些什么呢？法拉第定律已经强烈地暗示了"电的原子"的存在。我们回忆一下就会发现，法拉第其实做过类似的实验，只不过他不是在空气中而是在液体中传送电的，最终出现的是离子，也就是带电原子。早在1874年，爱尔兰物理学家斯托尼（George Johnstone Stoney）就已经使用"电子"这个术语来表示在原子变成离子时所失去的电的基本单位了。如果法拉第能看到阴极射线的话，他心里肯定马上就明白过来了，他看到的就是电子！

在这个时期，有些科学家可能非常怀疑阴极射线是由粒子组成的，可能也有些人认为自己最终发现了电子。可他们是怎样发现，又是怎样证明的呢？1895年前那段紧张的时期，许多优秀的研究人员——英格兰的、苏格兰的、德国的、美国的——都在研究气体放电。他们之中最终功成名就的就是英国人J.J.汤姆逊（1856—1940）。其他人有的离成功只有一步之遥，我们在这里要介绍其中两位，目的只是让大家看看，科学研究有时候是多么让人心碎！

最有希望超越汤姆逊的是普鲁士物理学家魏歇特（Emil Wiechert）。他在1887年1月的一次演讲中演示了他的技术。他用的是一个长15英寸、直径3英寸的玻璃管，所激发的阴极射线在阴暗的房间中很容易被观察到。

如果你要说明一种粒子的话，就必须清楚地描述它的电荷（e）和质量（m）。可在当时要测量粒子的质量十分困难，因为它实在是太小了。为了解决这个问题，很多研究者都各自独立地想到了一个巧妙的方法：把射线引导到已知强度的电场和磁场中，然后测量它的响应。记住还有$F = ma$。如果阴极射线真的是由带电粒子组成的话，那么它们受到的力会随所带电量（e）的不同而改变。响应和惯性质量（m）成反比。可惜，能够测量到的只是这两者的商，即荷质比e/m，也就是说，人们无法以此得出e和m各自的数值，只是一个值除以另一个值所得到的一个数而已。让我们来看一个简单的例子。如果有人给你一个数21，并告诉你这是两数之商，仅此而已，那么，你要找的两个数可能是21和1，可能是63和3，或者是7和1/3、210和10……但是，如果你能知道其中的一个值，另一个值马上就可以推出来了。

为了得到荷质比，魏歇特将他的玻璃管放到了磁场中，磁场使粒子束弯成弧形。磁场会对带有电荷的粒子产生推力，粒子束的速度越低，其轨迹弯折得就越厉害。一旦他计算出了粒子束的速度，根据磁场造成粒子轨迹的弯折程度，就可以求得一个比较准确的荷质比值。

魏歇特知道，如果能够大胆地猜测到电荷的数值，他就可以大致推出粒子的质量。他断定："我们现在面对的不是我们已经知道的化学原子，因为这些运动的（阴极射线）粒子的质量只有我们现在已知的最轻的化学原子——氢原子——的 1/4 000~1/2 000。"魏歇特几乎已经切中要害了！他知道自己正在寻找一种新的粒子。他已经很接近得到那种粒子的质量了（现代测量表明：电子质量是氢原子质量的 1/1 837）。那么，为什么只有汤姆逊出名，而魏歇特却默默无闻呢？那是因为魏歇特只是简单地假设（或者说猜测）了电荷的数值，他根本没有证据。同时，魏歇特对地球物理学也很感兴趣，再加上工作方面的变动分散了他的精力。因此说，他是一位得到了正确的结论，但却没有足够数据的科学家。

第二个与成功只差一步的人是柏林的考夫曼（Walter Kaufmann），他于1897年4月冲到了终点线上。这个人的缺点和魏歇特正好相反，他有丰富翔实的记录，可惜思维方法却很差劲。他也利用电场和磁场推导出了荷质比，但他做实验做过了头。他特别感兴趣的是当玻璃管中的压力发生变化的时候，或者往玻璃管中充入不同的气体，如空气、氢气或二氧化碳，荷质比的值如何变化。跟魏歇特不同的是，考夫曼认为，阴极射线粒子不过是带电的气体原子，所以对于不同的气体它们的质量应该是不一样的。不过，让他惊讶的是，他发现荷质比根本不会因此而变化。无论是何种气体，也不管压强是多少，他得到的总是相同的荷质比。考夫曼在这个问题上纠缠过多，因而错过了大好机会。这实在是太可惜了，因为他的实验做得十分成功，得到的荷质比要比J.J.汤姆逊的结果精确多了。这是科学上的一个莫大的讽刺，他面前的数据已经在向他大叫了："笨蛋，你研究的粒子是物质的一种新形式啊！"可考夫曼却没有"听"到。这种粒子是构成所有原子的基本成分，这就是为什么荷质比一直不会改变的原因所在。

J.J.汤姆逊起初是个数学物理学家。1884年，他被聘为剑桥大学著名的卡文迪许实验室的实验物理学教授。也不知道当初汤姆逊是否真的愿意做一位实验家，因为他做实验时的笨手笨脚是出了名的。所幸他手下有非常出色的助手，能够帮他完成这些实验，免得他碰倒那些易碎的瓶瓶罐罐。

1896年，汤姆逊开始着手探索阴极射线的性质。在15英寸长的玻璃管一端，阴极发出了神秘的射线；汤姆逊在另一端的阳极开了一个口，这样就会有部分射线（电子）可以通过这个口打到后面的荧光屏上，产生一个小绿点。汤姆逊的另一个惊人之举是在玻璃管中间加上一对6英寸长的平板电极。汤姆逊把平板电极接到一个电池上，以产生一个与射线垂直的电场，然后让阴极射线通过平板电极之间的能隙，这样就形成了一个偏转区域。

如果射线在电场中会发生偏转的话，那就说明它是带电荷的。如果没有偏转，那射线就应该是光子，它们不会受偏转电极的影响而保持直线前进。加上足够高的电压后，汤姆逊发现荧光屏上的绿点发生了偏转——上平板电极为负极时向下偏转，为正极时就向上偏转，这样他就证明了射线是带负电荷的。顺便提一下，如果偏转电极上接的是交变电压（随时间快速地按照正—负—正—负交替变化），那么绿点就会上下快速移动，形成一条绿线。这是制作电视显像管、观看哥伦比亚广播公司丹·拉瑟（Dan Rather）的晚间新闻的第一步。

但别忘了，那是在1896年，汤姆逊还有别的问题需要考虑。因为作用力（电场的强度）已知，如果可以知道阴极射线的速度，那么利用牛顿力学很容易就可以算出荧光点应该移动多远。在这里，汤姆逊使用了一个技巧。他在玻璃管的周围设置了一个磁场，磁场的方向能够使磁场的偏转刚好抵消电场产生的偏转。既然磁场作用在射线上的磁力跟射线速度有关，汤姆逊只要测出电场强度和磁场强度，就可以导出射线的速度了。射线速度测定以后，他就可以回过头来测量电场中射线的偏转了。由此得出的就是荷质比的精确值，即阴极射线粒子所带电荷与其质量的比值。

汤姆逊加上电场，测量偏转；抵消偏转，测量场强。一丝不苟的作风使得他最终得到了荷质比的数值。与考夫曼一样，汤姆逊反复地进行了测量。他选用了不同的材料——铝、铂、铜、锡——来做电极，重复实验得出了相同的结果。他又改变玻璃管中的气体——空气、氢气、二氧化碳——结果还是没变。不过，汤姆逊没有重复考夫曼的错误。他得出了正确的结论：阴极射线并不是由带电的空气分子组成的，而是由一种在所有物质中都必不可少的基本粒子组成的。

汤姆逊没有满足于已有的足够的证据，而是转而利用能量守恒的思想来做实验。他用一个金属块来捕获阴极射线。射线的能量是已知的，就是从电池产生的电场中得到的电势能。他测量了阴极射线产生的热量，并且注意到，如果将假设的电子所需的能量与金属块中生成的能量联系起来，就可以得到荷质比。经过一系列的实验，汤姆逊最终得到了一个荷质比值（2×10^{11} 库/千克），这个值和他第一次得到的结果相差不多。1897 年，他宣布了结果："我们在阴极射线中获得了物质的一种新的状态，在这种物态中，物质可以分解为比在通常的气态中更深层次的物质。"这种"更深层次的物质"是所有物质的必要成分，是"构成化学元素的物质"的一部分。

那么该怎样称呼这种新粒子呢？斯托尼的"电子"就在手边，何不信手拈来？从 1897 年 4 月到 8 月，汤姆逊四处宣讲他所得到的阴极射线中所含新粒子的性质，撰文推销自己的实验结果。

不过始终还有一个谜团有待揭开：e 和 m 的具体值。跟几年前的魏歇特一样，汤姆逊也陷入了同样的困境。不过他干得更聪明。请注意，这种新粒子的 e/m 值要比最轻的化学原子——氢原子——的荷质比大上千倍。汤姆逊觉得，这两者相比，要么电子的电荷 e 比氢大很多，要么电子的质量 m 比氢小很多。到底是因为 e 大还是因为 m 小呢？他直觉地选择了是 m 小。这是一个大胆的选择，因为他是在猜测这种新粒子的质量极小，远小于氢原子的质量。大家要知道，当时大多数物理学家和化学家还认为化学原子是不可分的"原子"。汤姆逊现在却宣布：玻璃管中的闪光，是所有化学原子中存在更小组成成分的证据。

1898年，汤姆逊开始着手测量阴极射线所带的电荷，以此间接地测量其质量。他使用了一种新的技术——云室，这是他的苏格兰学生威尔逊为了研究雨的性质而发明的。雨在苏格兰随时可见，是由空气中的水蒸气凝结到灰尘上形成的。如果空气洁净的话，带电粒子可以取代灰尘形成雨滴，这就是在云室中发生的物理过程。汤姆逊采用静电计技术，测量了云室中的总电量，通过计量云室中的雨滴数目，并以总电量去除，就可以得到每个雨滴上单个电荷的电量。

我的博士论文的一部分就是建造一个威尔逊云室。从那时候起我就一直痛恨这项技术，痛恨威尔逊，痛恨所有跟这个怪异的设备有关的人。汤姆逊能借此得到 e 的正确值，并借此测得电子质量，实在是一个奇迹。不过，要说这也不足为怪，汤姆逊全身心地投入对这种新粒子的研究之中，真可谓倾情奉献，矢志不渝。他是怎么知道电场的？是从电池的标签上读出来的？当时并没有这种标签。他又是怎么知道测量粒子速度时所用磁场的精确值的？还有，他是怎么测量电流的？通过一个刻度盘上的指针读到的值是有问题的。指针不但粗大，也可能会颤动。刻度又是怎么校准的？刻度有意义吗？要知道，在1897年并没有什么绝对标准可循。要测量电压、电流、温度、压力、距离和时间间隔都是非常困难的。以上的每一项都必须建立在对电池、磁体以及测量仪表工作原理的详细了解上。

还有一个政治问题：怎样才能说服官方给你提供那些实验条件？在这一点上，汤姆逊作为实验室主任的身份确实帮了他很多忙。当然，我还忽略了最关键的问题：如何确定到底应该做哪些实验？汤姆逊有这个才能，有这个政治手腕，也有这个毅力克服其中的种种困难，而其他很多人都失败了。1898年他宣布：电子是原子的一个组成部分，而阴极射线就是从原子中分离出来的电子。

科学家们曾经以为化学原子没有结构，不可分割，现在，原子却被汤姆逊一举击碎了。

就这样，原子被分割了，我们发现了我们的第一种基本粒子，我们的第一种"原子"。你听到那"咯咯咯"的笑声了吗？

第5章

裸原子

这里正在发生着某些事情。但究竟是什么？还不清楚。

——水牛春田[*]

在1999年的除夕之夜，当几乎整个世界都在为这一世纪最后的狂欢而忙碌时，从帕洛阿尔托到新西伯利亚、从开普敦到雷克雅未克，物理学家们却正在歇息，因为他们早已被持续了两年（从1998年开始）的庆典——以纪念电子发现100周年——弄得精疲力竭。物理学家喜欢庆祝。是的，不管粒子本身多么让人捉摸不定、困惑不已，物理学家们都会为它们庆祝"生日"。但是，对于电子的庆典，哇！他们是会到街上跳舞狂欢的。

发现电子以后，在其诞生之地——剑桥大学的卡文迪许实验室，人们常常会发出如此"感慨"："电子这种小东西，但愿永远也找不到它的用处！"然而有谁会料到，在不到一个世纪后的今天，我们的整个技术大厦恰恰就建在这种小东西身上。

电子一诞生，各种与之相关的问题也随之而来。它现在还在困扰着我们。电子被"描绘"成围绕旋转轴飞速自旋的带电小球，同时它还会产生磁场。汤姆逊曾为测量电子的电荷和质量进行过不懈的努力，不过，现在电子的这两个量已经相当精确了。

---

[*] 水牛春田（Buffalo Springfield），加拿大摇滚乐队。

现在，我们将要涉及一些奇异的东西了。在神奇的原子世界，电子的半径通常被认为是零。但是，这显然会导致如下疑问：

- 如果电子半径为零，那究竟是什么在自旋呢？
- 电子怎么能拥有质量呢？
- 电荷存在于何处呢？
- 我们究竟如何才能知道电子半径为零呢？
- 我能要回我的钱吗？

在此，我们将面对面地遭遇博斯科维奇问题。博斯科维奇通过将原子约化为一个个质点，即没有尺度的东西，来解决"原子"碰撞的问题。他所谓的质点，从字面上理解就是数学家们称之为点的东西，但同时他又让这些点粒子具有一些常见的性质：比如质量，以及我们称之为电荷的某种东西，而这种东西又是某种力场之源。博斯科维奇的质点是理论上的推测。但是，电子是真实的。也有可能电子确实是一个点粒子，但它同时具有其他一切性质。它有质量、有电荷、有自旋，但没有半径。

想象一下刘易斯·卡罗尔*所写的那只咧嘴而笑的柴郡猫吧。柴郡猫在慢慢地消失，最后只留下它的微笑。没有猫，只有微笑。想象一下，一个带电的自旋的球，其半径慢慢地收缩，直到消失，保持不变的是它的自旋、电荷、质量，还有它的"微笑"。

本章将主要讲述量子理论的诞生和发展。这是一个发生在原子内部的故事。我从电子开始，因为这种粒子有自旋、有质量却没有尺度的特性与人们的直觉不符。思考这样的东西是做一种精神上的俯卧撑。它有可能会给你的大脑带来一点损伤，因为你必须动用某些可能很少用到的大脑"肌肉"。

到现在为止，将电子视为质点、点电荷、点自旋的想法确实引发了许多概

---

* 刘易斯·卡罗尔（Lewis Carroll，1832—1898），原名查尔斯·路特维奇·道奇森（Charles Lutwidge Dodgson），英国数学家、童话作家、牧师，著有《爱丽丝梦游奇境》和《爱丽丝镜中奇遇》。

念性问题。上帝粒子与这种结构上的困难紧密相连。对于质量我们始终还没有更深入的了解，而20世纪三四十年代的电子就是这些困难的前兆。从新泽西到拉合尔，测量电子的大小成了一种家庭工业，并由此"造"出了大量的博士。经过这些年，越来越精确的实验给出了越来越小的数值，所有这些都与电子的零半径相符。就好像上帝将电子放在手中，并尽其所能地将其能压多小就压多小。利用20世纪七八十年代建造的大型加速器，可以使测量达到更高的精度。1990年得到的数据表明，电子的半径小于0.000 000 000 000 000 001英寸。这是迄今为止物理学所能提供的最准确的"零"了。如果我有办法在此基础上再增加一个零的话，我会马上放下其他事情来做这件事。

电子的另一个有趣的性质是它的磁性，是用一个被称为g因子的数来描述的。根据量子力学，可以计算出电子的g因子为：

$$2 \times 1.001\ 159\ 652\ 190$$

这是一个怎样的计算结果啊！它是花费了资深理论家多年的精力和超级计算机大量的时间才得出的。但这仅仅是理论结果。为了证明它的正确性，实验家设计了许多天才的方法来测量g因子，以求达到相同的精度。华盛顿大学的德默尔特（Hans Dehmelt）得到的结果是：

$$2 \times 1.001\ 159\ 652\ 193$$

正如你所见，我们已经将证明推进到了10^{-12}量级。实验与理论符合得非常好。此处关键的一点是：g因子的计算结果是量子理论的产物，而根植于量子理论最核心处的，是众所周知的海森堡不确定性原理。1927年，这位德国物理学家提出了一个举世震惊的观点：同时精确测量粒子的速度和位置是不可能的。这种不可能无法被实验者的精心设计或卓越的实验才华所消除，它是大自然的基本规律。

尽管不确定性原理后来被融进量子理论的精美框架之中，它还是给出了各种理论预测的结果，上面的g因子便是其中之一，而且它已经精确到小数点后面第12位。量子理论是科学革命的第一表征，而且为20世纪科学的繁荣奠定了基础……而它是从承认不确定性原理开始的。

量子理论究竟是怎样诞生的呢？这是一个非常好的侦探故事，正像任何神秘事物一样，其中也有很多线索——有些是有用的，有些是错误的。到处都有专管酒类的男仆在迷惑着侦探。城市警察局、州警察局、联邦调查局相互摩擦、争吵、合作、破裂。这里面有很多英雄，也有政变和镇压。我将给出一个很片面的观点，希望能传递出对从1900年到20世纪30年代人们在思想方面取得的进展的一种感觉。当时，相当成熟的革命者伸出"最后的"手来触及这一理论。不过先要提醒大家，微观世界常常是有悖直觉的：质点、点电荷、点自旋，这些原子世界中的粒子在实验上具有的不变特性，却不是我们在正常的宏观世界里所能看到的。作为朋友，如果我们想在这一章读完之后脑子还是正常的，我们就必须学会承认这一摆脱不掉的烦恼——作为宏观生物，我们所谓的经验是狭隘的。因此，除了震撼和怀疑，我们必须忘掉常识。作为量子理论的奠基者之一，玻尔曾经说过，一个人如果不对量子理论感到震惊，那他就不懂量子理论。费曼则断言：世界上没有人理解量子理论。（我的学生会说："要是这样的话，你究竟想让我们知道些什么呢？"）爱因斯坦、薛定谔和其他一些优秀的科学家从未接受过量子理论的种种推论。然而，20世纪90年代，具有量子奇异效应的粒子，对于我们了解宇宙的起源却有着极其重要的作用。

探索者在刚刚进入原子世界这一新领域时所持有的智力武器，是牛顿力学和麦克斯韦方程组。所有宏观的现象似乎都服从这些强大的理论综合体。但是，19世纪90年代的实验开始困扰理论家们。前面我们已经讨论过阴极射线，也正是这种射线导致了电子的发现。1895年，伦琴发现了X射线。1896年，贝克勒尔将摄影用的感光板放在装有铀的抽屉旁边时，却意外地发现了放射现象。放射现象不久就引出了寿命的概念。放射性物质在特征时间内衰变，而衰变时间的平均值可以测量出来，但是，某一个原子的衰变是无法预测的。这意味着什么呢？没人知道。事实上，这些现象是与经典的解释相悖的。

当彩虹不够的时候

物理学家也开始密切关注光和它的性质。牛顿已经证明他能够利用棱镜复制彩虹。他将白光射到棱镜上，把白光分解成其光谱结构，光谱的颜色从一端的红色逐渐平缓地过渡到另一端的紫色。1815年，一位手艺高超的工匠夫琅禾费，在很大程度上改进了从棱镜中观察光谱颜色的光学系统。当我们透过小望远镜观察时，散射出的光的颜色就会出现在焦点上。利用这一装置——嘿！——夫琅禾费得出了一个发现：在太阳光谱的斑斓色彩中隐藏着一系列细小的暗线，而这些暗线的间隔看上去是不规则的。夫琅禾费最终记录了576条这样的暗线。它们代表着什么呢？在夫琅禾费所处的年代，光被认为是一种波。后来，麦克斯韦又证明光波就是一种电磁波，它的一个重要特征量就是两个波峰之间的距离，即波长，决定了光波的颜色。知道了波长，我们就可以为光谱带划分一系列的范围。可见光范围从 8 000 埃（0.000 08 厘米）的深红，到约 4 000 埃的深紫。据此，夫琅禾费得以将那些细小的暗线精确定位。例如，著名的暗线对应的波长是 6 562.8 埃，在绿色区域，接近于光谱中央处。

为什么我们如此关注这些暗线呢？因为到1859年，德国科学家基尔霍夫已经发现这些暗线和物质的化学成分有着密切联系。他将铜、碳、钠等各种元素置于炽热的火焰上，直到它们开始发光。他在试管中激发各种气体，然后用更先进的观察仪器记录这些炽热气体发出的光的光谱。结果发现：每一种元素都会各自在较暗的连续光谱中产生一系列明亮的特征谱线。因为在望远镜的内部有测定波长的标尺，所以每根亮线的位置可以精确测定。因为每种元素的发光谱线的间隔是不同的，基尔霍夫和他的合作者本生（Robert Bunsen）就可以用特征谱线来标记每种元素。（基尔霍夫需要有人帮他加热被测元素，谁能比这个发明了"本生灯"的人更出色呢？）通过一定的技巧，研究者能够将掺杂在一种元素中的另一种杂质元素鉴别出来。现在科学界已经有了一种工具来测定任何发光物质——例如太阳，甚至遥远的恒星——的成分。通过找到以前没有记载过的特征谱线，科学家发现了大量的新元素。1878年，太阳中被鉴别出有一种被称为"氦"的新元素。这种源自太阳光谱的元素直到17年后才在地球上被发现。

想象一下在分析第一颗恒星发出的光时那种发现所带来的激动吧：这颗恒星居然是用跟我们地球相同的材料构成的！虽然由于星光非常微弱，需要使用望远镜和分光镜的高超技巧对其颜色和谱线分布进行分析，但结果是毋庸置疑的：太阳和其他恒星都是由跟地球相同的物质构成的。事实上，我们还没有在太空中找到地球上没有的元素。我们自身都是恒星材料！对于任何对我们置身其中的这个世界评价过高的观念，这个发现无疑有着不可估量的价值。它进一步证实了哥白尼的话：我们并不特殊。

啊，但为什么是夫琅禾费这个小伙子开创了这一切，在太阳光谱中发现暗线的呢？解释很快就来了。滚烫的太阳内核（白热、炽热）会发出所有波长的光，但这些光线在穿过相对较冷的太阳表面气体时，那些气体就会吸收与它们可能发射的波长相同的光。因此，夫琅禾费的暗线代表了光吸收，而基尔霍夫的明线代表了光发射。

我们现在是在19世纪末，我们由这一切能得出什么结论呢？化学原子被认为是坚硬、致密、无结构和不可分割的原子。但是，每一个原子似乎又能够发射和吸收自己特征谱线的电磁波的能量。对于一些科学家来说，这可以喊出一个词——"结构"！众所周知，机械物体具有能对周期性的激励产生谐振的结构。钢琴和小提琴的琴弦振动在它们精妙的发音箱里产生出音符；如果一位男高音唱出一个合适的音符，那么葡萄酒杯就会碎裂；齐步前进的士兵会产生不幸的节拍，从而使大桥剧烈振动。事实上，光波也同样是具有一定"节拍"（等于波速除以波长）的脉冲。这些机械例子提出了这样一个问题：如果原子没有内部结构，它们怎么能表现出诸如光谱这样的谐振特性呢？

如果原子具有内部结构，对于这样的情况牛顿和麦克斯韦的理论能说明什么呢？X射线、放射性、电子以及光谱谱线具有一个共性，它们无法被经典理论解释（尽管有许多科学家尝试过）。另外，所有这些情况却并不与牛顿力学和麦克斯韦理论直接相悖。它们只是无法被解释。但是，只要没有确凿反证，就可以期待出现某个聪明人，最终找到一条拯救经典物理学的出路。那种情况没有发生。相反，反证最终出现了。事实上，至少存在着3个方面的确凿证据。

证据之一：紫外灾难

第一个被观察到的与经典理论相悖的证据是"黑体辐射"。所有物体都会辐射能量，物体越热，辐射的能量就越多。一个活生生的、正在呼吸的人在不可见的红外光谱区域将以大约200瓦的功率向外辐射能量（理论家为210瓦，政客可达250瓦）。

所有物体也会从周围环境中吸收能量。如果它的温度比周围环境温度高，它就会逐渐冷却，因为它辐射的能量多于吸收的能量。"黑体"是理想吸收体的专业名词，它能够百分之百地吸收辐射到它上面的能量。这样一个物体在冷的状态时表现为黑色，因为它不会反射任何光。实验家喜欢用黑体做标准来衡量一个物体的辐射能力。这种物体——例如，一块黑炭，一块马蹄铁，一个烤架网——的辐射有趣的一点在于其光谱的颜色：它在不同的波长段会辐射多少光。当加热这种物体时，我们首先看到的是暗红色的光。接着，当物体变得更热时，看到的是明亮的红色，再是黄色、蓝白色，然后（许许多多的热！）是明亮的白色。为什么我们最后会看到白色呢？

光谱的频移说明随着温度的升高，光强的峰值会产生从红外到红、到黄、再到蓝的移动。随着峰值的移动，光的波长分布也在加宽。当峰值是蓝光时，由于同时会辐射很多其他颜色的光，所以炽热的物体在我们看来就会发白光，这就是我们常说的白热。现在，天体物理学家正在研究宇宙历史上最炽热的辐射——大爆炸——所遗留下来的黑体辐射。

我有些偏离我们的主题了。19世纪90年代末，有关黑体辐射的数据已越来越详尽。麦克斯韦的理论对此能说些什么呢？这简直是一场大灾难！理论错了。对于光强在颜色和波长中的分布曲线，经典理论预言了错误的形状。特别是，它预言光辐射的峰值始终位于光谱的短波长处，即位于光谱的紫色端，甚至是不可见的紫外端。但事实上却不是这样。这就是所谓的"紫外灾难"——证据出现了！

最初，人们认为麦克斯韦方程组的这一应用失败可以通过更好地理解辐射体电磁能量的产生而得到解决。1905年，物理学家爱因斯坦第一个认识到这一失败的重要意义，但为大师设立的舞台则是由另一位理论物理学家搭建的。

现在来说一说普朗克，一位时年40多岁的柏林理论物理学家。这位资深的物理学家是一位热理论专家。他很聪明，学究气也挺重。有一次，他竟然忘了自己该在哪一间屋子里做演讲，于是他停在系办公室外问道："请问，普朗克教授今天在哪间屋子做演讲？"可他得到的却是这样一个严厉的回答："别去了，年轻人。你太嫩，肯定理解不了我们资深的普朗克教授所做的演讲。"

不管怎么说，普朗克接触到了实验数据，其中大部分数据是由他在柏林实验室的同事取得的。他决定尝试去理解它们。他在数学表达上做了一个天才的假设，这样就可以很好地同实验数据相吻合。此时，理论曲线不仅跟任何给定温度的光强分布吻合得很好，而且当温度改变时，也与曲线（波长分布）的变化规律非常一致。对于将要发生的事情，强调一下我们可以通过一条给定的曲线来计算辐射体的温度，这一点很重要。普朗克完全有理由为自己自豪，他对自己的儿子夸耀道："今天我做出了一项跟牛顿一样伟大的发现。"

普朗克接下来遇到的问题是，如何将他幸运的假设同某种自然定律联系到一起。实验数据一致表明：黑体仅有很少的短波辐射。什么样的"自然定律"会对麦克斯韦理论所钟爱的短波辐射产生抑制呢？在普朗克发表了他那成功的方程式几个月后，他偶然发现了一种可能性。热是一种能量的形式，因此，一个辐射体所含有的能量是由它的温度决定的。物体温度越高，它的能量也就越大。经典理论认为，这些能量随波长是均匀分布的。但是（别起鸡皮疙瘩，搞定它，我们马上就要发现量子理论了），如果假设能量依赖于波长，并进一步假设短波长"花费"更多的能量，那么，如果要辐射更短波长的波，就会耗尽能量。

普朗克发现，为了证明他的公式（现在称之为普朗克辐射定律），他必须做两个明确假设。第一个假设是：能量辐射与光波波长相关。第二个假设则与第一个假设紧密相关，它要求辐射是以不连续的包，或是能量"包"，或是（现在称为）"量子"的方式进行的。这样，普朗克就能够在不动摇热力学定律的条件下证明其公式的正确性。每个包的能量通过如下简单关系与频率相关：$E = hf$。一个量子的能量等于光的频率 f 乘以一个常量 h。因为频率反比于波长，所以短波（或者高频）会花费更多能量。如果温度一定，所含有的能量也一定，那么高频就被抑制。这种不连续性是获得正确答案的必要条件，其中的频率等于光速除以波长。

普朗克引入的常量 h，是由实验数据得出的。但是，什么是 h 呢？普朗克称其为"作用量子"。但历史上一般将其称为普朗克常量，而且它将永久代表新物理学的革命。普朗克常量的值是 4.11×10^{-15} 电子伏·秒。我们不必记住这一数值，只需要知道它很小，小到 10^{-15} 量级（小数点后15位）就行了。

尽管普朗克和他的同事并不了解这项发现的深刻含义，但引入光能量的量子化或光能量包概念是一个转折点。除了爱因斯坦——他是一个例外，只有他了解普朗克量子真正重大的意义——以外，其他的科学家直到25年之后才明了其中的含义。普朗克的理论使爱因斯坦感到困惑，他不愿意看到经典物理学大厦坍塌。"我们必须依赖量子理论，"他最后承认说，"相信我，量子理论的应用将进一步扩展。它将不仅应用于光学，还将进入其他各个领域。"他是多么正确啊！

最后提一句：1990年，"宇宙背景探索者号"（COBE）卫星给欣喜的天体物理学家们发回了遍及整个空间的宇宙背景辐射的光谱分布数据，这些数据难以置信地与普朗克黑体辐射公式相吻合。我们记得，借助光强分布曲线，我们可以确定辐射物体的温度。利用COBE卫星发回的数据和普朗克方程，研究者就可以计算出宇宙的平均温度。宇宙是非常寒冷的：仅2.73开。

证据之二：光电效应

现在，让我们把时间定格在1905年，去看一看瑞士伯尔尼国家专利局的一名小职员——爱因斯坦。1903年，爱因斯坦获得了他的博士学位，次年他开始了对物理学体系和生命意义的思考。对爱因斯坦来说，1905年是幸运的一年。在这一年，他解决了3个顶尖的物理学问题：光电效应（我们的主题）、布朗运动理论（去查查它吧！），当然也包括狭义相对论。爱因斯坦认识到，普朗克的假设意味着：光，也就是电磁能，是以能量球的方式发射的，球的能量大小为 hf，而不是以经典理论认为的从一个波长连续、平缓地变换到另一个波长的方式发射的。

这种理解想必给了爱因斯坦解释赫兹的实验现象的灵感，赫兹正在通过发明无线电波来证明麦克斯韦的理论，并通过在两个金属球之间激励火花来进行他的实验。在实验中他发现，火花更容易在新抛光后的小球之间跳跃，于是他怀疑抛光使电子更容易从表面逃逸。出于好奇，赫兹花了一些时间来研究光作用于金属表面的现象。他注意到，火花发出的蓝紫光是从金属表面激发出电子的必要条件，这些电荷通过帮助形成火花来驱动循环继续进行。赫兹推测，抛光可以去掉影响光和金属表面相互作用的氧化层。

蓝紫光能激发电子从金属表面往外跑，这在当时似乎是个奇怪的现象。实验家们系统地研究了这一现象，并得出了一些奇怪的结论：

1. 无论光强有多大，红光都不能激发出电子。

2. 即使是相对较弱的紫光也很容易激发出电子。

3. 波长越短（也就是光越向紫光偏移），激发电子的能量就越高。

爱因斯坦认识到，普朗克关于光以包的形式出现的假设是解开光电效应神秘现象的关键。想象一下赫兹的抛光金属小球中的一个电子吧，什么样的光才能给这个电子提供足够的能量来逸出表面呢？爱因斯坦应用普朗克方程指出，只要波长足够短，电子就能吸收足够的能量从金属表面逃逸。爱因斯坦推断，电子要么完全吸收光的能量，要么完全不吸收。如果电子吸收的光的波长太长，也就是能量不够的话，电子就不能逸出。用不起作用（长波长）的光照射金属毫无用处。爱因斯坦认为，重要的是光包的能量，而不是你有多少光包。

爱因斯坦的观点与实际吻合得很好。在光电效应中，光量子，或者说光子是被吸收，而不是像普朗克理论中所说的那样被发射。这两个过程似乎都需要量子的参与，量子的能量为 $E = hf$。此时量子的概念得到了支持，但有关光子的想法，直到1923年后才被承认，当时美国物理学家康普顿成功地阐明了光子和电子的碰撞就像弹子球的碰撞一样，会改变方向、能量和动量。这些行为表现出粒子的特性——但这是一种与振动频率和波长有某些关联的粒子。

在有关光本质的争论这个古老的战场上，幽灵又出现了。回想一下，牛顿和伽利略坚持认为光是由"微粒"组成的，而丹麦天文学家惠更斯则认为光是一种波。这场牛顿的微粒说与惠更斯的波动说的历史性争论，最终由于19世纪初期的杨氏双缝干涉实验（我们将在以后看到这个实验）而以惠更斯波动说的胜利告终。在量子理论中，粒子说又以光子的形式复活了，而最终的结果令人惊讶——光具有波粒二象性。

但是，在经典物理学面前还存在很多问题。而问题得以解决，则要感谢卢瑟福和他关于原子核的发现。

证据之三：有谁喜欢葡萄干布丁？

卢瑟福是那种完美得近乎不真实的人，就像是被电影制片厂演员选派部送到科学界的一样。作为著名的卡文迪许实验室里的第一个外国研究生，这个新西兰人个头高大、行为粗野，留着海象似的胡须。当时，汤姆逊是卡文迪许实验室的主任，他在实验室发现电子时，卢瑟福刚好到来，并且见证了这一伟大的发现。卢瑟福是实验家中的实验家，有一双灵巧的手（这跟他的老板汤姆逊不同），实验技艺堪与有史以来最伟大的实验家法拉第相比。他以深信在实验前宣誓可以让实验进行得更顺利而出名——即使没有理论支持，这至少也是一条反过来被实验结果验证了的信条。在评价卢瑟福时，我们尤其要考虑到他的学生和博士后——这些在其"恶意"的眼光下做出了很多伟大实验的人，例如埃利斯（Charles Drummond Ellis，发现了 β 衰变）、查德威克（发现了中子）、盖革（发明了粒子计数器），等等。不要以为指导50个研究生是一件容易的事，首先你得阅读他们的论文。瞧瞧我的一个最好的学生是如何开始他的论文的："这个物理学领域是一块处女地，还从来没有任何一个人在其上踏过。"还是回到卢瑟福这个话题上来吧。

尽管像你所看到的那样，卢瑟福本人并不是那么糟的一个人，但他却很少能掩盖自己对理论家的轻蔑。幸亏在19世纪末媒体对科学还没有像现在这样进行普遍的报道，否则这个极有争议的人一定会毁了自己的财路。下面就是一些在经历了几十年之后仍然流传的卢瑟福语录：

- "千万不要让我逮到谁在我的实验室里谈论宇宙。"
- "哦，那个东西（相对论），我们在工作中从来就懒得惹它。"
- "所有的科学除了物理学就是集邮。"
- "刚才我在读我早期的一篇论文。读完后我对自己说，'卢瑟福，这小伙子，你他妈的真是太聪明了'。"

这个他妈的太聪明的家伙和汤姆逊一起度过了一段时间，之后他横渡大西洋到蒙特利尔的麦吉尔大学工作，后来又回到了英国，在曼彻斯特大学任职。1908年，他因为在放射性领域的研究而获得了诺贝尔奖。对于大多数人来说，这项荣誉被视为他们职业生涯当之无愧的巅峰，但对于卢瑟福来说却不是。现在他的工作才真正开始。

说到卢瑟福就不能不提卡文迪许实验室，它是在1874年作为剑桥大学的研究实验室而创办的。实验室的第一任主任是麦克斯韦（哦，让一位理论家来领导实验室？），接着是瑞利勋爵，1884年瑞利的职务由汤姆逊接任。在1895年这个快速发展的梦幻时代，卢瑟福作为一名特别的研究生从新西兰的穷乡僻壤来到了卡文迪许实验室。获得科学事业成功的一个主要因素是运气，没有运气你就做梦吧。卢瑟福倒很有运气。他的工作是研究刚刚发现的放射性——他们称之为贝克勒尔射线。这一工作为他1911年发现原子核做了铺垫。他在曼彻斯特大学做出那个发现之后，就在一片赞美声中回到了卡文迪许实验室，并接替汤姆逊担任了实验室主任。

你可能会记得，汤姆逊发现电子使得物质问题变得复杂起来了。因为德谟克利特提出的化学原子一向被认为是一种不可分割的粒子，但是，现在却发现有许多更小的粒子在其中运动。这些电子都是带一个负电荷的，这就引发了一个问题：物质是中性的，既不带正电也不带负电，那么是什么抵消了电子所带的负电荷呢？

这个戏剧性故事的开头倒是相当平淡无奇。老板来到实验室。那里坐着一个博士后盖革，以及他的助手、本科生马斯登（Ernest Marsden）。他们正在做 α 粒子散射实验。一个放射源——如氡222——自发地辐射出 α 粒子。而所谓的 α 粒子不是别的，正是不带电子的氦原子——也就是卢瑟福在1908年发现的氦原子核。氡放射源放在一个带有小孔的铅盒中，这样射出的 α 射线就能直接射到很薄的金箔上。当 α 粒子穿过金箔时，它们的飞行方向就会因为金原子的作用而发生偏转，而 α 粒子的偏转角正是这一实验的研究目标。卢瑟福建立了成为散射实验的历史原型的实验装置。你向一个靶发射粒子，然后看这些粒子被弹向什么方向。在这个实验中，α 粒子是作为小探针来探测原子是如何构成的。金箔靶的四周——360°——围有硫化锌荧光屏。当硫化锌分子被一个 α 粒子击中时，它就会闪光，借助这些闪光，实验者就能够测量 α 粒子散射的偏转角。一个 α 粒子射入金箔，击中一个金原子，然后被散射到其中一个荧光屏上。闪光！大部分 α 粒子只是经过很小的偏转就直接轰击到了金箔后面的硫化锌荧光屏上。这是一个艰苦的实验。他们没有粒子计数器——盖革在当时还没有发明计数器——于是盖革和马斯登被迫在黑暗的房间中坐上好几个小时，以使他们的眼睛适应观察闪光。此外，他们还必须辨认出闪光，并标明闪光的数目和位置。

卢瑟福——由于他是老板，所以他不必坐在黑房间里——说："看看是不是有从金箔反射回来的 α 粒子。"换句话说就是：看看是不是有 α 粒子被金箔反射回放射源。马斯登后来回忆说："令我惊奇的是，我看到了这种现象……后来在去卢瑟福房间的路上我碰到了他，并将这种情况跟他讲了。"

随后由盖革和马斯登发表的数据记录为：在8 000个 α 粒子中有一个被金箔反射回来。对于这条消息，卢瑟福那举世闻名的反应是："这简直是我有生以来遇到的最难以置信的事情。就好像你用一枚15英寸的炮弹打一张薄纸片，这枚炮弹却反弹回来击中了你一样。"

这事发生在1909年5月。在这之后，卢瑟福像一个理论物理学家一样为这个问题绞尽了脑汁。1911年初，他终于解决了这一难题。他微笑地向学生们说："我明白原子是什么样的了，为什么有如此强的后向散射我也弄明白了。"同年5月，他发表了存在原子核的文章，这宣告了一个时代的结束。现在可以看到，化学原子是复杂的而不是简单的，是可以分割的而不是不可分割的。这是一个新的核物理时代的开始，它标志着经典物理学的失败，至少在原子内部。

卢瑟福花了至少18个月的时间去解决现在物理学专业的学生在三年级就能解决的问题。α粒子的反弹为什么让他如此迷惑呢？要回答这个问题，我们就要看看当时的科学家对原子的结构是如何认识的。致密的α粒子带着正电荷冲向金原子，然后又被金原子反弹回来。在1909年，大多数人认为，α粒子会像炮弹穿过薄纸片一样穿过金箔（按照卢瑟福的比喻）。

原子的薄片模型源自牛顿。他说，一个系统要保持力学上的稳定的话，它所受到的力必须相互抵消。因此你要坚信，在一个稳定的原子内，电磁引力和斥力一定保持平衡。在那个世纪之交的年代，理论物理学家们疯狂地构造模型，以考虑如何安排电子来使原子核保持稳定。因为他们知道原子中有大量带负电荷的电子，他们的模型必须考虑以某种未知方式分布的相同数量的正电荷。因为电子很轻，而原子又很重，所以要么每一个原子有好几千个电子（这样才能达到原子的重量），要么重量大部分集中在带正电荷的部分。1905年，在众多的模型中占主导地位的模型不是别人提出来的，它的提出者正是汤姆逊——这位电子先生。这一模型也被称为葡萄干布丁模型，因为它让正电荷散布于整个原子区域内，而电子就像葡萄干一样嵌于布丁中。这样一种分布看起来在力学上是稳定的，同时它还允许电子在平衡位置附近振动。但是，正电荷的性质仍然是一个谜。

相反，卢瑟福通过 α 粒子的散射试验得出的结论是：只有当原子的正电荷和质量都集中在一个相对广阔（原子尺寸）的空间中央的一个非常小的区域内时，α 粒子才有可能被反弹回来。这就是原子核！电子可以分布在几乎整个原子空间。因为具有更好的数据，卢瑟福的理论及时地得到了提炼。中间带正电荷的粒子（原子核）仅占据了整个原子空间的万亿分之一。根据卢瑟福的模型，原子的大部分空间是空的。当我们击打桌子时，会觉得桌子很硬，但这仅仅是原子间和分子间的电磁相互作用（当然还包括量子规律）引起的坚硬的假象。原子大部分是空的，这可能会使亚里士多德惶恐不已。

如果我们放弃用炮弹打薄纸的想法，而代之以一个在球道上滚动的保龄球撞击排列整齐的保龄球瓶，这似乎能让我们更好地理解卢瑟福关于 α 粒子后向散射的现象。描绘一下保龄球手看到保龄球撞击瓶形滚柱后停止，然后反弹，继而滚向自己时的惊愕，他那时只有逃命了。这种情况会发生吗？好吧，我们假设在呈三角形排列的滚柱中央有一个特殊的“胖滚柱”，它是由最致密的固体金属铱制成的。这根滚柱太重了！它比保龄球重量的50倍还重。一系列的瞬时照片会记录下以下过程：保龄球撞击了胖滚柱，滚柱变形了，保龄球停了下来。接着，当滚柱变回原来的形状时，实际上，稍微增加一点反冲，那么滚柱就会对保龄球施加一个反弹力而使保龄球的速度反向。这种情况在任何弹性碰撞中都会发生，例如，一个弹子球和软垫子之间的碰撞就是如此。卢瑟福生动的“炮弹”比喻，源自他自身先入为主的观念，也是他那个时代的大多数物理学家的观点，他们都认为，原子如同一个在巨大的体积里散布着细小布丁的球。对于金原子而言，它是一个半径为 10^{-9} 米的“巨大”的球。

为了对卢瑟福的原子模型有一个概念，我们可以打一个比方：如果我们把原子核画成一粒绿豆大小的话（直径大约有1/4英寸），那么原子将会是半径为300英尺的球，可以装下6个足球场。在这里，卢瑟福的运气又帮了他的忙。他的 α 射线源产生的 α 粒子的能量恰好为5兆电子伏（我们记为 5 MeV），这正是发现原子核的理想能量，此时 α 粒子的能量低到不能靠原子核太近但是又可以被其强大的正电荷反射回来。而原子核周围电子云的质量很小，对 α 粒子的作用微乎其微。如果 α 粒子的能量很高的话，它就会穿透原子核，显示出强大的核力作用（我们将在以后提到），同时产生复杂的 α 粒子散射图样（大部分 α 粒子会穿透原子，但离原子核很远，所以其偏转很小）。正如盖革、马斯登以及众多欧洲大陆的竞争者后来测量的 α 粒子散射图样都说明的那样，把原子核当作一个点进行处理，在数学上是等价的。我们现在知道原子核并不是一个点，但如果 α 粒子靠得不是太近的话，数学处理结果都是一样的。

博斯科维奇可能会非常高兴，因为曼彻斯特的实验证实了他的观点。碰撞的结果依赖于那个被称为"点"的物体周围的力场。卢瑟福的实验除了发现了原子核以外，还有其他的含义。它说明大角度偏转意味着有小的"点状"核心。"点状体"这一理想概念非常重要，它在后来实验科学家们研究夸克——真正的点——时最终得到了应用。在慢慢呈现的原子结构图样中，卢瑟福的原子模型是一个清晰的里程碑。这是一个非常微小的太阳系：一个致密的带正电的原子核被一大群围绕它旋转的电子所包围，电子的数目刚好使得其携带的负电荷和原子核的正电荷抵消。这时，人们又适时地想到了麦克斯韦和牛顿的理论。像行星一样围绕原子核运转的电子遵循着牛顿定律 $F = ma$，其中 F 现在知道是带电粒子之间的电场力（由库仑定律决定）。因为这种力和重力一样同距离成平方反比关系，人们马上就会认为电子一定也具有像行星一样稳定的轨道。好的，现在你有了化学原子的一个美妙而小巧的太阳系模型。所有这一切都很好。

嗯，直到一位年轻的有着深厚理论功底的丹麦物理学家来到曼彻斯特之前，一切都很好。"卢瑟福教授，我的名字叫玻尔，尼耳斯·亨里克·大卫·玻尔。我是一名年轻的理论物理学家，我是到这里来帮助您的。"我们可以想象那位行为粗野、朴实的新西兰人听到这一自我介绍后的反应。

斗争

量子力学的革命并不是完全在理论物理学家们的头脑中成长起来的，而是慢慢地从化学原子的实验数据中推演出来的。我们可以看一看有关理解原子、亚原子、亚原子核的斗争。

真实世界的原子结构图景在我们面前缓慢地展开，这也许是件好事。如果牛顿或伽利略获得了费米实验室的完整数据，他们能做到什么程度呢？我有一位哥伦比亚大学的同事，非常年轻、非常聪明，且口齿伶俐、充满热情。他负责教导宣称要以物理学为专业的40个左右的大学新生，在两年内给他们集中强化指导。想象一下：一位教授，40个有抱负的学生，教两年。这一实验的结果简直是一场灾难，大多数学生转到了其他专业。其原因后来由一位主修数学的研究生指了出来："梅尔是我所见过的最好的教授。在那两年里，我们不仅完成了通常的牛顿力学、光学、电磁学等课程的学习，他还为我们打开了一扇通向现代物理学的窗户。此外，他也为我们展示了在他的研究工作中所遇到的问题。我想我没有能力解决这一系列如此困难的问题，所以我就换到了数学专业。"

这件事引发了一个更加深刻的问题，人类的大脑是否已为理解量子物理学的神秘做好了准备呢？这个问题直到20世纪90年代还困扰着一些非常优秀的物理学家。理论家帕格尔斯（几年前他不幸死于一次登山事故）在他写得非常好的《宇宙密码》一书中指出：人的大脑可能还没有进化得足够完善，以至于现在还无法理解量子现实。他可能是对的，尽管他的几个同行似乎自认为比我们中的其他人进化得更加完善一些。

首要的一点是：作为一门在20世纪90年代占统治地位的精妙的理论，量子力学行得通。它在原子领域行得通，在分子领域行得通，在复杂的金属、绝缘体、半导体、超导体以及已应用它的任何领域都行得通。因量子理论的成功运用而获得的巨大收益占据了工业国家国民生产总值（GNP）的很大一部分。但对我们来说更重要的是，量子理论是我们目前在研究原子核、原子核结构及其下面的更基本的物质——在那里我们将遇到"原子"和上帝粒子——中所拥有的唯一工具。也正是在那里，量子理论的概念性难题将扮演一个重要的角色，虽然这些难题常常被大多数物理学家视为只是"哲学问题"而避而不谈。

玻尔：站在蝴蝶的翅膀上

通过与经典物理学相悖的几个实验，卢瑟福的发现是对经典物理学的最后一击。理论与实验争斗至此，是时候触痛理论的神经了。"我们实验家需要把它做到多么清晰，你们理论家才会相信确实需要一个新的理论呢？"看上去卢瑟福好像并没有认识到他所提出的新原子对于经典物理学而言是一个多么大的灾难。

下面，我们就要谈到玻尔了。他将扮演的角色对卢瑟福来说，就像麦克斯韦之于法拉第、开普勒之于第谷一样。玻尔到英国的第一站是剑桥，在那里他为伟大的汤姆逊工作。但这位25岁的年轻人由于老在导师的书里发现错误而惹恼了导师。1911年秋，当玻尔获得了嘉士伯啤酒奖学金而来到卡文迪许实验室学习时，他聆听了卢瑟福有关其新原子模型的演讲。玻尔的论文是关于金属中的自由电子的研究。他知道，如果用经典物理学来解释的话，并不是全都能解释得很好的。他当然也了解有关普朗克和爱因斯坦对于经典理论的戏剧性偏离。某些元素加热后所发射的光的谱线是原子的量子本性的另一条线索。玻尔对卢瑟福的演讲及其原子模型印象非常深刻，于是决定在1912年到曼彻斯特大学进行为期4个月的学习访问。

玻尔看到了新模型的真正意义。他意识到，为了满足麦克斯韦方程组，电子在围绕原子核运转的轨道上运动时一定会辐射出能量，这种情况就像电子沿天线上下加速一样。为了满足能量守恒定律，电子的轨道就会逐渐收缩，在很短的时间内电子将最终落到原子核上。如果情况确实如此，物质将变得不稳定。这个模型成了经典物理学的灾难！然而，真的没有什么可替代了。

玻尔除了尝试新的方法以外别无选择。在所有的原子中氢原子是最简单的，于是玻尔收集了所有可以得到的有关氢原子的资料，例如 α 粒子如何在氢气中减速。他最后的结论是：氢原子具有一个在围绕着带正电荷的原子核的卢瑟福轨道上运动的电子。面对着经典理论的失败，同时又被其他一些有趣的难题所激励，玻尔进行了深入的探索。他注意到，在经典物理学中没有什么可以决定氢原子的轨道半径。事实上，太阳系是一个拥有各种行星轨道的很好的例子。根据牛顿力学，任何行星的轨道都是可以描绘出来的，所需的只是恰当地给出初态。一旦半径固定了，那么行星在其轨道上的运动速度和它的周期（年）也就决定了。但是，所有的氢原子看上去都非常相似。玻尔做了一个可以理解但却违背经典理论的假设：电子只能在某些轨道上运动。

玻尔还提出，电子在这些特殊的轨道上运动时并不辐射能量。这在当时的历史环境中是一个惊人的大胆假设。虽然这可能会让麦克斯韦在他的坟墓里急得团团转，但玻尔不过是在努力理解事实而已。一个重要的事实集中到基尔霍夫在几十年以前所发现的原子发光谱线上。发光的氢原子像其他元素一样会产生一组自己的特征谱线。玻尔认识到，为了获得光谱线，电子必须有许多不同的轨道，而这些轨道又对应于不同的能量。于是，他给氢原子的单电子赋予了一系列允许的半径，这些半径对应的能量越来越高。为了解释光谱，他猜测（从蓝光出发）当电子从一个高能级"跃迁"到另一个低能级时辐射就会发生，而辐射出的光子能量就是这两个能级的能量之差。然后，他又为这些决定能级水平的轨道半径提出了一个绝对惊人的规则。他说，在所允许的轨道里，其角动量（一个众所周知的用以表示电子旋转特性的物理量）只能是某个新的量子单位的整数倍。玻尔所谓的量子单位不是别的，正是普朗克常量——h。玻尔后来说："该把以前就存在的量子概念拿出来试试了。"

此刻夜深人静，玻尔身边放着一沓白纸、铅笔、小刀、尺子和一些参考书，他在曼彻斯特的阁楼小室里干吗呢？他在寻求自然的规律，以解释参考书上列出的事实。他有什么权利为氢原子中看不见的围绕同样看不见的原子核旋转的电子制定规律呢？不过，他的规律的正确性，最后还是因为合理地解释了实验数据而得到了确认。他是从最简单的氢原子着手研究的。他知道，他的规律最终还必须来自一些更深刻的原理，但首先还是寻求这些规律吧。这就是理论家的研究方式。用爱因斯坦的话来说，玻尔在曼彻斯特的研究室里努力地去理解上帝的思想。

玻尔不久就回到哥本哈根去发展他初期的思想，最终在1913年4月、6月和8月发表的三篇论文（伟大的三部曲）中阐述了他有关原子的量子理论。论文中融会了经典定律和纯粹是为了获得正确结果而做的武断性断言（或是假设）。玻尔构造了一个用以解释已知光谱线的原子模型。这些光谱线表（一系列的数字）是由基尔霍夫、本生的后继者所仔细编制，而后又在斯特拉斯堡、哥廷根、伦敦和米兰校对完成的。这是一些怎样的数字呢？下面列出了一些有关氢原子的数据：$\lambda_1 = 4\,100.4$，$\lambda_2 = 4\,339.0$，$\lambda_3 = 4\,858.5$，$\lambda_4 = 6\,560.6$。（对不起，你要问什么？不要担心，不需要记住这些数字。）这些振动光谱是怎样产生的呢？而且不论怎样激发氢原子都只产生这些谱线呢？奇怪的是，后来玻尔认为这些谱线并不是很重要："有人认为这些光谱很重要，但要从这些谱线上获得进展是不可能的。就好像你仅仅拥有蝴蝶的翅膀一样，虽然这些翅膀有着相当规则的颜色等，但没人会认为从蝴蝶漂亮的翅膀里就能发现生物的本质。"可事实上正是这些蝴蝶的翅膀——氢原子的光谱，提供了最重要的线索。

玻尔的理论成了每一本书中分析氢原子的范例。在他的分析中，一个重要的概念是能量，这一概念在牛顿时代就有了清晰的定义，后来得以发展与扩大。

任何一个受过教育的人都必须对能量有一定的了解，现在也让我们花两分钟时间说一说能量的概念吧。

两分钟谈能量

在高中物理课程中，我们说一个具有一定质量和速度的物体拥有动能（由于运动所具有的能量）。一个物体由于其所处位置也拥有能量。一个位于西尔斯大楼楼顶的钢球具有势能，这是因为有人费力地将它搬到那里。如果你将它从楼顶扔下来，那么在下落的过程中，它的势能就会转化为动能。

能量唯一有趣的性质是它的守恒性。想象一下一个复杂的、由数十亿个原子组成的气体系统吧，所有的原子都以相当快的速度运动，跟容器壁还有其他原子碰撞。有些原子在这一过程中将获得能量，另一些则会失去能量，但总的能量会保持不变。直到 18 世纪，科学家们才发现热也是能量的一种形式。化学物质会通过化学反应释放能量，例如木炭燃烧。能量能够而且确实在不断地从一种形式转化为另一种形式。现在我们知道有以下能量形式：机械能、热能、化学能、电磁能以及核能。我们还知道质量可以转化为能量，其公式是 $E=mc^2$。不管这些复杂的东西，我们还是百分之百地相信，在复杂的反应过程中，总能量（包括质量）是守恒的。例如，沿着平滑的平面滑动一个木块，木块最后会停下来，它的动能转化为内能，使得平面稍稍热了一些。又如，你将汽车加满汽油，你就购买了 12 加仑的化学能（用焦耳表示），这些能量可以使你的丰田汽车获得一定的动能。汽油耗光了，但是它的能量可以计算出来——320 英里，从纽瓦克到北希罗。在这里，能量是守恒的。又例如，冲向电动机转子的水流将大自然的势能转化为电能用以取暖和照明。在大自然的账簿上，所有的能量加在一起是不变的。你带多少来就带多少回去。

所以呢？

那么好了，这一切同原子又有怎样的关系呢？在玻尔的原子图景中，电子必须自我限制在特殊的轨道上，这些轨道是由半径来标识的。每一个允许的半径都与原子的一个精确定义的能量状态（或能级）相对应。最小的半径对应着最低的能量，这一状态被称为基态。当我们向氢气样品注入能量时，一部分能量用来激发原子，从而使原子运动得更快。然而，还有一部分能量以一种非常特殊的包的形式（请记住光电效应）被电子吸收，这些能量使电子从一个能级跃迁到另一个能级，或者说从一个半径的轨道跃迁到另一个半径的轨道上。这些能级用1、2、3、4、…来编号，而且每一个能级都具有特定的能量：E_1、E_2、E_3、E_4等。玻尔构建的理论也囊括了爱因斯坦的思想，即光子的能量决定其波长。

如果将所有波长的光子注入一个氢原子，最终原子就会吸收一定波长的光子（具有特定能量的光包），比方说从E_1跃迁到E_2，或E_3。通过这一方式，电子跃迁到更高的能级。这种情况会在一个放电管中出现。电磁能进入试管后，试管中就会发出氢原子所特有的颜色的光。这些能量将无数原子中的电子激发到更高的原子能级上。如果输入的能量足够高的话，那么原子中所有可能的高能级上都会有电子占据。

在玻尔的原子图景中，高能级的电子会自动跃迁到低能级上。现在让我们回想一下能量守恒定律。如果电子向低能级跃迁，它就会损失能量，而这些失去的能量必须能计算出来。玻尔说："没问题。"一个向下跃迁的电子会放出一个能量等于跃迁轨道能量之差的光子。例如，如果电子从第四能级跃迁到第二能级，发出光子的能量就等于E_4减去E_2。还有许多可能的跃迁，例如$E_2 \rightarrow E_1$、$E_3 \rightarrow E_1$，或者$E_4 \rightarrow E_1$。多能级跃迁也是允许的，例如$E_4 \rightarrow E_2$，然后$E_2 \rightarrow E_1$。每一次能量的改变都会导致相应波长的光子的发射，从而就可以观察到一系列的光谱线了。

玻尔对原子这种权宜的准经典解释是一个大师级的作品，但也许不太正统。他仅仅在牛顿和麦克斯韦的理论适应的时候才应用它们，而在它们不适应的时候就将其置之不理。他对待普朗克和爱因斯坦的理论也是这样。这简直令人难以接受。但是，玻尔很聪明，他得出了正确的答案。

让我们来回顾一下这一过程。由于夫琅禾费与基尔霍夫在 19 世纪所做的工作，我们知道了光谱线。我们知道，原子（还有分子）可以吸收和发射特定波长的辐射，并且每种原子都有其特定的波长图样。有了普朗克，我们认识到了光是以量子的形式发射的。有了赫兹和爱因斯坦，我们知道了光也是以量子的形式被吸收的。有了汤姆逊，我们知道了电子的存在。有了卢瑟福，我们知道了原子有一个很小的致密的原子核，而原子的大部分空间是没有物质的，电子就散布在原子核的周围。有了我的父母亲，我才有机会了解到这些知识。玻尔把这些数据——还有更多的——摆在一起得出了这样的结论：原子只能在某些特定的轨道上运行；它们通过吸收量子化的能量而跃迁到其他高能级的轨道上；当它们跃迁回低能级时，就会发射出光子（光量子）。就这样，科学家们观测到了这种特定波长的光量子——元素的特征谱线。

发展于 1913 年到 1925 年间的玻尔理论，现在被称为"旧量子理论"。普朗克、爱因斯坦和玻尔在蔑视经典物理学的里程中各自迈出了一大步。他们中的每一个人都有坚实的实验数据证明他们是对的。普朗克的理论和黑体辐射实验完美地吻合，爱因斯坦的理论则和光电实验精妙匹配。在玻尔的数学公式中我们可以找到诸如电子质量、电荷、普朗克常量，还有 π 啊，数字 3 啊，以及一个重要的、用以标识能级状态的整数（量子数）等物理量。如果将所有这些参数计算在内，我们就可以得到能够计算出氢原子所有光谱线的公式。结果与实验数据惊人一致。

卢瑟福非常喜欢玻尔的理论，但是他又提出：电子会在什么时候，而且又如何决定从一个能态跃迁到另一个能态呢？这一点玻尔没有讨论。卢瑟福记起了一个早先的疑问：放射性原子什么时候会产生衰变呢？在经典物理学中，任何行为都有起因，但在原子领域，这种起因似乎还未出现。玻尔认识到了这一危机（这一危机直到1916年爱因斯坦做了有关"自发跃迁"的工作以后才得到真正的解决），并且为解决这一危机指明了方向。然而，实验家们还在继续探索原子世界的各种现象，并且发现了玻尔没有想到的许多东西。

当美国物理学家迈克尔逊（Albert Michelson）———一位追求精确性的狂热分子——更仔细地检测光谱谱线时，发现每一条氢原子谱线事实上是两条离得很近的谱线，即离得很近的两个波长。这种双线结构表明电子在向下跃迁时有两个低能量状态可以选择。玻尔的模型并没有预言这种双线结构的存在，该结构被称为"精细结构"。和玻尔同时代的合作伙伴索末菲（Arnold Sommerfeld）注意到，氢原子中电子的速度几乎接近于光速，这种情况应该用爱因斯坦在1905年提出的相对论来处理。引入相对论效应以后，他发现在玻尔理论预言一条轨道的地方，新理论预言了很接近的两条轨道。这就解释了氢原子的双线光谱。为了进行计算，索末菲引入了一些常数的一个"新的缩写"，这一缩写频繁地出现在他的方程式中。那就是 $2\pi e^2/hc$，他用希腊字母 α 来表示。我们不必为方程式担忧。有趣的是：当我们把已知的常数，即电子电量 e、普朗克常量 h、光速 c 代入这一表达式以后，就得到了一个数 1/137。又是这个纯粹的数字 137！

实验家继续完善着玻尔的原子模型。在1896年发现电子之前，荷兰人塞曼（Pieter Zeeman）将本生灯放在一个强磁场的两极中，并且在本生灯中放了一些食盐，然后，他用一个自己设计的精密的光谱仪来观察钠所发出的黄光。可以肯定，在强磁场中黄色光谱线变宽了，这说明磁场实际上使光谱线分裂了。这一效应到1925年时已被更精确的实验验证了。当时荷兰的两位物理学家古德斯米特（Samuel Goudsmit）和乌伦贝克（George Uhlenbeck）得出了一个怪诞的结论：这一现象只有通过让电子具有自旋才能得到解释。在经典概念的物体——如陀螺——中，自旋是指陀螺围绕其几何轴的自转；在量子物理中，电子自旋也与之类似。

所有这些新思想虽然都能自圆其说，但都像在定制汽车商店里组装起来的产品一样杂乱地堆在玻尔1913年的原子模型上。有了这些"装备"，玻尔的理论变得日益强大起来，就像一辆老式福特车在翻新之后装上了空调、毂盖，还有装饰尾翼。借助这一变化，玻尔理论就能够大量而精确地解释实验数据了。

这一模型只剩下一个问题：它是错误的。

面纱下的窥视

玻尔在1912年建立起来的理论就像是用碎布缝成的被单，它在1924年随着法国一位研究生发现的一条重要线索而遇到了越来越严重的困难。线索的来源有些让人感到意外，是一篇晦涩的博士论文，但其中显示出来的这一线索，经过戏剧性的3年之后竟然引发了对真实微观世界的全新认识。作者是一位在巴黎吃力地完成其博士论文的年轻贵族德布罗意。其灵感源自1909年爱因斯坦发表的一篇论文，当时爱因斯坦正在思考他的光量子的重要性。光怎么可能像粒子一样是一个能量包，而同时又显示出波的一切行为，例如干涉、衍射，还有其他一些与波长有关的性质呢？

德布罗意认为，光的这种奇特的双重性质可能是大自然的一种基本规律，这种规律同样可以适用于电子等其他物质。在继普朗克、爱因斯坦给光量子赋予了特定能量之后，德布罗意在他的光电理论中将光子的能量和它的波长或频率联系起来，引入了一个新的对称：如果波是粒子，那粒子（例如电子）也可以是波。他想尽办法将电子的能量和它的波长联系起来。他的想法在应用到氢原子上时立刻就得到了回报。这些特定的波长使得玻尔关于电子只能在特定半径的轨道上运动这一奇怪的权宜规则得到了很好的解释。这是显而易见的。是吗？当然是。如果在玻尔轨道上运动的电子具有很小波长的话，那么，只有半径是电子波长整数倍的轨道才是允许的电子轨道。让我们来试试这种粗糙的形象化的想法。去拿一枚5分的镍币和一把1分的铜币。将5分的镍币（相当于原子核）放在桌子上，然后将一些1分的铜币呈环状排列在它的周围（相当于电子）。你会发现至少需要7枚铜币才能构成最小的轨道。这就定义了一个半径。如果你想使用8枚铜币的话，你就会得到一个更大半径的轨道，而不是任何其他更大的轨道都可以使用8枚铜币；只有一个半径适合。更大的半径可以容纳9枚、10枚、11枚，或是更多的铜币。从这个稍微有点笨拙的例子就可以看出：如果你限定只取整数枚铜币——或者波长的整数倍——的话，仅有某些特定半径才是允许的。为了在这两种轨道之间获得新的轨道，就必须使硬币重叠，如果用波长来表示，那么波就无法沿着轨道平滑地连接起来了。德布罗意的思想是：电子的波长（铜币的半径）决定了可以允许的半径。这个理论的关键是给电子赋予一个波长。

德布罗意在他的论文中猜测电子是否还有其他的表现其波动性的现象，例如干涉、衍射等。尽管这位年轻贵族在巴黎大学的导师们对他的杰出工作印象深刻，但却对粒子波的概念困惑不解。他的一个主考官想要询问一下外部的观点，于是就复制了一份论文给爱因斯坦，爱因斯坦回信赞扬了德布罗意："他掀起了巨大面纱的一角。"他的博士论文在1924年被接受了，而且最终为他赢得了诺贝尔奖。德布罗意成为当时唯一一位通过博士论文获得诺贝尔奖的物理学家。然而，最大的赢家还是薛定谔，是他理解了德布罗意工作的真正含义。

现在终于到了理论实验双人舞的有趣时刻。德布罗意的思想还没有任何实验支持。一种电子波？这是什么意思？必要的实验支持出现在1927年，地点在新泽西——不是英吉利海峡边上的那个小岛，而是在纽瓦克附近的美国的一个州。在那里，著名的工业研究机构贝尔实验室正致力于从事真空管的研究。这是一种古老的电子仪器，是在晶体管发明前使用的电子设备。两位科学家，戴维森（Clinton Davisson）和革末（Lester Germer），用电子束轰击各种涂敷有氧化物的金属表面。革末在戴维森的指导下，发现了在没有涂敷氧化层的金属表面反射形成的奇怪的电子图样。

1926年，戴维森到英格兰参加一个会议，听到了有关德布罗意的理论。他赶忙跑回贝尔实验室，从波的角度重新研究他的数据。结果发现，他所观察到的图样和将电子视为一种波的理论结果精确相符，而电子的波长同轰击粒子的能量有关。他和革末赶紧将这一结果发表了。他们并没有快多少。在卡文迪许实验室，G.P.汤姆逊——著名的J.J.汤姆逊的儿子——也进行了相似的研究。戴维森和汤姆逊因为第一次观察到了电子波而共同分享了1938年的诺贝尔奖。

J.J.汤姆逊和G.P.汤姆逊的父子关系偶然地在他们饱含深情的通信中得到了见证。在一封比较动情的信中，G.P.汤姆逊写道：

亲爱的父亲：

　　设球面三角形的三条边为A、B、C……

　　（然后是三页写得密密麻麻的类似的话）

您的儿子，乔治

现在，电子不论是被限制在原子轨道上还是在真空管中运动，它都具有波长。但是这种波动的电子究竟是什么呢？

不懂电池的人

如果说卢瑟福是实验家的代表，那么海森堡（1901—1976）就可以称为理论家的代表。他算得上是拉比所说的那一类"不能自己系鞋带"的理论家。作为欧洲最聪明的学生之一，海森堡在慕尼黑大学却几乎通不过他的博士论文答辩，因为他的一位主考官、黑体辐射研究的先驱维恩（Wilhelm Wien）不喜欢他。维恩开始问了一些实验性问题，如电池是如何工作的等。海森堡根本就一窍不通。之后维恩为了不让他通过，还以其他一些实验问题对其"严加考问"。最后海森堡还算保持清醒，他最终以 C 通过了他的博士论文答辩。

海森堡的父亲是慕尼黑大学的一位希腊语教授。海森堡在十多岁时就已经阅读了《蒂迈欧篇》，这本书囊括了柏拉图关于原子的所有理论。海森堡认为柏拉图在瞎说（柏拉图所谓的原子是小箱子和金字塔），但是他被柏拉图的一个信条给深深迷住了，那就是要理解宇宙就必须首先理解构成物质的最小元素。年轻的海森堡决定全身心地投入研究物质的最小粒子的事业中去。

海森堡努力地在头脑中绘制卢瑟福–玻尔原子模型，但结果总是一片空白。玻尔的电子轨道一点儿也不像他所能想象的那样。虽然这个可爱的小原子被国际原子能委员会作为标志用了多年——电子在"神奇的"轨道上围绕原子核运转而不辐射能量——但对海森堡来说它却没有任何意义。海森堡认识到玻尔的原子轨道仅仅是为了配合实验数据，而且是为了消除或者（更恰当地说是）掩饰卢瑟福原子模型在经典物理学中遇到的困难才建立起来的。但这是真正的电子轨道吗？不是的。玻尔的量子理论在抛弃经典物理学包袱方面还没有走得足够远。唯一的解决途径——在原子空间中只有特定的轨道才是允许的——是要求有一种更基本的陈述。海森堡还认识到，这种新的原子从根本上说是不能被观测到的。他提出了一个明确的指导：不要再为那些不可测的东西煞费苦心了。轨道是不能被测量的，而谱线是可以被测量的。海森堡提出了一门新的理论——"矩阵力学"，这一理论以矩阵形式的数学表述为基础。他的方法在数学上很困难，而且要使其直观化更加困难，但是很明显，他使玻尔的旧理论有了一个很大的进步。海森堡的矩阵力学除了复制玻尔理论的所有成功而不必借助神奇的轨道外，还在旧理论无法解释的地方获得了巨大的成功。但是，物理学家们发现矩阵用起来很复杂。

接着，物理学史上最著名的假期来到了。

物质波和别墅中的女士

1925年冬，离圣诞节还有10天左右的时间，当时薛定谔还是苏黎世大学一个有能力但并不十分出色的物理学教授。在海森堡完成他的矩阵公式几个月以后，薛定谔觉得自己需要一个假期。所有的大学教师都应该得到圣诞节假期，但薛定谔的这个假期将注定不平凡。薛定谔在瑞士阿尔卑斯山下预订了一幢别墅，带着他的笔记本、两颗珍珠和他维也纳的旧情人在别墅中度过了两个半星期。薛定谔制订的计划是拯救当时零碎的量子理论。这个出生在维也纳的物理学家将两颗珍珠塞进他的耳朵里*，以此来排除所有的干扰噪声。他给自己规定了任务——他必须建立一套新理论，同时也要让女友开心。幸运的是他完成了这些任务。

薛定谔最初是一名实验物理学家，但是很早他就转向了理论方面的研究。在那个圣诞节时他38岁，对于一名理论家来说年龄是有点偏大了。很明显，尽管我们不乏中老年理论物理学家，但他们最优秀的成绩往往是在20多岁时做出来的，此后他们就功成身退了。从学术上讲，他们在30多岁时就成了资深的"物理学前辈"。在量子理论的全盛发展时期，这种一闪而过的流星现象确实大量存在，如狄拉克、海森堡、泡利、玻尔都在年轻时就提出了他们最重要的理论。当狄拉克和海森堡到斯德哥尔摩接受诺贝尔奖时，他们实际上都是由各自的母亲陪同前往的。狄拉克曾经写道：

---

* 此行为有一定的危险性，请不要随意模仿。

年龄当然是一场病。

每个物理学家都会害怕它。

一旦他过了30岁，与其活着不如死去。

（他荣获诺贝尔奖是因为物理学而不是文学方面的成就。）不过狄拉克并没有将自己的诗放在心上，他健康地活到了80岁，这对科学来说真是件幸运的事。

在假期中薛定谔随身携带的一件物品是德布罗意关于粒子和波的论文。薛定谔在狂热的工作中将量子的概念做了更大的延伸。他并不仅仅将电子视为有波动性的粒子。他得出了一个方程，在该方程中，电子是一种波——物质波。在著名的薛定谔方程中，一个关键的物理量是用希腊字母 ψ 来表示的。用物理学家喜欢的话来说，就是这一方程将所有的一切都简化成了 ψ。ψ 就是众所周知的波函数，它包含了我们知道和能够知道的有关电子的所有东西。当我们解出薛定谔方程以后，就可以获得 ψ 关于时间和空间的变化关系。之后，薛定谔方程还被用于多电子系统以及需要量子处理的任一系统中。换句话说，薛定谔方程或者"波动力学"可以运用到原子、分子、光子、中子上，此外还有现在对我们很重要的夸克簇。

薛定谔打算拯救经典物理学。他坚持认为，电子实际上是经典的波，就像声波、水波或是麦克斯韦的光波和无线电波一样，它们的粒子特性只不过是一个假象。它们是物质波。波是很容易理解的，也是显而易见的，不像玻尔原子中的电子，随意地从一个轨道跳到另一个轨道。薛定谔解释说，ψ（准确地说是 ψ 的平方，即 ψ^2）表示的是物质波的分布密度。他的方程描述了原子中在电磁力影响下的波。例如，在氢原子中，薛定谔的波在玻尔量子理论所谓的轨道上"聚集"。薛定谔方程自然而然地给出了玻尔的原子半径，不需要任何修正，它不仅给出了氢原子的光谱，同样还给出了其他原子的光谱。

薛定谔在离开别墅几星期后发表了他的波动方程，并立即引起了轰动。它是人们想出的用以研究物质结构的最强大的数学工具之一（到1960年，在有关应用薛定谔方程的基础上已发表了10万多篇科学论文）。他很快又写出了其他5篇论文。薛定谔在短短的6个月内发表的这6篇论文是科学史上伟大的创造性突破。奥本海默将这一波动力学理论称为"可能是人们所发现的最完美、最精确、最可爱的东西"。伟大的物理学家和数学家索末菲认为，薛定谔的理论在"20世纪所有令人惊奇的发现中最令人惊奇"。

基于此，我个人认为，可以原谅薛定谔的风流韵事，因为那毕竟是一些传记作者、社会历史学家和嫉妒的同事们所关心的事。

概率波

物理学家们喜欢薛定谔的方程，因为他们可以解出方程，而且方程得出的结果是正确的。尽管海森堡矩阵力学和薛定谔方程都能够给出正确的结果，但大部分物理学家选择了薛定谔方程，因为这是一个很好的微分方程，一个人们熟悉和欢迎的数学形式。几年以后，海森堡的矩阵力学和薛定谔的波动理论在物理学思想和数学结果上被证明都是一致的，不同的只是数学语言而已。现代的理论融合了这两者中最具操作性的部分。

薛定谔方程中唯一错误的是他对"波"的解释。结果证实 ψ 这个东西并不代表物质波。毫无疑问，它代表了某种类型的波，但问题是：到底是什么在波动呢？

还是在1926年这个重要的年头，德国物理学家玻恩给出了这一问题的答案。玻恩认为，关于薛定谔波函数的唯一正确的解释是：ψ^2 是指在各个地方发现粒子（如电子）的可能性。ψ 在空间和时间里变化。在 ψ^2 大的地方，电子出现的可能性就大。在 $\psi=0$ 的地方，电子不会出现。波函数是一种概率波。

玻恩受了电子束射向某种势垒的实验的影响。这种势垒可以是一个连接到电池的负极（比方说为-10伏）上的丝网。依据经典的观点，如果电子仅仅具有5伏能量的话，它事实上就会被"10伏的势垒"所阻挡。如果电子的能量大于势垒的能量，它们就会像一个穿过墙壁的球一样穿过势垒。如果电子的能量低于势垒的能量，电子就会被反射回来，就像球被墙反弹回来一样。然而，薛定谔的量子方程表明，波函数的一部分会穿透势垒，而另一部分则会被反射。这是典型的光的行为。透过储物仓的窗户，你可以看见陈列的商品，同时你还可以看到自己模糊的影子。光波不但可以穿透玻璃，也可以从玻璃反射回来。薛定谔方程也预言了相同的结果。但是我们从未见过电子的碎片！

实验是这样进行的：我们把1 000个电子射向势垒。盖革计数器探测到其中有550个电子穿过势垒，450个被反射回来，但在任何情况下，被探测到的电子都是完整的。如果对薛定谔波函数适当地取模的平方，就会预测出550和450这样的统计结果。如果我们接受玻恩的解释，那么一个电子就有55%的可能性穿过势垒，有45%的可能性被反射回来。既然一个电子从未被分裂，那么薛定谔的波就不可能是电子，只能是一种概率。

玻恩和海森堡都是哥廷根学派的成员，是那个时代极为优秀的两个物理学家，他们的学术和智力活动都是围绕着德国哥廷根大学进行的。玻恩对于薛定谔的ψ的统计解释源自哥廷根学派认为电子是粒子的信念。电子的这种粒子性被盖革计数器记录下来，并且在威尔逊云室中留下了轨迹。它们与其他粒子碰撞，然后反弹开来。现在，薛定谔方程给出了正确的答案，但却把电子作为波来描述。它怎么能转化成一个粒子方程呢？

历史常常充满了讽刺性。1911年，爱因斯坦（又是他！）在他有关光子和麦克斯韦经典的场方程之间的关系的论文中，描述了他那改变了一切的思想。他指出，场量会把光子引导到具有更高概率的地方。玻恩解决波粒二象性冲突的方法是这样的：电子（和它的朋友们）至少在它们被探测时表现出粒子的形式，但它们在测量仪器之间的空间分布时又呈薛定谔方程给出的概率波的形式。换句话说,薛定谔的波函数 ψ 描述了电子可能出现的位置,而这种可能性可以表示成一种波的形式。薛定谔完成了其中最为艰巨的部分,建立了这一理论的核心:薛定谔方程。但是,正是玻恩从爱因斯坦的论文中获得了灵感,指出了薛定谔方程的真正含义。具有讽刺意味的是,爱因斯坦却一直拒绝接受玻恩关于波函数是一种概率波的解释。

这意味着什么,"裁裁剪剪"的物理学?

玻恩关于薛定谔方程的解释是自牛顿以来人类认识世界的最根本性的变化,因此毫不奇怪,薛定谔发现这种思想是自己不能接受的,而且还后悔自己发明了引起这样的蠢事的方程。但是,玻尔、海森堡和索末菲以及其他人却没有多少异议地接受了这一思想,因为"概率是一种悬而未决、不可确定的东西"。玻恩的论文雄辩地断言:薛定谔方程仅仅能够预测概率,而概率的数学形式是完全可以通过预言的途径建立起来的。

在新的解释中,方程的解是概率波 ψ,它决定了电子的运动方式、能量、位置等。但是,这些预测都是以一种概率的形式给出的。使电子"波动"的正是这些概率预测。薛定谔方程这种波形式的解可以在某一位置积聚,使得概率很大;而在其他的位置消失,使得概率很小。如果你要做实验验证这一理论,你就必须将实验进行很多遍。事实上,在很多情况下,电子都会出现在方程所说的概率很大的地方;而在概率很小的地方则出现得很少。这在定量上是与实验结果一致的。令人吃惊的是:两个完全相同的实验会得出完全不同的结果。

薛定谔方程和玻恩关于波函数是一种概率波的解释获得了巨大的成功。它是理解氢原子、氦原子甚至是——当计算机威力足够时——铀原子的关键。它常常被用来解释为什么两种元素会相互结合形成分子，从而使得化学更加科学化。它让我们能够制造电子显微镜甚至质子显微镜。1930—1950年，它被应用于对核子的研究中，人们发现这和它在研究原子时的应用一样有效。

薛定谔方程在预测上达到了很高的精度，但是，它所预测的是一种概率。这是什么意思呢？物理学中的概率同生活中的概率相似。这是一门价值数亿财富的生意经，关于这一点，保险公司、服装制造商，还有一大堆《财富》500强企业的老总们都会向你保证。保险精算师告诉我们，在1941年出生的不吸烟的美国白人男性的平均寿命是76.4岁。但他们并不能告诉你你出生于那一年的兄弟会高寿几何。尽管他们有这些统计数字，但他们还是说你的兄弟明天有可能被卡车撞了，也有可能因为脚指甲感染而在两年内死去。

在我授课的芝加哥大学的一个班上，我给我的学生扮演过服装中心的巨头。成功地经营服装和做一名成功的粒子物理学家是一样的。在这两种情况下，你必须很好地了解概率和粗花呢夹克的制作知识。我要学生们说出自己的身高，把每个学生的身高画成一张图表。我有两个学生是4英尺8英寸，一个是4英尺10英寸，4个是5英尺2英寸，等等。其中有一个达到了6英尺6英寸，比其他人高出许多。（要是芝加哥有一支篮球队就好了！）他们的平均身高是5英尺7英寸。在为所有的166名学生登记完毕以后，我得到了一个很好的钟形曲线，在5英尺7英寸的地方曲线达到最高点，然后又朝6英尺6英寸的方向不规则地下降。现在，我就有了学院新生身高的一条"分布曲线"，如果我合理地假设选择物理学专业的学生不会改变曲线的形状，那我们就获得了关于整个芝加哥大学学生的身高样本。我可以通过纵坐标来看各个身高的学生所占的百分比。例如，我可以指出身高在5英尺2英寸到5英尺4英寸之间的学生所占的百分比。如果我想知道我的下一位学生有多高的话，我可以通过我的图表推断，他的身高在5英尺4英寸到5英尺6英寸的可能性为26%。

现在我要开始缝制衣服了。如果这些学生是我的顾客（我想要是我真的去做服装生意的话，这个假设也是不太成立的），我就能够估计出我做的衣服中有多少是36号，有多少是38号，等等。但是如果我没有身高图表，我就只好猜了，如果猜错了的话，到了盘点的时候，我将还有137件46号的衣服卖不出去（这样我就不得不责怪我的合作伙伴，那个倒霉蛋杰克了）。

在任何存在原子过程的情况下解薛定谔方程，会产生一条和学生身高分布曲线类似的曲线。然而，曲线的形状可能会很不一样。如果我们想知道电子在氢原子的什么地方游弋——离原子核有多远——我们就会发现电子的分布在离原子核大约10^{-8}厘米处会迅速下降，在以原子核为中心的半径为10^{-8}厘米的小球内找到电子的概率是80%。这就是电子的基态。如果我们将电子激发到下一个能级，我们就会得到一个钟形的曲线，其半径大约为基态时的4倍。我们还可以计算出其他情况的概率曲线。现在，我们必须对概率预测和可能性做一个区分。可能的能级是精确知道的，但是，如果我们问电子究竟出现在哪一个能级上，我们只能给出一个概率，而这一概率取决于系统的历史。如果电子可以跃迁的低能级不止一个，那么我们同样也能预测这些情况的概率，例如电子有82%的概率跃迁到E_1能级，有9%的概率跃迁到E_2能级，等等。德谟克利特说过的一句最好的话是："宇宙中的万事万物都是偶然性和必然性的结果。"各种能量状态是一种必然的结果，这是唯一可能的情况。但我们却只能够预测电子处于某一可能轨道的概率，这又是一种偶然性。

概率对于如今的保险精算师来说是一个很熟知的概念。但是，对于20世纪初那些深受经典物理学熏陶的物理学家来说，这一概念却令他们坐立不安（也仍然使现在的许多人百思不得其解）。牛顿描述了一个确定性的世界。如果你扔出一块石头，或是发射一枚火箭，或是向太阳系引入一颗新行星，只要在所有的力和初始条件都确定的情况下，你就可以完全确定，或者至少在理论上完全确定它的运行轨迹。可量子理论说不是这样的：初始条件本质上是不确定的。对于你想要测量的任何量：粒子的位置、能量、速度或者其他一切性质，你都只能得到一个预测概率。玻恩对于薛定谔波函数的解释引起了物理学家们的不安，因为从伽利略和牛顿开始到现在的3个世纪里，确定性已经成为他们生活的一种方式了。而量子理论却迫使他们成为高水平的保险精算师。

山顶上的奇迹

1927年，英国物理学家狄拉克试图扩展量子理论，因为当时的量子理论似乎和爱因斯坦的狭义相对论不一致。在此之前，索末菲已将两者联系了起来。为了使这两种理论更好地匹配，狄拉克提出并最终实现了两者的联合。在这种联合过程中，他为电子发明了一个优美的新方程（很奇怪，我们称其为狄拉克方程）。解这个方程我们就可以得到一个后面将要提到的结论：电子必须有自旋，而且必然产生磁场。回想一下本章开头所提到的g因子。狄拉克的计算表明：电子的磁场强度如果用g为单位来表示就是2.0（很久以后的实验才得到了前面给出的精确数字）。除此以外，当时只有24岁上下的狄拉克还发现，在解他的方程得到电子波解时，他同时还获得了另外一个奇怪的解。这个解表明还存在着另外一种粒子，它除了电荷同电子相反以外，其他一切性质都与电子相同。在数学上这是一个简单的概念。每一个初中生都知道："4"的平方根是"+2"，但也可以是"–2"，因为：$2 \times 2 = 4$；$(–2) \times (–2) = 4$。这样"4"的平方根就有两个解，即"+2"或者"–2"。

但问题是，狄拉克方程的对称性意味着，对于任何粒子都存在着一种与其质量相同但电荷相反的粒子。于是狄拉克这位毫无创造传奇之魅力的保守绅士，开始为他的方程的负解冥思苦想，最终他预言：自然界不但存在负电子，而且还存在着正电子。有人创造了一个词——反物质。这种反物质应该充满了整个宇宙，却还没有人发现它。

1932 年，加州理工学院的一位年轻物理学家安德森（Carl Anderson）建起了一个可以记录、拍摄亚原子粒子的云室。在他的仪器周围设有强大的磁场，可以使粒子轨迹偏斜，从而测得粒子能量。安德森在云室中俘获了一种奇怪的新粒子，或者更准确地说是它的轨迹。他称这种奇怪的新粒子为正电子，因为它除了带正电荷以外，其他性质都与电子一样。安德森发表的论文并未参考狄拉克的理论，但两者之间的关系很快就被找到了。他发现了一种新的物质形式——反粒子，这早在好几年以前就从狄拉克的方程中推导出来了。这种轨迹是宇宙线产生的，宇宙线是从离我们这个星系非常遥远的地方穿过大气层的粒子产生的辐射。为了获得更好的数据，安德森将他的设备从帕萨迪纳运到了科罗拉多一座山的山顶，在那里空气更稀薄，宇宙线更强。

《纽约时报》将安德森声称发现了正电子的照片刊登在头版上。对年轻的我来说，他第一次将装备运到山顶用以测量重要科学数据的传奇性探险是很鼓舞人心的。反物质最后成为粒子物理学家们生命中不可缺少的重要部分，我保证在后面的章节会谈到更多。这是量子物理学的另一个胜利。

不确定性及其他

1927 年，海森堡得出了不确定性关系，这标志着我们称之为量子理论的伟大科学革命达到高潮。事实上，直到 20 世纪 40 年代，量子理论才告完成。从量子场论的观点来看，其改进直到现在还在继续，而且只有跟引力理论充分结合起来，量子理论才能算是完备的。虽然如此，但对我们关心的话题而言，不确定性原理仍然不失为一个很好的结局。海森堡的不确定性关系是薛定谔方程的数学推论，它们也是新的量子力学的逻辑假设。由于海森堡的思想对于了解新的量子世界非常重要，所以在这里我们要用上一些篇幅稍微介绍一下。

量子论的设计者们坚持认为，只有测量——实验家们心目中的最爱——才是有意义的。我们对于一个理论的所有要求就是对可测量事件的结果做出预测。这一点听起来是很明显的，但忘了它就会产生没有文化背景的通俗作家喜欢拿来就用的悖论。而且，我还必须指出，无论是过去、现在还是将来，对于量子理论的批评也正是在测量理论方面。

海森堡声称：同时测量粒子的位置和运动的精度是有限的，而且这两个测量的误差乘积不小于普朗克常量 h，这个量我们在公式 $E = hf$ 中第一次碰到过。我们对于粒子的位置和它的运动（准确地说是动量）的测量精度之间存在互为倒数的关系。我们对其中一个量知道得越多，对另一个量就知道得越少。薛定谔方程给出了这些因子的概率。如果我们设计了一个精确测定电子位置的实验——比如说可以很精确地指出它的坐标值——那么根据海森堡关系，电子的动量的不确定度就会相应增大。这两个量的不确定度（我们可以给它们赋值）的乘积总是大于普朗克普适常量 h。海森堡的不确定性关系永远地抛弃了经典的轨道图景。位置或是地点的概念现在就不那么肯定了。让我们回到牛顿理论，回到我们直观能看到的一些现象吧。

假设我们有一辆现代汽车正以相当快的速度奔驰在一条笔直的大道上。我们打算在它从我们身旁呼啸而过的某一时刻测量它的位置，同时我们也想测量它的速度。在牛顿力学中，如果我们精确知道物体在某一时刻的位置和速度的话，就可以完全确定物体在将来任何时刻的位置。但是，在安装尺子和时钟，还有照相机和闪光灯时，我们发现：越是精确地测量它的位置，就越是难以精确地测定它的速度。反之亦然（回忆一下：速度等于位移除以时间）。然而，在经典物理学中，我们可以任意地提高这两个量的测量精度。我们只需要向政府部门要求更多的经费以购得更好的装置就可以了。

相反，在原子领域，海森堡却提出了一种不能通过改进仪器、提高设计水平和增加政府投入来减小的基本的不可知性。他认为，这两个量的不确定度的乘积将大于普朗克常量，这是大自然的一个基本性质。尽管听起来很奇怪，但微观世界的测量不确定性有着坚实的物理学基础。例如，让我们尽量准确地测定电子的位置。为了达到这一目的，我们就必须"看见"电子，也就是说必须抓住一束从电子射出的光子。好的，就在那儿！现在你看见了电子。你得到了它在某一时刻的位置。但是，从电子发出的光子会改变电子的动量。一个量的测量破坏了对另一个量的测量。在量子力学中，测量不可避免地引起了被测量对象的改变，因为在测量时你要对原子系统进行操作，而你的测量工具不可能足够小、足够温柔，或者足够好。原子的半径为百亿分之一厘米，而重量为亿亿亿分之一克，因此不需要很大的力就可以很深地影响它们。相反，在一个经典的系统中，我们可以确保测量行为几乎不影响被测系统。假设我们要测量水的温度。我们可以在一池湖水中放入一支温度计，这并不会改变湖水的温度。但是将一支很大的温度计放入一小管水中却是愚蠢的做法，因为在这种情况下，温度计会改变水的温度。在原子系统中，量子理论告诉我们，我们必须将测量系统也视为系统的一部分。

双缝的痛苦

量子理论反直觉性的最著名而且最有启发性的例子是双缝实验。这一证明光的波动性质的实验最初是由物理学家托马斯·杨在1804年进行的。他将一束光（比如说黄光）射向带有两条靠得很近的平行狭缝的壁上。远处的荧光屏接收从狭缝里射出的光。当杨将其中一条缝挡住的时候，投射在荧光屏上的是另一条缝的单一、明亮、稍微展宽的像。但是，当两条缝都不挡住时，却出现了令人惊奇的结果。仔细观察荧光屏上的光区，我们会看到一系列明暗相间的等距条纹——在没有光线到达的地方就形成了暗条纹。

杨说这些条纹证明光是一种波。为什么呢？因为它们是干涉条纹的一部分，这种现象在任何两个波相遇时都会出现。例如，当两个水波的波峰相遇时，它们就会相互加强，变成一个更强的波；当它们的波峰和波谷相遇时，它们就会相互抵消，波就会变平了。

杨对于双缝干涉实验的解释是：在荧光屏的某些地方，从两条缝到达此处的波的相位差正好是某一特定的数值，使得两者相互抵消。例如，从第一条缝来的光正好是波峰，而从第二条缝来的光是波谷，这样就形成了暗条纹。这种相互抵消的现象正是波的相干性的典型特征。当两个波峰或两个波谷在荧光屏上相遇时，我们就会得到明条纹。这种条纹图样作为光的波动性的证据被人们所接受。

那么，从理论上讲电子也应该有类似的干涉条纹，可以说这正是戴维森在贝尔实验室所进行的实验。将光束换成电子束，实验也同样产生了干涉图样。他在荧光屏上布满了小型盖革计数器。当有一个电子进入其中时，它们就会计数。盖革计数器可以探测粒子。为了证实计数器确实有效，我们在第二条缝上放上一块电子不能穿过的厚厚的铅片。现在，如果我们等上足够长的时间，让成千上万个电子穿过另一个开着的缝，我们就会发现，所有的盖革计数器都有计数。但是，当我们将两条缝都打开时，却发现有些计数器永远也不会有计数。

等一等！让我们考虑一下。当遮蔽一条缝时，电子从另一条缝中射出来，并且散射开来，有一些跑到了左边，有些径直向前，有些则跑到了右边，使得荧光屏上的计数器的计数结果基本一致，这就像杨在单缝实验中获得的展宽了的黄光一样。换句话说，这时电子表现出粒子的逻辑行为。但是，当我们拿掉挡着第二条缝的铅片，让一些电子通过第二条缝时，荧光屏上的图样就会改变，在那些跟暗条纹对应的地方计数器将没有电子射入，这时电子表现出一种波的性质。可计数器在"咔咔"作响，因此我们知道电子也是粒子。

也许你会反驳说，可能有两个或更多的电子同时穿过双缝，从而形成了一个波的干涉图样。为了确保不会有两个电子同时穿过双缝，我们可以减慢电子的速度，使得每分钟仅有一个电子通过狭缝，这样也会得到相同的干涉图样。我们可以得出结论：从第一条狭缝通过的电子"知道"第二条狭缝是开着的还是关着的，因为在不同的情况下它们会相应地改变它们的图样。

我们怎么会有这种"聪明的"电子的想法呢？现在假设你是一个实验者，你有一把电子枪，由你向双缝射出电子。而且，你还知道，你能够在终点处的荧光屏上获得电子，因为盖革计数器在计数。一次计数意味着一个粒子。因此，不论是一条缝开着还是两条缝开着，我们都是以粒子开始，以粒子结束。然而，电子最终到达何处取决于开着的缝是一条还是两条。因此，通过第一条缝的电子似乎知道第二条缝是开着的还是关着的，因为它看起来好像是依据这一信息改变它的路径的。如果第二条缝是关着的，电子就会对自己说："好，我可以落到荧光屏上的任何一点。"如果第二条缝是开着的，它就会说："啊，我必须避免落在荧光屏上的某些带状空间，这样才能形成条纹。"因为电子不可能"知道"，因此我们的波粒二象性就产生了一个逻辑危机。

量子力学告诉我们，我们可以预测电子穿过狭缝后落在荧光屏上各点的概率。这种概率是一种波，波表现出双缝干涉的图样。当两条缝都打开时，概率波函数 ψ 可以在荧光屏上某些地方相互干涉，得出概率为零的结果（$\psi=0$）。上面的拟人说法是一个经典的后遗症；在量子世界，"电子怎么会知道要通过的是哪一条缝呢？"这并不是一个可以通过测量就能够解决的问题。电子精确到点的轨迹迄今还未被观测到，因此"电子从哪条缝通过"的问题是一个不可操作的问题。海森堡的不确定性关系也为我们解决了这一难题，它指出如果你想精确测定电子在电子枪到荧光屏之间的运行轨迹的话，你就会完全改变电子本来的动量，从而破坏这个实验。我们可以知道初始状态 A（电子从电子枪出来时的情况），我们也可以知道结果 B（电子打到荧光屏上的位置），但我们却无法知道电子从 A 到 B 的运行轨迹，除非我们打算破坏实验。这正是原子中的新世界的奇异本质。

量子力学的回答就是：别担心。我们无法测量，这在逻辑上是充分的，却无法使那些努力去理解我们周围世界的细节的大脑满意。对于那些备受煎熬的灵魂来说，量子的不可知性仍然代价太过高昂，付不起。我们的辩解是：它是我们现在知道的唯一适合原子世界的理论。

牛顿对垒薛定谔

任何知识要变成直觉意识都必须有一个过程。我们花了多年时间给物理学学生教授经典物理学，然后转过来教他们量子物理学。研究生往往也需要两年甚至更多的时间才能建立起量子的直觉。（你，幸运的读者，有望只阅读本书这一章就能建立起这一观念啦。）

一个显而易见的问题是，哪一个是正确的呢？是牛顿的理论还是薛定谔的理论呢？猜猜看。胜利者是……薛定谔！牛顿的理论是为研究宏观物体建立的，它在原子内部就失效了。薛定谔的理论是为研究微观现象发明的。然而，当薛定谔方程应用于宏观世界时，可以给出和牛顿力学一样的结论。

让我们来看一个经典的例子：地球围绕太阳旋转。如果沿用玻尔以前的话来说就是：一个电子围绕原子核旋转。然而，电子会被约束在某些特定的轨道上。是不是也只有某些特定的轨道才适合围绕太阳运转的地球呢？对此牛顿会回答说：不，行星可以随心所欲地选择轨道来围绕太阳运转。但正确的答案是：是的，确实只有某些特定的轨道才是允许的。我们可以运用薛定谔方程求解地－日系统。薛定谔方程会给出一系列相分离的轨道，但轨道的数目非常庞大。在应用方程时你必须在分母上用地球的质量代替电子的质量，这样，在距太阳93 000 000英里处的地球轨道和下一个允许轨道之间的间隔会变得很小——百亿亿分之一英寸——实际上就是一系列连续的轨道。事实上，你最后会得出和牛顿力学一样的结果：所有的轨道都是允许的。如果你将薛定谔方程应用于宏观物体，你就会发现它在你的眼前变成了 $F = ma$ 或者其他类似的公式！顺便提一下，早在 18 世纪，博斯科维奇就曾猜测牛顿的公式只不过是当距离足够大时的一种近似的结论，并不适合微观世界。因此，我们的研究生不必抛弃他们的力学教科书。他们可以在 NASA 或芝加哥小熊棒球队找到一份工作，他们仅仅通过原来的牛顿方程就可以画出火箭再入大气层或腾空小球的轨迹。

在量子理论中，所谓轨道的概念或电子在原子或电子束中运动轨迹的概念是毫无用处的。真正有用的是测量的结果，而且，量子方法仅仅能预测任何可能结果的概率。如果你想测量电子在氢原子中的位置，你的测量结果只可能是一个数据，就是电子与原子核的距离。做这一实验不是通过测量单独一个电子，而是通过重复做这一实验许多次。你每次都会得到不同的结果，最后你可以根据所有的结果画出一条曲线。正是这个图表可以跟理论相比较。理论并不能预测每次测量的结果，它是一种统计结果。回到我那个做衣服的类比，如果我们知道芝加哥大学新生的平均身高是 5 英尺 7 英寸，那么下一个新生的身高有可能是 5 英尺 3 英寸或 6 英尺 1 英寸。我们仅仅能够画出一种统计曲线，而不能具体预测下一个新生的身高。

奇异之处就在于它能够预测粒子会穿过势垒，或者预测放射性原子的衰变时间。假设我们每一次实验的初始条件都是完全一致的，我们将能量为 5.00 兆电子伏的电子射向一个势能为 5.50 兆电子伏的势垒。我们预测在 100 次实验中，有 45 次电子将穿过势垒，但我们永远无法确定一个给定的电子是否会穿过去。这一个穿过去了，下一个——和这一个的条件一样——却不能穿过。相同的实验得出了不同的结果，这就是量子世界。在经典科学中我们强调可重复实验的重要性。在量子世界中我们可以重复任何东西，就是不能重复实验结果。中子的情况也一样，我们说中子的"半衰期"是 10.3 分钟，也就是说，如果你最初有1 000个中子，那么在10.3分钟内将会有一半的中子发生衰变。但是，如果是一个给定的中子呢？它可以在3秒钟的时候衰变，也可以在29分钟的时候衰变，而确切的衰变时间是无法预测的。爱因斯坦不喜欢这种说法。他说："上帝不跟宇宙掷骰子。"其他批评家说，假设在每一个中子或电子中存在着某种物理机制，或是某种力，或是某种"隐变量"，使得每一个中子各不相同，就像人类一样（也有平均寿命）。对于人类，有许多明显的事物，如基因、阻塞的动脉等，原则上可以用来预测一个人的死亡日期——除非遇上电梯下坠、悲惨的风流韵事，或者汽车失控。

隐变量假说从根本上被驳倒了，这是基于以下两个缘由：在对电子所做的亿万次实验中，这样的变量从来就没有出现过；有关量子力学实验的新的、改进了的理论也排除了这种可能性。

关于量子力学必须记住的三点

量子力学可以说有三个重要的特点：（1）它是反直觉的；（2）它是适用的；（3）它的某些方面不被爱因斯坦和薛定谔接受和喜欢，正是20世纪90年代对其继续进行研究的根源。让我们逐一来看看这些特点。

1. 它是反直觉的。量子力学用离散性代替了连续性。打个比方，倒进玻璃杯的不是液体，而是一种非常小的沙砾；你所听到的柔和的响声是大量原子在撞击你的耳膜；还有一个令人奇怪的现象就是前面所讨论过的双缝实验。

另一个反直觉的现象是"隧道效应"。我们曾谈到将电子射向一个势垒的例子。经典的类比是将一个球滚上一座小山。如果你给小球足够的初始推力（能量），它就可以越过山顶；如果初始能量太低，它就会滚回来。或者你也可以想象这样一幅图景，有一辆小车被困在两个非常陡的槽谷之间。假设小车在开到其中一个斜坡的一半时引擎坏了，它就会滑回来，又上升到另一个斜坡的几乎一半处，然后就会这样来回振荡，被困在这个槽谷里。如果我们能消除摩擦力的话，小车就会永远振荡下去，被限制在这两个永远不能超越的斜坡之间。在原子的量子理论中，这种系统被称为束缚态。但是，当我们描述射向势垒或者陷在两个势垒之间的电子行为时，必须用到概率波的概念。结果表明：某一部分波能够"渗"透势垒（在原子或是核子系统中，势垒是指电力或是强力），因此被束缚的粒子也有可能会出现在陷阱之外。这种现象不仅违反直觉，而且被认为是自相矛盾的，因为电子在穿过势垒时，必须具有负动能——这在经典理论中是荒谬的。但依据量子化的直觉，我们就可以回答说："隧道中"的电子状态不是可观测的，所以这并不是一个物理学问题。人们所能观测到的就是电子的确穿透了势垒。这种现象被称为"隧道效应"，它可以用来解释 α 放射现象，也是一种重要的固体电子器件——隧道二极管——的理论基础。虽然这种效应有些怪异，但对于现代计算机和其他电子器件来说，隧道效应却是至关重要的。

点粒子、隧道效应、放射性、双缝干涉，所有这一切激发了量子物理学家所需的新的直觉，就像20世纪20年代到30年代他们利用新的智力武器去探索不能解释的物理现象一样。

2. 它是适用的。1923—1927年一系列事件的结果使人们理解了原子。尽管如此，在那个没有计算机的年代，人们仅能对那些简单的原子——氢原子、氦原子、锂原子以及失掉了部分电子（电离）的原子——进行严格的分析。最终的突破是由泡利做出的，这是一位 19 岁时就理解了相对论的神童，他被一位年长的政治家称为物理学界"可怕的小孩"。

在此我们不得不离题介绍一下泡利。泡利以要求严格和脾气暴躁而出名，是当时物理学界的"良心"。也许他不过是太直言不讳了？佩斯回忆说，有一次泡利向他抱怨找不到一个富有挑战性的问题："可能是由于我知道得太多了。"

这并不是吹牛，而是事实。你还可以看看他对他的助手会是多么严厉。当一个年轻的新助手韦斯科普夫（Victor Weisskopf）——未来理论界的领导者——在苏黎世向他呈交报告时，他上下打量了一下对方，然后摇晃着脑袋嘀咕道："啊，你太年轻，所以你什么也不懂。"几个月后，韦斯科普夫向泡利呈交了一份理论报告。他扫了一眼，说道："呃，这东西还算过得去！"他还曾对他的一个博士后说："我并不介意你思考得慢，我介意的是你发表文章的速度比你思考的速度要快。"没有人能够在泡利那里全身而退。泡利曾经向爱因斯坦推荐一位新的助手，爱因斯坦在晚年致力于以奇异的数学方法研究他那没有结果的统一场论。泡利在推荐信上写道："亲爱的爱因斯坦先生，这个学生很优秀，只是他有点分不清数学和物理学。不过，另一方面，主啊，您自己对这两者的鉴别能力似乎也丧失很长一段时间了。"这就是我们的小男孩泡利。

1924年，泡利提出了一个基本原理来解释门捷列夫元素周期表中的问题。这个问题是：我们通过向原子核中加入正电荷和在各种允许的原子能量状态（在旧量子理论中称之为轨道）上加入电子，就可以形成更重的化学元素的原子。那么，加入的电子跑到哪儿去了呢？泡利指出：没有任何两个电子会占据同一量子状态。这就是后来人们所熟知的泡利不相容原理。这一原理最初只不过是一种灵感性的猜测，最后却变成了一种深刻而又有趣的对称性的结果。

让我们来看看圣诞老人在他的工作室里是如何合成化学元素的。他必须做得正确无误，因为他是为上帝工作的，而上帝是很严厉的。合成氢原子很容易。他用一个质子作为原子核，然后加入一个电子，并且让这个电子占据最低的能量状态——在旧的玻尔理论（用它来进行形象描述还是可以的）中指的是半径最小的轨道。圣诞老人没必要很认真：他只需将电子放在质子附近的任意位置，最终电子都会"跃迁"到这一最低的"基态"能级上，并在此过程中发射出光子。然后轮到氦原子了。他合成了氦核，它带两个正电荷，因此他需要引入两个电子。对于锂原子，则需要引入3个电子来形成电中性的原子。问题是，这些电子跑到哪儿去了呢？在量子世界，只有某些特殊的状态是允许的。电子是不是都拥挤在基态能级上呢？3个、4个、5个……电子？泡利原理就是从这些问题中诞生的。不！泡利说没有哪两个电子能够处于同一量子状态。在氦原子中，只有当第二个电子的自旋方向和第一个电子的自旋方向相反时，它才有可能和第一个电子一起占据基态能级。在锂原子中，当我们加入第三个电子时，它就不能占据基态能级了，因而只能进入下一个能级。这样的结果会造成原子半径增大（仍然按照玻尔的理论），这就导致了锂原子的化学活性——锂原子容易用这一个孤独无伴的电子和其他原子结合。在锂原子之后，就轮到有4个电子的原子，即铍原子。在这个原子中，第四个电子会加入第三个电子所在的"壳层"（也称为能级）上。

当我们愉快地进行下去时——铍原子、硼原子、碳原子、氮原子、氧原子、氖原子——我们不断地增加电子，直到填满每一个壳层。泡利说，不能再往这个壳层加电子了。于是就从一个新的壳层开始。简而言之，元素的化学性质和行为的规律都是来源于这种由泡利原理所决定的量子构建方式。几十年以前，科学家们还在嘲笑门捷列夫坚持将化学元素按其性质排列成行与列的方法。泡利则表明，这种周期性与各种壳层和电子的量子态密切相关：2个电子可以占据第一壳层，8个电子可以占据第二壳层或第三壳层，等等。周期表的确蕴含着更深的意义。

让我们来总结一下这一重要的思想。泡利提出了一个规则来说明化学元素如何改变它们的电子结构。这个规则直接决定了元素的化学性质（惰性气体、活泼金属，等等），并且将这些性质与其电子数目和电子状态，特别是外层电子（因为它们容易和其他原子发生作用）联系起来。泡利原理的有趣应用是：当一个电子壳层被填满以后就不能再加入新的电子了。这种斥力是巨大的，这就是物质不能穿透的真正原因。尽管原子中有99.99%的空间是空的，但对于我来说要穿过一堵墙却真成问题（对于这种挫败你也可能感受至深）。为什么呢？因为在固体中，当原子通过复杂的电磁吸引作用束缚在一起，当你将身体里的电子强制性地压向"墙"中的原子系统时，你会遭逢"泡利禁令"，它不允许电子靠得太近。子弹可以穿透墙壁，这是因为它破坏了原子与原子之间的结合，并且像一个橄榄球防守队员一样，为自己的电子创造了空间。泡利原理还在像中子星和黑洞这样怪诞而浪漫的系统中起着重要的作用。但是，我离题了。

一旦理解了原子，我们就解决了原子如何组成分子（如 H_2O 或 NaCl）的问题。分子是组成该分子的原子通过电子和原子核之间复杂的相互作用形成的。电子在其壳层中的排布是形成稳定分子的关键。量子理论为化学提供了坚实的科学基础。现在量子化学是一个新兴的领域，在它的基础上产生了许多新的学科，如分子生物学、遗传工程和分子医学等。在材料科学领域，我们可以借助量子理论来解释和控制各种材料——金属、绝缘体、超导体、半导体等——的特性。半导体促成了晶体管的发明，而晶体管的发明者则要将这一成就的灵感全部归功于金属量子理论。在这一发明的基础上又出现了计算机、微电子学以及通信和信息革命。再往后出现的微波激射器和激光器则完全属于量子系统了。

当我们的测量进入原子核领域时——其尺度是原子的十万分之一——量子理论就成为这个新领域的重要工具。在天体物理学中，恒星的演化产生了许多奇异的星体，如太阳、红巨星、白矮星、中子星和黑洞等。这些星体的生命历程依赖于量子理论。从社会效用的角度来说，正如我们已估计过的，量子理论的效用占整个工业国家国民生产总值的25％以上。想想，只是那些沉迷于原子如何运转的欧洲物理学家，就可以产生数万亿美元的经济效用。要是政府明智而又有预见性的话，就应考虑将在量子技术产品上所征税收的0.1％用于研究和教育……不管怎么说，量子理论确实是适用的。

3. 量子力学还存在着一些问题。说起这一点就不得不提到波函数（ψ）及其含义。尽管量子理论取得了巨大的实践和理论上的成功，但我们并不能确定自己已经掌握了量子理论的真正含义。我们的这种不安可能是人类思想中固有的东西，或者可能有某个天才最终将给出一个使所有人都感到愉快的概念性的解释。如果量子理论让你感到不安的话，你也不用担心，因为你有很好的伙伴。量子理论已经让很多物理学家不高兴了，其中包括普朗克、爱因斯坦、德布罗意和薛定谔。

对于量子理论概率特性的反对，我们有很丰富的资料。爱因斯坦领导了这场战斗，在一系列漫长的、为推翻不确定性关系而做的努力中，他一次又一次地被玻尔——他建立了现在所谓的波函数"哥本哈根诠释"——所阻拦。玻尔和爱因斯坦确实进行了这场战斗。爱因斯坦常常提出一个射向新的量子理论核心的思想实验；而玻尔经常在经过一个周末的长时间艰苦工作之后，就会找出爱因斯坦理想实验中的逻辑错误。爱因斯坦这个坏男孩总是在这场论战中挑事。就像一个在问答式教学班上爱制造麻烦的小鬼一样（"如果上帝是万能的，那么他能够制造出一个连自己都举不起来的火箭吗？"），爱因斯坦不断地举出量子理论自相矛盾的地方。玻尔则是牧师，他不断地反驳爱因斯坦的异议。

据说，他俩常常一边在树林中散步，一边讨论问题。我能想象当他们遇到一只大棕熊时的情形。玻尔立即从他的背包里拿出一双价值300美元的跑鞋往脚上套。这时，爱因斯坦很有逻辑地指出："尼耳斯，你在干吗呢？要知道你是跑不过一只熊的。"玻尔则反唇相讥："啊哈！亲爱的阿尔伯特，我没有必要跑过熊，我只要跑过你就行啦。"

到1936年时爱因斯坦已勉强承认，量子理论可以正确地解释所有可能的实验，至少是那些可以想象得到的实验。于是爱因斯坦改变了策略，他认为尽管量子力学正确地给出了各种测量结果的概率，但它不能完全描述这个世界。对此玻尔的解释是，这种困扰爱因斯坦的不完整性并不是量子理论本身的错误，而是我们生存的这个世界所固有的性质。这两个人直到进了坟墓还在为量子力学争论，我敢肯定，他们还会一直争下去，除非那个被爱因斯坦称为"老人家"的上帝能够站出来为他们解决这个问题。

有关爱因斯坦和玻尔的争论可以另外写一本书，但在这里我想用一个例子试着阐述一下。海森堡的基本原理暗示我们：想要同时准确地测量一个粒子在哪里和将要去哪里是永远做不到的。让我们设计一个测量原子位置的实验，好的，现在有了，你想要它有多精确它就有多精确；再设计一个实验来测量原子跑得有多快——很快——我们就测得了它的运动速度。但是，我们不能同时两者兼得。这些测量显示出来的真实性是由实验者所采纳的策略所决定的，这种主观性动摇了我们长期以来深信的因果律。如果一个电子从A点开始运动到B点，可以很"自然地"假定电子选择了从A到B的某一条具体的途径。但是，量子力学否定了这种观点，它说电子经过的途径是不可知的。所有的途径都是可能的，并且每一条途径都有它的概率。

为了揭示这种幽灵般的轨迹思想的不完备性，爱因斯坦提出了一个重要的实验。我不能确信自己能够正确地传达他的理念，但是我会尽力解释他的基本思想。这一实验被称为EPR思想实验，EPR表示的是爱因斯坦（Einstein）、波多尔斯基（Podolsky）和罗森（Rosen）这3个发明者。他们提出了一个两粒子的实验，在这一实验中，一个粒子的命运和另一个粒子的命运紧密相连。有很多方法可以创造出一对反向运动的粒子。如果其中一个粒子自旋朝上，另一个则自旋朝下；或者如果一个自旋向右，另一个则自旋向左。我们将一个粒子射向曼谷，另一个则射向芝加哥。爱因斯坦说：好了，让我们接受这一思想，就是我们在测量一个粒子之前对它一无所知。于是，我们在芝加哥测量粒子A，并发现它自旋向右。因此，我们现在就能知道在曼谷的粒子B所要测量的自旋情况。在测量芝加哥的粒子之前，粒子左旋和右旋的概率各占50%。但是，现在在芝加哥进行测量之后我们就可以肯定粒子B自旋向左。可粒子B是如何知道在芝加哥的实验结果的呢？即使它配备某种小型无线电通信设备，无线电波以光速传播，信息到达也还得有一段时间。这种通信的机制是什么呢？以光速传播是远远不够的。爱因斯坦将这一现象称为"鬼魅般的超距作用"。EPR实验的结论是：要理解为什么测量 A 粒子的情况（测量 A 粒子所得的结果）可以得出 B 粒子的信息，唯一的方法是必须提供更多的量子理论所不能提供的细节。啊哈！爱因斯坦喊道，量子力学是不完备的。

当爱因斯坦用 EPR 实验来诘难玻尔时，玻尔冥思苦想，甚至哥本哈根的交通都为之中断。爱因斯坦试图通过测量两个相关的粒子来巧妙地战胜海森堡不确定性关系，而玻尔最终的反驳是：没有人能够将 A 和 B 这两件事分开，系统必须包括 A、B 和观察者自己，这名观察者将决定在何时进行测量。这种整体论的回应似乎包含了某种东方宗教的神秘主义色彩，而且许多书（太多了）对这些联系也有所描述。问题在于，是 A 粒子、A 观察者或测量者确实可以进行爱因斯坦所谓的思想实验？还是它们在测量之前是相互毫无关联的幽灵？这一特殊的问题，最终被一个理论突破和（啊哈！）一个精妙的实验解决了。

幸亏一位名叫贝尔（John Bell）的粒子理论家在 1964 年得出了一个定理，我们才知道了有一个经过修正的 EPR 思想实验事实上可以在实验室中进行。贝尔设计了一个实验，它可以预测粒子 A 和粒子 B 长距离相关程度，而其相关度取决于爱因斯坦和玻尔孰是孰非。今天，贝尔定理有着几乎是狂热崇拜的追随者，这部分是因为它适合印在 T 恤上。例如，好像是在斯普林菲尔德就有一个妇女俱乐部，她们在每星期四下午聚会讨论贝尔定理。很令贝尔恼火的是，他的定理居然被某些人用作超自然的精神现象的"证明"！

贝尔的思想引发了一系列实验，其中最成功的实验是由阿斯佩（Alain Aspect）和他的同事于 1982 年在巴黎进行的。这一实验实际上测量了探测 A 粒子的结果与探测 B 粒子的结果相关联的次数，也就是左旋对左旋或是右旋对右旋的次数。利用玻尔对"足够完善"的量子理论的解释，贝尔的分析使我们能够预测这种相关性，以此反驳爱因斯坦认为存在着某种决定这种相关性的隐变量的想法。这个实验清楚地表明玻尔的分析是对的，而爱因斯坦的分析是错的。显然，这些粒子之间的远距离相关性就是大自然运行的方式。

论战就此结束了吗？不，绝没有，迄今还是如火如荼。其中量子奇异性引发的一个更令人迷惑的问题便是宇宙的诞生。宇宙在诞生初期仅有亚原子的尺度，这时量子物理学适用于整个宇宙。我可能要代表大多数物理学家讲一句话：我将会坚持我的加速器研究，但是我非常高兴仍然有人为量子理论的概念基础感到担忧。

对我们这些人来说，我们有薛定谔、狄拉克和更新的量子场论方程所提供的全副武装。现在，通往上帝粒子——或者说至少是它的起源——的道路，已经很明晰了。

间奏曲 B　跳舞的魔术大师

怀着对建造超导超级对撞机不断增长的热情，我前往参议员约翰斯顿（Bennett Johnston）在华盛顿的办公室拜访了他。这位路易斯安那州的民主党人的支持，对预期耗资80亿美元的超级对撞机的命运有着非常重要的作用。作为美国的一名参议员，约翰斯顿又是一个求知欲很强的人。他喜欢谈论黑洞、时间弯曲以及其他现象。当我走进他的办公室时，他从办公桌后面站起来，把一本书展现在我面前。"莱德曼，"他请求道，"关于这本书我有很多问题想问你。"这本书是祖卡夫（Gary Zukav）写的《跳舞的物理大师》（*The Dancing Wu Li Masters*）。在交谈的过程中，他不断地延长我说的"15分钟"，以至于最后我们谈了一个小时的物理学。我一直在寻找一个开始、一个暂停或者某个措辞来把话题转移到超级对撞机上。（"说起质子，我有个装置……"）但约翰斯顿不依不饶，他说起物理学来一刻都不停。当他的秘书第四次进来提醒时，他笑了笑说："我知道你为什么而来。如果你向我灌输了你的观点，我保证一定'尽力而为'。但我还是觉得这本书更有趣些！我会尽力帮你的。"确实，他做了很多事情。

可是，祖卡夫的一本书就满足了这位对知识非常渴求的美国参议员的好奇心，这多少又让我感到不安。在过去的几年里，以东方的宗教和神秘主义来解释现代物理学的书籍几乎泛滥成灾——《物理学之道》（*The Tao of Physics: An Exploration of the Parallels Between Modern Physics and Eastern Mysticism*）是另一个例子。作者们总是易于兴高采烈地得出结论，说我们都是宇宙的一部分，宇宙也是我们的一部分，我们都是一个整体！（尽管如此，它也无法解释美国快递公司为什么让我们分别付费呀。）我所关心的是，在就要为由物理学家使用的80亿美元以上的设备拨款进行重要投票的时候，这个参议员很可能会因为这类书的影响而缩回去。当然，约翰斯顿颇具科学素养，他认识许多科学家。

这类书的灵感通常是量子理论以及它固有的奇异性。有本书（书名就不提了）起先还算冷静地解释了海森堡不确定性原理、爱因斯坦－波多尔斯基－罗森思想实验和贝尔定理，可接着就开始热情地讨论起迷幻旅行、闹鬼恶作剧，以及一个叫塞思的死了很久的男子，借助纽约埃尔迈拉的一个家庭主妇的声音和笔来表达自己的想法。显然，这本书以及其他类似图书的一个前提是：既然量子理论都这么怪异，为什么不能把其他奇怪的事情也作为科学的事实呢？

在通常情况下，人们在书店里的宗教、超自然现象或鬼怪类书刊柜台上看到这些书是不会太在意的。但不幸的是，这些书常常被放在科学类书刊的柜台上，这大概是因为标题里出现了类似"量子"或"物理学"这样的字眼吧。公众对物理学的认识，有太多东西是从阅读这类书中获得的。这里我们要提到两本最突出的书：《物理学之道》和《跳舞的物理大师》。这两本书都出版于20世纪70年代。《物理学之道》的作者卡普拉（Fritjof Capra）获得过维也纳大学的博士学位，《跳舞的物理大师》的作者祖卡夫是个作家。公正地讲，这两本书把物理学介绍给了许多人，这一点很好。而且，发现新的量子物理学和印度教、佛教、道教、禅宗或者湘菜之间的类似之处，这本身并没有什么错。卡普拉和祖卡夫在书中所提到的很多东西都是对的，这两本书里也有一些很好的物理学方面的内容，这给它们赢得了很高的可信度。不幸的是，两位作者从坚实的、被证明了的科学概念，一下子就跳到了与物理学完全无关的、逻辑桥梁根本不可靠甚至不存在的另一种观念。

比如在《跳舞的物理大师》一书中，祖卡夫非常好地解释了托马斯·杨那著名的双缝实验，但他对结果的分析却相当怪异。正如前面已经讨论过的，因为得到不同的光子（或者电子）图样取决于是打开一个还是两个狭缝，所以实验者也许就会问自己了："粒子怎么'知道'到底开了几个狭缝呢？"这当然是对一个关于机制问题的比较古怪的措辞。作为量子理论基础的一个概念，海森堡不确定性原理指出，没有人能决定粒子从哪个狭缝穿过而又不破坏实验。根据这个奇特但又有效的量子理论的严格性，这样的问题并非毫无意义。

但是，祖卡夫从双缝实验中得到了不同的信息：粒子确实知道打开了一个还是两个狭缝。光子是聪明的！等一下，这样就好办了。"我们几乎没有其他选择，只能承认，"祖卡夫写道，"具有能量的光子看起来拥有信息并能根据信息行动。因此，尽管听起来很奇怪，但是它们看起来确实很有组织性。"可能即使从哲学意义上看，这也非常有趣，可我们已经背离科学啦。

自相矛盾的是，祖卡夫一边认为光子有知觉，一边却不承认原子的存在。他写道："原子在任何方面从来就不是'真实'的东西。原子是为了理解实验观察结果而构造出来的假想的实体。没有人见到过一个原子。"我们的观众里又站出来一位女士，向我们提出了一个具有挑战性的问题："你见过原子吗？"为了得到确认，她非常希望听到答案。祖卡夫已经否定地回答了这个问题。然而确确实实，他错了。因为在他的书出版之后，许多人已经看到了原子。真的要感谢扫描隧道显微镜，是它给原子这种小东西拍了美丽的照片。

卡普拉则要聪明得多，他没有直接说出他的意见，语言上遮遮掩掩，但本质上他也是一个不相信原子的人。他坚持认为"物质基元的简单机械论图景"应该被放弃。他以对量子物理学的合理描述作为开始，然后精心地大加发挥，完全没有对实验和理论如何小心翼翼地交织在一起，以及科学家们为求得科学上的每一次艰难进步所付出的血汗和眼泪的理解。

如果说这些作者的漫不经心让我厌烦的话，那么，那些真正的骗子就更让我不满了。实际上，《物理学之道》和《跳舞的物理大师》介于优秀的科学著作与捏造、假冒和荒唐的著作的中间地带。这些家伙向你保证，如果你只吃漆树根的话就能长命百岁；他们能向你展示外星人来访的第一手证据；他们用相对论的佯谬来佐证苏美尔版的日历；他们还向《纽约探询者》投稿，给所有的著名科学家写满是胡言乱语的信。这些人大多数是无害的，就像曾经有个70岁的老太太，用8张密密麻麻的手写信告诉我她和外星小绿人的交谈经历。然而，也不是所有的人都是无害的。《物理学评论》的一位秘书就因为拒绝发表一篇语无伦次的文章而被作者枪击身亡。

我觉得，关键一点是：所有的学科、所有人类努力的领域都存在"权威"，不管这里聚集的是知名大学的年老的物理学教授，还是快餐业的巨头、美国律师协会的高级官员，抑或是邮政工人共济会的政界元老们。当伟人被颠覆的时候，通往科学进步的道路就会变得非常畅通。（我知道我最好能够从中打个复杂的比方。）这样，扛着（知识的）炸弹造反的那些攻击传统观念的人会被狂热地追逐，甚至被科学体制本身的人所追逐。当然，没有哪一位理论家希望看到自己的理论变成垃圾，有些人甚至会短暂地、本能地还击。但反叛的传统是非常根深蒂固的。培养并表彰年轻和有创造力的人是科学机构的神圣义务。（从这类事情中人们能找到的最令人伤心的信息是，光有年轻是不够的。）我们应该开明地对待年轻的、非正统的、反叛的人，但同时这种道德规范给那些骗子和被误导的人创造了机会，使他们能够欺骗科技盲和粗心的记者、编辑以及媒体的其他看门人。有些假冒者已经取得了"非凡"的成就，比如以色列的魔术师盖勒或作家韦利科夫斯基，甚至一些科学博士（跟诺贝尔奖相比，博士作为真理的担保资格就差远了）。他们推出了像"能看东西的手""意念移物""创世科学""聚合水""冷聚变"等许多欺诈性的古怪想法，通常还宣称这里的真相都被现存的体制遮盖了，以保留其现有的特权和既得利益。

当然，这些事都会发生。但是在我们的学科中，"权威"中也有"反权威"者。我们的守护神费曼在他的文章《什么是科学？》中劝告学生："要从科学中认识到，你必须怀疑专家……科学就是相信专家的无知。"还有："每一代在其经验中有所发现的人都应该把这些发现传递下去，但是在这一过程中需要掌握尊敬和不尊敬的微妙平衡，以免人类……使其后辈们思想僵化。人类代代相传的不仅有智慧的积累，而且还包括那些可能不是智慧的智慧。"

这段意味深长的话揭示了我们这些在科学的果园里劳动的人根深蒂固的思想。当然，并非所有的科学家都能采集到批判性的果汁，也就是费曼所达到的那种激情与感知的融合。这就是区分科学家的关键。事实上，许多伟大的科学家都太把自己当回事，以至于妨碍了把他们的鉴赏力运用到他们自己的工作中，更别说运用到向自己挑战的年轻人的工作中去了。没有一种制度是完美的，但外行的公众很难理解的是，在一个特定领域的科学集体是多么愿意、多么急切、多么强烈地欢迎那些打破传统信仰的人——如果他真有东西的话。

所有这一切的悲剧性并不是那些伪科学作者，不是威奇托那位确切知道爱因斯坦错在哪里并自己出过这方面书的保险推销员，也不是为了钱什么都说的骗子——不是盖勒或者韦利科夫斯基之流。受害的是那些容易上当受骗的作为科学盲的公众。当大吹大擂的贩子从舞台后面来到电视频道的黄金时段，以"科学"的名义贩卖臭名昭著的灵丹妙药的时候，公众就会听他们的去买金字塔*、花大价钱做猴腺素注射**、嚼杏核***，什么荒唐事都做得出来。

为什么我们这些公众如此脆弱呢？一个可能的答案是，作为外行的公众并不熟悉科学，不熟悉科学发展的方式。他们把科学看成由僵硬的规则和信仰构成的大一统的大厦，他们把科学家看成那些动脉硬化、老态龙钟的现状保卫者——这一点还得感谢媒体把我们的科学家都渲染成了身穿白大褂的迂腐学究。事实上，科学是一件灵活得多的事情，它不是关于现状的，而是关于革命的。

---

* 这里作者其实指的是国外流行的一种伪科学产品，即"奥根金字塔"，据说买来摆放能"改变能量场，提升生命能量频率"。
** 20世纪法国外科医生曾提出，移植猴腺和注射猴腺素可使人长葆青春。后被证明为伪科学，但影响依然很大。
*** 国外一度流行"嚼食杏核能够治疗癌症"的说法，但其实并无科学根据。

轰轰烈烈的革命

量子理论被许多作家宣称为与某种宗教和神秘主义同类，从而名正言顺地成了他们的目标。经典的牛顿物理学经常被描述成真实可靠、合乎逻辑而且非常直观。反直觉的怪异的量子理论出现并"取代"了它，这真让人难以理解，让人感到威胁。一个解决方法——上面讨论的一些书中就有这种解决方法——把量子理论当作宗教。

另一个办法是把量子理论看作科学，而且不要有它"取代"了以前行得通的理论这种想法。科学是不会无奈地丢弃几个世纪以来的思想的——特别是当这些思想还起作用的时候。现在很值得我们稍稍跑题一会儿，去看看物理学的变革是怎样出现的。

新物理学并非一定要击败旧物理学，科学的变革倾向于以保守和经济的方式进行。它们也许动摇了哲学上的推断，也许摒弃了对世界运转方式的传统看法，但事实上它们只是将已有的知识境界扩充到了新的领域。

就拿古希腊的阿基米德来说吧。公元前100年，他总结出静力学和流体静力学的原理。静力学研究结构的稳定性，比如梯子、桥梁、拱门——通常就是人们为了使自己生活得更舒适一些而设计的那些东西。阿基米德关于流体静力学的研究涉及液体以及那些漂浮的物体、下沉的物体，涉及竖直上浮、翻滚、有关浮力的原理以及为什么你在浴缸里大叫"我发现了！"等诸如此类的东西。跟2 000多年以前一样，这些结果以及阿基米德的处理方法现在仍然有效。

1600年，伽利略检验了静力学和流体静力学的规律，但把他的测量扩展到了运动物体——从斜面上滚下来的物体，从塔上扔下来的球，以及他父亲的工作室里负重摇摆的琴弦等。伽利略的工作包含了阿基米德的工作，但扩展了许多。实际上，他的工作扩展到了月球表面以及木星的卫星的特征。伽利略并没有击败阿基米德，而只是淹没了他。如果我们用图来表示他们的工作，那就如图B.1这样：

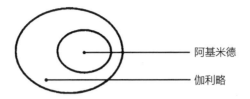

图B.1　从阿基米德到量子物理学（a）

牛顿在伽利略之外走得更远。通过加入因果性，他能够考察太阳系和潮汐。牛顿的综合体系包括对行星及其卫星运动的新的测量。牛顿的革命并没有质疑伽利略和阿基米德的贡献，它只是扩展到宇宙领域，将其涵盖在这个大的体系之下（如图 B.2）：

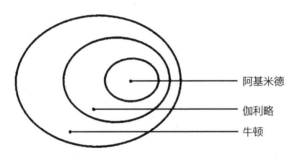

图B.2　从阿基米德到量子物理学（b）

在18世纪和19世纪，科学家们开始研究人类经验以外的一些现象，这就是电。除了令人害怕的闪电，电现象不得不被设计出来以进行研究（正如一些粒子必须在我们的加速器中"制造"出来一样）。当时的电就像今天的夸克一样奇异。慢慢地，电流、电压、电场和磁场都被人们理解和驾驭了。电磁定律由麦克斯韦加以扩充和整理。随着麦克斯韦、赫兹、马可尼、斯坦梅茨（Charles Steinmetz）和其他许多科学家将这些思想加以运用，人类环境发生了改变。如今，电包围着我们，通信电波在我们呼吸的空气中噼啪作响。但麦克斯韦对前人的尊敬却是无可挑剔的（如图 B.3）。

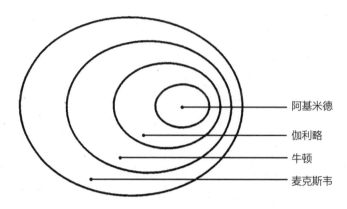

图B.3 从阿基米德到量子物理学（c）

阿基米德
伽利略
牛顿
麦克斯韦

在麦克斯韦和牛顿之外，就没有什么了吗？爱因斯坦将注意力集中在牛顿宇宙的边缘地带。他的理性思想走得很深；伽利略和牛顿的假设让他深为烦恼，并最终驱使他大胆地提出了全新的假设。然而，他的观测范围现在包括高速运动的物体。虽然对1 900年以前的观测者来说这样的现象与之无关，但当人们开始研究原子、制造核设备以及研究宇宙诞生初期的现象时，爱因斯坦的理论就变得尤为重要（如图B.4）。

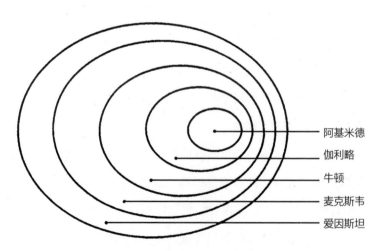

阿基米德
伽利略
牛顿
麦克斯韦
爱因斯坦

图B.4 从阿基米德到量子物理学（d）

爱因斯坦的重力理论也超出了牛顿体系，包括了宇宙动力学（牛顿认为宇宙是静态的）及其自最初的巨变发生以来的膨胀过程。但当爱因斯坦的方程应用于牛顿体系中的问题时，给出的正是牛顿力学的结果。

那么，我们现在得到一切了吗？不！我们还必须看一看原子里面，当我们进入原子领域时，我们需要用到远远超出牛顿体系（也不被爱因斯坦所接受）的概念，这种概念将世界向下扩展到原子、原子核甚至在我们所知的一切之外（或者之中？）。我们需要量子物理学。量子革命仍然没有脱离阿基米德、出卖伽利略、讽刺牛顿，或者玷污爱因斯坦的相对论，而是看到了一个新的领域，邂逅了新的现象。在牛顿力学不够用的时候，发现了一种新的综合体系（如图B.5）。

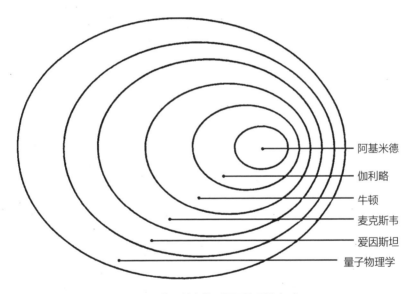

图B.5 从阿基米德到量子物理学（e）

回忆一下我们在第5章中谈到的创造出来用于处理电子和其他粒子的薛定谔方程，它在应用于棒球和其他大的物体时，就会转化为我们眼前的牛顿力学的形式：$F = ma$，等等。预言了反物质的狄拉克方程是薛定谔方程的"优化"，用来处理接近于光速运动的"快"电子。然而，当狄拉克方程应用于慢电子时，薛定谔方程就可以神奇地处理电子的自旋。但是要抛弃牛顿力学吗？不可能！

如果听起来进展的效率很高，那么值得指出的是，其间也产生了大量浪费。当我们用创造力和无法遏制的好奇心（还有许多政府资金）来开辟一个新的观测领域时，数据通常会激发丰富的思想、理论和假设，而其中大多数都是错误的。在控制前沿阵地的争夺战中，最终只有一个思想上的胜利者，而那些失败者则消失在历史脚注的碎片中。

一场革命是如何发生的呢？在思想宁静的任何时期，正如19世纪末，总有一系列的现象是"仍然不能解释的"。实验家们希望他们的实验结果能够推翻占统治地位的理论体系。接着，一个更好的理论取代了旧理论并赢得声望。在大多数情况下，不是实验测量出现了问题，就是现有理论的更灵活的应用最终解释了这些数据。但也不尽然。因为总有3种可能性：（1）数据错误；（2）旧理论具有适应力；（3）需要新理论。实验使科学成了一种生机勃勃的职业。

当一场革命确实发生时，它会扩展科学的领域，也可能对我们的世界观产生深刻的影响。例如，牛顿不仅发现了万有引力定律，并且还创造了决定论哲学，使得神学家们给上帝赋予了新的角色。根据牛顿理论的数学方程，只要知道了初始条件，任何体系都可以知道其以后的发展结果。相反，可应用于原子世界的量子物理学却允许个别原子享有不确定性，从而冲淡了决定论哲学观。实际上，科学的发展表明，即使是在亚原子世界之外，确定的牛顿秩序也过于理想化了。在宏观世界的许多系统中，复杂性也是普遍存在的，初始条件的细微变化可能会导致迥然不同的结果。就像从山顶流下的水流，或是一对悬挂的钟摆，如此简单的系统也会表现出"混沌"的行为。非线性动力学或者"混沌理论"告诉我们，真实世界远非我们以前所想象的那样确定。

　　这并不意味着科学和东方宗教突然发现有许多共同之处。尽管如此，如果作者们将新物理学和东方神秘主义结合在一起的宗教隐喻，在某种意义上有助于你了解现代物理学的革命，那么就尽管这样用吧！但是，隐喻终归是隐喻，它们只是粗糙的图像。借用一句古语来说：千万别拿地图当领土。物理学不是宗教，如果是的话，经费也就不那么难筹了。

第6章

加速器：它们粉碎原子，不是吗？

帕斯托参议员：这个加速器有没有希望在某些方面跟国家安全联系起来？

罗伯特·R.威尔逊：没有，先生，我认为没有。

帕斯托：一点都没有吗？

威尔逊：一点都没有。

帕斯托：那么在这方面加速器就没有什么价值了？

威尔逊：加速器只是与这些方面有些联系：我们彼此之间的尊重、人类的尊严和我们对文化的热爱。我们是不是出色的画家、杰出的雕塑家、伟大的诗人？所有这些在我们的国家里让我们引以为荣的东西都与它有联系。加速器和保卫我们的国家没有任何直接关系，只是让它变得更值得保护了。

我们费米实验室有个传统：每年的6月1日早上7点钟，无论天晴还是下雨，实验室所有的人都会在路面上沿着加速器的主环慢跑4英里，也就是加速器主环的长度。通常我们都是沿着反质子加速的方向慢跑，我最后一次沿着主环慢跑用了38分钟。费米实验室现任主任、我的继任者皮普尔斯（John Peoples）在来到实验室的第一个夏天就树立了一个榜样：在6月1日那天邀请大家和"一个更年轻、跑得更快的主任"一起跑。虽然他的确是个飞毛腿，但我们大家都不可能赶上反质子。它们跑完一圈大约只需百万分之二十二秒，也就是说，每个反质子都比我快大约1亿倍。

瞧瞧，尽管是我们费米实验室的人设计了实验，可在反质子这些小家伙的高速度面前，慢吞吞跑着的大伙儿真是羞愧难当啊。就在这个加速器里，那些反质子在我们的引导下，迎头撞向以相同的速度相向而行的质子。使粒子相撞的过程，正是我们这一章的要点。

我们关于加速器的讨论将会有点儿离题。我们一直像一辆失控的卡车，一个世纪接一个世纪地穿越科学发展的历程。现在，就让我们把步子放慢些吧。这里，我们不打算过多地讨论科学发现或那些物理学家，而准备把重点放在仪器设备上。从伽利略的斜面到卢瑟福的火花室，科学的进展与仪器设备的进展一直密不可分。如今，仪器设备已经扮演着最重要的角色。一个人如果不了解加速器的性质，不了解与此相关的一系列粒子探测器——过去40年来这一领域的重要工具，那么他就无法理解过去几十年中的物理学。通过认识加速器，人们也会学到很多物理学知识，因为这个设备体现了物理学家们努力奋斗数个世纪才得以完善的许多原理。

有时我会认为比萨斜塔就是第一台粒子加速器，是伽利略在研究中使用的（近乎）垂直的线性加速器。然而，真正的加速器在那之后好些年才出现。加速器的发展，可以说萌发于人类深入原子内部的渴望。如果不算伽利略，这个故事应该从卢瑟福和他的学生开始。他们已经成了用 α 粒子探索原子的勘察艺术大师。

就帮助我们认识原子世界而言，α 粒子真是一份好礼物。当某些具有天然放射性的物质自发分解时，就会放射出这些重的高能粒子。一个 α 粒子的能量通常有500万电子伏，1电子伏（eV）就是一个电子从1伏的手电筒电池的底部（负极）运动到顶部（正极）所获得的能量。你读完后面两章以后，会感到电子伏就像英寸、卡路里或兆字节一样熟悉。在继续阅读之前你需要知道以下4个缩写：

keV：千电子伏（k代表千）

MeV：兆电子伏（M代表百万）

GeV：吉电子伏（G代表十亿）

TeV：太电子伏（T代表万亿）

超过太电子伏我们就借助10的幂次方来表示，如10^{12}电子伏表示1太电子伏；而超过10^{14}这个量级，我们现在所能预见到的技术就力所不能及了。那么，哪里会有如此之高的能量呢？就拿从外部空间轰击着地球、我们都无从规避的宇宙线粒子来说吧，它们的数量虽然很少，但总能量却高达10^{21}电子伏。

在粒子物理学领域，5兆电子伏并不算很大。在卢瑟福进行的也许是第一次有目的的人工核碰撞中，使用的 α 粒子也就刚刚能击破氮原子的原子核；而人们所要探索的问题，也只能从这些碰撞中得到些许含混不清的暗示。量子理论告诉我们，研究的对象越小，轰击所需的能量就越高——就像德谟克利特切割原子的那把"刀"，自然是磨得越锋利越好。为了有效地切开原子核，我们需要几十兆甚至几百兆电子伏的能量，而且越高越好。

上帝是在不断地完善吗？

要说这应该是哲学范畴的话题了。正如我将要描述的那样，粒子物理学家们对于建造更高能量的加速器兴奋不已，其缘由无非是好奇、自负、控制欲、贪婪、野心……这跟我们人类做其他任何事情的动机实际上真没什么差别。我们这号人有时在一杯啤酒下肚之后就会静静地思索：上帝他老人家到底知不知道我们的下一台加速器将要生成些什么？比如1959年在布鲁克黑文接近建成的"魔鬼"加速器，能量达到了30吉电子伏。难道，在获得新的永无止境的高能量的过程中，是我们自己在给自己制造困惑吗？难道万能的上帝也想站在盖尔曼、费曼或其他讨人喜欢的理论家的肩上，来看看用这些巨大的能量能做些什么吗？他会不会召集天使——包括牛顿、爱因斯坦、麦克斯韦——组成一个委员会，来对 30 吉电子伏的能量应该做些什么提出建议呢？这种观点在理论的飞跃过程中偶尔会引发出来——就像在我们的研究过程中上帝也在不断地完善一样。但是，天体物理学和宇宙线方面的研究进展很快帮助我们认识到，那些想法不过是安息日前星期五晚上的胡言乱语。我们那些心系太空的同事确切地告诉我们，宇宙更多地与 30 吉电子伏、300 吉电子伏甚至 30 亿吉电子伏相关。太空中充斥着具有天文数字般能量的粒子。今天发生在长岛、巴达维亚或筑波的那些无限小质点的碰撞，只是自宇宙诞生以来每天都在发生的十分普通的事情。

现在，让我们回到加速器这个话题中去吧。

为什么需要这么大的能量

当今能量最大的加速器——费米实验室的太瓦质子加速器，产生碰撞的能量已达到 2 太电子伏，相当于卢瑟福的 α 粒子碰撞产生能量的 400 000 倍。而拟建造的"超导超级对撞机"的设计运转能量则将达到约 40 太电子伏。

现在看来，40 太电子伏的能量真是太大了，对两个粒子的一次碰撞来讲也的确是这样。但我们还应该更深入地看待这一问题。当我们划着一根火柴的时候，这短暂的反应过程涉及 10^{21} 个原子，每个原子反应释放的能量大约是 10 电子伏，总能量约为 10^{22} 电子伏，也就是 100 亿太电子伏。在"超导超级对撞机"中，每秒有 1 亿次碰撞，每次碰撞释放的能量是 40 太电子伏，能量总计就达 40 亿太电子伏——跟点一根火柴所释放的能量差不太多。但关键是能量被集中在一小部分粒子上，而不是在任何肉眼可见的物体所包含的数千亿亿亿个粒子上。

我们可以看一下整个加速器的复杂系统——从燃油电站起，电能沿着输电线来到实验室，在那里变压器再将电能输送到磁体和射频谐振腔中。然后，由这个巨大的装置以极低的效率将石油的化学能集中到每秒几十亿个微不足道的质子上。如果这些石油被加热到这样一种程度，即其中每个组成原子的能量都达到40太电子伏，那么其对应温度将高达4×10^{17}开，即40亿亿开，这时原子将分解成夸克。这就是整个宇宙诞生后不足一千万亿分之一秒的状态。

那么，我们要这么大的能量来干什么呢？量子理论需要越来越强大的加速器来研究越来越小的粒子。表6.1显示的是为打开我们感兴趣的结构所需要的大致能量：

表6.1　能量与对应尺度能量

能量（近似值）	结构大小
0.1电子伏	分子，大原子，10^{-8}米
1.0电子伏	原子，10^{-9}米
1 000电子伏	原子内部，10^{-11}米
1兆电子伏	重的原子核，10^{-14}米
100兆电子伏	原子核内部，10^{-15}米
1吉电子伏	中子或质子，10^{-16}米
10吉电子伏	夸克效应，10^{-17}米
100吉电子伏	夸克效应，10^{-18}米（精细结构）
10太电子伏	上帝粒子？10^{-20}米

请注意：随着结构尺寸的减小，所需要的能量是如何增加的。也请注意：研究原子只需要1电子伏，但研究夸克就得要10吉电子伏了。

加速器就像生物学家研究微小生物时用的显微镜。一般的显微镜通过光来显出血液中红血球的结构。研究微生物的人所钟爱的电子显微镜功能更强，因为电子的能量比光学显微镜中光的能量要大很多。电子的波长短到可以让生物学家"看见"构成血球的分子。轰击目标的粒子的波长决定了你所能"看到"并进行研究的物体尺寸。量子理论告诉我们，波长越短，能量越高。表6.1简单地表明了这一关联。

　　1927年，卢瑟福在英国皇家学会的一次讲演中展望道：终有一天，科学家会找到一种能加速带电粒子，使其获得比放射性衰变更高能量的方法。他预见到能产生几百万电子伏能量的机器的发明。除了纯粹能量的原因外，这项发明还受到其他因素的推动。物理学家要求能发射更多的粒子去轰击确定的靶。但自然界提供的 α 粒子源发散角太大，每秒能直接通过1平方厘米截面的粒子数量不到100万个。100万听起来好像多极了，但原子核只占靶区的一亿分之一，你需要至少1 000倍的加速粒子（10亿个）和上面提到过的更高能量——许多百万电子伏（物理学家也不确定具体是多少）——来研究原子核。20世纪20年代后期，这看起来就像是一个无法完成的任务，但许多实验室的物理学家还是上阵干了起来。为了建造能把大量粒子加速到至少100万电子伏特的加速器，一场你追我赶的竞赛开始了。在讨论加速器技术的进展之前，我们还是应该先来介绍一些基本知识。

能隙

　　粒子加速的物理学原理解释起来很简单（注意！）。把电池的两极连到两个相距1英尺的金属板（也叫电极）上，这样就形成了一个能隙。然后，将两个电极密封在一个抽去空气的容器里。把这一装置连接好，使带电粒子——主要是电子和质子——能够自由地在能隙之间运动。这样，带有负电的电子将很乐意从负极运动到正极，获得12电子伏（可以看电池上的标签）的能量。于是，这个能隙起到了加速器的作用。如果金属正极由金属丝网做成，而不是一块固体金属板，那么大多数电子都将穿过此网，成为受控的12电子伏电子流。如今，1电子伏已属极小的能量，我们需要的是一个高达10亿伏的电池，但干电池不可能做到这一点。为了获得高电压，我们还需另辟蹊径，因为化学装置已经无能为力。但无论加速器有多大，无论我们讲的是20世纪20年代科克罗夫特－瓦尔顿的高压倍加器，还是周长为54英里的超级对撞机，其基本原理都是一样的——粒子通过能隙获得能量。

加速器给一般的粒子加上额外的能量。那么，我们从哪里获取这些粒子呢？电子来得很容易，只要我们把导线加热到白炽状态就能发射出电子。质子也不难找到，它就是氢原子的原子核（氢原子核没有中子），所以，我们需要的只是可以买到的氢气。其他粒子也可以被加速，但是它们必须足够稳定——寿命要比较长，因为加速过程要持续一定时间。同时，它们必须是带电荷的，因为能隙显然对中性粒子没有作用。加速用的首选粒子是质子、反质子、电子和正电子（反电子）。较重的核子，比如氘核和 α 粒子也能被加速，它们都有特殊的用途。纽约长岛在建的一台特殊装置能把铀核加速到数十亿电子伏特。

增重计

加速过程究竟做了些什么呢？一个简单但不完备的答案是，它使那些幸运的粒子加速。在加速器出现的早期，这种解释完全对路。但一个更好的描述是：它提高了粒子的能量。当加速器的功率变得越来越强大的时候，它加速的粒子很快就会接近速度的极限：光速。爱因斯坦在1905年提出的狭义相对论断言：没有任何物体的运动速度能比光速快。正是由于相对论，"速度"就不是一个很有用的概念了。比如，一台机器能把质子加速到光速的99%，另一台更昂贵的机器则能加速到光速的99.9%。这已经是很大的差别了。去向那些投票拨款的议员解释清楚花那么多钱仅仅是为了提高0.9%吧！

使德谟克利特之"刀"变得更为锋利，并使观察的范围得以拓展的主要因素不是速度，而是能量。一个速度为99%光速的质子能量约为7吉电子伏（伯克利质子加速器, 1955), 而 99.95% 光速的质子能量为 30 吉电子伏 (布鲁克黑文 AGS, 1960), 99.999% 光速的质子能量则为 200 吉电子伏 (费米实验室, 1972)。爱因斯坦的相对论确定的是速度和能量改变之间的关系, 它使得谈论速度变成了一件傻事。真正重要的是能量。与此相关的是动量, 对一个高能粒子而言, 这直接与能量相关。顺便提一下, 由于 $E = mc^2$, 所以粒子在被加速的同时, 也会变得更重。在相对论中, 静止粒子的能量由 $E = m_0c^2$ 给出, m_0 指粒子的 "静止质量"。粒子被加速的时候, 它的能量 E 增加, 因此质量也会增大。越接近光速, 物体会变得越重, 当然也就更难加速。但能量可以一直增加。简而言之, 如果一个质子的静止质量大约是 1 吉电子伏, 那么一个 200 吉电子伏的质子的质量, 就是悠闲地飘在氢气瓶里的质子的 200 倍以上。如此看来, 我们的加速器确实是个 "增重计"。

莫奈的大教堂, 或者观察质子的 13 种方式

现在, 我们该如何利用这些粒子呢? 简单地说, 就是要让它们碰撞。既然这是我们了解物质和能量的核心过程, 我们就必须深入进去, 了解具体的内容。尽管关于这种机器的许多不同寻常的地方, 以及粒子被加速的细节可能比较有趣, 但我们最好还是先把它们都忘掉。因为加速器的关键在于碰撞。

我们观察并最终理解亚原子领域这一抽象世界所需的技能, 跟我们认识其他任何事物的过程颇为相似。比方说看一棵树, 会经过怎样的环节呢? 首先我们需要光, 就用太阳光吧。光子从太阳射到树上, 并从叶子、树皮、树梢和枝干上反射出来, 其中的一部分被我们的眼球收集。我们可以说光子被对着探测器的物体散射。接下来, 眼球这个 "透镜" 把光线聚焦到眼球后部的视网膜上。视网膜感受到光子以后, 会对其各种性质进行分类: 颜色、明暗、亮度等。这

些信息被组织起来后，再传送到在线处理器——大脑的枕骨脑叶，也就是专门处理视觉信息的区域。最终，离线处理器大脑得出结论："啊，一棵树，多好看呀！"

眼镜或太阳镜会把进入眼睛的信息滤掉一部分，于是由眼睛造成的失真就会增加。这些失真最后会由大脑来矫正。现在，把眼睛换成照相机，那么在一星期过后，经过了大量的信息提取，我们会在家庭幻灯片的放映中看到这棵树。另外还可以用录像机把光子反射的数据转换成电子数字信息：0和1。如果想看里面的内容，我们可以通过电视把这些数字信息还原为原来的模拟信息，从而在屏幕上欣赏到那棵树。如果某个人想把这棵"树"发送给在"乌托邦"星球上的科学家同事，也许不用再把数字信息转回到模拟信息，就可以最大精度地把地球人称之为"树"的东西传递过去。

当然，在加速器里所发生的一切可没有这么简单，不同种类的粒子在以不同的方式被利用。尽管如此，我们还可以给核碰撞和散射打另外一个比方。一棵树在早上、中午和日落的时候看起来都不一样。莫奈画了大量作品，描绘了在一天中的不同时间鲁昂大教堂入口处的景致，任何一个看过这些画的人都能感受到光线的影响。那么，真相究竟如何呢？对艺术家来说，大教堂有很多真相。每一种体现的都是它自己的真实——早晨曚昽的晨光，正午刺眼的强光，傍晚饱满的霞光。在每种光线下，展示的都是真实的不同方面。物理学家也持有同样的观点：我们需要所有能够获取的信息。艺术家利用太阳的不同光线，我们利用不同的粒子：电子流、μ子流或中微子流——在不断变化的能量条件下。

下面就讲讲加速器是如何工作的。

关于碰撞，我们所知道的只是什么进去了、什么出来了，以及它们是怎么出来的。在如此之小的碰撞空间里到底发生了什么呢？我们什么都看不到，只有干着急。碰撞发生的区域就好像被一个黑箱包围着。在幽灵般的量子世界里发生的碰撞，其内部细节我们无法观测——甚至不可想象。我们所拥有的只是一个作用力模型，以及一个相关的碰撞物体结构模型。我们看得到进去和出来的东西，并且想知道通过我们的模型是否可以推测黑箱里的情况。

在费米实验室的一个针对10岁孩子的教育课程中，我们就让他们触及这个问题。我们拿给他们1个空的方盒子，可以看，可以摇晃，也可以称重。然后，我们把一些东西，例如1个木块和3个铁球放进去，再让学生称重、摇晃、倾斜、听声音。最后，让他们说一说关于盒子里的东西的一切：大小、形状、重量……对我们的散射实验来说，这是一个很有启发性的类比。令人惊奇的是，孩子们常常能够猜到正确答案。

让我们还是回到大人和粒子当中去吧。我们说我们想查出质子的大小，从莫奈那里学到的技巧是：要通过不同形式的"光"来观察。质子会不会只是一些点？为了找出答案，物理学家们用很低能量的其他质子轰击靶质子，来检测这两个带电粒子之间的电磁力作用。库仑定律表明，这种力可以大到无穷大，大小与距离的平方成反比。靶质子和加速后作为子弹的质子当然都带正电荷，由于同性电荷相斥，慢质子很容易被靶质子推开，它们永远都不会靠得很近。在这样一种"光线"之下，质子确实就像是一个点，一个带电荷的点。当我们增大被加速质子的能量时，会发现质子的散射方式已经有所改变，这表明质子已经深入了强力的作用范围。现在我们知道，正是这种力使得质子的组成单元聚集在一起。强力要比库仑电力强100倍，但与电作用力不同的是，其作用距离非常有限。强力只在10^{-13}厘米的范围内起作用，一旦超过这一距离很快就会衰减为零。

通过不断地提高碰撞的能量，我们逐步发掘出关于强力的越来越多的信息。与能量的提高相伴随的是质子的波长（记住德布罗意和薛定谔）缩短。正如我们所看到的那样，波长越短，我们对所研究粒子的了解就越多。

一些最好的质子"照片"在20世纪50年代被斯坦福大学的霍夫施塔特

（Robert Hofstadter）拍了下来。那时所用的"光"是电子流而不是质子。霍夫施塔特小组把一束800兆电子伏的电子流对准一小桶液氢。电子轰击了氢原子中的质子，形成了一个散射图谱。相对于原来的运动，被散射的电子出现在各个方向。这跟卢瑟福的实验结果差不多。与质子不同的是，电子不会受到很强的核力作用，它只是受到质子所带电荷的作用。因此，斯坦福大学的科学家们能够以此去研究质子里电荷的分布状况。实际上，这也揭示了质子的大小。它显然不是一个点，测量得到的半径是2.8×10^{-13}厘米，电荷堆积在中心部分，并在我们称之为"质子"的边界部分逐渐减弱。利用不受强力作用的 μ 子流重复这样的实验，也获得了类似的结果。霍夫施塔特因为给质子"照相"而荣获了1961年的诺贝尔奖。

　　大约在1968年，斯坦福直线加速器中心（SLAC）的物理学家们用8~15吉电子伏的更高能量的电子来轰击质子，得到了大量不同的散射图谱。在这些"强光"的照射下，质子显现出了一幅很不相同的图像。霍夫施塔特利用的电子能量相对较低，只能描述出一个"模糊"的质子，电荷的平滑分布使得质子看起来好像是个脏兮兮的小球。SLAC用的电子则探究得更深入，并发现了一些绕着质子内部运动的小家伙。这是对夸克真实存在性的最早揭示。这些新的数据和以往的数据是相容的——就像莫奈分别在清晨和傍晚画的画，但低能电子仅能揭示平均的电荷分布。而更高能电子描绘的图像表明：我们的质子包含3个快速运动的点状组成部分。为什么SLAC的实验揭示了这些细节而霍夫施塔特的研究却没有呢？足够高能量的碰撞（取决于什么进去什么出来）将夸克冻结在原位置上，并"感觉"到点与点之间的力，这又是短波长的优点。这种力迅即引起了大角度的散射（记住卢瑟福和原子核）和巨大的能量变化。这种现象的正式名称是"深度非弹性散射"。在霍夫施塔特的早期实验中，夸克的运动表现得非常模糊，质子看起来很"光滑"，内部也像是一个整体，这是因为探测用的电子能量太低。想象一下如果给3个快速振动的微小灯泡拍照，底片上将显示出一大团模糊不清难以分辨的东西。通俗地讲，SLAC实验是用更快的快门拍下了灯泡的位置，所以很容易对它们计数。

因为对高能电子散射的夸克解释既非常离奇又极为重要，费米实验室和CERN（"欧洲核子研究中心"的首字母缩写）用10倍于SLAC能量（150吉电子伏）的 μ 子和中微子又重复了这些实验。μ 子像电子一样能探测到质子的电磁结构，而中微子不仅能探测到电磁力和强力，还能探测到所谓的弱力分布。弱力是放射性衰变以及其他一些现象所依赖的核力。在不断升温的探索微观世界的竞赛中完成的这些巨型实验，都得到了相同的结论：质子由3个夸克组成。我们已了解到夸克运动的一些细节，它们的运动定义了我们称之为"质子"的东西。

对于用电子、μ 子和中微子所做的三种类型的实验的具体分析，在探测一种新的粒子——胶子——方面也获得了成功。胶子是强力的传递者，没有它们，实验数据就无法合理解释。同样的分析给出了夸克如何在质子"监狱"里相互围绕着旋转的定量细节。20年来的研究（用技术术语来说就是结构函数研究）给了我们一个能够解释所有碰撞实验的复杂模型，无论实验是用质子、中子、电子、μ 子、中微子，还是用光子、介子、反质子来轰击质子。相对于莫奈的方法，这是有过之而无不及。它或许更像是华莱士·史蒂文斯（Wallace Stevens）的诗作：《观察乌鸫的十三种方式》。

正如你所看到的那样，为了解释那些"进进出出"的粒子，我们学会了许多东西。我们也搞清楚了很多作用力，以及它们是如何形成诸如质子（由3个夸克组成）和介子（由1个夸克和1个反夸克组成）这样的复杂结构的。有了这么多互补的信息，能不能直接看到黑箱里的碰撞情况，就变得越来越不那么重要了。

"种子之中的种子"，这种序列或许已经给你留下了一个深刻的印象。分子由原子组成，原子的核心是原子核；原子核由质子和中子组成，质子和中子又由夸克组成，而夸克由……哎，停一下，我们认为夸克不能再分了，当然，我们也不是那么肯定。谁敢担保我们已经走到了道路的尽头呢？然而，这是大多数人的意见——至少目前是——而德谟克利特终归是不能长生不老的。

新物质：一些配方

我们还要讨论一下发生在碰撞中的一个重要过程。新的粒子是可以制造出来的，这在屋子里每时每刻都在发生。看看想努力照亮这页纸的电灯吧，其光的来源是什么呢？是电能激发的电子，它们一窝蜂地涌到了灯泡的灯丝上，或者涌进了荧光灯（相对灯泡来说能量利用率更高）内的气体里。电子发射光子，这便是制造新粒子的"过程"。用粒子物理学家更为抽象的话来说，碰撞过程中的电子可以辐射出一个光子。其中电子的能量来自一个加速的过程（通过墙上的电源插座）。

现在让我们来概括一下。产生新粒子的过程必须遵守能量守恒定律、动量守恒定律、电荷守恒定律，以及其他各种量子力学的规则。同时，产生新粒子的物质必须和新粒子有一定关联。比如，一个质子和另一个质子相撞，产生了一个新的粒子 π 介子。我们写作：

$$p^+ + p^+ \rightarrow p^+ + \pi^+ + n$$

这也就是说，两个质子相撞，产生另一个质子、一个正介子（π^+）和一个中子。这些粒子都是由强力联系在一起的，这是一个典型的产生新粒子的过程。这一过程也可以理解为一个质子受到另一个质子的影响，分解为一个"正 π 介子"和一个中子。

另一种很少发生但颇为有趣的产生过程，被称作"湮灭"，它发生在物质和反物质碰撞的时候。"湮灭"这个词，词典上的严格解释是使某种东西完全消失。当一个电子和它的反粒子（也就是正电子）碰撞的时候，粒子和反粒子都消失了，同时它们的能量在这个位置上以光子的形式出现。守恒定律不喜欢这个过程，所以光子只能暂时存在，并不得不马上产生两个新粒子来代替自己，比如另一个电子和正电子。光子很少分解为一个 μ 子和一个反 μ 子，也很少变成一个正质子和一个反质子。根据爱因斯坦质能方程 $E = mc^2$，湮灭是质量完全转换为能量的唯一现象。当原子弹爆炸的时候，只有 1% 不到的原子质量转化成了能量；而物质和反物质碰撞的时候，100% 的质量都消失了。

我们制造新粒子的基本条件是必须有足够的能量，这个能量可由公式 $E = mc^2$ 计算。比如，我们刚才提到的电子和正电子的碰撞能够产生质子和反质子（也就是我们所说的 p 和 $\bar{p}$）。因为质子的静止质量大约是 1 吉电子伏，那么，最初碰撞的粒子至少需要 2 吉电子伏的能量才能产生一个 p/$\bar{p}$ 对。更多的能量会增加产生这种结果的可能性，也会使新生成的粒子具备一定的动能，从而更容易被探测到。

反物质的诱人特性使得用它来解决能源危机的科学幻想越来越受到重视。是的，1 000 克反物质提供的能量足可以让美国维持一天。这是因为反质子的所有质量（加上参与湮灭的质子）按照 $E = mc^2$ 都转化为能量了。在煤和油的燃烧过程中，只有十亿分之一的质量转变成了能量。在核裂变反应堆里，这个值不过是 0.1%，而期待已久的核聚变（别紧张），其数值也仅约有 0.5%。

来自虚空的粒子

这些事情可以从另外一个角度来思考。想象一下，整个空间，即便是空空间也都被大自然以其无穷智慧提供的各种粒子冲刷着。这并非在打比方。量子理论的一个重要推断就是，这些粒子确实是在虚空里突然出现又突然消失。无论大小和形状如何，这些粒子的存在都是暂时的。它们在创生之后很快又会消失，就像一个集市的开张和散场。当它们出现在空空间或真空中时，实际上什么也没有发生。这就是量子理论的神秘之处，但也许能帮助解释碰撞时到底发生了什么。这里，一对粲夸克（某种夸克及其反夸克）出现然后又消失了；那边呢，有一个底夸克和它的反底夸克要配对了。等一下，那边又出现了什么东西？哦，那是X射线和反X射线——我们到1993年还一无所知的某种东西。

在这些极其混乱的现象中存在着一些规则：量子数加起来必须等于零，虚空的零。还有一条规则是：越重的物质，它们出现和消失的概率就越低。它们从虚空中"借来"能量，只出现极短的时间，然后就消失，因为它们必须在海森堡不确定性关系所限定的时间内把能量归还回去。关键在于：如果能量可以从外部提供，那么这些来源于真空的粒子的短暂的虚幻存在就会变成真实的存在了，这种存在能够被云室或者计数器探测到。如何提供？如果一个刚从加速器里出来的具有一定能量的粒子想产生新粒子，且能够"支付"得起——也就是至少要有一对夸克或者X射线的静止质量——那么欠真空的就被归还了，我们会说我们的加速粒子创造了一个夸克–反夸克对。显然，如果我们要制造的粒子越重，需要从加速器获得的能量就越高。在第7章和第8章，你将会遇到很多由这种方式产生的新粒子。顺便提一下，"虚粒子"充满整个真空的量子假说有其在实验方面的其他意义，例如，它修正了电子和 μ 子的质量和磁力。我们将会在"$g\text{--}2$"实验中做进一步解释。

竞赛

从卢瑟福时代起就展开了一场竞赛，为的是制造能提供更高能量的装置。20世纪20年代，这种努力得到了电力设备公司的大力支持，因为电压升高的时候电能的传送效率也增大。另一方面的推动来自产生可用于治疗癌症的高能X射线。当时，镭已被用于消除肿瘤，但其开销极大，而且人们认为高能射线效果更好。所以，电力设备和医学研究机构共同促进了高压发电机的发展。卢瑟福带了个头，他向英格兰维氏首都电力公司发出了挑战："给我们一个能够放在大小合适的房间里的千万伏量级的电压……和能够承受这么大电压的真空管。"

德国物理学家曾经尝试过驾驭阿尔卑斯山区暴风雨中闪电的巨大电压。他们在两座山峰之间架设了一条绝缘电缆，结果吸收了高达 1 500 万伏的电荷，在两个金属半球之间激起了 18 英尺高的巨大火花——虽然非常壮观，但却派不上用场。后来，这种方法因为一个科学家在调试仪器时意外身亡而被放弃。

德国小组的失败说明，除了功率，人们还需要把握好其他方面的许多事情。能隙的两极一定要安置在具有极佳绝缘性能的束流管或真空室里（除非设计非常精妙，否则高压也会通过绝缘体弧光放电）。同时，管子还要足够坚固，以承受抽出空气后所带来的巨大压力。最重要的是还得有高质量的真空。如果管子里有太多的残留分子四处游荡，它们就会对粒子流造成干扰。为了加速大量粒子，对高压的稳定性也提出了更高的要求。从 1926 年到 1933 年，这些问题以及其他技术问题一直在进行着研究，直到最后解决。

当这场竞赛在全欧洲进入白热化阶段的时候，美国的学术机构和科学家也参与了进来。柏林的一家电力公司在柏林建造的脉冲电压发电机，电压达到了240 万伏，但并没有产生粒子。位于斯克内克塔迪的通用电气公司获悉其方法以后，把能量提高到 600 万伏。1928 年，在华盛顿的卡内基研究所，物理学家图夫（Merle Tuve）驱动感应线圈产生了几百万伏的电压，但没有找到合适的束流管。加州理工学院的劳里森（Charles Lauritsen）则成功地制造了能承受 750 000 伏高压的真空管。图夫采用劳里森的真空管，在 500 000 伏下产生了一束每秒达 10^{13}（10 万亿）个质子的质子流。从理论上讲，这些粒子和能量用来探测原子核已经足够了。图夫确实实现了核碰撞，但这是在 1933 年另外两件事获得成功以后的事情了。

另外一个要提的是范德格拉夫，他先是在耶鲁大学工作，后来到了 MIT（麻省理工学院）。1931年，范德格拉夫制作了一个装置，用以研究高压静电。他将电荷沿着一个循环的丝带运送到一个大金属球上，从而逐渐增加金属球的电压，直到几百万伏。这时，一道巨大的弧光就会在金属球与建筑物的墙壁之间产生。这套装置就是著名的范德格拉夫起电机，现在正念着高中物理学课程的学生们对它应该很熟悉。增大球体的半径可以推迟放电，而把整个球体放在干燥的氮气里也有助于增加电压。最终，经过许多年的完善，范德格拉夫起电机成了1 000万伏以下起电机的一种选择。

20世纪20年代末30年代初，这场竞赛一直在持续着。卢瑟福的卡文迪许帮里的科克罗夫特（John Cockcroft）和瓦尔顿（Ernest Walton）最终以微弱优势取得了胜利，在这一过程中一位理论家给了他们极有价值的帮助（这里我不得不嘟囔一声）。科克罗夫特和瓦尔顿试图获得研究原子核所必需的100万伏电压，虽然历经了多次失败，但他们仍然在努力着。俄罗斯理论家伽莫夫在拜访过哥本哈根的玻尔后，决定在回家之前去剑桥看看。在那里，他与科克罗夫特和瓦尔顿展开了一场争论。他告诉两位实验家，他们其实不需要努力达到那么高的电压。他指出，按照新的量子理论，即使粒子的能量没有达到足以克服核子的电力排斥的水平，它也能够成功地穿过原子核。他解释说，量子理论给了质子以波的性质，使它能够通过隧道效应，穿越原子核的电荷"势垒"（我们在第5章已经讨论过）。科克罗夫特和瓦尔顿最终采纳了这一观点，把他们的装置重新设计为500 000伏。他们把J.J.汤姆逊原来用于产生阴极射线的那种放电管拿来产生质子，并通过一个变压器和一个电压倍增电路来实现加速。

在科克罗夫特和瓦尔顿的装置中，每秒约1万亿个质子流沿着抽空的管子加速，然后打到铅、锂和铍靶上。那一年是1930年，核反应终于可以通过加速的粒子产生了。可以分裂锂的质子能量只需400 000电子伏，远远低于原先设想所必需的几百万电子伏。这是具有历史性意义的事件。现在又有新型的"刀子"可以用了，只是它的形式还是最原始的那种。

加利福尼亚能人

现在把镜头切换到加利福尼亚的伯克利。出生于南达科他州的劳伦斯（Ernest Orlando Lawrence）在耶鲁开始了一段辉煌的物理学研究后，于1928年来到了伯克利。他发明了回旋加速器，一种本质上完全不同的粒子加速设备，并因此获得了1939年的诺贝尔奖。劳伦斯很熟悉那些笨拙的静电加速装置，由于其电压太高，存在着击穿仪器设备的危险。他认为肯定还存在一种更好的方法。在查阅有关不用高电压而获得高能量的文献时，他看到了挪威工程师维德罗（Rolf Wideröe）的一篇论文。维德罗指出，使一个粒子的能量加倍，可以让它通过排成一列的两个能隙而不需要使电压加倍。维德罗的想法是现代直线加速器的基础。一个能隙沿着一条直线排在另一个能隙的后面，粒子在通过每个能隙时都会得到能量。

维德罗的论文启发劳伦斯想出了更好的主意。为什么不选择一个具有合适电压的能隙，去不断重复地利用它呢？劳伦斯推导了一下，当一个带电粒子在磁场中运动时，它的轨迹弯曲成圆形。圆的半径取决于磁场的强度（磁场越强，半径越小）和带电粒子的动量（动量越高，半径越大）。动量是粒子的质量和速度的简单乘积。这意味着在很强的磁场下，粒子将沿较小的圆周运动，但如果粒子获得了能量，其动量也会增大，那么圆的半径也会增加。

在一个强磁场的南北磁极之间放置一个带盖的盒子，构成一个类似三明治的结构。盒子用坚硬但没有磁性的黄铜或不锈钢制成。抽出盒子里的空气，里面是几乎占据了盒子全部空间的两个中空的 D 形铜质结构。D 形结构的两个直边并不相连，正对着构成了一个很小的能隙；D 形结构的圆边则是封闭的。假定一个 D 形结构带正电，另一个带负电，电势差为 1 000 伏。在圆中心附近产生的质子流（先不管它是怎么产生的）通过能隙由正 D 运动到负 D。由此质子获得了1 000电子伏的能量。由于动量增大，现在它们的运动半径也增大了。质子在 D

中做匀速圆周运动，当它们返回能隙的时候，由于有一个巧妙的交换装置，它们看到能隙的对面又是负电压，所以又得到了加速。现在它们有 2 000 电子伏了。这个过程持续下去，每次质子通过能隙的时候都获得 1 000 电子伏的能量。当动量增大的时候，由于磁场的作用，运动半径也持续增大。结果，质子从盒子中心向外旋转直到圆周边界。在那里，质子会打到一个靶上，从而产生碰撞，研究随之就可以展开了。

在回旋加速器（如图 6.1）中加速的关键是，每次质子运动到能隙处的时候，它对面的 D 必须是负电压。所以，极性必须随着质子的旋转准确地从一个 D 到另一个 D 同步变化。但是，你也许会问自己：在加速的过程中，质子的运动半径不断加大，要改变电压，使其与质子同步，不是很难做到吗？答案是不难。劳伦斯发现，"万能的上帝"让质子通过加速来补偿运动路径的增加。这样，它们通过每个半圆的时间是一样的，这一过程叫共振加速。为了匹配质子的运动轨迹，需要采用无线电广播中人们所熟知的定频变压技术。因此，这种交换加速机制被称为射频发生器。在这种加速器里，当质子到达能隙边缘的时候，对面

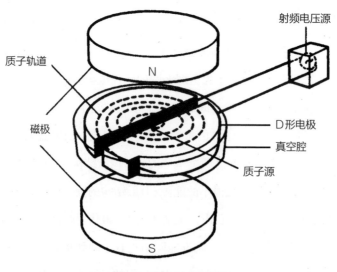

图6.1 回旋加速器构想图

的 D 正好到达负电压的最大值。

在 1929 年和 1930 年，劳伦斯逐步建立了回旋加速器的理论。后来，他在纸上设计了一个装置，质子能够通过 D 形结构的能隙 100 次，每次获得 10 000 电子伏的能量，也就是说，他得到了 1 兆电子伏的质子流（10 000 伏 × 100 次＝1 兆电子伏）。这种粒子流"对于原子核的研究非常有用"。实际上，最早的样机是由劳伦斯的一个学生利文斯通（Stanley Livingston）建造的，不过它非常小，只有 80 千电子伏（80 000 电子伏）。随后劳伦斯便成了"风云人物"。他获得了一大笔资助（1 000 美元！）来建造一台能够产生核分解的装置。两个磁极（磁体的南北磁极）的直径有 10 英寸，在 1932 年，该装置可以把质子加速到 1.2 兆电子伏的能量。继剑桥的科克罗夫特和沃尔顿研究组之后仅几个月，这些质子便被用来撞击锂和其他元素的原子核。虽然排名第二，但劳伦斯也点上了雪茄烟。

大科学和加利福尼亚之谜

劳伦斯是一个极有能量、大权在握的人，也是大科学（Big Science）的鼻祖。大科学是指许多科学家共享极其复杂和昂贵的大型主体设备。在其发展过程中，大科学创造了科学家小组开展研究的新模式，也产生了一些敏感的社会学问题，而且越往后越多。自汶岛上的乌拉尼堡实验室的领导者第谷以来，像劳伦斯这样的人可以说绝无仅有。在实验领域，劳伦斯使美国在世界物理学界成了一个严肃认真的参与者。他的努力促成了"加利福尼亚之谜"——热衷于大技术这一复杂而又昂贵的事业。这些对于年轻的加利福尼亚，实际上对于年轻的美国来说都是非常诱人的挑战。

到 1934 年，劳伦斯已能用 37 英寸的回旋加速器产生 5 兆电子伏的氘核流。氘核这一由一个质子和一个中子组成的原子核在 1931 年被发现，并被证明在产生核反应方面比质子更加有效。1936年，劳伦斯得到了8兆电子伏的氘核流；1939年，一台60英寸的装置可以产生20兆电子伏。1940年，一台仅磁体就重达10 000吨的庞然大物开始建造，并在第二次世界大战以后完工。由于能够揭示原子核的秘密，世界范围内都在建造回旋加速器。在医学领域，它们被用来治疗肿瘤。射向肿瘤的粒子流，可以把能量聚集在恶性肿瘤细胞上并将其摧毁。20世纪90年代，有超过1 000台回旋加速器在全美的各家医院里应用。然而，粒子物理学方面的基础研究却放弃了回旋加速器，转而采用新型的机器。

同步加速器：想转多少圈都可以

让粒子获得更高能量的呼声在全世界范围内一浪高过一浪。在每个新的能量领域都有新的发现，同时新的困惑也相伴而生，这又增加了人们获得更高能量的渴望。大自然的丰富多彩，似乎都隐藏在原子核和亚核的微观世界里。

回旋加速器由于自身的设计而受到限制。因为粒子向外运动，其沿轨道旋转的圈数显然就受到设备周长的限制。为了旋转更多的圈数，得到更高的能量，就需要更大的回旋加速器。而磁场必须分布在整个旋转区域内，所以磁体也得非常大……这样成本就会非常高。这时出现了同步加速器。如果粒子不是向外运动，而是沿着半径固定的轨道运行，那么磁体只需要沿着狭窄的轨道分布。粒子的能量增加，磁场的强度也同步增加，以使粒子保持在半径固定的轨道中。这个想法太妙了！因为磁体只需要沿着粒子流经过的路径分布，便可以由英尺量级减小到英寸量级，从而节省成吨成吨的铁。

在我们进入20世纪90年代之前，有两个重要的细节必须提及。在回旋加速器里，带电粒子（质子或者氘核）能在南北磁极间的真空腔里旋转几千圈。为了使粒子不至于向外运动而撞到真空腔的内壁，绝对需要某种聚焦过程。磁场

力就被用来把粒子流压成一束，就像用透镜把手电筒的光变成（几乎）平行的
光束一样。

在回旋加速器中，当质子向磁体的外边缘运动时，是通过磁场强度的变化
来起到聚焦作用的。劳伦斯的年轻学生、后来建造费米实验室加速器的威尔逊，
第一个想到了磁场力在保持质子轨道以防止其发散方面起到的精妙却又至关重
要的作用。在早期的同步加速器中，磁极所设计的那种形状，就是为了提供这
种作用力。后来，特殊设计的四极磁体（有两个南磁极和两个北磁极）被用于
粒子聚焦，其中每一对磁极都能将粒子控制在确定的轨道上。

费米实验室 1983 年建成的太瓦质子加速器就是一个很好的例子。粒子被高
性能超导磁场控制在狭窄的圆形轨道上，很像火车在铁轨的限制下绕着圈跑。
高真空的束流管是由不带磁性的不锈钢制成的，截面呈 3 英寸宽、2 英寸高的椭
圆形，位于磁体南北极的中心。每对（控制）磁体有 21 英尺长，"四极磁体"则
有 5 英尺长。沿着管道，总共分布着 1 000 多个磁体。束流管和磁体围成的圆半
径有 1 千米，也就是 0.6 英里——这和劳伦斯的第一个 4 英寸的模型相比，变化
实在是太大了。从这儿你就可以感受到同步加速器设计的优越之处了。在同步
加速器中，虽然需要很多磁体，但它们相对来说都非常小，宽度只要能覆盖真
空管就行。但是，如果太瓦质子加速器是一个回旋加速器，我们就需要一个磁
极直径达 1.2 英里的磁体，来覆盖周长达 4 英里的加速器。

粒子沿着这个 4 英里长的轨道每秒钟能转 50 000 圈。在 10 秒钟内它们行进
的里程可达 200 万英里。每次它们通过一个能隙——确切地讲是一系列特殊设计
的空腔——时，射频电压就把它们的能量提高大约 1 兆电子伏。使粒子聚焦的磁
体允许粒子在走完全程后与设计的轨道有 1/8 英寸的偏差。这虽然不很完美，但
已经足够好了。就好比在地球上用步枪瞄准落在月球表面的一只蚊子的眼睛，
却打到了它的另一只眼睛。在质子被加速的时候，为了使它们保持在同一轨道
上，磁场强度也需要随着质子能量的增加而精确地同步增加。

第二个重要细节与相对论有关：当质子能量增加20兆电子伏左右时，所增加的重量就能够被探测出来了。质量的增加，会破坏劳伦斯发现的"回旋共振"。在回旋共振中，旋转的粒子会通过加速精确补偿路径的增加，使得加在能隙上的加速电压能够以一个固定的频率与粒子的旋转保持同步。能量越高，粒子旋转一周所用的时间就越长，这样固定的射频电压也就不再适用了。为了与粒子的减速相适应，所加电压的频率也不得不降低，于是调频（FM）加速电压就被用来配合质子质量的增加。同步回旋加速器，即调频的回旋加速器，是相对论影响加速器的最早例子。

质子同步加速器以一种更为巧妙的方式解决了这个问题，但这解释起来稍微有些复杂。它基于这样一个事实，即粒子的速度（无论是光速的百分之九十九点几）本质上变化不大。假设当粒子通过射频环那部分的能隙时加速电压恰好是零，这样就没有加速。现在，我们稍微增大磁场。粒子的运动半径减小了，它会稍微提前一点到达能隙。此时，让射频电压恰好处于加速质子的相位。于是，质子的质量增大，轨道半径也随之增大，这就回到了我们开始时的状态，只是能量更高了。这样的系统是自动校正系统。如果粒子获得的能量（质量）过大，它的运动半径增大较多，它就会稍微延迟一些到达能隙。这时，它会遇到一个减速电压，这个电压将校正产生的错误。增加磁场强度能够提高我们这些英雄粒子的质能。这种方法依赖于"相位稳定性"，它是这一章后面所要讨论的内容。

艾克和π介子

有一个早期的加速器对我来说非常亲切，那就是哥伦比亚大学的400兆电子伏同步回旋加速器。它建于纽约哈得孙河畔欧文顿的一块地上，离曼哈顿很近。

这块地是在汉密尔顿殖民统治时期建成的，以其祖先所在的苏格兰本尼维斯山的名字命名，后来又被杜邦家族的一个分支和哥伦比亚大学先后拥有。1947—1949年建造的尼维斯回旋加速器运行了 20 多年（1950—1972），是世界上最多产的粒子加速器之一。同时它还造就了 150 多个博士，其中大约有一半目前仍在高能物理学领域工作，成为伯克利、斯坦福、加州理工、普林斯顿以及其他许多机构的教授。另一半人则各奔东西，任职于小型教学机构、国家实验室、科学管理机关、工业研究部门、投资银行……

1950 年 6 月，在哈得孙河畔草坪的斜坡上聚集了好些人，周围绿树成荫，灌木与红砖相互辉映。就在这里，哥伦比亚大学校长艾森豪威尔为新设备的落成主持了一个小小的庆典。当时我还是一个研究生。在一段演讲之后，艾克合上了一个开关，于是从扩音器里传出了盖革计数器发出的标志着放射性的"嘀嗒"声。这是我把一个放射源放置在粒子计数器附近时产生的，因为机器已选择在那个时候发生碰撞，而艾克对此一无所知。

为什么需要 400 兆电子伏呢？ 1950 年的热门粒子是 π 介子。早在 1936 年，日本理论物理学家汤川秀树就预言了 π 介子的存在，认为它是当时最神秘的强力的关键因素。现在我们知道，强力是通过胶子传递的。但在当时，在质子和中子之间飞来飞去的 π 介子被认为是把它们紧紧束缚在原子核内的关键，所以我们需要制造并研究它们。为了在核碰撞中产生 π 介子，加速器产生的粒子能量必须大于 mc^2（m 是 π 介子的质量），也就是要比 π 介子的静止质能大。π 介子的静止质量乘以光速的平方就是它的静止质能：140 兆电子伏。因为碰撞能量只有一部分参与了新粒子的产生，所以我们需要更大的能量。最后我们决定用 400 兆电子伏。此后，尼维斯加速器就成为 π 介子工厂了。

贝波的女士们

首先我们还要讲一讲 π 介子最初是如何被发现的。20世纪40年代末，英国布里斯托尔大学的科学家们注意到，当一个 α 粒子穿过涂在玻璃板上的照相感光乳剂时，可以"激活"其路径上的分子。底片经处理以后，就可以看到溴化银颗粒显示出的轨迹。这个轨迹借助一个低倍显微镜很容易分辨出来。后来，布里斯托尔大学的研究小组利用高空探测气球，把大量很厚的感光乳剂带到了几乎到达大气层顶端的地方。在那里，宇宙线的强度要比海平面高出许多。这些"自然"产生的辐射源其能量跟卢瑟福5兆电子伏的 α 粒子相比要大得多。正是从这些暴露在宇宙线照射下的感光乳剂中，巴西人拉特斯（César Lattes）、意大利人奥基亚利尼（Giuseppe Occhialini）和布里斯托尔大学教授鲍威尔（C. F. Powell）于1947年首次发现了 π 介子。

以上三重唱中最富特色的就是奥基亚利尼，朋友们都管他叫贝波。作为一个业余洞穴学研究者和恶作剧者，贝波是研究小组里的活力之源。他训练了一群年轻女性，来做在显微镜下观察感光乳剂这项辛苦的工作。我的论文指导老师吉尔贝托·贝尔纳迪尼（Gilberto Bernardini）是贝波的好朋友。有一天，他到布里斯托尔拜访奥基亚利尼。对方一阵连珠炮似的英语介绍把本来就听不太懂英语的他弄得一头雾水。最后，他带着疑惑走进了实验室。在那里，几位端庄的英国女士正一边凝视着显微镜，一边用即使是在热那亚码头都难出口的意大利黑话诅咒着。"哎哟！"贝尔纳迪尼大声嚷道，"这就是贝波的实验室！"

感光乳剂里的轨迹显示了一种粒子（π 介子）高速入射后逐步减速（随着粒子速度减慢，溴化银颗粒的密度会增加），直到静止的整个过程。而在轨迹的终点，一种新的高能粒子出现并弹开了。π 介子是不稳定的，它会在10纳秒内分解成一个 μ 子（在轨迹终点出现的新粒子）和其他东西。这种东西后来被证明是中微子，它不会在乳剂里留下轨迹。这个反应可记作 π→μ+ν。也就是说，

一个 π 介子（最终）产生了一个 μ 子和一个中微子。由于乳剂不能提供时间顺序方面的信息，所以只得通过细致地分析这些稀少的几条轨迹，来研究这个粒子到底是什么以及它是如何衰变的。新的粒子需要研究，但是，利用宇宙线每年只能得到一小批这类事件。因此，为了了解核分解的方式，需要具有足够高能量的加速器。

就像尼维斯加速器一样，在伯克利，劳伦斯的 184 英寸回旋加速器也开始产生 π 介子。很快，罗切斯特、利物浦、匹兹堡、芝加哥、东京、巴黎和杜布纳（在莫斯科附近）的同步回旋加速器都被用来研究 π 介子在中子和质子中的强相互作用，以及在 π 介子放射性衰变中的弱作用力。在康奈尔、加州理工、伯克利和伊利诺伊大学的其他加速器则用电子来产生 π 介子，但最成功的设备是质子同步回旋加速器。

第一束外部束流：下注吧！

1950 年夏，一台加速器正经历着出生前的阵痛，我也正处在需要数据以获得博士学位谋生的时刻。这时开始了一场叫作 π 介子的竞赛。用尼维斯加速器产生的 400 兆电子伏的质子轰击碳、铜等任何含有原子核的东西，你都能得到 π 介子。伯克利已雇来了拉特斯，他向物理学家们展示了布里斯托尔大学成功应用的高灵敏度感光乳剂是如何工作的。他们把一堆感光乳剂插入真空管中，并让质子在乳剂附近轰击目标靶。通过密封腔取出乳剂，经过洗印（需要一星期的努力）后，再用显微镜进行专门研究（需要几个月！）。所有这些工作仅仅给伯克利的研究小组提供了几十个 π 介子的产生过程。看来必须有一种更简单的方法。问题是，粒子探测器必须安装到加速器里面，在磁场最强的区域里记录 π 介子，而唯一实用的装置也就是感光乳剂了。事实上，贝尔纳迪尼正打算在尼维斯加速器上做与伯克利的实验类似的乳剂实验。我为我的博士论文项目建造的漂亮的大云室是个更好的探测器，但它不可能放到加速器内磁体的磁极之间。要想作为粒子探测器正常地工作，它也不能放在辐射强烈的加速器内部。在回旋加速器的磁体和实验区域之间砌有10英尺厚的混凝土墙，为的是防止辐射泄漏。

　　一个名叫约翰·丁洛特（John Dilnot）的新博士后从MIT罗西领导的著名宇宙线研究小组来到了哥伦比亚大学。丁洛特是一个典型的物理学家。他没满20岁就已是一个能开音乐会的小提琴家了，但在做出一个痛苦的决定之后，他把小提琴搁到了一边，开始钻研物理学。约翰是跟我一道工作的第一个年轻的博士，我从他那里学到了很多东西——不只是物理学。他是天生的骑手和赌徒：赛马、21点、掷骰子游戏、轮盘赌、扑克牌——很多种扑克牌游戏他都会。在实验中收集数据的时候，我们赌；在假期里、在火车上、在飞机上，我们也赌。这种学习物理学的方法"学费"可不低，不过，我的损失可以从其他玩家——学生、技师，还有约翰雇的保安——身上补回来。而他倒没什么可遗憾的。

　　约翰和我坐在还没有实际投入运行的加速器地板上，一边喝着啤酒一边讨论着这个世界。"从靶上飞出的π介子究竟会怎样呢？"他突然问我。约翰在物理学方面和赛马方面一样是个赌徒，我已经变得非常谨慎了。"这个嘛，如果靶是在加速器里面的话（它不得不放在里面，因为我们不知道怎样把加速的质子引出回旋加速器），强大的磁体会使它们四处散射。"我小心地回答道。

约翰：其中会有一些飞出加速器，打到防护墙上，是吗？

我：是的，到处都会有。

约翰：我们为什么不找出来呢？

我：怎么找？

约翰：我们可以做磁径迹。

我：这是工作上的事。（当时是星期五晚上 8 点。）

约翰：我们有测量磁场的数据表吗？

我：我该回家了。

约翰：我们可以用巨大的一卷一卷的棕色包装纸，按照一个一个的刻度画出 π
　　　介子的轨迹……

我：星期一来做？

约翰：你做计算尺方面的工作（这是在 1950 年），我来画路径。

　　到星期六凌晨 4 点的时候，我们已经取得了能改变回旋加速器使用方法的重
要发现。我们分别采用 40、60、80 和 100 兆电子伏的加速粒子，追踪了从放置
于加速器中的靶上飞出的大约 80 个粒子，它们都具有合理的方向和能量。使我
们惊讶的是，这些粒子并非"只是到处游走"。相反，由于加速器磁体边缘附近
和外部磁场特性的影响，它们环绕着加速器形成了紧箍的一束。我们发现了现
在大家都知道的"边缘场聚焦"现象。通过旋转这些大张的纸——也就是通过
选择一个特定的靶的位置——我们可以把 60 兆电子伏左右、具有较宽能带的 π
介子束直接引到我那崭新的云室里。但是，在加速器和实验区域之间可以用来
安置我的宝贝云室的地方是混凝土墙，这是唯一的麻烦。

　　没有人会预料到我们的发现。星期一早上，我们守候在主任办公室门外，
就是要"逮"住他，向他报喜。我们只有三个简单的要求：（1）在加速器里设
一个新的靶位；（2）减小回旋加速器真空管和外界之间的窗口厚度，以减小 1 英
寸厚的不锈钢板对新出现的 π 介子产生的影响；（3）在 10 英尺厚的混凝土墙壁
上新开一个约 4 英寸高、10 英寸宽的洞。所有这些要求，不过是由一个不起眼的
研究生和一个博士后提出来的！

　　我们的主任、罗兹奖学金获得者布思（Eugene Booth）教授是位佐治亚州的

绅士，从他嘴里很少蹦出"该死"这类话来，但这回他对我们俩却破了例。我们一会儿跟他唇枪舌剑地争论、辩解，一会儿又花言巧语地蒙他、骗他，甚至还向他描述了日后的荣耀——他一定会举世闻名的！想想吧，他领导的实验室首次获得了外部 π 介子流！

布思把我们轰了出来，但午饭后却又把我们叫了回去。（我们当时一直在权衡是用马钱子碱好还是用砒霜好呢。）原来，贝尔纳迪尼正好来访，布思就把我们的想法跟这位名声显赫的访问教授讲了。我想，大概是因为布思用来解释那些细节的佐治亚口音对贝尔纳迪尼来说实在是太难懂了。他曾向我坦白说："Booos，Boosth，谁能准确地发出这些拗口的美国人名呢？"尽管如此，贝尔纳迪尼以他典型的拉丁式的夸张方式支持了我们的想法，所以布思把我们叫了回去。

一个月之后，所有的一切都显出了成效——就像包装纸上所描述的那样。没过几天，我的云室里就记录了比世界上其他所有实验室加起来还多的 π 介子。每张照片（我们每分钟拍照一次）都记录了6~10条 π 介子的美妙轨迹，而每三四张照片都能显示出 π 介子分解成 μ 子和"其他东西"时在轨迹中形成的纽结。我把 π 介子的衰变作为我的论文题目，在6个月内我们就建造了4个粒子流。尼维斯加速器作为一个研究 π 介子的数据工厂在满负荷运转。一有机会，约翰和我就去了萨拉托加的赛马场，约翰继续扔他的骰子，在第8场比赛中获得了28比1的胜利，他赢得的赌注解决了我们的晚饭和回家的汽油费。我真的很喜欢这个家伙。

约翰·丁洛特肯定有着非凡的洞察力，是他察觉到了边缘场聚焦现象，而当时所有研究回旋加速器的人都忽略了这个问题。后来，他作为罗切斯特大学的教授继续推进着他那卓越的事业，但不幸在43岁时死于癌症。

一个社会科学问题：大科学的起源

　　第二次世界大战为战前和战后的科学研究划出了一道极为重要的分水岭。（这种有争议的看法怎么说才好呢？）它也标志着探寻"原子"的工作出现了一个新局面。这表现在许多方面：战争使技术向前飞跃发展，而这更多地集中于美国，丝毫也不受欧洲正在经历的战争的影响。战争期间发展起来的雷达、电子学、核弹（这里用的是其正确的名称）都显出了科学和工程领域合作所产生的威力——如果没有预算方面的限制的话。

　　战争期间主导美国科学政策的科学家万尼瓦尔·布什（Vannevar Bush）在给罗斯福总统递交的一份意味深长的报告中，描述了科学和政府之间的新关系。从那时起，美国政府承担起了资助科学领域基础研究的任务。基础和应用研究的经费增长得如此迅速，相比之下，劳伦斯在20世纪30年代初辛勤劳作、奔忙半天才获得1 000美元资助，对我们来说就太可笑了。即使算上通货膨胀的因素，那些钱跟1990年基础研究方面所获得的联邦资助——120亿美元——相比也真是有天壤之别。第二次世界大战还促使大量的科学家从欧洲流亡到美国，成为美国科研大军的重要组成部分。

　　20世纪50年代初，大约有20所大学拥有了可进行前沿核物理学研究的加速器。当我们对原子核有了一定了解之后，研究的前沿便转移到需要更大能量——也更昂贵——的加速器的亚核领域。于是我们便进入了一个大统一的时代——科学的合并。9所大学联合建造并管理着长岛布鲁克黑文的加速器实验室。他们在1952年建造了一台3吉电子伏的加速器，在1960年又建造了一台30吉电子伏的加速器。普林斯顿大学和宾夕法尼亚大学联合建造了位于普林斯顿附近的质子加速器；MIT和哈佛大学建造了6吉电子伏的剑桥电子加速器。

　　几年下来，联合的规模越来越大，处于领先地位的加速器的数量则在不断减少。我们需要更高的能量来着手解决"里面是什么"的问题，来寻找真正的

"原子"——或者我们前面那个图书馆比喻中的0和1。当新机器计划执行的时候，旧机器就被逐步淘汰，而大科学（这个词经常被无知的评论家当作贬义词来用）也变得越来越大。在20世纪50年代，由2~4名科学家组成的小组每人一年也许能做两三个实验；而在随后的几十年里，协作的规模越来越庞大，实验周期也由于需要建造更复杂的探测器而变得越来越长。到90年代，仅费米实验室的CDF就有来自12所大学、两个国立实验室以及日本和意大利的研究所的360名科学家和学生。为采集数据，加速器的运行日程表会连续排一年甚至更长的时间——即便是圣诞节、美国国庆日或发生其他什么重大事件的日子也不例外。

这门学科，从一门案头科学演变成以方圆数英里的加速器为基础的科学，监管其发展的是美国政府。第二次世界大战的原子弹项目，导致了原子能委员会（AEC）的诞生。作为一个文职机构，它负责核武器的研究、制造与储藏。受国家的委托，它还肩负另一项使命，即资助和监督在核物理学与后来发展为粒子物理学领域中的基础研究。

德谟克利特的"原子"案例甚至还进入了国会大厦。国会为了监督原子能方面的工作，成立了一个跨参众两院的原子能联合委员会。这个委员会的听证记录，都以厚实的政府绿皮书的形式发表，这可是科学史家的诺克斯堡金库。在这些绿皮书里，可以读到劳伦斯、罗伯特·威尔逊、拉比、奥本海默、汉斯·贝特（Hans Bethe）、费米、盖尔曼和其他许多人的证词，以及他们耐心回答的问题，如寻找终极粒子的现状如何啦，为什么还必须再要一个加速器等。本章开篇，费米实验室那位劲头十足的创始主任罗伯特·威尔逊和参议员帕斯托的一段对话，就是从这些绿皮书中摘录的。

为了完成"字母游戏"，AEC解散成了ERDA（能源研究开发署），但很快又让位给DOE（美国能源部）。在本书撰写之时，DOE已受命负责监督有核粒子加速器在运转的国立实验室。目前美国有5家这样的高能实验室：SLAC、布鲁克黑文、康奈尔大学、费米实验室和正在建设的超导超级对撞机实验室。

加速器实验室通常归政府所有，但由承包人运作。承包人可能是一所大学，例如负责 SLAC 的斯坦福大学；也可能是大学和研究所的联合体，如费米实验室就是这样。承包人任命一位主任，剩下的他们就只能祈祷了。主任负责实验室的运行，并做出所有重要决定，通常他会在这个位置上待很长的时间。作为费米实验室 1979—1989 年的主任，我的主要任务就是实现罗伯特·威尔逊的设想：建造第一台超导加速器——太瓦质子加速器。我们也不得不建造了质子反质子对撞机和巨大的探测器来观察能量接近 2 太电子伏的粒子相向碰撞。

我在费米实验室主任的任上可没少为研究进展操心。就在尼维斯回旋加速器的地板上，我和同事们组成的小组曾苦苦探寻过问题的答案，体验了快乐和富有创造性的经历，这种体验，卢瑟福的学生们、量子理论的诸位奠基人也都有过，但年轻的学生和博士后们又怎样能够感受呢？越是深入地了解了实验室里所发生的事情，我越是感到欣慰。有好几个晚上，我到 CDF 研究组（老德谟克利特并不在那里）时发现，正做着实验的学生们都异常兴奋。巨大的显示屏上荧光闪烁，计算机把相关数据处理后提交给轮班工作的十几位物理学家分析。偶尔地，会有对"新物理学"富于启发性的现象出现，这时候现场安静极了，连大家的喘息声都能听见。

每个大的研究合作组包含多个 5~10 人的小组：一两个教授，几个博士后和一些研究生。教授负责他带的小组，确保他们不会迷失方向。起初他们是按照设计、建造和测试仪器进行分工的，后来又加入了数据分析。从每次对撞机实验中得出的数据是如此之多，以至于经常是一些小组在进行完某项分析后，才能把数据提交给别的组来求解其他问题。有些年轻的科学家可能是听从教授的建议，选择了经由各小组负责人组成的委员会一致批准的某个特殊课题。问题太多了。比如，当质子与反质子碰撞的时候产生了 W^+ 和 W^- 粒子，这一过程的确切形式是怎样的？这些 W 粒子带走了多少能量？它们出射的角度有多大？还有其他诸如此类的问题。这可能是比较有意思的细节问题，也可能是解开强力和弱力中存在的重要机制的线索。20世纪90年代最令人兴奋的任务是寻找顶夸克并测量它的性质。直到1992年年中，这项工作才由费米实验室CDF合作组下面的4个小组经过4种独立的分析完成。

在这里，年轻的物理学家们依靠自己的力量，在与复杂的计算机程序和由于仪器设置的不完善而导致的难以避免的误差进行战斗。他们面临的问题是：得出一个关于自然运作的方式的有效结论，给微观世界"拼图游戏"再加上一块拼图。在他们身后，拥有强大的技术支持：软件专家、理论分析人员以及善于为探索性的结论搜寻坚实证据的人。如果碰撞产生W射线的过程出现了一些有趣的假信号，会是仪器导致的假象所致吗（比如说，显微镜镜片上微小的裂痕）？是软件上的漏洞吗？抑或它就是真实的信号？如果它是真实的，那么同事哈里在对Z粒子的分析中，或者马乔里在对反冲喷射的研究中，没有观察到类似的结果吗？

"大科学"并非粒子物理学家所独有。天文学家们共享巨型望远镜，统筹他们所得到的观测结果，为的是推断出一个有关宇宙的正确结论；海洋学者共用配备了声呐、潜水舱以及专用照相机的科学考察船；基因组研究则是微生物学家的大科学计划；即便是化学家也要用到质谱仪、昂贵的染料激光器和巨型计算机。在一个又一个学科里面，科学家们不可避免地都在共享取得科学进展所必需的贵重设备。

说了这么多，我必须强调一下，对年轻的科学家来说，能够跟教授及同事们围绕一个小型实验，以比较传统的方式工作也是非常重要的。他们可以关掉电源，熄灯，然后回家思考或睡觉。"小科学"也一直是发现、变化和创新的源泉，为知识的进步做出了巨大贡献。我们必须在我们的科学政策中保持适当的平衡，而两种选择都存在真是值得庆幸。对于从事高能研究的人来说，他也许并不赞同，他也许还怀念旧时美好的时光——一个人无拘无束地坐在自己的实验室里混合那些五彩缤纷的药剂。这固然是一个很迷人的景象，但永远也不会让我们接近上帝粒子。

回到加速器：三个技术突破

从根本上说，加速器要获得无限的能量（无限，是指排除了预算限制的无限），离不开许多技术突破。让我们来仔细看看其中三个。

第一个是相位稳定性概念。这是由一个苏联天才科学家韦克斯列尔（V.I.Veksler）和伯克利物理学家麦克米伦（Edwin McMillan）同时独立发现的。同一时期，我们那位无处不在的挪威工程师维德罗，也独立地为这一想法申请了专利。相位稳定性极为重要，我们需要打个比方来介绍：假定有两个完全相同的半球形碗，其底部有很小的一块平面。现在，我们把一个碗倒过来放置，并将一个小球（1 号球）置于平底之上，而将第二个小球（2 号球）放在没有倒置的碗底。此时，这两个小球都处于静止状态，但它们都是稳定的吗？不是的。你只要试着轻轻地推一下小球就知道了：1 号球从碗上滚了下来，彻底改变了原来的状态，这种情况是不稳定的；2 号球会沿着碗壁向上滚，然后又回到碗底，在它的平衡位置附近振荡。这种情况是稳定的。

加速器中粒子的数学模型跟以上两种情况非常相似。如果有微小扰动——例如粒子和残存的空气粒子或其他加速粒子发生了轻微的碰撞——就会使运动状态发生很大的改变，这就说明没有基本稳定性，粒子迟早会丢失。另一方面，如果这些扰动只是造成在理想轨道附近的微小振荡性偏移，我们就得到了稳定性。

加速器在设计上所取得的进展，体现了分析（现在已经高度计算机化了）研究和一些精巧装置的发明这两者的完美结合；它们大多建立在第二次世界大战期间发展起来的雷达技术的基础之上。相位稳定性概念是通过应用射频（RF）

电力而在一类机器上实现的。通过调整加速射频，粒子到达能隙的时间会稍有偏差，导致粒子的轨道略有变化；但当粒子第二次通过能隙时，这个偏差就被矫正了。这样，在加速器中就实现了相位稳定性。前面已经给出了同步回旋加速器的例子。实际发生的情况是，偏差会被矫枉过正，粒子的相位受射频的影响，在能够很好地加速粒子的理想相位附近振荡，就像碗底的小球一样。

第二个突破发生在1952年。当时，布鲁克黑文实验室的3吉电子伏质子同步加速器即将完工，加速器小组正期待着日内瓦CERN实验室的科学家来访，当时CERN实验室的10吉电子伏加速器也正在设计之中。准备这次会面的3位物理学家利文斯通（劳伦斯的学生）、库兰特（Ernest Courant）和斯奈德（Hartland Snyder）做出了一个重大发现。他们都属于新的一类人：加速器理论家。他们所发现的原理被称为强聚焦。在描述第二个突破之前，我必须强调一点，粒子加速器的研究和应用已经成为一门博大精深的学科。这里值得对其关键技术做一下回顾。我们有一个能隙，或者说射频腔，它能使粒子在每一次穿越时增加能量。为了重复利用它，我们可以借助磁体引导粒子沿着一个近乎圆形的轨道运行。粒子在加速器中所能获得的最大能量取决于两个因素：（1）磁体所能提供的最大半径；（2）在此半径处可以得到的最强磁场。通过增大半径，或者加大最强磁场，或者两者同时进行，我们可以建造更高能量的加速器。

一旦这些参数确定下来，如果给粒子太多的能量，它们就会逸出磁体。1952年的回旋加速器最多能把粒子加速到1 000兆电子伏。同步加速器提供的磁场可以使粒子沿着固定半径的轨道飞行。回想一下，同步加速器的磁场强度在刚开始加速时很低（与注入粒子的低能量粒子相匹配），然后逐步增加到最大值。加速器呈圆环状，圆环半径在这一时期随不同的加速器从10英尺到50英尺不等。获得的最高能量可达10吉电子伏。

给布鲁克黑文聪明的理论家带来困扰的问题是：如何使粒子形成紧密的一束，使其在精确的磁场受到扰动的时候也能保持相对稳定的运动轨迹。由于经过的距离很长，极小的扰动或磁场变化都能使粒子偏离理想轨道，从而使我们得不到粒子流，所以我们必须提供能稳定加速的条件。相关的数学计算是如此复杂，以至于一个爱开玩笑的学生说，这是在"给一名犹太拉比卷眼睫毛"。

　　强聚焦涉及确定引导粒子运动的磁场形状，以使粒子更好地保持在理想轨道附近。这里的关键思想是把磁极设计成恰当的曲线，使得作用在粒子上的磁力会围绕理想轨道做小幅的快速振荡。这就是稳定性。在强聚焦方法出现以前，环形的真空管需要20~40英寸宽，所需的磁极也差不多这么大。布鲁克黑文的突破使磁场中的真空管的尺寸得以减小到3~5英寸，结果是什么呢？结果使每兆电子伏的加速能量节省了大量成本。

　　强聚焦改变了经济方面的制约，在早期也使得建造半径差不多达到200英尺的同步加速器成为可能。在后面我们将提到另一个参数：磁场强度。只要是用铁来引导粒子，它所能承受的最大磁场强度就只能限制在2特以内，否则铁就会"发紫"。强聚焦的确是一个技术突破。它的第一次应用是罗伯特·威尔逊在康奈尔建造的1吉电子伏电子加速器"奎克"。布鲁克黑文提交给AEC的关于建造强聚焦质子加速器的建议据说有两页长（这里我们不能不为官僚之风的滋长而悲哀，可这管什么用呢）！建议被批准以后，布鲁克黑文在1960年建成了30吉电子伏的AGS加速器。CERN也取消了原先建造10吉电子伏弱聚焦加速器的计划，在同样的成本下采用了布鲁克黑文的强聚焦方法，建造了一台25吉电子伏的强聚焦加速器，并于1959年开始运行。

　　到20世纪60年代末，依靠弯曲的磁极形状来实现强聚焦这一理念已让位于功能分离概念。有人安装了"完美"的偶极引导磁体，隔离了对称分布在束流管周围的四极磁体的聚焦作用。

　　利用数学工具，物理学家们学会了如何运用复杂的磁场引导并聚焦粒子。拥有更多南北极的磁体——六极磁体、八极磁体、十极磁体——成为能精确控制粒子轨道的精密加速器系统的重要组成部分。从20世纪60年代开始，计算机在操作控制仪器的电流、电压、压力和温度方面变得越来越重要。强聚焦磁体和计算机自动化使得六七十年代建造非凡的加速器成为可能。

第一台吉电子伏（10亿电子伏）加速器是1952年在布鲁克黑文开始运行的名副其实的质子同步加速器，康奈尔大学随后建造了1.2吉电子伏的加速器。表6.2中所列的是同一时期其他著名的加速器：

表6.2　20世纪中后期的吉电子伏加速器

加速器	能量	地点	年份
Bevatron	6吉电子伏	伯克利	1954
AGS	30吉电子伏	布鲁克黑文	1960
ZGS	12.5吉电子伏	阿尔贡（芝加哥）	1964
"200"	200吉电子伏	费米实验室	1972（1974年升级为400吉电子伏）
Tevatron	900吉电子伏	费米实验室	1983

在世界其他地方，还有Saturne（法国，3吉电子伏）、Nimrod（英国，10吉电子伏）、Dubna（苏联，10吉电子伏）、KEKPS（日本，13吉电子伏）、PS（CERN/日内瓦，25吉电子伏）、Serpuhkov（苏联，70吉电子伏）、SPS（CERN/日内瓦，400吉电子伏）等加速器。

第三个突破是级联加速。这个概念是由加州理工学院的物理学家桑兹（Matt Sands）提出的。桑兹断定：如果要获得高能量，完全在一个加速器中完成是不够的。他设想了一系列不同的加速器，每一个加速器在特定的能量区间都能实现最优化，比如0~1兆电子伏、1~100兆电子伏等。这些不同的级别就像赛车的不同挡位，每一挡在一定的速度下都是最优化的，速度提高后再换到下一挡。随着能量的增加，加速的粒子束也越来越紧密。能量等级越高，束流半径就越小，需要的磁体也越小越便宜。级联的思想几乎主宰了20世纪60年代以后所有的加速器。其中，太瓦质子加速器（5级）和得克萨斯州的"超级对撞机"（6级）堪称典范。

是不是越大越好？

在上述有关技术条件的讨论中，有一点可能被遗漏了，那就是为什么要把回旋加速器和同步加速器造得那么大。维德罗和劳伦斯指出，没有必要像早期的先驱们认为的那样，为把粒子加速到很高的能量而使用极大的电压。其实，只需要使粒子通过一系列能隙，或者设计一个能让能隙重复利用的环形轨道就可以了。所以，在环形加速器里只有两个重要参数：磁场强度和粒子轨道半径。加速器的建造者通过调整这两个参数来获得他们所需要的能量。半径主要受限于资金，磁场强度则受限于技术。如果我们不能提高磁场强度，那就只好靠增大半径来获得更高能量了。在"超级对撞机"里，我们希望能在每个束流管里获得20太电子伏，我们也知道（或者我们认为自己知道）自己能够建造的磁体有多大场强，这样就可以推断出管道的周长必须有多少：54英里。

第四个突破：超导

让我们回到1911年。一个荷兰物理学家发现，某些金属在冷却到非常低的温度（比绝对零度即 -273 ℃稍高一些）时，其电阻就会消失。在这个温度下，电流通过线圈时永远也不会消耗能量。

你家里的电能是由电力公司通过铜导线供应的。由于有电阻，在传输电流的时候导线会发热。这些没用的热量浪费了电能，而且还记在了你的账单上。在传统的应用于电动机、发电机和加速器等的电磁铁里，是用铜导线传输电流以产生磁场。在电动机里，由磁场转动通有电流的导线包。你摸一下电动机就知道，它很热。在加速器里，磁场引导并聚焦粒子。发热的磁体线圈是通过强劲的水流冷却的，这些水通常是从厚厚的线圈绕组之间的孔隙流过。看一眼下面的数据你便会明白钱都花到哪里去了。1975年，费米实验室加速器的电费约为1 500万美元，其中的90%都用在400吉电子伏加速器主环的磁体上了。

早在20世纪60年代，又一项技术突破出现了。人们了解到，几种稀有金属的新合金在传导大电流产生强磁场时，仍能保持脆弱的超导状态。所需要的温度也较以前容易接受，是绝对零度以上5~10度，而不是普通金属所需的难以达到的1~2度。氦在绝对温度5度时是纯粹的液体（其他东西在这个温度下都呈固态），所以超导电性的实际应用有可能变成现实。大多数大型实验室开始用铌钛或者铌三锡之类的合金制成导线代替铜线来做试验，并把它们放在液氦里冷却到超导温度。

用新合金绕制的大型磁体被用于粒子探测器上——比如绕在气泡室外面，而不是用在随着粒子能量的增加磁场强度也随之增大的加速器里。磁体中电流的变化会产生阻尼效应（涡电流），这通常会破坏超导状态。为解决这一问题，20世纪六七十年代，作为这一领域领头羊的罗伯特·威尔逊带领费米实验室做了大量研究。1973年，在最初的"200"加速器开始运行不久，威尔逊小组就开始研究开发超导磁体了。这方面的动力来源，其一是当时因石油危机而造成的电力成本暴涨，其二便是来自位于日内瓦的欧洲同行CERN的竞争。

20世纪70年代是美国研究基金严重匮乏的时期。第二次世界大战结束以后，在其他国家都忙于重建被战争摧毁的经济与科学基础设施时，美国已牢牢确立了它在科研领域中的领导地位。可到70年代末，平衡已开始恢复了。欧洲人当时正在建造一台400吉电子伏的超级质子同步加速器（SPS），它获得了更多的资金支持，并配备了更好的能决定研究水平的昂贵探测器。（这台加速器标志着另一轮国际合作与竞争的开始。直到90年代，欧洲和日本仍在某些研究领域领先于美国，在其他大部分领域也落后不多。）

威尔逊的想法是，如果能解决交变磁场的问题，那么超导环在产生更强磁场的同时还能节省大量电能。这对于半径固定的加速器来说也就意味着能够提供更高的能量。加州理工学院的一位教授塔勒斯特鲁普（Alvin Tollestrup）把他的"休假年"*整个都耗在了费米实验室（最终他一直都在这里工作）。在他的帮助下，威尔逊详细地研究了变化的电流和磁场是如何造成局部发热的。同样的研究也在其他实验室进行着，特别是英国的卢瑟福实验室，他们帮助费米实验室的小组建立了几百套模型。1973—1977年，他们跟冶金学家和材料学家协作，成功地解决了这一难题。样品磁体的电流可以在10秒钟内由0提升到5 000安，并仍然保持超导性。1978—1979年，一条生产线开始生产21英尺的高质量磁体；1983年，太瓦质子加速器成了费米实验室的超导的"加力燃烧室"。其能量从400吉电子伏提高到900吉电子伏，消耗的电能从60兆瓦减少到20兆瓦，其中绝大部分是用来产生液氦的。

在1973年威尔逊开始他的研发项目时，美国超导材料的年产量只有几百磅。费米实验室125 000磅的超导材料消费量对生产厂家来说无疑是一个巨大的刺激，这也从根本上改变了这一行业的格局。今天，超导材料的最大消费者是生产供医疗诊断用的核磁共振成像（MRI）设备的公司。费米实验室的订购量只占这一工业每年5亿美元产值的一小部分。

实验室的牛仔主任

费米实验室最有声望的人是我们的第一任主任，一个艺术家、牛仔和机械设计师——罗伯特·威尔逊。听起来这好像是在说一个魅力超凡的人，对吧？威尔逊在怀俄明州长大，在那里他学会了骑马；而在学校里，他学习也很用功，这使他获得了伯克利的奖学金，在那里他成了劳伦斯的学生。

这个博学多才的人在建造费米实验室时所展现出来的建筑才能，前面我已

---

*　"休假年"（sabbatical year）是美国大学给予教授的特殊待遇。

经描述过了。在技术方面，他也同样精通。1967年，威尔逊成为费米实验室的第一任主任并得到了2.5亿美元的拨款用以建造（计划书上是这么说的）一台拥有7条束流线的200吉电子伏加速器。此项目从1968年开始动工，预计5年建成，但威尔逊却于1972年提前一年完工。到1974年，这台加速器已经稳定地工作在400吉电子伏，拥有14条加速线，另外还从最初的预算中省下了1 000万美元——所有这些都使得它不愧是美国政府的建设项目中最辉煌的杰作。最近我计算了一下，如果在过去的15年里由威尔逊用同样的技能来掌管国防预算，那么，美国现在每年都会有一笔可观的预算盈余，而我们的坦克也会成为艺术界的话题。

费米实验室第一次涌进威尔逊的脑海还有一个小故事。它发生在20世纪60年代初的巴黎，威尔逊在那里做交换教授的时候。有一天，在"大茅屋画院"的公共绘画课上，威尔逊跟其他艺术家们一道，给一个曲线优美的漂亮裸体模特画素描。当时"200"加速器在美国正讨论得火热，可威尔逊并不喜欢他在邮件里读到的那些东西。所以，在这堂绘画课上，当别人都在画模特胸部的时候，威尔逊却画了一些代表束流管道的圆圈，并在周围做了一些计算用作点缀。这就是奉献精神！

威尔逊并不是一个十全十美的人。在建造费米实验室的时候，他走了一些捷径，但并非全都很成功。他曾经痛苦地抱怨说，有一件蠢事浪费了他一年时间（不然的话，工程在1971年就完工了），并且多花了1 000万美元。还有一件事让他觉得忍无可忍。他对于联邦基金对他的超导工作的支持太过于缓慢极其反感，并于1978年愤然辞职。当受邀接替他时我前去拜访他，他威胁说，如果我不补这个缺的话，他的魂魄就会缠着我没完。被威尔逊骑在马背上的魂魄纠缠可不好受，所以我接受了这个职位，并且准备了3个信封。

质子生命中的一天

通过描述费米实验室具有 5 级结构的级联加速器（如果你把产生反物质的两个环都算上就是 7 级），我们就可以说明这一章曾经解释过的任何东西了。费米实验室是一个具有 5 台不同加速器的综合性舞台，每一台加速器在能量和复杂程度上都有提高，就像个体发生重现了种系发生（或者其他什么东西）一样。

首先是我们需要用来加速的东西。我们到空调设备公司买一瓶高压氢气。氢原子包含一个电子和一个由质子构成的简单的核。这个氢气瓶里所含的质子足够费米实验室用一年了。至于费用，如果你把瓶子还掉的话，大概只有 20 美元。级联加速器里的第一台机器跟 20 世纪 30 年代设计的科克罗夫特 - 瓦尔顿静电加速器完全一样。虽然它是费米实验室加速器家族中最古老的一种，但却拥有最未来派的外观——装饰着巨大的闪光球体和圆环，很为摄影家所青睐。在这个静电加速器中，一道火花把电子从原子里剥离出来，剩下基本上静止的带正电荷的质子。质子经加速后形成一束 750 千电子伏的质子流，射向下一级直线加速器的入口。在直线加速器里，经过 500 英尺长的一系列射频腔（能隙）后，这些质子的能量可以达到 200 兆电子伏。

在具有如此可观的能量之后，这些质子在磁场的引导和聚焦下进入下一级"推进器"——同步加速器。在那里，质子经过旋转，可将能量提高到 8 吉电子伏。想想吧，到现在我们产生的能量已经比第一台吉电子伏级加速器——伯克利的高能质子同步加速器还要高了，而我们还有两个环没走。这次质子被注入加速器的主环——周长近 4 英里的"200"加速器。1974—1982 年这台加速器工作在 400 吉电子伏，为最初设计能力的 2 倍。主环是费米实验室里的主力军。

1983 年，在太瓦质子加速器联机之后，主环的工作压力减轻了一些。现在它只需要把质子加速到 150 吉电子伏，然后再把它们送到太瓦质子加速器的超导环。此环跟主环的大小完全相同，就在其下方几英尺的地方。在太瓦质子加速器的一般应用中，超导磁体携带着150吉电子伏的粒子以每秒50 000圈的转速运行，每圈可获得大约700千电子伏的能量。大约25秒之后，能量可达到900吉电子伏。这时，通有5 000安电流的磁体产生的磁场强度已达到4.1特，是过去的铁磁体所能提供的最大磁场强度的两倍多，而保持5 000安电流所需的能量几乎为零！超导合金技术一直在进步。到1990年，出现于1980年的太瓦质子加速器技术已被改进，这样，超导对撞机就可以采用6.5特的磁场了。CERN也正致力于把技术推进到铌合金的极限——10特。1987年，基于陶瓷材料的新的超导体被发现，这种材料只需要用液氮冷却。人们期望再次出现削减消耗的新突破，但是，由于没有所需要的强磁场，没有人能估计出这些新材料何时甚至能否替代铌钛合金。

在太瓦质子加速器中，4.1特就是上限。现在质子被电磁力赶到一个轨道上，并由此冲出加速器进入一个隧道，并在那里被分成约14束粒子流。在这里，实验小组提供靶和探测器来做实验。仅固定靶项目就有上千名科学家在工作。加速器是循环运行的，每次完整的加速大约需要30秒，然后再用20秒把它们散开，以免碰撞频率过高，这一系列过程让实验者手忙脚乱。这一循环每分钟重复一次。

外部的束流线被紧紧地聚在一起。我和我的同事在"质子中心"进行了一项实验，一束质子在历经大约8 000英尺长的提纯、聚焦和引导过程后，打到一个0.01英寸宽（剃须刀片刀刃的厚度）的靶上。质子跟薄薄的"刀刃"碰撞，每分钟一次，在几星期内日复一日地进行，质子流从来就没有偏离超过靶宽一点点的程度。

利用太瓦质子加速器的另一种模式——对撞机模式，过程则大不相同，这一点我们将详细讨论。在这种模式下，注入的质子绕着加速器以150吉电子伏的能量转动，等待着反质子的到来。在适当的时候，反质子源释放出反质子并绕着环线以相反的方向运动。当两种粒子流都进入加速器以后，我们就开始增大磁场并对两种粒子进行加速。（稍后会提到有关操作。）

在这一系列操作的每一个阶段，都由计算机来控制磁体和射频系统，控制好质子并使其成为紧箍的一束。传感器给出有关电流、电压、压强、温度、质子位置等信息。如果出了故障，粒子流可能会冲出真空管，穿过周围环绕的磁体，钻出一个非常精致而且昂贵无比的洞。不过，这从来都没有发生过，至少到目前还没有。

抉择，抉择：质子还是电子

关于质子加速器，我们已经谈了很多，但质子并不是唯一的选择。质子的好处在于，将其加速相对来说不算昂贵。我们可以把它们加速到几万亿电子伏，超级对撞机将来能将质子加速到20万亿电子伏。实际上，我们所能够达到的能量并没有理论上的限制。另外，质子中又富含其他粒子——夸克和胶子。这就使得碰撞变得凌乱而复杂。这也是一些物理学家倾向于加速电子的原因，因为电子就像是一个点。由于电子呈点状，它们的碰撞就比质子清晰明了。电子的不利之处是它们的质量太小，因而加速非常困难而且代价高昂。由于质量小，它们在围绕圆环运动时会产生大量的电磁辐射，所以需要更大的能量来弥补辐射损耗。虽然从加速的角度来看，这种辐射是一种浪费，但对某些研究者来说它却具有强度高和波长短的优势。许多环行电子加速器实际上都被用来产生这种同步加速辐射。其用户包括用强质子流研究大分子结构的生物学家，利用X射线进行平版印刷的电子芯片制造商，研究材料结构的凝聚态物质科学家，以及许多其他应用领域的科学家。

一种绕开这种能量损失的方法是采用直线加速器，就像20世纪60年代初在斯坦福建造的2英里长的那种直线加速器。斯坦福的加速器最初被称作"M"，也就是魔鬼，在那个年代它确实是一台令人惊愕的机器。这个大家伙起始于斯坦福的校园，离圣安德烈斯大断层约四分之一英里，一直向旧金山湾延伸。斯坦福直线加速器中心的成立，源于它的奠基人兼第一任主任沃尔夫冈·帕诺夫斯基（Wolfgang Panofsky）的推动和热情。奥本海默曾讲过这样一个故事：聪明的帕诺夫斯基和他同样聪明的孪生兄弟汉斯同时进入了普林斯顿大学，并且都获得了一流的学术成绩，两者之间的差距非常小。据奥本海默讲，从那时起，他们就成了"聪明"的帕诺夫斯基和"沉默"的帕诺夫斯基。可哪个是哪个呢？"这是个秘密！"沃尔夫冈说。老实说，我们大多数人都管他叫"帕夫"。

费米实验室和SLAC显然不同。一个用质子，另一个用电子；一个是环形的，另一个是直线形的。当我们说一个直线加速器是直的时，言下之意，它是真正意义上的"直"。比方说我们要修一段2英里长的马路，测量员向我们保证它是直的，其实不是。马路沿着地球表面会有非常轻微的弯曲。对站在地球表面的测量员来说它看起来是直的，如果从太空看它是一段弧。但SLAC的束流管是真正意义上的"直"。如果地球是一个完美的球体，那么直线加速器就是地球表面的一段2英里长的切线。电子加速器很快就在全世界扩散开来，但SLAC仍然是最壮观的。1966年，它能把电子加速到20吉电子伏，1987年则达到了50吉电子伏。此后，欧洲人就占了上风。

对撞机与靶

好了，目前我们有这样几种选择：你可以加速质子或电子，可以用环形或直线加速器来加速。但是，你还需要做另一个决定。

通常，粒子流是从束缚它们的磁场中释放出来，进入真空管里传输，最后到达发生碰撞的靶上。我们已经解释过如何通过碰撞分析得到亚核世界的信息。

被加速的粒子带着一定的能量，但其中只有一小部分能被用于在很小的距离上探索自然，或者通过 $E = mc^2$ 制造新的粒子。动量守恒定律指出，输入能量的一部分要被保留下来，转移给碰撞的最终产物。比方说，如果一辆行进中的公共汽车撞到了一辆静止的卡车，那么，加速的公共汽车的许多能量会转移到那些四下飞散的金属片、玻璃和橡胶里。在这个过程中，能量的转移就缓解或减轻了卡车被破坏的程度。

如果用一个 1 000 吉电子伏的质子轰击一个静止的质子，那么根据自然规律，无论飞出什么粒子，其向前运动的动量必须和质子向前的动量一样。结果，留给产生新粒子的能量最多只有 42 吉电子伏。

在 20 世纪 60 年代中期我们开始意识到，如果能使带有全部加速能量的粒子迎面相撞的话，那么就会发生极其猛烈的碰撞。碰撞能将会达到加速器能量的两倍，由于初始总动量为零（碰撞的物体具有大小相等方向相反的动量），所有的能量都可以被充分利用。在 1 000 吉电子伏的加速器中，两个分别带有 1 000 吉电子伏能量的粒子迎面相撞，能释放出 2 000 吉电子伏的能量用于产生新粒子，相比之下，如果加速器采用静止靶模式，就只能释放出 42 吉电子伏。当然，这当中也有代价。机关枪可以轻而易举地射中车库的一面墙，但让两挺机关枪互相射击并使得子弹在空中相碰就要困难得多。操作对撞加速器会面临多大的挑战？上面的类比也许能给你一些概念。

产生反物质

继最初的对撞机之后，斯坦福大学在 1973 年又拥有了一台多产的加速器——斯坦福正负电子加速器环（简称为 SPEAR）。电子束在 2 英里长的直线加速器中被加速到 1~2 吉电子伏后，被注入一个小的磁场存储环中。正电子（安德森发现的粒子）由一系列反应产生。首先，用一束强电子流轰击靶，产生包括其他东西在内的强质子流。残留的带电粒子被磁体清除掉，剩下了不带电的光子。这样，让非常纯的光子流与一个薄靶（比如说铂靶）相撞。最常见的情况是，光子的全部能量转化成一个电子和一个正电子，它们带有相同的能量，这些能量加上正负电子的静止能量就等于光子原来的能量。

一部分正电子被一个磁体系统收集，然后注入存有电子的存储环里，而电子已经在那里耐心地一圈一圈地转着等待了。由于带有相反的电荷，正负电子流在磁场中的曲率半径也相反。如果一束是顺时针运动，那么另一束就沿逆时针运动，结果自然是迎面相撞。SPEAR做出了许多重要发现，对撞机由此也大受欢迎，富有诗意的（真的吗？）首字母缩写的名字开始在全世界泛滥成灾。在SPEAR之前有ADONE（意大利，2吉电子伏）；在SPEAR（3吉电子伏）之后有DORIS（德国，6吉电子伏），然后是PEP（斯坦福，30吉电子伏）、PETRA（德国，30吉电子伏）、CESR（康奈尔，8吉电子伏）、VEPP（苏联）、TRISTAN（日本，60~70吉电子伏）、LEP（CERN，100吉电子伏）和SLC（斯坦福，100吉电子伏）。注意，对撞机是按照两束粒子流的能量之和排位的。比如LEP，每束粒子有50吉电子伏的能量，那么就说它是100吉电子伏的对撞机。

1972年，质子-质子对头碰撞在日内瓦的CERN交叉存储环（ISR）实验室实现。两个独立的环相互缠绕，质子在这两个环里沿着相反的方向运动，并在8个不同的交叉点对头碰撞。物质和反物质（比如电子和正电子）可以在同一个环里运动，因为磁场会使它们沿着相反的方向运动，但是要使质子相撞就需要两个独立的环了。ISR的每个环里装的是来自CERN更为传统的加速器PS的30吉电子伏质子。ISR最终取得了很大成功，但在1972年刚开始运行的时候，在其"高亮度"的碰撞点每秒只能获得几千次碰撞。"亮度"是用来描述每秒碰撞次数的术语，ISR早期的困难表明使两挺"机关枪的子弹"（两个粒子流）在空中相撞是非常困难的。最终，这台设备提高到了每秒500万次碰撞。对物理学来说，它确实做了一些非常重要的测量。但更重要的是，ISR 提供了一种有关对撞机和探测技术的非常有价值的学习经验。ISR 在技术和外表上都是第一流的——典型的瑞士制造。1972 年休假年的时候，我在那里工作了一段时间。在以后的十几年里，我常常回到那里访问。最初我是带着拉比一道去的，当时他正在日内瓦参加一个名为"和平利用原子"的研讨会。当我们进入加速器那雅致的地道时，拉比看得目瞪口呆，他大声叫道："啊，不得了！"

难度最大的对撞机是让质子与反质子碰撞，但在新西伯利亚苏联科学城工作的俄罗斯天才布德克尔（Gershon Budker）的一项发明解决了这个难题。布德克尔一直在俄罗斯建造电子加速器，跟他的美国朋友沃尔夫冈·帕诺夫斯基竞争。后来，他的实验室搬到了西伯利亚的一座新的综合研究大学城——新西伯利亚。根据他的说法，由于帕诺夫斯基没有相应地搬到阿拉斯加，竞争变得不公平起来，他就不得不自己创新。

20 世纪 50 和 60 年代布德克尔在新西伯利亚工作时，他会把一些小加速器卖给苏联的工厂，通过这种兴旺的资本运作方式，赚取维持自己研究的材料和经费。他一直沉迷于将反质子用作加速器的一种碰撞粒子，但他也认识到这些东西显然非常稀少。只有在高能碰撞中才能够觅到它们的踪影——通过 $E = mc^2$ 产生。一台数十吉电子伏能量的加速器，在其碰撞的残骸里只有很少的反质子。为了达到足够的碰撞速率，需要花很长时间把它们存储起来。但是，当反质子从被击中的靶上逸出后，它们会向各个方向运动。加速器科学家们希望把这些运动相对其主方向和能量表示出来，并且描述出占据真空腔可利用空间的那些多余的侧向运动。布德克尔想到的是，有可能在存储的时候，"冷却"它们侧向运动的分量，把反质子压缩成更密集的一束。这是一件非常复杂的事情，需要有更高级的粒子流控制、磁场稳定性和更高的真空度。反质子在可以注入加速对撞机以前，需要存储、冷却、积累 10 个小时以上。这是一个非常理想的想法，但对布德克尔在西伯利亚拥有的有限资源来说，这个项目实在是太复杂了。

20世纪70年代末，CERN的荷兰工程师范德梅尔（Simon Van der Meer）进一步发展了这种冷却技术，并且帮助建造了第一台质子-反质子对撞机的第一个反质子源。他将CERN的400吉电子伏环同时作为存储和碰撞设备，而第一次质子-反质子碰撞是于1981年开始的。范德梅尔的"随机冷却"技术对卡洛·鲁比亚（Carlo Rubbia）设计发现W^+、W^-和Z^0粒子的实验项目做出了重大贡献，他也因此与鲁比亚分享了1985年的诺贝尔奖。这些新粒子我们会在以后讨论。

卡洛·鲁比亚是一个非常有趣的人，他的故事需要一整本书来讲。现在至少已经有一本这样的书了——陶布斯（Gary Taubes）撰写的《诺贝尔之梦》（*Nobel Dreams*）就是关于他的。卡洛是著名的比萨师范学院的一名非常优秀的毕业生，费米也曾在那所学校里求学。卡洛就像一台永动机。他先后在尼维斯、CERN、哈佛大学和费米实验室工作，然后又回到CERN，接下来又是费米实验室。在这么多地方来回奔波的过程中，他发明了一种通过互换来往机票，从而最大限度地减少路费的复杂方案。我曾直截了当地告诉他，通过这种办法能在他退休时留下8张票，都是从西部到东部的。1989年，他就任CERN的主任，当时欧盟的这座实验室已经在质子-反质子碰撞中领先了大约6年时间。然而，费米实验室在CERN方案的基础上做了重大改进，并使自己的反质子源投入生产，终于在1987—1988年通过太瓦质子加速器重新夺回了领先位置。

反质子不是长在树上的，也不可能从制冷设备公司买到。20世纪90年代的费米实验室已成为世界上最大的反质子仓库，这些反质子都储存在一个磁环中。美国空军和兰德公司的一项有关未来发展的研究表明，1毫克（千分之一克）反质子蕴含的能量相当于2吨燃油，这将会是一种非常理想的火箭燃料。费米实验室反质子的产量（每小时生产1 010个）在世界上处于领先地位，那么，生产1毫克反质子对它来说需要多久呢？按照现在的速率，每天24小时运转也需要几百万年。也许，以后会出现令人难以置信的优化技术，可以把这个时间减少到几千年。所以，我的建议是：可别在反质子上投资了。

　　费米实验室对撞机的工作流程大致如下。老的400吉电子伏加速器（主环）工作在120吉电子伏，它每两秒就把质子射到靶上一次。每次碰撞涉及10^{12}个质子，产生1 000万个运动方向和能量大小都比较合适的反质子。伴随着每一个反质子，会有几千个没用的介子、K介子以及其他碎片生成，由于它们都不稳定，迟早都会消失。反质子被聚焦到一个被称作散束环的磁环中，在这里，它们经过加工、重组和压缩处理后被输送到加速器环。两个环周长大约都是500英尺，存储的反质子能量为8吉电子伏，跟辅助加速器的能量一样大。在注回联合加速器前，为了积累足够的反质子，需要5~10小时的时间。存储反质子可是件非常棘手的事情，因为所有的设备都是由物质构成的（除此之外还能是别的什么吗？），而反质子是反物质，如果它们和物质相遇的话，湮灭就发生了。所以，我们必须使反质子严格地在真空管的中心附近旋转，真空的质量要求极高——那是技术上所能实现的最好的"无"。

　　在积累并持续压缩大约10个小时以后，我们就可以把反质子注回到它们出来的加速器中了。不妨回想一下NASA的发射流程，一个倒计时装置就是要确保每一个电压、电流、磁体和开关都正常无误。在注入主环以后，反质子由于带负电荷而沿逆时针运行。它们在加速到150吉电子伏以后，再次在磁场的引导下进入太瓦质子加速器超导环。在这里，从第一级加速器通过主环进来的质子一直在沿着顺时针方向空转，非常耐心地等待着。现在，我们有了两束粒子流，它们分别沿着4英里长的主环朝两个相反的方向运动。每束粒子流又分成6束，分别包含10^{12}个质子和稍少一些的反质子。

　　两束粒子流从主环给它们的150吉电子伏被加速到太瓦质子加速器的最大能量900吉电子伏。最后一步是"挤压"。因为粒子流在同一个真空管里沿着两个相反的方向运动，在加速的过程中它们不可避免地要相互穿过。然而，它们的密度实在太低，以至于粒子很少能发生碰撞。"挤压"是通过特殊的超导四极磁体，把粒子流的直径从苏打水的吸管大小（几毫米）压缩到人的头发宽（微米）。这就极大地提高了粒子的密度。现在，当粒子流相遇的时候，每回至少可以发生一次碰撞了。然后扭转磁体，以确保碰撞发生在探测器的中心，剩下的就要靠探测器了。

一旦实验开始稳定地运行，我们便可以打开探测器来收集数据，通常这需要持续10~20小时。在这期间，更多的反质子在老的主环帮助下开始积累。当质子和反质子束减弱并更为发散的时候，碰撞率也随之降低。当亮度（每秒发生的碰撞数）降低到30%左右的时候，如果在存储环中积累了足够多的新的反质子，粒子流就会被清除，从而开启又一个"NASA倒计时装置"。再次充填太瓦质子加速器对撞机大概需要半小时。2 000亿个反质子被认为是合适的注入量，越多越好。这些反质子与更容易获得的5 000亿个质子相对应，每秒约产生100 000次碰撞。20世纪90年代对此所做的各种优化，能使上述数字提高约10倍。

1990年，CREN的质子–反质子对撞机退役，把这一领域留给了费米实验室的配有两个强大探测器的设备。

看透黑箱：探测器

通过观察、测量和分析高能粒子产生的碰撞，我们就能够了解亚核领域。当年，卢瑟福把他的研究小组关在一个黑暗的房间里工作，因为只有这样，他们才能看到α粒子撞击硫化锌屏幕时发出的闪光并对此进行计数。从那以后，特别是在第二次世界大战以后，我们的粒子计数技术有了飞速发展。

在第二次世界大战以前，云室是最主要的工具。安德森用它发现了正电子，而世界各地的宇宙线实验室也都建造了云室。我在哥伦比亚大学的任务就是配合尼维斯回旋加速器造一个云室。作为一个毫无经验的研究生，我对云室的奥妙一无所知，却要跟伯克利、加州理工、罗切斯特以及其他地方的专家竞争。

云室是一种非常"挑剔"的仪器，它很容易"中毒"——杂质会产生多余的液滴，干扰对粒子轨迹的描述。在哥伦比亚大学，这些可恶的探测器居然没有人真正会摆弄，经验更是无从谈起。我阅读了所有的相关文献并采纳了所有迷信的说法：用氢氧化钠清理玻璃并用三次蒸馏水冲洗；在100％的甲醇中煮橡胶圈；嘴里要嘀咕着正确的咒语……虔诚地祈祷绝不会坏事。

在绝望中我请来一位犹太拉比给我的云室"赐福"。不幸的是，我找错了人。他是正统派的，严谨至极，当我请他给云室"brucha"（希伯来语："赐福"）的时候，他要求搞清楚云室到底是什么东西。我给他看了一张照片，他为我亵渎神灵的想法勃然大怒。我接着找了一位保守派的法师，他看到照片时要我解释一下云室是怎么工作的。我跟他讲了。他一边听一边点头，还捋着自己的胡须。最后，他难过地说他不能这么做，因为"法典上……"于是，我又去找一位改革派的法师，当我走到他家附近的时候，看到他刚从他的美洲豹XKE轿车里出来。"法师，你能为我的云室'brucha'吗？"我恳求说。"brucha？"他问道，"什么是'brucha'呀？"这下我就更苦恼啦。

最后，我已经为这个巨大的考验做好了准备。此时所有的东西都应该已经开始运转了，但每次操作云室，我得到的都是浓密的白烟。就在这时，一个真正的专家——贝尔纳迪尼来到了哥伦比亚大学，开始给我做指导[*]。

"什么东西在云室里？"他问。

"那是我的放射源，"我说，"用来产生轨迹的。但是我得到的都是白烟。"

"把它拿出来。"

"把它拿出来？"

"是的，拿出来。"

于是我把它取了出来，几分钟以后……轨迹！由穿过云室的微小液滴描绘出的美丽的波状细线，这是我所见过的最美丽的景象了。原来，我的毫居里放

---

[*] 前面提到，贝尔纳迪尼的英语较差。在以下对话中作者"实录"了几句，颇似拼写错误，但译出来就不太明显了。

射源强度太大，它所发射的每个离子都产生了自己的液滴，从而把云室都塞满了。我并不需要放射源，充斥着我们周围空间的宇宙线就已经好心地提供了足够的辐射。原来如此！

在粒子通过的轨道上会有微小的液滴形成，我们可以对这些轨迹拍照，因此云室其实是一种非常有效的测量仪器；而在云室里施加磁场会导致轨迹弯曲，测量曲率半径就可以得到粒子的动量了。轨迹越接近直线（曲率越小），粒子的能量越高。（还记得劳伦斯回旋加速器里的质子吧？它们的动量增大时运动半径也增大。）关于 π 介子和 μ 子的特性，我们拍摄了几千张照片记录下各种不同的数据。这个云室——看起来更像是一个仪器而不是我的博士学位和职位的来源——使得我们可以在每张照片上看到十几条轨迹。π 介子通过云室只需要十亿分之一秒。我们可以提供碰撞能够发生的高密度片，这种情况在 100 张照片中才会出现一次。由于一分钟左右才能拍一张照片，使得数据积累的速度受到了进一步限制。

气泡，气泡，辛苦加麻烦

第二个进步是气泡室。它是由唐纳德·格拉泽（Donald Glaser）于 20 世纪 50 年代中期在密歇根大学发明的。第一个气泡室是盛有液态乙醚的小套管。在加利福尼亚大学著名的阿尔瓦雷茨（Luis Alvarez）领导下，1987 年从费米实验室退役下来的 15 英尺的大家伙被改进为液氢室。

在填充液体（一般是液氢）的气泡室里，沿着粒子通过的轨道上会产生微小的气泡。这些气泡表明，在液体中压力骤然降低会导致沸腾。液体的沸点同时取决于温度和压强。（你也许会有这样的经历，在山上的别墅里很难把鸡蛋煮熟。因为在山顶气压低，水的沸点会低于 100 ℃。）但纯净的液体无论温度多高都不会沸腾。比如，当你用深底锅把油加热到正常沸点以上时，如果一切都非常纯净的话，那么油是不会翻滚的。但这时只要丢一块土豆片下去，就会引起剧烈的沸腾。所以，产生气泡需要两个条件：温度在沸点以上；存在某种杂质促使气泡形成。在气泡室里，液体由于压力突然降低而使其温暖处于远远高于沸点的状态。带电粒子与液体中的原子经过大量温和的碰撞后，留下了一排受激的原子，在压力降低以后，这些原子是气泡理想的成核体。如果碰撞发生在盒中偶然出现的粒子和质子（氢核）之间，那么就能观察到呈现出来的所有带电产物。因为介质是液体，所以稠密片就不再是必需的了，碰撞点也清晰可见。世界各地的研究员拍摄了数百万张气泡室中的碰撞照片，并且由自动扫描仪来帮助分析。

现在讲一讲整个装置是如何工作的。加速器把一束粒子射向气泡室，如果是带电粒子的话，就会有 10 条或 20 条轨迹充斥在气泡室里。在粒子通过后的 1 毫秒左右，一个活塞快速移动，使得压强降低，由此气泡开始形成。再经过另一个 1 毫秒左右的成长时间后，照相机闪光一次，移动底片并准备下一个循环。

据说格拉泽（他因为发明气泡室而获得诺贝尔奖，可很快又成了一名生物学家）是在研究采用加盐的方法使得玻璃杯中的啤酒泡沫变高这一骗术中，才萌发出气泡成核的想法的。如此说来，那就是密歇根州安阿伯的酒吧造就了这一用于追踪上帝粒子的成功装置。

在对碰撞的分析中有两个关键因素：空间和时间。我们希望能够把粒子在空间运动的轨迹和所经历的准确时间记录下来。比如，一个粒子射进探测器，停了下来，然后产生衰变，发射出二级粒子。μ子就是这样的典型例子，它在停止以后大约 1 毫秒就会衰变成一个电子。探测器越精密，能得到的信息就越多。气泡室是对碰撞进行空间分析的绝佳仪器，我们对粒子留在气泡室里的轨迹的分析精度可以达到 1 微米。但是，这些都不能提供任何时间信息。

闪烁计数器则可以同时确定粒子的空间和时间。它由特殊的塑料制成，在受到带电粒子的撞击时能够闪光。计数器被包在不透光的黑色塑料中，每次微弱的闪光都被光电倍增管转化成一个明显的电脉冲，表明有粒子经过。当这个脉冲叠加到一列电子时钟脉冲上时，粒子的到达时间就被记录下来，精度能够达到几十亿分之一秒。如果有许多光电倍增管排成带状，那么粒子就会连续撞击其中的几个，留下一系列描述它的空间轨迹的脉冲。空间的位置取决于计数器的大小，它通常确定的位置精度为几英寸。

一个非常重要的突破是多丝正比室（PWC），由在 CERN 工作的成绩卓著的法国人夏帕克（Georges Charpak）发明。作为第二次世界大战时期集中营里的一名囚犯和秘密抵抗运动的英雄，夏帕克又是粒子探测器装置的一名卓越的发明家。他的 PWC 是一个非常精巧、"简单"的装置，相隔零点几英寸的许多细丝横跨在架子上，架子一般为 2 英尺 × 4 英尺，由数百根 2 英尺长的细丝并列排成 4 英尺宽。细丝上所加的电压经过调整，使得粒子在经过一条细丝附近时能在细丝上产生一个电脉冲，并把脉冲记录下来。通过确定这根导线的位置就得到了粒子轨迹上的一个点。脉冲的时间则可以通过跟一个电子钟对比得出。经过进一步的精细化，空间和时间的测量可以精确到 0.1 毫米和 10^{-8} 秒。把许多层这样的结构堆积在填充某种合适气体的密封盒子中，就可以精确地确定粒子的轨迹了。由于 PWC 仅是瞬时起作用，这样，杂乱的背景信号就被压缩，非常强的粒子流也能使用了。自 1970 年以来，夏帕克的 PWC 已经成为每一个大型粒子物理学实验的一部分，夏帕克也由于他的发明获得了 1992 年的诺贝尔奖（他独自获此殊荣）。

所有这些不同种类的粒子传感器都被集成到了 20 世纪 80 年代的复杂探测器里。费米实验室的 CDF 探测器就是这些复杂系统的一个典范。它有 3 层楼高，5 000 吨重，造价为 6 000 万美元。它被设计用来观察太瓦质子加速器中的质子和反质子的对头碰撞。CDF 里边包含了 100 000 多个传感器，闪烁计数器和 PWC 也被巧妙地融入设计当中。这些传感器把粒子流的信息以电脉冲的形式传递给一个系统，由这个系统来组织、过滤并最终记录数据，用于以后的分析。

由于在所有这些探测器中，有太多的信息需要实时处理——立刻处理掉，因此数据被编码成数字的形式，并经过组织，然后存储在磁带上。在太瓦质子加速器中，每秒有超过100 000次的碰撞，而在20世纪90年代初这个数字可望增大到每秒100万次，所以计算机必须判定哪些碰撞是人们"感兴趣的"，哪些不是。对于大多数碰撞来说，它们其实都没有什么价值。人们最需要的是一个质子中的夸克与一个反质子中的反夸克甚至胶子实际碰撞，而这种硬性碰撞非常稀少。

信息处理系统只有不到百万分之一秒的时间来分析一个具体的碰撞并给出最终决定：这是不是我们感兴趣的碰撞？对于人类来说，这是难以置信的速度，但对计算机来说这不成问题。这都是相对的。比如在一个大城市里，一只海龟受到一伙蜗牛的攻击和抢劫。后来当被警察问询的时候，海龟说："我不知道。这一切发生得太快了！"

为了简化电子判定过程，人们发展了一个序列事件选择系统。实验者用各种各样的"触发"为计算机编制程序。这些触发就是提示系统哪一次碰撞需要记录的指示器。比如，释放出大量能量进入探测器的一个事件可能形成一次触发，因为新现象更可能在高能量的情况下出现。触发的设置是件很难掌握的事情：如果设置得太低，就会超出记录技术的能力和逻辑范围；如果设置得太高，那么就有可能错过一些新的物理现象，甚至完成整个实验后什么都得不到。一些触发在探测到碰撞产生的高能电子时被打开，另一些则是根据粒子流的宽度去确认。通常会有10~20种不同碰撞事件的组合允许启动触发，能产生这些触发的事件总数每秒为5 000~10 000次。这个速率（每次万分之一秒）已经慢到可以更仔细地"思考"和审查这些"候选人"——当然，是由计算机来做。你真的想记录下这次事件吗？通过四到五级的事件过滤，可以将触发降低到每秒10次左右。

在磁带上记录的每次碰撞事件都是非常详细的。通常，在我们丢弃一些事件时，我们采取抽样记录（比如每100个中记录1个）的方法以备以后研究确定是否有重要信息丢失。整个数据采集系统（DAQ）由一个非常强大的联盟支持，这个联盟包括那些知道自己需要什么信息的物理学家，也包括那些一直在努力尝试、希望在基于半导体的商业微电子学领域有所创新的聪明的电子工程师。

这一技术领域内的天才实在是不胜枚举，但从我个人主观的角度看，其中一个引导创新的人是一位羞答答的电子工程师，他在哥伦比亚的尼维斯实验室（那里是我成长的地方）的顶楼工作。西帕奇（William Sippach）这个人远远地走在了他的物理学家主管的前面。我们提出要求，他设计并建造DAQ。我经常在凌晨3点打电话给他，抱怨说他的（每次我们遇到麻烦时都说这些东西是他的）电子设备使我们受到了严重制约。每当此时，他总是平静地听完，然后就问我们一个问题："你看到第16个架子的盖板里面的一个小开关了吗？把它打开，你的问题就解决了。晚安。"西帕奇的名声越来越响。几乎每一星期，都会有访问者从纽黑文、帕洛阿尔托、日内瓦和新西伯利亚慕名来拜访他。

当早期粒子探测器专用的电路发明以后，西帕奇和其他许多共同建造这个复杂系统的同事就把这个始于20世纪三四十年代的伟大传统延续了下来。反过来，这些进展又成了第一代数字计算机的关键要素，后续的进展又产生了更好的加速器和探测器……

探测器是所有这一切的基础。

我们发现了什么：加速器和物理学的进步

现在你已经知道了有关加速器的所有需要知道的东西——可能过多了。实际上，你有可能比大多数理论物理学家知道的都多。这并不是要非难什么人，而是事实。更重要的是，关于这个世界，这些新的机器告诉了我们什么。

前面我已经提到过, 20世纪50年代的同步回旋加速器能使我们对 π 介子有更多的了解。汤川秀树的理论认为, 通过交换一个具有一定质量的粒子, 能产生一个强吸引的反作用力, 从而使质子和质子、质子和中子、中子和中子相互束缚在一起。汤川还预言了这种交换粒子的质量和寿命, 这种粒子就是 π 介子。

π 介子的静止质能是140兆电子伏, 在20世纪50年代世界各地的大学校园里, 用400~800兆电子伏的加速器都能大量生成。π 介子衰变成 μ 子和中微子。μ 子是当时最难以捉摸的粒子, 因为它看起来就像一个较重的电子。除了一个重量是另一个的200倍以外, μ 子和中微子其他方面的特性完全相同, 这一点困扰了包括费曼在内的许多杰出的物理学家。这个秘密的揭开, 是了解上帝粒子的一个重要线索。

新一代加速器产生了新的奇迹: 用10亿电子伏的粒子轰击核子是在做 "另一件事"。让我们回顾一下用加速器能干些什么, 特别是在期末考试即将来临的时候。大体来说, 这一章所描述的巨额智力投资——现代加速器和粒子探测器的发展——使我们能够做两类事: 把目标散射开, 或者 (这就是 "另一回事") 产生新物质。

1. 散射。在散射实验中, 我们察看碰撞后的粒子是如何沿着不同的方向飞出的。用于散射实验最终产物的一个专业术语是角分布。当根据量子物理定律进行分析时, 这些实验可以告诉我们有关使粒子散射的原子核的许多信息。来自加速器的入射粒子的能量越大, 我们对物质的结构就看得越清晰。由此我们了解了原子核的成分——中子和质子, 以及它们是如何分布的, 它们如何在周围微动以保持排列。当我们进一步增大质子的能量时, 就能 "看到" 质子和中子的内部。盒子原来是一层套一层的。

为了使事情简单化, 我们可以只用一个质子 (氢核) 作为靶。散射实验告诉了我们中子的大小和正电荷的分布。聪明的读者也许会问: 探针——轰击靶的粒子——本身是否会引入扰动呢？答案是肯定的。所以我们使用各种各样的探针。辐射放出的 α 粒子让位给加速器发射的质子和电子。后来，我们又使用了二级粒子：由电子获得的光子，由质子核碰撞产生的 π 介子。20世纪60年代和70年代，当我们在这方面做得越来越好的时候，便开始采用三级粒子作为轰击粒子：π 介子衰变产生的 μ 子也成了探针，同样来自 π 介子的中微子也是如此，还有其他许许多多的粒子。

加速器实验室也变成了能够提供多种产品的服务中心。到20世纪80年代末，费米实验室的销售队伍向潜在的客户宣传说，有以下冷热粒子流可以使用：质子、中子、π 介子、K 介子、μ 子、中微子、反质子、超子、极化质子（所有质子都沿同一方向自旋）、标记质子（我们知道它们的能量）。如果有什么问题，请直接跟我们联系！

2. 产生新粒子。这里的主要任务是看看在新的能量领域是否会产生新的、以前从来没有见到过的粒子。如果有新的粒子，我们想知道有关它的一切信息——它的质量、自旋、电量、类别，等等。同样，我们也需要知道它的寿命以及它衰变成其他什么粒子。当然，我们也得知道它的名字，它在粒子世界的重要体系结构中扮演什么角色。π 介子最早是在宇宙线中发现的，但不久我们就探明，π 介子并不是完全产生在云室前部。这是怎么回事呢？原来，外太空宇宙线中的质子在进入地球大气层的时候，与氮和氧（现在我们还有更多污染物）的原子核相撞，从这些碰撞中产生了 π 介子。在宇宙线的研究中也确定了其他一些神秘的东西，比如 K^+ 和 K^- 这样的粒子以及 Λ（希腊字母）这样的东西。当起始于20世纪50年代中期的加速器建设在60年代迅猛发展起来以后，能量越来越大的加速器产生了各式各样的奇异粒子，使得新粒子的发现如雨后春笋一般。碰撞中产生的巨大能量，揭示了不止1个、5个或者10个粒子，而是成百上千个新粒子的存在，这对绝大多数哲学体系来说都是不可想象的。这些发现是集体努力的结果，是大科学以及实验粒子物理学中的技术和技巧迅速发展的结果。

　　每种新粒子通常都要起一个名字，通常用一个希腊字母。发现者（常常由几十个科学家所组成）会宣布新粒子的发现，并且尽可能多地给出其已知的特性参数——质量、电荷、自旋、寿命，还有一长串附加的量子特性。接下来，他们还要凑足200美元，写出一两篇论文，然后就等着被邀请出席研讨会、发表会议论文甚至被提升。最重要的是，他们急切地希望这项研究能够继续进行下去，最好能采用其他技术来确定他们的结果，以尽可能地减少仪器装置所带来的偏差。也就是说，每台特定的加速器都有自己的探测器，都会以自己特有的方式来"观察"所发生的事情，就像一个人需要别人的眼睛来认同自己所看到的东西一样。

　　由于能够观察并测量更细致的信息，气泡室在发现粒子的过程中已成为一种强有力的技术手段。采用电子探测器的实验也逐渐开始关注越来越具体的过程。一旦某种粒子在确定的粒子名单中出现，人们就开始设计特殊的装置和特殊的碰撞，来获得其他方面性质的数据，比如它的寿命（所有的新粒子都是不稳定的）和衰变方式。它分解成什么了？一个 Λ 粒子衰变成一个质子和一个 π 介子；一个 Σ 粒子衰变成一个 Λ 粒子和一个 π 介子，诸如此类。要把这些数据列成表格，重新组织，以免被这些数据淹没。当亚核世界展现出越来越深的复杂性的时候，我们需要这么做才能保持头脑清醒。强力碰撞中产生的所有以希腊字母命名的粒子汇集起来，统称为强子（来自表示重的希腊语单词），强子差不多有几百种。这并不是我们想要的，我们所寻找的是德谟克利特的"原子"，即单一的、微小的、不可分割的粒子，可找到的却是成百上千种重的、完全可以再分割的粒子。真是不幸啊！不过，我们从生物学家那里学到了一种方法，当你不知道该怎么办的时候就采取这种办法：分类！我们尽量这么做了，分类的结果将在下一章中继续说明。

三个结局：时间机器、大教堂和轨道加速器

在结束这一章之前，让我们从另外一个新的角度来看看加速器碰撞中到底发生了什么。这一观点来自我们的天体物理学家同行（在费米实验室里有一群人数不多但非常有趣的天体物理学家）。他们让我们确信——我们没有理由怀疑他们——宇宙是在约140亿年前的一次创世大爆炸中产生的。在爆炸产生的最初的瞬间，幼年的宇宙是炽热的、由原始粒子构成的"稠汤"，这些粒子带着巨大的能量（等价于高温）相互碰撞，这些能量比我们想象所能产生的要高得多。但是，随着它的膨胀，宇宙也开始冷却下来。在宇宙诞生后约10^{-12}秒时，炽热的宇宙汤里的粒子的平均能量减少到1万亿电子伏，或者写作1太电子伏，大概跟费米实验室太瓦质子加速器中每束粒子的能量相当。这样，我们就可以把加速器看作一个时间机器。在质子对撞的瞬间，太瓦质子加速器复制了整个宇宙在诞生后"一万亿分之一秒"的特性。如果知道了宇宙每个历元上的状态，以及前一个历元为它提供的条件，我们就可以计算宇宙演变的过程。

这个时间机器的应用对天文学家来说确实是个问题。在通常情况下，我们这些粒子物理学家对如何用加速器模拟早期宇宙都是表面支持，实际上却一点都不关心。但在最近几年，我们开始看到两者之间的联系了。在时间上进一步往回退，在能量远大于1太电子伏——这是目前我们加速器的极限能量——的地方，隐藏着我们想要知道的秘密。这个更早期、更炽热的宇宙蕴含着有关这些上帝粒子之源的核心线索。

把加速器当作时间机器——天体物理学上的联系——是思考问题的一种观点。另外一个联系来自罗伯特·威尔逊，一个牛仔型加速器建设者，他写道：

> 非常熟悉的是，（在费米实验室的设计当中）美学和技术的考虑紧密相连。我甚至发现，在大教堂和加速器之间也有奇怪的相似之处：一座建筑

在空间上努力向上延伸，另一座则在能量上要达到某种相当的高度。当然，这两座建筑的美感主要是技术性的。在大教堂里，我们能看到功能性的尖拱结构，突出与反刺在这里生动而美妙地展现出来。在加速器中也有技术之美。有螺旋的轨道，电与磁的作用与反作用，两方面相辅相成，直到达到最终目的。不过，这次是为了提高这些"灿烂"的粒子流的能量。

沉迷于其中时，大教堂的建筑在我的眼中看得更深远了。在大教堂和加速器一丝不苟的建设者身上，我发现了惊人的相似点：他们都是大胆的创新者，热衷于国内的竞争，但他们基本上又都是国际主义者。我喜欢把伟大的领导者、圣但尼的絮热和剑桥的科克罗夫特相比，或者把巴黎圣母院的德叙利和伯克利的劳伦斯相比，把昂内孔的维拉尔和新西伯利亚的布德科尔相比。

我只能再补充的一点是，这当中有着更深一层的联系：事实上，大教堂和加速器的建设都花费了巨额的资金。它们都提供了精神上的升华、超越以及深刻的启示。当然，并非所有的大教堂都能起作用。

干我们这行最荣耀的时刻就是，在某个特殊的日子，大家都挤在控制室里，老板们坐在控制台前，眼睛紧盯着屏幕。一切都已就绪。多少科学家，多少工程师，多少年的努力，终于要得到回报了。粒子流从氢气瓶中飞出，穿过加速器错综复杂的"内脏"……成功啦！粒子流！在你还没有来得及欢呼胜利的时候，香槟酒已经倒进了庆功杯，欢庆和陶醉写在每个人的脸上。用一个神圣的比喻来说，我仿佛看到沿着圣坛周围站满了牧师、主教、红衣主教，而工作人员正在把最后一个滴水嘴放置到位。

在考虑加速器的吉电子伏能量以及其他技术指标的同时，我们也必须考虑它的美学功能。几千年后，考古学家和人类学家也许会通过加速器来判断我们的文明程度。毕竟这些东西是人类历史上建造的最大的机器。如今，当我们参观巨石阵或者大金字塔的时候，首先会被它们的艺术之美和建造技术震撼。但它们同样也有科学上的用途，它们是进行天体观测的原始"天文台"。观测天体的运动，借以了解宇宙并跟它融洽相处，驱使古代文明在平地上竖起了这些建筑。我们必须敬畏这些。形式和功能的结合，使得金字塔和巨石阵的建造者开始了对科学真相的探索。加速器就是我们的金字塔，就是我们的巨石阵。

第三个结局与费米有关，他是20世纪30—50年代最著名的物理学家之一，费米实验室就是以他的名字命名的。费米出生于意大利，在罗马工作期间，由于他在实验和理论上卓有建树，而且身边还聚集了一大批不同凡响的学生，他这一时期的工作非常引人注目。他是一个富有奉献精神并且才华横溢的教师。在获得1938年的诺贝尔奖之后，他借机逃离法西斯控制的意大利，前往美国定居。

第二次世界大战期间，费米带领一班人马在芝加哥建造了第一座链式核反应堆，他也因此声名远播。战后，在芝加哥大学，他又聚集了一批在理论和实验上都非常出色的学生。他在罗马和芝加哥期间所带的那些学生后来分布在世界各地，都获得了头等的职位和奖赏。套用一句古老的阿兹特克谚语说，一个人是不是个好老师，看看他的学生有多少获得了诺贝尔奖就知道了。

1954年，费米发表了他作为美国物理学会主席的退休演讲。带着尊敬和讽刺兼有的意味，他预言说，在不久的将来我们会在环绕地球的轨道上建造一座加速器，这样就可以利用空间中的自然真空了。他同时也高兴地指出，这一建设将耗费美国和苏联双方的军事预算。利用超磁体并按我的成本估计，不考虑折扣，花费10万亿美元我就可以获得50 000太电子伏。除了把刀剑变成加速器，还有什么更好的方法能让这个世界变得神志清醒呢？

间奏曲C　我们怎么在一个周末破坏了宇称并发现了上帝？

我无法相信上帝竟然是一个软弱的左撇子。

——泡利

对着镜子瞧瞧自己，还不赖，是吗？假如你举起右手，你在镜子里的映像也会举起它的右手！什么？不可能。你是说左手吧！如果镜中举起的手错了，你肯定要目瞪口呆。就我们所知，世上还没有人遇到过这种事。但是，一个类似的出错情形，却在一种基本粒子身上出现了。这种粒子叫 μ 子。

镜像对称的学名叫宇称守恒，它已经在实验室里被一而再、再而三地测试过了。这是一个关于重大发现的故事，也是一个前进道路上时常遇到的精美理论被丑陋事实所扼杀的故事。整个过程始于星期五的午餐，结束于下一周的星期二凌晨4点钟左右。有关自然特性的一个非常深刻的概念变成了一个不堪一击的错误概念。在紧锣密鼓地获取数据的那几个小时，我们对宇宙构成方式的理解永远地改变了。当美妙的理论被证明是错误的时候，这会让人大为失望。大自然似乎比我们希望的显得更呆头呆脑、沉闷乏味。但是，这种沮丧是暂时的，因为我们深信，一旦我们穷根究本，一种更深沉的美必将显现。在1957年1月的那几天里，在纽约以北20英里的哈得孙河畔欧文顿，随着"宇称大厦"的轰然倒塌，这一时刻终于到来了。

物理学家们喜欢对称，因为它有一种数学的、直觉的美。在艺术里，对称为泰姬陵或希腊神庙所例证。在自然界，贝壳、初等动物，以及种类千变万化的水晶都显示出非常美丽的对称图案；同样，还有人体所具有的几乎完美的左右对称。大自然的规律包含了一系列非常丰富的对称性，它们在很多年里——至少在1957年1月以前——都被认为是绝对的和完美的。在我们理解晶体和大量的分子、原子和粒子时，它们也都是非常适用的。

镜子里的实验

这些对称性里有一种叫镜像对称，或者叫宇称守恒。它断定大自然——物理学定律——不能区别真实世界中的事件和镜子中的事件。

为了说明问题，我将会给出一个数学上的适当陈述。当我们把所有物体的 Z 坐标替换成 $-Z$ 的时候，描述自然定律的方程是不变的。如果 Z 轴垂直于定义了一个平面的镜子，那么这个替换正好就表达了任何系统在镜子里被反射时所发生的事情。例如，如果你，或者一个原子，位于镜子前16个单位的地方，镜子里就会出现位于镜子后16个单位处的像。把坐标 Z 换成 $-Z$，就建立了一个镜像。不过，如果方程对于这次替换是不变的（例如，方程里的坐标 Z 总是以 Z^2 的形式出现），那么镜像对称就是有效的，即宇称守恒。

如果实验室的一面墙就是镜子，并且科学家们就在实验室里做实验，那么，他们的镜像也会在做这些实验的镜像。有什么办法可以断定哪一个是真的实验室，哪一个是镜子里的实验室吗？爱丽丝可以通过一些客观测试来知道自己在哪里（在玻璃前面还是后面）吗？由杰出的科学家组成一个委员会，让他们查看一个实验的录像，他们能够说出所看到的实验是在真实的实验室里进行的还是在镜像实验室里发生的吗？1956年12月以前，人们根本就没有办法给出明确

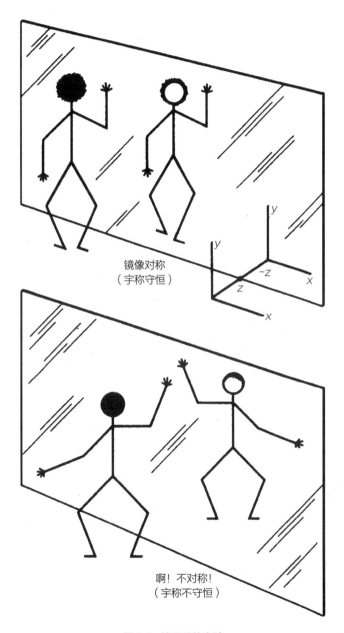

图 C.1　镜子里的实验

的回答，没有办法让一组专家去证明他们正在观察的场景只是在真实的实验室里进行的实验的镜像。在这一点上，一个小机灵鬼可能会说："但是你看，电影里的科学家们都是衣服左边有扣子。这一定是镜子里的图像。""不"，科学家回答说，"那只是一种习惯。自然界没有哪条定律说扣子一定要在右边。我们必须把人的感性因素统统撇开，去看看我们的电影里有没有什么东西是违反物理定律的。"

在1957年1月以前，人们并没有观察到镜像世界里有什么违背物理定律的现象。真实世界及其镜像世界都正确地描述了自然界。镜像空间里发生的任何事情都可以在实验室空间里真实地再现，无论理论上还是实际上都确实如此。宇称是可以利用的。它能帮我们分辨分子、原子和原子核的状态。它也能帮我们"省工省时"。如果一个完美的人光着身子站着，一半身体被一个竖直的屏风挡着，那么，你可以从能够看到的半边身子十分准确地推知屏风后面有什么。这便是宇称的诗意。

"宇称的倒塌"（如图C.1），就像后来人们对1957年1月所发生的那件事的描述一样，真是一个经典的实例。它展现了物理学家如何思考，在惊愕之余又如何适应，以及理论和数学是怎样在测量与观察的风头下掉转方向的。但在这个故事里，发现速度之快，过程之相对简单，却是它区别于其他发现的独特之处。

上海餐馆

又逢星期五。时间定格在1957年1月4日，中午12点。星期五是哥伦比亚大学物理系的教工们传统的中式午餐日。10~15个物理学家先是聚集在李政道教授办公室的门外，然后结伴从第120大街的普平物理楼向山下的第125大街和百老汇大街路口的上海餐馆走去。午餐聚会始于 1953 年，当时李政道刚刚拿到博士学位不久，从芝加哥大学来到了哥伦比亚大学。这时的他作为理论巨星，已有了极高的声望。

星期五的午餐上人声嘈杂，人们三三两两地谈论着，享用着冬瓜汤的美味，品尝着游龙戏凤、小虾球、海参或是其他辛辣的中国北方大菜。在 1957 年，这些菜还不算太流行。在去的路上，我们已经很清楚这个星期五的交流主题了，那就是宇称和我们哥伦比亚大学的同事、当时正在华盛顿国家标准局指导一个实验的吴健雄所带来的最新消息。

在午餐会开始讨论严肃话题之前，李政道先在一个恭敬的餐馆领班递来的小便笺本上点菜——每星期来吃饭他都要干这些琐事。李政道点菜很有派头，那真是一种艺术。只见他瞅了一下菜单、便笺本，用汉语向服务员问了一个问题，而后皱皱眉头，提笔画过纸面，认真地写了几个符号。接着是另一个问题，在一个符号上做了一下改动。为了得到神的指引，他瞥了一眼锡制的浮雕天花板，然后，大笔一挥而就。最后再看时，他的两只手都停在便笺本上，一只手五指伸开，传递着教宗对众人的祝福，另一只手则握着铅笔杆。一切尽在此间？阴阳和色香味的完美交融？把便笺本和笔都递给服务员以后，李政道加入谈话中来。

"吴女士打电话告诉我，她的初步数据表明了一个惊人的效应！"他兴奋地说。

让我们回到那个一面墙上有块镜子的实验室（上帝创造的那个真实的世界）吧。我们的一般经验是，不论我们对着镜子举起什么，不论我们在实验室里做何种实验——散射、制造粒子、像伽利略所做的那类重力实验，等等——镜中实验室里的一切都遵从同样的支配真实世界的各种自然定律。我们先来看一下违背宇称守恒是如何表现出来的。为了给手性做一个最简单的客观测试，不妨找一个"特维洛"星球的居民，让他使用一个右旋的螺钉。现在，他面对着打洞的一端，顺时针旋转螺钉。如果螺钉钻进一块木头里，则将其定义为右旋螺钉。显然，镜子里展现的是一个左旋螺钉，因为镜子里的那位"特维洛"居民正在逆时针旋转螺钉，且螺钉也钻进去了。好，现在假设我们生活在一个不可思议的世界（比如《星际迷航》中的幻想星球）上。在这里不可能使用一个左旋的螺钉——完全与物理定律背道而驰。这样，镜像对称将被破坏；右旋螺钉的镜像将不会存在，而宇称守恒则被破坏。

这就是前奏。李政道和他在普林斯顿高等研究院的同事杨振宁[*]建议检验一下弱相互作用下物理规律的有效性。我们需要右旋（或左旋）粒子的等价物。像机械螺钉那样，我们需要把旋转和运动方向组合起来。考虑一个自旋的粒子——μ子，把它看作一根绕着自己的中心轴自旋的圆柱体，我们就有了旋转。因为μ子圆柱的两端是完全相同的，我们不能说它是顺时针自旋还是逆时针自旋。为了弄明白这一点，你可以把它放到你和你最喜欢的一个对手之间。当你发誓说它是向右旋转（顺时针方向）的时候，他却坚持它是朝左旋转。没有什么办法争出个你对我错来。这是一个宇称守恒的情况。

李、杨的天才就是：通过观察自旋粒子的衰变，引入（他们想要检验的）弱相互作用。μ子的一个衰变产物是电子。假定大自然命令电子都只从圆柱的一端跑出来，这就给定了一个方向；而且，我们也就可以确定自旋的概念了——是顺时针还是逆时针——因为一端已经被定义（电子出来的方向）。这一端起到了螺钉钉尖的作用。如果相对于其刚刚衰变出来的电子，μ子的自旋方向向右（顺时针），就像机械螺钉相对于钉尖的旋转，那么我们就已经定义了右旋的μ子。现在，如果这些粒子总是按照定义的右手性方式衰变，那么我们也就有了一个违背镜像对称的粒子过程。这是我们在μ子的自旋轴平行于镜面时看到的情形，镜子中的像是一个左旋的μ子——但它并不存在（如表C.1）。

---

[*] 1951年，李政道和杨振宁都在美国普林斯顿高等研究院工作。两年后李政道赴哥伦比亚大学任教。

表C.1　镜中实验与宇称守恒

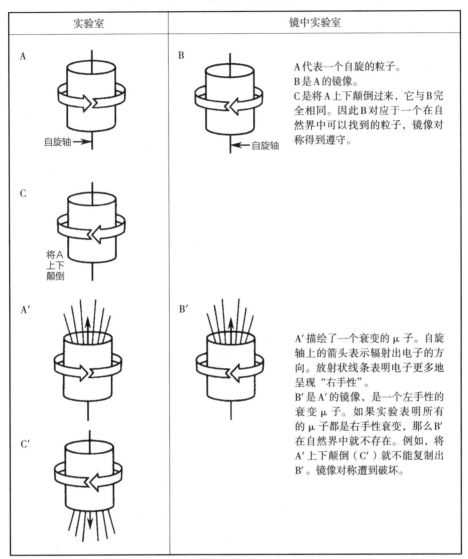

虽然有关吴健雄的情况在圣诞假期前后就已经传开了，但新年后的星期五是放假后物理系的第一次聚会。1957年，吴健雄像我一样在哥伦比亚大学任物理学教授，她是一名很有建树的实验科学家。她的研究专长是原子核的放射性衰变。她精力异常充沛，对学生和博士后要求很严格。在分析实验结果时，她也相当仔细、认真，她发表的实验数据以准确性高而广受赞誉。

1956年夏天，当李政道、杨振宁挑战宇称守恒的正确性时，吴健雄几乎马上就着手验证。她选择不稳定的放射性原子钴60的原子核作为实验对象。钴60的原子核会自发地衰变为一个镍核、一个中微子，以及一个带正电的电子（正电子）。我们能"看到"的是，钴核会突然放射出一个正电子。这种形式的辐射被称为 β 衰变，因为在这个过程中放射出来的电子不论正负最初都被称为 β 粒子。为什么会发生这种现象呢？物理学家称其为弱相互作用，并认为有一种可以引起这种反应的力作用在自然界中。力不仅仅是推和拉、吸引和排斥，还可以引起物质种类的改变，如钴变成镍并辐射轻子的过程就是这样。从20世纪30年代起，大量的反应被归因于弱相互作用。伟大的美籍意大利科学家费米率先给出了弱相互作用的数学形式，这使得他可以预言像钴60发生的这种反应的许多细节。

李政道和杨振宁在他们于1956年发表的论文《弱力中的宇称守恒质疑》里，挑选了一系列反应，并检查了实验中宇称——镜像对称——不受弱相互作用支持的蛛丝马迹。他们感兴趣的是从自旋的原子核里放射出的电子的方向。如果电子更偏爱其中一个方向，那就像是给钴核穿上了缝有纽扣的衬衫。这样的话，我们也就能够说出哪个是真实的实验，哪个是镜像了。

是什么区别了普通的科学工作和伟大的思想？对一首诗、一幅画、一支曲子也可以问类似的问题——实际上，甚至连法律诉状之间也会有天壤之别。艺术作品要靠时间去最终裁定；而在科学中，一个思想、一种观念的对错则要由实验来判定。如果它是光辉的思想，那么往往就会开辟一个新的研究领域，催生一大批新的问题，而一大堆老问题则迎刃而解。

李政道思维缜密，无论是午餐时的点菜，评论一些中国古瓷器，抑或是评价一个学生的能力，他的观点都锋棱崭然，有如巨匠运斤，不差分毫。在李政道和杨振宁（我不是很了解杨振宁）关于宇称的论文里，那宝贵的思想就有许多尖锐的观点。他们靠中国人的那股子冲劲，质疑一个曾经认为是牢不可破的自然定律。李政道和杨振宁意识到，所有这些已导致"构造完善"的宇称定律的大量数据，与引起放射性衰变的自然现象即弱相互作用毫无关系。这又是一个闪光而尖锐的观点：它第一次让我们明白，自然界不同的力可以有不同的守恒定律。

李政道、杨振宁挽起袖子上阵，汗水涔涔，灵感不断。他们查验了大量有希望用来测试镜像对称的放射性衰变反应。在论文里他们还十分细致地分析了可能的反应，以便保持沉默的实验家能够检验镜像对称是否有效。吴健雄设计了其中的一个实验，她使用的是钴的反应。她的方法的关键是确保钴核——哪怕只有很少的一部分钴核——能以同样的方式自旋。吴健雄提出：要确保这一点，可以让钴60源在极低温度下工作。她的实验极其精密，需要用到很难找到的低温装置。为此她求助于国家标准局——那里拥有非常先进的自旋调节技术。

那个星期五宴席上的倒数第二道菜，是用黑豆酱油加上葱和韭菜焖出的大鲤鱼。在上这道菜的时候，李政道反复强调了这一关键信息：吴健雄发现的效应非常显著，超出我们期望的10倍以上。虽说数据还没有看到，是试探性的，而且还很初步，但（李政道给我夹了鱼头，他知道我喜欢）如果效应的确非常显著的话，就像我们所期待的那样，如果中微子是两种成分……我听着听着就走神了，不知道他继续在说些什么，因为一个新的想法渐渐地浮现在我的脑海里。

午餐之后还有一个专题研讨会、系里的一些例会、一个社交茶话会，以及一个学术讨论会。所有这些活动我都心不在焉，心里一直挂念着吴健雄正在观察一个"巨大的效应"。8月份李政道在布鲁克黑文的谈话，让我想起了宇称会在 π 介子和 μ 子衰变时缺失的那个想法。我们一度忽略了它。

巨大的效应？　8月份我曾经粗略地看过 π−μ 衰变链，并且意识到应该设计一个合理的实验，要在两个连续的反应中有宇称破坏。我一直在回忆8月份我们曾经做过的计算。然而，倘若效应非常显著的话……

下午6点左右，我驱车向北行驶，回到位于多布斯费里的家中吃晚饭。然后，又在这个寂静的夜晚前往哈得孙河畔欧文顿的尼维斯实验室跟我的研究生换班。尼维斯实验室中的400兆电子伏加速器是生成介子及研究其性质的主力干将，20世纪50年代，介子可是一种相当新的粒子。在那些快乐的日子里，只有几种介子值得关心，而尼维斯关注的是 π 介子和 μ 子。

在尼维斯实验室，我们拥有高强度的 π 介子流，它们出自一个被质子轰击的靶。π 介子并不稳定，它们从靶里飞出，脱离开加速器，穿过屏蔽墙，再进入实验厅，其间有大约20％的粒子经历了弱衰变，转变为一个 μ 子和一个中微子。

$$\pi \rightarrow \mu + \nu \ (在飞行过程中)$$

μ 子通常与 π 介子沿同一方向飞行。如果宇称规律被推翻，自旋轴的方向与运动方向一致的 μ 子数量，就会多于自旋轴的指向与其飞行方向相反的 μ 子的数量。如果效应巨大，大自然或许会给我们提供粒子全都以同样方式自旋的一个实例。这就是吴健雄把钴60冷冻在温度极低的磁场里的情形。关键是要观察到已知自旋轴方向的 μ 子衰变为一个电子和一些中微子。

实验

星期五晚上，从索米尔河公园路驱车向北，一路上车水马龙，甚是繁忙，沿途能够模模糊糊看到为森林所覆盖的美丽丘陵。这条路沿着哈得孙河蜿蜒曲折，经过里弗代尔、扬克斯径直向北。途中我盘算着可能的"巨大效应"，不时有一种豁然开朗的感觉。对于自旋的物质来说，如果有任何一个方向的自旋轴在粒子衰变中占优势，那就会呈现出这种效应。一个不明显的效应可能是，相对于自旋轴的方向，在一个方向上射出的电子有 1 030 个，而另一个方向有 970 个，这就很难下结论。但一个巨大的效应就是说 1 500∶500，这样情况会简单得多。这个幸运的巨大效应还将有助于安排 μ 子的自旋。要做这个实验，我们需要所有 μ 子都朝一个方向自旋的实例。由于粒子要从回旋加速器运动到我们的装置里，因此 μ 子的运动方向可以作为 μ 子自旋的参照。我们需要大多数 μ 子都是右旋的（或者都是左旋的，这无关紧要），现在把运动方向看作"大拇指"。μ 子将会飞出去，通过几个计数器，最后在一个碳块里停下来。而后我们数出有多少电子沿着 μ 子的运动方向出现，又有多少电子以相反的方向出现。数量的巨大差异将是宇称破坏的证据。然后，我们就会声名远扬，好运不断！

突然，一个念头搅乱了这个普普通通、安宁静谧的星期五夜晚，我想我们可以轻而易举地做这个实验。我的研究生马赛尔·温里克（Marcel Weinrich）一直在做一个跟 μ 子有关的实验。他的实验装置稍加改造就可以用来寻找那个巨大的效应。这时我又回顾了用哥伦比亚大学的加速器制备 μ 子的方法。作为这方面的专家，很多年以前我就跟丁洛特一道设计过外来的 μ 子和 π 介子束，那时的我还是个鲁莽的研究生，而机器也是崭新的。

我的脑海里浮现出了整个过程：一座加速器，带有一块重达 4 000 吨的磁体，圆形磁极的直径约有 20 英尺，加速器里面夹着一只巨大的抽空了空气的不锈钢箱子，即真空腔。一个由微小管道注入的质子流进入磁体的中心。质子在很强的射频电压下反复冲刺，螺旋式前进。当粒子到达螺旋式旅途的终点时，已经具有 400 兆电子伏的能量。在真空腔的边界附近，我们的磁体基本上鞭长莫及的地方，一根载有石墨片的小棒等着被高能质子轰击。它们所具有的 4 亿伏高压，足以使这些高能质子在与石墨靶上的碳原子核相撞时产生新的粒子——π 介子。

此刻我仿佛正目不转睛地注视着 π 介子在质子的冲击下向前喷射的一幕。

它们在回旋加速器强大磁体的磁极间诞生，沿着一条舒缓的曲线飞掠而出，消失在回旋加速器之外。那里随即出现了 μ 子，继续着 π 介子的未尽之旅。磁极片外迅速消失的磁场使 μ 子沿着隧道穿过 10 英尺厚的混凝土防护墙，来到实验大厅，在这里我们已经恭候多时了。

实验室里，马赛尔正在启动设备。μ 子会慢慢地落到一个 3 英寸厚的滤波器里，然后被送到一块含有各种元素的 1 英寸厚的材料里暂存。μ 子会与材料里的原子温和地碰撞而失去能量，并由于带有负电荷而最终被带正电荷的原子核俘获。由于我们不想让任何东西影响 μ 子的自旋方向，而被俘获进轨道则是毁灭性的，所以我们要使用带正电荷的 μ 子。带正电荷的 μ 子会做什么呢？可能就是在那里默默自旋直到衰变。材料必须谨慎选取，碳看起来就很合适。

现在，一个关键的想法浮现于我这个在 1 月的某个星期五驱车北行的司机的脑海里。如果在 π 介子衰变时产生的所有（或几乎所有）μ 子能够以某种方式把自旋调整成同一方向，那就意味着 π 介子到 μ 子的反应违背了宇称守恒，并且是严重地违背。一个巨大的效应！现在，假设 μ 子沿着优美的弧线飞出机器穿过隧道的时候，它们的自旋轴与运动方向保持平行（如果 g 因子接近 2，这就是会发生的实际情况）；再进一步假设，μ 子与碳原子发生的数不清的温和碰撞，在使自己逐渐慢下来的同时，并不影响自旋与运动方向之间的关系。如果这一切真的发生了，那就太离奇了！我就会有了一个让 μ 子进入材料块里暂存，并以相同方向旋转的方案。

μ 子有 2 微秒的寿命，这一点很是方便。我们的实验从检测 μ 子衰变产生的电子开始。我们可以试试看，是不是有相同数量的电子在沿着旋转轴确定的两个方向上出现。此即镜像对称测试。如果数量不等，那就意味着宇称完了，而且还是我把它干掉的呢！啊哈！

看起来，一个成功的实验似乎需要一连串的奇迹。的确，当 8 月份李政道和杨振宁宣读他们那蕴含着小效应的论文时，因为需要这种一连串的奇迹而让我们感到灰心丧气。一个小效应还可以被耐心征服，而两个连续的小效应——如百分之一的百分之一——则会让实验希望渺茫。为什么是两个连续的小效应呢？回想一下，大自然得提供这样的 π 介子，它们能衰变成自旋方向大体一致的 μ 子（奇迹一）；μ 子还必须能衰变成这样的电子，它们相对于 μ 子的自旋轴明显不对称（奇迹二）。

经过扬克斯收费站（1957 年时收费 5 美分）的时候我变得激动万分。我真的感到非常肯定，如果宇称破坏是明显的，那么 μ 子就是极化的（自旋轴指向同一方向）。我还弄明白了 μ 子自旋的磁特性，乃是由于磁场作用把其自旋方向都"扳"到粒子运动方向上去的缘故。至于 μ 子进入吸收能量的石墨以后会发生什么事情，我还没有太大的把握。如果我弄错了，那 μ 子的自旋轴就会五花八门。真要是那样的话，就无法观察电子相对于自旋轴的放射了。

让我们再来回顾一下。π 介子的衰变产生了自旋方向与运动方向一致的 μ 子，这是奇迹的一部分。现在我应该让 μ 子停下来，以便观察它们衰变时放射出来的电子的方向。由于我们知道它们在撞击碳块之前的运动方向，所以，假如没有什么东西使它们发生转动的话，我们就会搞清楚它们停下来发生衰变时的自旋方向。现在要做的事情，就是在碳块周围转动我们的电子检测臂，那里 μ 子正等着检查镜像对称呢。

我重新思考着要做的事情，手掌心开始出汗。计数器全都有了。那些告诉我们高能 μ 子到达后缓慢进入石墨块的电子器件，现在已经就位并顺利通过测试，用于检测 μ 子衰变产生的电子的由 4 个计数器构成的"望远镜"也有了。我们要做的事情就是把这些东西按一定的方式固定在一块板子上，再把它围绕石墨块的中心安装好。只需一两个小时的工作。喔！可我觉得，我们又将度过一个不眠之夜！

我回到家，草草地吃了晚饭，又跟孩子们逗了逗乐。这时，我接到了 IBM 的一个物理学家理查德·加温（Richard Garwin）打来的电话。加温正在 IBM 实验室研究原子过程，那个实验室刚刚搬离哥伦比亚大学校园。迪克[*]没事就爱往哥伦比亚大学物理系跑，但却错过了这顿中式午餐。他想了解一下有关吴健雄实验的一些最新进展。

"嘿，迪克，我已经想出测试宇称破坏的好办法了，它会是你能想到的最简单的方式。"我迫不及待地说道，"你为什么不开车到实验室去帮帮我呢？"迪克就住在斯卡斯代尔附近。晚上8点钟的时候，我们已开始拆除一个稀里糊涂的研究生搞的实验装置。马赛尔眼睁睁地看着这一切，这下，他做博士论文的实验没戏了！迪克的任务是思考旋转电子显微镜的问题，以使我们能够确定电子在设想的自旋轴周围的分布情况。这可不是信手拈来的小问题，因为旋转显微镜可能会导致到 μ 子的距离发生改变，这会使检测到的电子数目发生变动。

紧接着，第二个重要的想法被迪克提了出来。看，他说，用不着四处移动这个笨重的计数器平台，就把它放在那儿好了，在磁场里转动 μ 子就行。如此简单而高明的主意令我不由得精神一振。可不是吗！一个自旋的带电粒子就是一个小磁体，它在磁场里就像一根指南针一样会转动，唯一不同的是作用在 μ 子磁体上的机械力使它连续旋转。这个主意虽然如此简单，但却意义非凡。

那么，在适当的时间里需要多大的磁场来使 μ 子转过360°呢？计算这个数值倒是小菜一碟。对于一个 μ 子来说适当的时间是多少呢？嗯，μ 子衰变成电子和中微子的半衰期是1.5微秒。这就是说，在1.5微秒的时间里有一半的 μ 子衰变。如果我们转动 μ 子的速度太慢，比方说每微秒1°，那么大部分 μ 子都只转了几度就消失了。这样的话，我们就无法比较0°和180°方向上的产量——也就是比较从 μ 子"上端"和"下端"放射出的电子的数量，而这可是我们实验的精髓。如果我们提高转速，比如，用强磁场来达到每微秒1 000°，粒子就会在探测器前接二连三地一闪而过，我们将得到一个含糊不清的结果。最后我们认定，理想的转速应该是每微秒45°。

---

* 理查德·加温的昵称。

为了获得所需的磁场，我们可以在一根圆柱上绕数百匝铜线，并在铜线上通以几安的电流。我们找到一根树脂管，派马赛尔去仓库找铜线，再切一块用来给粒子减速的石墨块，并使得它能够塞进圆柱体内；另外，还要把铜线接在可以远距离控制的电源上（在搁板上有一个）。我们就这样忙碌着，不觉时光飞逝、夜已至深。到午夜时分，所有的工作已准备停当。我们之所以赶得那么急，是因为加速器必须在星期六早上 8 点钟关闭维护。

凌晨 1 点钟，计数器正在记录数据；累加寄存器则记录各个方向的出射电子数目。别忘了，按照加温的方案，我们没有直接测量角度。μ 子（更确切地说，是它们的自旋轴矢量）在磁场里旋转的时候，电子显微镜保持不动。所以，电子到达的时间现在与它们的方向相对应。通过记录时间，我们也在记录方向。当然，还有许多问题要解决。我们又缠着加速器操作员给我们尽可能多的质子来轰击靶。登记那些到达并停下来的 μ 子的所有计数器都得进行调整。作用在 μ 子上的小磁场的控制部分也要经过检查。

在采集了几个小时的数据之后，我们看到相对于自旋在 0° 和 180° 方向上发射的电子数目差别悬殊。数据很粗略，而我们也将信将疑。第二天早上 8 点检查数据的时候，我们的怀疑得到了证实。数据多半没有说服力，并没有真的与我们的所有辐射方向都相同的假设——一个镜像对称的预言——相矛盾。我们请求加速器操作员再给我们 4 个小时，但无济于事。计划就是计划，谁也奈何不得。我们垂头丧气地走出加速器室，只见设备还摆在那里，映入眼帘的一个小事故让我们即刻明白了什么。缠有铜线的树脂圆柱体，因受铜线里的电流所产生的热量的影响而变弯，进而使得石墨块掉了下来。显然，μ 子已不再位于我们为它们设计的磁场里了。抱怨一番（都怪那个研究生！）之后大家又打起了精神。原来的想法没准还是对的呢！

我们很快制订了一个周末计划：设计一个合适的磁场。首先考虑的是，通过增加停下来的 μ 子的数目和增加衰变电子的计数比例来提高数据率；另外还要考虑一下带正电的 μ 子在碰撞中以及在落到碳原子晶格里的几微秒的时间里发生了什么。要知道，如果一个带正电的 μ 子俘获了一个在石墨里自由移动的电子，那么这个电子就很容易使 μ 子去极化（把其自旋弄得乱七八糟），以至于它们根本不会步调一致地处于相同的状态。

我们三人回家睡了几个小时，下午2点起又继续工作，重新装配设备。我们干了一个周末，每人干一件指定的任务。我重新计算了 μ 子产生后由于 π 介子衰变而前冲的运动，直到它飞进隧道，通过混凝土墙进入我们的装置。我还跟踪了自旋和方向，对极端的宇称破坏的情形也做了设想：所有的 μ 子都准确无误地沿着它们移动的方向自旋。每一处分析都指出，如果效应明显，哪怕只有极端情况的一半，我们也应该看见一条振荡曲线。这不但证明了宇称被破坏，而且还可以给我们一个数值的结果，让我们知道从100%到0（千万别！），到底有多少宇称破坏了。如果有人跟你讲，科学家都是些冷静沉着、冰冷无情的家伙，那么，这个人就是个疯子。其实，我们都热切地期盼着，希望能够早一点看到宇称破坏。宇称不是妙龄少女，我们也不是翩翩少男，但我们却像少男之于少女那样，沉迷于能够做出发现。所谓科学客观性的测试，就是不要让热情影响到方法论和自我批评精神。

撤开树脂圆柱体，加温把一卷线直接绕在一块新的石墨上，并用两倍于我们所需的电流测试了系统。马赛尔重新安装了计数器，提高了调节精度，并把电子显微镜移到更靠近石墨块的位置，而所有的计数器的效率也大大增强了。我们大家同时还祈祷，但愿这次疯狂的举动能够搞出可以公之于世的名堂来。

工作进展得很缓慢。星期一早上，我们铆足了劲加班干的消息不胫而走，全体操作员以及我们的一帮同事都知道了。加速器维修人员在机器里发现了一些严重问题，星期一就这么完了——最起码要等到星期二早上8点才会有束流。好啦，我们又有时间来吵吵闹闹、忙忙乱乱和检查方案了。哥伦比亚大学的同事们来到尼维斯，好奇地盯着我们，不知道我们在上面干什么。曾经在中式午餐上问过一些问题的一个聪明的年轻人，从我闪烁其词的答话里推断出我们正在做的是宇称实验。

"那根本不行，"他向我保证道，"μ子在石墨过滤器里失去能量时就会去极化。"我当然感到沮丧，但并没有灰心。我想起了我的导师、哥伦比亚大学的大科学家拉比。他曾经对我说过：自旋是一件很难把握的事。

星期一下午大约6点钟，机器提前开始运转。我们赶忙进行准备，检查所有的设备和安排。我注意到缠好铜线的靶装在一个4英寸（约10厘米）的板上，看起来有点儿低。我们低头看显微镜时有一点斜视，这样我得去找一些东西把它抬高一两英寸。我看到一个角落里有个塞了些木螺钉的咖啡盒，就用它代替那个4英寸的板。好极了！（后来史密森学会想要这个咖啡盒来重复这一实验，我却找不到了。）

喇叭里喊道：机器就要开始运转了，所有实验者都必须离开加速器（否则就被油炸了）。我们爬上陡峭的铁梯子，穿过停车场，来到实验室大楼。这里有从探测器接出来的电缆连接着电线架、计数器和示波器。加温几个小时前回家了，我把马赛尔送出去吃饭，然后就启动程序开始检查来自探测器的电信号。一个又大又厚的记录本用来记下所有相关信息。本子上面点缀着诙谐的图画和语句——"哦，混蛋！""哪个家伙忘了盖咖啡壶了？""你太太找你"——还有一些必要的记录，写着要做的事情、做完的事情和接通电路的条件（"看一下3号计数器，它快要打火了，还会丢失计数"）。

大约在晚上7点15分，质子强度达到了标准，会产生π介子的靶也朝合适的位置稍微移动了一点。转眼间，计数器开始记录到达的粒子。我看着计数器上关键的一行，那里记录着在μ子停下来的忽长忽短的时间段里发射出来的电子的数量。数目还很小：6，13，8，…

晚上9点30分，加温来了。我决定去睡觉，第二天早上再接他的班。回家的路上我把车开得很慢。我连续干了差不多有20个小时了，累得连吃饭的劲儿都没有。可是，一到家我好像刚挨到枕头电话铃就响了，一看表，才凌晨3点。电话是加温打来的，他说："你最好来一趟，我们成功了！"

3点25分，我一把车子停稳便向实验室冲去。加温已经把计数器读出的数据粘到了本子上。数据非常明显。在0°角上发射的电子比180°角上的多出一倍以上。大自然可以说出右手性自旋和左手性自旋的区别。现在，机器已达到最佳强度，计数器在飞快地跳变。记录0°角的计数器读出2 560，记录180°角的计数器读出1 222。单从统计意义上看，这已是压倒性的优势。它们之间的其他计数器的读数也令人满意，恰好介于前面两者之间。宇称破坏证据确凿……我看着迪克，感到呼吸困难，掌心出汗，心怦怦直跳，并且头晕目眩——似乎有许多（不是全部！）欲火在焚烧。太棒了。我开始一一列举核对：用这种方法得到的结果，在实验过程中有哪些地方会出问题？可能性当然很多。于是我们又花了1个小时检查诸如用于电子计数的电路等环节。没问题。那么，我们还可以怎样测试我们的结论呢？

星期二早上4点30分，我们让操作员暂时关闭粒子束，然后跑下楼去把电子显微镜手工转动90°。如果我们头脑清醒、操作无误的话，那么，在一个时间段里，系统会变到与90°角的情形一致。成功了！结果正是我们所预测的变化。

早上6点，我拿起电话找李政道。一声铃响就接通了。"政道，我们已经检查过 π-μ-e 反应了，而且我们有了标准偏差为20的信号。宇称守恒玩完了。"从电话里都能听出李政道坐不住了。他心急火燎地问道："电子能量怎样？非对称性电子能量如何变化？ μ 子是平行于出射方向自旋吗？"我们对不少问题已经有了答案。这一天晚些时候其他人也来了。加温开始画图，并把计数器读数输进去。我把我们要做的事情列了个清单。7点时我们陆续接到了听说此事的哥伦比亚大学同事打来的电话。8点左右加温走了，马赛尔（他被暂时忘掉了！）来了。9点钟，房间里挤满了同事、技术人员和秘书，他们试图弄清楚发生了什么事情。

　　继续把实验做下去已经很费力了,我恢复了喘息和出汗。我们成了有关世界的更新更深刻知识的信息库。物理学发生了变革,宇称破坏给我们提供了一个强有力的新工具:被磁场极化的 μ 子,其自旋可以通过电子衰变来跟踪。在接下来的三四个小时里,电话不断从芝加哥、加利福尼亚和欧洲打来。芝加哥、伯克利、利物浦、日内瓦,以及莫斯科的人们,就像战场上冲锋的战士一样,纷纷开动粒子加速器。接连一个星期,我们不停地做实验,继续检验着结果。但我们热切地盼望公布结果。我们用这样那样的方法获取数据,一天24小时,一星期6天,后面6个月全都如此。数据公布出来,其他的实验室立刻证实了我们的结果。

　　我们获得的清晰明确的结果,自然不会让吴健雄感到开心了。虽然我们想跟她一起公开发表结果,但值得敬佩的是,她坚持要花一星期时间来检查她的结果。

　　惊人的实验结果究竟给物理学界带来了什么样的影响,这还真是难以表述。我们挑战了——事实上是破坏了——一个人们所珍爱的信念:自然界镜像对称。此后若干年里,正如我们理应看到的那样,其他的对称性也被推翻了。甚至于实验还使许多理论物理学家受到了震撼,其中就包括泡利。他留下了一句著名的论断:"我无法相信上帝竟然是个软弱的左撇子。"当然,他并不是说上帝应该是"右撇子",而是认为上帝应该两手都行。

　　1957年2月6日,2 000名物理学家来到纽约帕拉蒙特酒店,参加美国物理学会的年会,场面十分热烈。各大报纸都在头版头条公布了结果。《纽约时报》一字不差地发表了我们提供的稿件,里面还有粒子与镜子的图片。但对我们来说,这一切都比不上凌晨3点我们在实验室里所获得的那种静谧安详的感觉。就在那一时刻,两位物理学家开始懂得了一个崭新的、深奥的真理。

第7章

"原子"！

昨天，3位科学家由于发现了宇宙中最小的粒子而荣获了诺贝尔奖。这表明对粒子的探索已经成为家常便饭了。

——杰伊·莱诺*

在美国，20世纪50年代和60年代是科学大发展的时期。在这一时期，任何人只要有不错的想法和坚定的决心，似乎就可以得到资助；而到90年代时，这一切就要困难得多。或许应该把前者当作科学健康发展的一个准则，因为直到现在，多年以前所取得的科学进步仍然使整个国家受益良多。

粒子加速器开启的丰富多彩的亚核结构就像伽利略的望远镜展示的天体一样让人惊叹。如同伽利略革命一样，人类获得了以前想都没想到的有关世界的新知识。这种关于微观世界的认识所带来的深远意义，丝毫也不亚于宏观世界；它所产生的影响，也足以跟巴斯德发现细菌和看不见的微生物世界相媲美，以至于我们的先哲德谟克利特那奇异的猜想（"猜想？！"我听到了他的尖叫声，"仅仅是猜想？！！"）也没有人关注了。人们不再为是否存在肉眼看不见的微观粒子而争辩。显然，正是人类对"最小的微观粒子"的探索欲望，导致了探索手段的进步：从放大镜到显微镜，再到现在的粒子加速器，构成了人类肉眼的延伸。而且，我们看到的是大量的强子——这些"希腊字母粒子"是由加速

---

* 杰伊·莱诺（Jay Leno），美国电视主持人、演员。

束在强烈的碰撞中产生的。

但这并不是说，强子的激增全然是一件令人高兴的事，尽管它确实无所不包，不断膨胀，以至于那些新粒子的发现者们足以组成一家"来者不拒"俱乐部了。想发现一种新的粒子吗？那就等着下一代加速器的诞生吧！1986年，在费米实验室召开的一次物理学史会议上，狄拉克向人们讲述了他当年是多么不情愿地接受了由他自己的方程所得出的结论——存在一种新的粒子，这就是安德森几年后发现的正电子；而在1927年，这种全新的理论是跟物理学传统思潮相悖的。当听众席上的韦斯科普夫提出，早在1922年爱因斯坦就已经预测了一种带正电荷的电子的存在时，狄拉克轻蔑地摆了摆手说："他只是运气好罢了。"1930年，泡利在预言中微子的存在以前也是极端痛苦的，可最终他还是极不情愿地承认了这种粒子的存在。他是以这种方式来减轻他的"罪过"的，要不然能量守恒定律可就危在旦夕了——要么是肯定中微子的存在，要么就得推翻能量守恒定律，泡利痛苦地选择了前者。不过，这种对抗引入新粒子的保守性并没有持续很久，就像鲍勃·迪伦所说，"时代在变"。这种认识观改变的先驱是理论物理学家汤川秀树，是他开自由假定新粒子的存在以解释新物理现象的先河。

在整个20世纪50年代和60年代早期，理论物理学家们都忙着做同一件事情。他们将数百种强子进行分类，到处搜集样品，找出这种新物质的性质，然后向他们的实验家同事们索要更多的数据。这数百种强子令人兴奋，同时也让人头疼。我们从泰勒斯、恩培多克勒和德谟克利特的时代起就开始追求的那种简单性哪里去了？这一切就像是一个物种不受控制的动物园，其无限的数量已让我们满心忧虑。

在这一章里，我们将会看到德谟克利特和博斯科维奇等人的梦想是如何成为现实的。我们将讲述标准模型的构造历程，这一模型包含了构成宇宙中的一切物质（过去的或现在的）所需要的基本粒子，以及作用于这些粒子的各种力。

从某种意义上说，这一模型比德谟克利特的模型复杂，后者认为物质的每种形式都有各自的不可分割的"原子"，这些"原子"由于彼此互补的形状而结合在一起。而在标准模型中，一种物质的粒子是通过3种不同力的作用彼此结合在一起的，这些力又由更多的粒子传递。所有粒子彼此之间相互影响，整体处在复杂的运动状态中。这种运动能够用数学的语言加以描述，却不能形象化地表达。在某些方面，标准模型又比德谟克利特当年所猜想的简单。我们不需要把一种"原子"给乳酪，另一种给膝盖骨，再有一种给椰菜等。"原子"的数量是有限的，把它们用不同的方式组合，就可以构造出任何东西。我们已经遇到了3种基本粒子：电子、μ子和中微子。下面我们将提到更多的基本粒子，并介绍它们是如何组合到一起的。

这是令人振奋的一章，因为在探索物质的基本构成组元方面，我们已经行进到道路的尽头。然而，在20世纪50年代和60年代早期，我们对最终解开德谟克利特之谜并没有像现在这样信心十足。因为要在数百种强子中找出几种基本粒子来，前景实在是很不明朗。相对而言，在描述自然界的作用力方面，物理学家们取得了更大的进步。我们已经明确的作用力有4种：引力、电磁力、强力和弱力。引力属天体物理学的研究范畴，因为在加速器实验室里，引力小得几乎可以忽略不计。在我们后面的讨论中，不时地还会提到它。其他3种作用力则正在我们的掌控之中。

电力

关于电磁力的量子理论，我们早在20世纪40年代就已经看到了胜利的曙光。1927年，狄拉克成功地将量子理论和狭义相对论结合到他的电子理论中。不过，量子理论和电磁理论的结合，却经历了暴风骤雨，真是疑云密布、困难重重。

将这两种理论结合起来的努力私下里被认为是"向无穷大宣战"。20世纪
40年代中期，一边是无穷大，另一边是许多当时最杰出的物理学家：泡利、韦
斯科普夫、海森堡、贝特和狄拉克，以及一些正在崭露头角的年轻学者——康
奈尔的费曼、哈佛的施温格尔（Julian Schwinger）、普林斯顿的戴森（Freeman
Dyson）和日本的朝永振一郎。无穷大是这么产生的：简单地说，根据新的相对
论量子理论来计算电子的某些特性的值，答案是"无穷大"。不只是大，而且是
无穷大。

用一种形象化的方式来描述无穷大的数量值，就是把所有整数的个数再加
1，不停地加1，如此一直进行下去。那些聪明却又愁眉苦脸的理论家们则更习
惯于用另一种方式来表达：一个分母为0的分式的值。这时，大部分袖珍计算器
会显示一连串的EEEEEE来提示你，该表达式有误。早期的由继电器驱动的机
械式计算器则会发出刺耳的声音，而后以喷出浓烟告终。理论家们将无穷大视
为电磁理论和量子理论结合失败的标志。他们说，尽管这种想法充满诱惑，但
我们却不该去追求。然而，费曼、施温格尔和朝永振一郎却在20世纪40年代
后期各自独立地获得了成功。他们克服重重困难，最终"计算"出了带电粒子
（如电子）的性质。

这一理论突破的主要动力，来自我的一位导师兰姆在哥伦比亚大学所做的
一项实验。在第二次世界大战后的几年间，兰姆从事电磁理论的研究，同时教
授其中大部分的高级课程。他还利用战时发展起来的雷达技术，设计并开展了
一项精巧的实验，用以测试氢原子中一些能级的特性。兰姆的数据为新产生的
量子电磁理论的某些最精细部分提供了检验依据，反过来，他的实验也刺激了
这种新理论的发展。在下面的叙述中，我将跳过兰姆实验的细节。不过我要强
调的是，此项实验为令人振奋的新电力理论的创立奠定了基础。

理论家们又创造了一个新名词"重正化量子电动力学"。量子电动力学（简
称QED）使理论家可以计算电子或者其更重一些的兄弟 μ 子的某些性质，能精

确到小数点后10位数字。

QED是一种场论，它可为两种物质粒子（比如说两个电子）之间作用力的传递方式描绘出一幅物理学图景。牛顿和麦克斯韦都曾对超距作用理论产生过怀疑。那么，真正的作用机制是什么呢？毫无疑问，德谟克利特的一位朋友、一个才华横溢的古代学者发现了月亮对地球潮汐的影响，并且一直为这一作用力穿过空间传递的方式所困扰。在QED中，场是量子化的，也就是说，场被分解为一个个量子——更多的粒子。但这并不是物质粒子，我们称之为场粒子。它们在两个相互作用的物质粒子之间以光速传递力的作用。这些信使粒子在QED中被称为光子。其他几种作用力也都有其独特的信使粒子。正是有了信使粒子，我们才得以对力进行形象化的描述。

虚粒子

在继续讲下去之前，我要解释一下粒子的两种表现形式：实粒子和虚粒子。实粒子能够从A点运动到B点，它们携带能量，用盖革计数器接收时会有读数；虚粒子却不具有上述性质，这一点在第6章中我已经提及。信使粒子——作用力的传递者——可以是实粒子，但在理论中它们更多地被当作虚粒子，所以这两者经常是同义的。虚粒子是粒子之间作用力的传递者。如果有足够的能量，一个电子可以发射出一个光子，在盖革计数器中也会有读数。虚粒子是源于量子物理学许可范围的一个逻辑构造物。根据量子理论，粒子可以通过借用必需的能量来产生，持续时间由海森堡规则决定。它指出，借用的能量乘上持续时间，应该大于普朗克常量除以2π。用方程表示就是：$\Delta E \Delta t > h/2\pi$。所以，借用的能量值越大，虚粒子为享受生命而存在的时间就越短。

这样看来，在所谓的空空间中其实充满了这些幽灵般的粒子：虚光子、虚电子和正电子，夸克和反夸克，甚至（上帝才知道这种可能性有多小）可能还有虚的高尔夫球和反高尔夫球。在这样一个旋涡似的动态的真空中，实粒子的性质必须加以修正。幸运的是，对我们的理性和技术进步而言，这些修正幅度极小。当然，它们是可以被测量到的。而一旦理解了这一点，余下要做的就是越来越精确的测量，以及更加需要耐心和决心的理论计算了。就拿一个真实的电子来说吧，因为它是实粒子，所以在其周围存在着瞬态的虚光子云。这些虚光子证实了电子的存在，又反过来影响电子的性质。而且，一个虚光子可以在极短的时间内分解为一个正负电子对，又会在一眨眼的工夫复合为光子。然而，即便是这个短暂的转变过程也会影响电子的性质。

在第5章里，我已经给出了电子的g值，该值经QED理论计算得出，且已有可靠的实验作证明。你可以回想一下，理论值和实验值之间吻合到了小数点后11位！ μ子的g值也有这样的精度。由于μ子比电子重，它为信使粒子的概念提供了更为精确的检验手段。相对电子而言，μ子的信使粒子能量更高，所以场对μ子造成的影响也更大。场的概念是非常抽象的，但理论和实验之间极好地吻合证明了这个理论的正确性。

μ 子本身的磁性

至于验证性实验……我在自己的第一个休假年（1958—1959）来到了位于日内瓦的欧洲核子研究中心（CERN）做研究工作，并领受福特奖学金和古根海姆奖学金，以弥补我的另一半薪水。CERN是由欧盟12国联合创建的，目的是共享高能物理研究所需的昂贵设备。它建于20世纪40年代后期，当时第二次世界大战的硝烟才刚刚散去，这个前敌对国家之间的合作产物也成为国际科学协作的典范。我的老朋友贝尔纳迪尼是CERN的研究负责人。我来到这里的主要目的，是欣赏欧洲的风光和享受这里的生活。我不仅能学学滑雪，还能研究研究这个坐落于日内瓦郊外瑞士和法国边界的新研究所。在以后的20年中，我在这里做了4年的研究工作。这是一个多种语言交汇的地方：法语、英语、意大利语和德语都很常用，但官方语言却是蹩脚的Fortran程序语言。当然，用手比画和用嘴咕哝有时倒也管用。我常常这样比较CERN和费米实验室："CERN的伙食很不错，但建筑却很糟糕；费米实验室则恰好相反。"后来，我说服了威尔逊聘请托尔泰拉（Gabriel Torricelli）做费米实验室的顾问，这个富有传奇色彩的人物曾是CERN的厨师和自助餐厅经理。我们通常称CERN和费米实验室为"合作的竞争者"，其实彼此都怀有敌意。

在CERN，由于有贝尔纳迪尼的帮助，我组织了一个"g–2"实验，用以测量 μ 子的g因子。在实验中我采用了一些小技巧，结果获得了令人难以置信的精度。一是使从 π 介子中衰变出来的 μ 子被极化，也就是说，相对于运动方向，大多数的 μ 子都有相同的自旋方向。另一个小窍门则隐含在实验名称"g–2"里，在法语中它被称为"Jzay moins deux"。g值必然和一个微小磁场的强度有关，该磁场可以影响自旋带电粒子（如 μ 子和电子）的性质。

记得吗？狄拉克的"粗糙"理论预言g值确切就是2.0。然而，根据QED理论，这个值需要做一些重要但却很细微的修正，因为 μ 子或电子都能"感觉"到它周围的场的量子扰动。回想一下，一个带电粒子可以发射出一个信使光子。我们已经知道，这个虚光子可以在瞬间分解为一对带相反电荷的粒子，又会在极短的时间内重新复合，可没有人能够观察到。这个看似在空间中孤立的电子，却会受到很多因素的影响，包括虚光子、虚粒子对，以及由其引起的短暂的磁力；这些过程和其他一些与虚粒子相关的更为微妙的过程一起，将电子和所有已经存在的带电粒子联系到了一起。结果就导致了对电子性质的修正。用理论物理学中生涩的语言来解释就是："裸"电子是排除了周围场影响的理想状态，而"着衣"电子包含了周围空间里场的影响，但它被掩埋在对其性质的极细微的修正中。

在第5章里，我已经描述了电子的g因子。可理论家们却对 μ 子更感兴趣，因为它的质量比电子大200倍。μ子可以发射出虚光子，而这些虚光子会参与到更加奇异的过程之中。一位理论家经过多年努力，求得μ子的g因子为：

$$g = 2(1.001\ 165\ 918)$$

1987年公布的这个结果，是经过一系列计算才最终得出的。该结果用到了费曼和其他一些人对QED理论的新表述。所有的影响因素加起来为0.001 165 918，我们称之为辐射修正项。有一次，我们正在哥伦比亚大学听理论家派斯做关于辐射修正项的报告，这时，一个手持扳手的门卫走了进来。派斯彬彬有礼地问他有什么事。"噢！"听众中有人喊道："我寻思他是来修正散热器的吧。"

我们是如何使理论和实验相匹配的呢？关键在于找到一种技巧来测量μ子的g值和2.0之间的差值。我们最终选择直接测量这一修正项（0.001 165 918），而不是把它作为2.0的微扰项。设想一下，要测量一个硬币的重量，是先测量一个人加上一个硬币的重量，再减去这个人的重量好呢，还是直接测量好呢？答案显然是后者。假定我们捕捉到在磁场中一个轨道上的μ子，那么，轨道电荷也是一个带着g值的"磁体"。根据麦克斯韦理论，这个g值恰好就是2.0，而与自旋相关的磁体的数值却略大于2。所以，μ子有两个不同的"磁体"，一个是内部的（自旋），另一个是外部的（轨道）。在μ子呈轨道构型时测量自旋磁体，2.0被抵消，这使得我们可以直接测量μ子中2的偏离值，不管这个值有多小。

设想一支小箭头（μ子的自旋轴）沿着大圆周运动，箭头总是指向轨道的切线方向，这就是g正好为2.000时的情况。不管粒子可能有多少种轨道运动，自旋轴总是跟轨道方向相切。然而，如果g的值稍微偏离2，箭头就会跟轨道切线有零点几度的偏离，对每一个轨道都是如此。假设有250个轨道，箭头（自旋轴方向）就有可能指向圆周的圆心，就像一条半径一样。继续做圆周运动，如果有1 000个轨道，那么箭头相对于其初始方向甚至可以旋转360°！由于宇称破坏，通过测量μ子衰变时电子离开的方向，我们就能够（成功地）检测箭头的方向（μ子的自旋轴）。自旋轴和轨道方向间的角度就代表了g和2之间的差值。那么，对这个角度的精确测量就是对差值的测量。明白了吗？不明白？那么，相信就可以了！

这项野心勃勃的实验是很复杂的。不过，在1958年，我没费多大劲就召集到了一群年富力强的物理学家来做这项工作。1959年年中我返回美国，但仍定期回欧洲进行实验。这一实验经历了好几个阶段，每个阶段的结束都预示着下一阶段的开始，直到1978年CERN最终的μ子g值发表才算真正结束。这是实验者们的智慧和坚持（德语中称为sitzfleisch）的胜利。相比较而言，电子的g值更加精确。不过别忘了，电子的寿命很长，而μ子只能在宇宙中存在两百万分之一秒的时间！其结果为：

$$g = 2(1.001\ 165\ 923 \pm 0.000\ 000\ 08)$$

一亿分之八的误差很好地吻合了理论预测。

所有这些都表明：QED是一个伟大的理论，这也部分地说明了为什么费曼、施温格尔和朝永振一郎被认可为伟大的物理学家。但是，仍然还存在着这个理论无法解释的某些现象，其中一个跟我们的主题相关，应该引起我们的注意。它不得不面对的是这些"无穷大"——比如说电子的质量。早期的量子场论把电子当作质点，计算出电子的质量为无穷大。好像造物主为给这个世界造出电子，硬要把一定量的负电荷塞入一个微小的体积中似的。如果真是这样的话，结果所显示的电子的质量应该很大，但实际上电子只有0.511兆电子伏，大概是10^{-30}千克，为宇宙中质量最轻的粒子，但质量显然不会是零！

费曼和他的同事们提议说，不管在什么情况下，只要这个讨厌的无穷大出现，我们都可以通过引入电子的已知质量来回避这个问题。在现实世界中，你也许会把它称为蒙混过关，不过理论上我们称之为"重正化"。这只是当我们遇到讨厌的无穷大——这个在现实中绝对不会出现的情况——时所采取的一种数学辅助手段。不过别担心，这种方法是行之有效的，并且和上面提及的精密计算吻合得相当好。就这样，我们回避了质量的问题，但并没有解决它。它仍像一颗嘀嗒作响的定时炸弹，随时可能被上帝粒子引爆。

弱力

在一直困扰卢瑟福和其他人的问题中，有一个是放射性问题。原子核和粒子是如何自发衰变为其他粒子的呢？在20世纪30年代，费米首先对这个问题给出了详细的理论解释。

关于费米的卓越才华，有一箩筐的故事。在新墨西哥州阿拉莫戈多的第一次核爆试验中，费米就躺在离爆炸中心大约9英里远的地方。爆炸发生后，费米站起身来，撒了几张碎纸片。纸片轻轻地飘落在他的脚边，几秒钟后，核爆炸引起的冲击波将纸片吹了几厘米远。根据这几张碎纸片的飘移距离，费米很快计算出了爆炸的当量。他所得到的结果跟官方的测试结果非常接近，而后者可是花了好几天的工夫才算出来的！（然而，费米的一位朋友、意大利物理学家塞格雷却指出，费米也不过是个凡人，比如在芝加哥大学的预算开支问题上，他就一筹莫展。）

跟许多物理学家一样，费米喜欢玩数字游戏。据瓦腾伯格（Allan Wattenberg）回忆，有一次在与一群物理学家吃午饭时，费米注意到了窗户上的污垢，于是他就向众人发起挑战，要计算出污垢得积累到多厚才会从窗户上掉下来。费米帮着大家做完了计算，而这要从自然界的很多基本常数开始，应用电磁作用的原理，计算出电介质的吸引力在多大时才能使绝缘体彼此粘合在一起。在"曼哈顿工程"实施期间，洛斯阿拉莫斯国家实验室的一位物理学家开车碾死了一匹狼，费米当即指出，根据车与狼相互作用的轨迹，就可以算出沙漠里狼的总数。这就像粒子的碰撞，只要知道个别事件的发生情况，就可以得出这种粒子的总数。

的确，费米非常聪明，而且声名显赫。据我所知，以他名字命名的东西比其他任何人都多。比如说，费米实验室、恩利科·费米研究中心、费米子（所有的夸克和轻子）、费米统计（别担心），等等。费米还是长度单位，1费米等于10^{-13}厘米。至于我嘛，我的最终理想就是在我死后，能有一件东西以我的名字命名。我曾经央求过我在哥伦比亚大学的同事李政道设想出一种新的粒子，一旦发现了就将其命名为"李昂子"。可惜至今没有结果。

不过，相比于费米对诞生在芝加哥大学橄榄球场下面的第一个核反应堆所做的贡献，以及他关于压扁了的狼的开创性研究，费米更大的贡献是加深了人们对宇宙的理解。他描述了自然界中一种新的作用力——弱力。

让我们赶快回到贝克勒尔和卢瑟福的话题。1896年，贝克勒尔偶然发现了放射现象。当时，他在存放感光纸的抽屉里放了一些铀。当感光纸变黑后，他顺藤摸瓜，最终推测出有看不见的射线从铀中发射出来。在放射性现象业已被发现且由卢瑟福阐明了 α、β、γ 各种放射线的性质之后，全世界的许多科学家就开始高度关注 β 粒子，并很快证明了它们就是电子。电子是从哪里来的呢？物理学家们很快就判明，当核子经历一个自发的状态改变时，就会放射出电子。在20世纪30年代，科学家们已经可以断言，原子核由质子和中子组成，并且原子核的放射性来源于质子和中子的不稳定性。显然，并不是所有的原子核都具有放射性。质子和中子在原子核中是否衰变，如何衰变，在很大程度上由能量守恒和弱力决定。

20世纪20年代末，我们已经具备了采取对照法测量核子放射性的能力。即先测量原子核的初始质量，再测量放射后的质量，就可以得到放射出的电子的能量或质量（记住）。但是，人们很快就有了一个重要的发现：能量不守恒，换句话说，能量不见了，输入能量比输出能量大。泡利做了一个大胆的假设，他认为一种微小的中性粒子带走了能量。

1933 年，费米总结了上述理论。电子从原子核中被发射出来，但并不是直接发射。具体过程是核内的中子衰变为质子，同时发射出一个电子，以及泡利提到的小的中性粒子。费米称之为中微子，意即"微小的中子"。费米认为，在这一反应过程中起主导作用的是一种力，他将其称为弱力。跟强大的核力以及电磁力相比，这种力显得极其微弱。比如在低能状态下，弱力只有电磁力的千分之一。

中微子不带电荷且质量极小，以 20 世纪 30 年代的技术水平尚不能直接检测到它。直到今天，开展这项工作仍然需要付出极大的努力。虽然中微子的存在直到 50 年代才为实验所验证，但在当时，大部分物理学家仍然接受了这一说法。因为它必须存在，否则实验记录的正确性就得不到保证。在今天的加速器里所进行的更奇特的反应中，一旦遇到夸克和其他无法解释的东西，我们依旧假定：在碰撞中损失的能量，已经以未探测到的中微子的形式释放出去了。茫茫宇宙间，这个奇妙的小家伙似乎无处不在，却又让人摸不着边际。

让我们回到弱力。费米所描述的衰变过程——中子衰变为质子、电子和中微子（实际上是反中微子）——在自由中子的身上很容易发生。但当中子受限于核内时，反应却只能在特定的条件下发生。相反，质子在处于自由状态时不会衰变（据我们所知）；而处于核内时，却能衰变为一个中子、一个正电子和一个中微子。自由中子能进行弱衰变仅仅是因为能量守恒。中子比质子重，当一个自由中子转变为一个质子时，会有足够多的剩余质量生成电子和反中微子，并且以微弱的能量把它们发射出去；而一个自由质子却不能。然而，当它处于核内时，核内其他粒子的存在会改变该粒子的质量。如果内部的质子和中子通过衰变能够减小核的质量，提高核的稳定性，那么反应就可以发生。如果核已经处于质能最低状态，它是稳定的，反应就不会发生。所有这些都表明，强子——质子、中子和其他数百种粒子——都是通过弱力参与衰变反应，只有自由质子是唯一的例外。

弱力理论是逐步完善起来的，而且在不断产生的新数据的推动下发展为弱力的量子场论。一个新的理论家群体主要在美国的大学中涌现出来，他们奠定了这个理论的基础：费曼、盖尔曼、李政道、杨振宁、施温格尔、马沙克（Robert Marshak），还有其他许多人。（我一直做着一个噩梦，梦中，所有我在上边没有提及的理论家都聚集在德黑兰郊区，他们正给任何可以立刻把莱德曼整个儿"重正化"的人颁发"理论天堂"的入场券。）

轻微破缺的对称性，或我们得以存在的理由

弱力的一个至关重要的属性就是宇称破坏。其他所有的力都遵循这一对称性，有一种力会破坏这种对称性是令人震惊的。证明P（宇称）破坏的这一实验也表明了另一种深奥的对称性不再成立了，这种对称性可以将世界和反世界进行对比。这第二种对称叫C，代表电荷共轭。C对称的丧失也只与弱力有关。在C破坏被证明之前，人们通常认为，由反物质构成的世界和我们普通的旧物质世界遵循着同样的物理定律。但现在实验数据说"不"，弱力不遵循这种对称性。

那么，理论家们该怎么应对这一局面呢？他们很快便推出了一种新的对称：CP对称。也就是说，对两个物理系统同时作镜像操作（P）和把所有粒子换成反粒子（C），所得到的系统和原系统是完全相同的。理论家们宣称，CP对称是一种更深层次上的对称。尽管自然界不遵循单独的C或P对称，但却一定遵循CP对称。然而，这个神话也在1964年被打破了。普林斯顿的两位实验物理学家菲奇（Val Fitch）和克罗宁（James Cronin）在研究K介子（这种粒子是我的工作组于1956—1958年在布鲁克黑文所做的实验中发现的）时发现，事实上，CP对称不是完美的。

CP对称也不再完美？理论家们生气了。艺术家们却异常兴奋。艺术家和建

筑师总喜欢用他们的油画布和建筑结构这些几乎对称但又不全然对称的东西跟我们较劲。对称的沙特尔大教堂里不对称的尖塔就是一个很好的例子。CP破坏效应是很小的——也许1 000次中只有几次——但它毕竟是存在的，理论家们又退回到了原地。

在这里，我提CP破坏有三个原因。首先，因为它是"轻微破缺的对称性"的一个极好的例证，这一现象也存在于其他力中。如果我们相信自然界固有的对称性，那么一定有某种东西，某种物理机制，它的进入打破了这种对称。它并不是真的破坏了对称性，而只是掩盖了对称性，从而使自然界看起来变得不对称了。上帝粒子就是这样一个对称性的假面具。在第8章里我们还会讨论这个问题。提及CP破坏的第二个原因是在20世纪90年代，为了清除存在于我们标准模型中的问题，对这个概念的理解成为最迫切的需要之一。

最后一个原因，也是菲奇－克罗宁实验被瑞典皇家科学院关注的理由，就是当CP破坏应用于宇宙论的宇宙演化模型时，它解释了一个困扰天体物理学家达50年之久的难题。在1957年以前，大量的实验都表明，物质和反物质之间存在着完美的对称性。但是，如果这种对称性真是完美无缺的话，那为什么在我们的地球、太阳系、银河系以及其他星系，都没有找到反物质存在的证据呢？而且，1965年在长岛进行的实验又如何解释这一切呢？

宇宙演化模型指出，大爆炸发生后，整个宇宙开始冷却，所有的物质和反物质都湮灭了，基本上只剩下纯粹的辐射。归根结底，由于温度、能量过低，已经不能产生物质。但物质还是有的，我们就是物质！为什么我们得以存在呢？菲奇－克罗宁实验给了我们答案。对称性并不是完美的。CP对称性的些许破缺导致了物质比反物质略多（每1亿对夸克和反夸克会多出一个夸克）。这点微小的差别产生了现在宇宙中的所有物质，包括我们人类。我们真要好好感谢菲奇和克罗宁，他们干得太棒了。

抓住小的中性粒子

弱力的很多详细信息是由中微子束提供的。这里还有另一个故事可以讲讲。从1930年到1960年，人们对泡利的假说——存在一种只能感受弱力的微小的中性粒子——以多种方式进行验证。对大量发生弱衰变的原子核和粒子的精密测量表明，反应中的确释放出了一种携带能量和动量的中性粒子，假说的正确性似乎得到了证实。这是一种理解衰变反应的简单方式。不过，我们能否直接检测中微子呢？

这项工作一点也不简单。中微子能完好地从物质的深层发射出来，是因为它们只服从弱力，弱力的短距离特性极大地减少了中微子发生碰撞的可能性。据估计，要保证一个中微子和物质发生碰撞，需要1光年厚度的石墨靶！真是一项昂贵的实验！不过，如果我们用大量的中微子进行实验，发生一次碰撞所需的厚度相应地就会减小。在20世纪50年代中期，人们用核反应堆作为密集中微子源（放射性极强！）置于一大桶二氯化镉前（它显然比一光年厚的石墨便宜）。由于反应堆中释放出大量的中微子（实际上反应堆中产生的大多数是反中微子），不可避免地就会有些中微子撞上质子，引起反 β 衰变，生成一个正电子和一个中子。正电子在运动的过程中，最终会和电子发生复合，湮灭为两个往相反方向运动的光子。当这些生成的粒子飞入经干燥和净化处理的二氯化镉中时，后者就会由于光子的撞击而发光。对中子和光子对的检测就可以作为中微子存在的第一个实验验证。这时距泡利假说的提出已经过了35年。

到了1959年，另一场危机（事实上是两场）开始挑战物理学家们的信仰。这场风暴的中心在哥伦比亚大学，但波及的范围却是整个世界。那时候，粒子的自然衰变友善地提供了所有关于弱力的数据。上帝对物理学家的恩宠并不在于让他们发现多少粒子，而是为其开启一个认识事物的更新的视角。为了研究弱力，我们只需观察粒子（比如中子和 π 介子）的衰变。所需的能量来源于衰变粒子的静止质量——典型值从几兆电子伏到约100兆电子伏不等。即使是从反应堆中射出的自由中微子在弱力作用下发生碰撞，也只有几兆电子伏的能量释放。在根据宇称破坏的实验结果修正了弱力的理论后，我们有了一个非凡、精美的理论，可以适用于无数的粒子衰变反应，如原子核、π 介子、μ 子、Λ 粒子等的衰变反应。或许，这个理论也适用于西方文明，尽管证明这一点会有些困难。

崩溃的方程

第一场危机和弱力的数学有关。方程中，能量在测量力时出现了。根据数据，你只要坚持使用衰变粒子的静止质能——1.65兆电子伏或37.2兆电子伏或其他值——就可算出正确的答案。你还可以控制实验条件，使粒子打入靶核，然后得到所需要的数据——寿命、衰变、电子光谱等，再跟预期值比较，两者是相符的。不过，如果是在100吉电子伏（10亿电子伏）的能量下，这个理论就出问题了。其结果便是方程崩溃，用物理学的行话来说，叫作"幺正性危机"。

这就是麻烦所在。方程本身是正确的，可在高能领域却有些病态。数值较小时方程是对的，数值较大时则产生错误。也就是说，我们没有得到最终的结论，只有一个在低能领域内正确的结果。在高能时必须对方程做一些修正，这需要新的物理学原理做指导。

第二场危机来自某些神秘的未观察到的反应。你可以计算出 μ 子衰变为电子和光子的概率。我们的弱过程理论说，这个反应是可以发生的。于是，寻找这个反应成了尼维斯实验室中人们特别喜欢干的事。然而，好几名博士生花费了大量的时间观察，却一无所获。借用盖尔曼——所有的物质神秘现象的权威评论者、人们眼中的物理学极权主义教规的鼻祖——的话说："任何未被禁止的事情都一定会发生。"如果我们的物理定律没有排除一个事件的发生，那么，这个事件不但可以发生，而且一定会发生！如此看来，既然 μ 子衰变为电子和光子的反应并未被禁止，可为什么我们观察不到呢？到底是什么禁止了 μ–e–γ 衰变的发生呢？（ γ 粒子就是光子。）

两个危机都是令人兴奋的，因为两者都为新理论的诞生提供了契机。理论思索仍然在被不断丰富、充实着，可实验家已经按捺不住、热血沸腾了。该怎么做呢？我们这些实验家必须进行测量、推敲、观察、归类——总之，必须做点什么，而我们也确实做了。

谋杀公司和双中微子实验

梅尔文·施瓦茨（Melvin Schwartz）是哥伦比亚大学的一名助理教授。1959年11月，他在听了哥伦比亚大学的理论物理学家李政道所做的关于理论危机的翔实报告后，随即产生了一个绝妙的想法：让一束高能介子流通过足够大的空间。这样，一部分介子（例如10%）就会衰变为 μ 子和中微子，那么，中微子束不就可以产生了吗？衰变的介子会在空间运动的过程中湮灭，其初始能量会传递给生成的 μ 子和中微子。所以，在高能介子流穿过空间后，我们可以得到90%未衰变的介子，以及由10%衰变介子产生的 μ 子和中微子；另外，还有一些产生介子的目标靶核的碎片。然后，将产生的粒子流对准一块40英尺厚的钢板，这块钢板只能让中微子通过（中微子可以毫不费力地穿透4 000万英里厚的钢板！）。如此一来，在钢板的另一侧，我们就可以得到纯的中微子束。由于中微子只服从弱力的作用，我们就可以方便地通过中微子的碰撞来研究中微子，同时也可以研究弱力。[*]

这个实验方案兼顾了上面的两个危机。按照梅尔文的想法，获得的中微子

---

[*] 1962年，莱德曼、施瓦茨和斯坦伯格用高能中微子实验证明了 μ 中微子的存在，因而获得了1988年诺贝尔物理学奖。

束能量的量级应该在数十亿电子伏,而不是数百万电子伏。这将会给我们研究高能状态下弱力的行为带来方便。它甚至可能解答为什么我们没有看到 μ 子衰变为电子和光子,因为反应在某种程度上牵涉到中微子。

就像学术界中经常发生的事情一样,苏联的一位物理学家布鲁诺·蓬泰科尔沃(Bruno Pontecorvo)几乎在同一时刻发表了同样的观点。从他的名字来看,你可能觉得他更像是意大利人,对的,他本来就是意大利人。在20世纪50年代,由于意识形态方面的原因,他逃到了莫斯科。布鲁诺的物理学知识丰富,思想和想象力都极为出色。国际会议是一个展现科学家之间传统友谊的地方。有一次在莫斯科开会,我问一位朋友:"叶夫根尼,在你们苏联科学家当中,谁是真正的共产主义者?"他环顾四周,最后指向了蓬泰科尔沃。不过,那是在1960年。

1959年底,当我从CERN愉快地结束休假返回哥伦比亚大学后,我聆听了关于弱力的危机的讨论,其中包括施瓦茨的观点。施瓦茨不知怎么得出结论说,目前没有哪一个加速器可以产生足够密集的中微子束。不过,我不这么看。那时,布鲁克黑文30吉电子伏的AGS(Alternating Gradient Synchrotron,即交变梯度同步加速器)正接近完工。鉴于此,我努力说服我自己和施瓦茨相信,实验是可行的。我们设计了一个在1960年堪称庞大的实验。哥伦比亚大学的同事杰克·斯坦伯格(Jack Steinberger)也加盟进来,再算上学生和博士后,我们组成了一个7人研究小组。虽然梅尔文、杰克和我都以和蔼友善著称,但有一次当我们穿过布鲁克黑文加速器的大厅时,我竟无意中听到人群中的一位物理学家惊呼:"谋杀公司*来了!"

为了挡住除中微子外的其他粒子,我们用了数千吨钢材,在一个巨型探测器的周围造了一堵厚厚的钢墙,这些钢材都是从海军的退役舰艇上拆下来

---

* "谋杀公司"特指20世纪二三十年代美国纽约等地的有组织的犯罪团伙,该团伙的兴衰于１９６０年被拍成同名电影。

的。有一次我犯了一个错误，我告诉一名记者，为了造这面钢墙，我们拆掉了"密苏里号"战舰。后来我想，我当时肯定把名字弄错了，因为那时"密苏里号"还在海上航行呢！不过，我们确实拆掉了一艘战舰。我还错误地开玩笑说，万一打起仗来，我们还得把那艘战舰重新粘回去呢！结果，那个故事被添油加醋一番传开了，很快就有谣言说，为了备战，海军没收了我们的实验器材（1960年会有什么战争，至今仍是一个谜）。

外界关于我的传言还有一个大炮的故事。我们从海军那里弄了一门口径为12英寸的大炮，它的口径和厚度正好适合用来当瞄准仪———一种聚焦和对准粒子束的设备。我们试图将炮管用铍填满作为过滤器，但是炮管的膛线有很深的凹槽。于是我派了一个瘦小的研究生钻进炮口，用铁粉将凹槽填上。他在里面待了1个小时，累得满头大汗。最后，他很愤怒地喊道："我要放弃！""你不能放弃，"我叫道，"我上哪儿再找一个像你这么瘦小的人呢？"

在我们的准备工作全都做好后，从废船上拆下来的钢铁把由数十吨铝制成的探测器围了个严严实实。探测器的结构经过精心设计，使得我们很容易观察到中微子和铝核的碰撞产物。我们最终采用的探测器结构是由日本一位物理学家福井崇时发明的，被称为火花室。从普林斯顿的克罗宁那里，我们获得了很多关于这项新技术的知识。在设计从几磅到10吨不等的物品方面，施瓦茨做得最好。在火花室内，每隔半英寸就放置一个经过精密加工的1英寸厚的铝板，相邻的铝板间加上很大的电压。当带电粒子从缝隙中穿过时，沿粒子的轨迹会产生火花，通过照相就可记录下轨迹。说起来多么容易啊！这项技术也并不是全无缺憾，但结果却非常好！噢——在发着红黄光的炽热的氖气中，一个亚核粒子的轨迹呈现出来了。这真是一件可爱的设备！

我们建造了火花室，并将其置于电子束和 π 介子束的轰击下，来研究它们的性质。那时的大部分腔体都是1平方英尺大小，里面放置10~20块铝板。我们最初的设计是每4平方英尺放置100块铝板。每块板都是1英寸厚，以便中微子轰击。我们 7 个人日夜苦干，组装仪器和电子设备，还发明了各种各样的装置——半球形火花缝、自动黏合装置等。从工程师和技术员那里我们得到了很多帮助。

1960 年底，我们的装置开始启用，但很快就遇到了麻烦。中子和目标靶的一些碎片竟然穿过了 40 英尺厚的钢墙，污染了火花室。它们产生的背景噪声使我们的结果有了偏差。即使 10 亿个粒子中只有 1 个穿透，那也会造成麻烦。要想知道十亿分之一的概率何时发生，除非奇迹出现！整整好几个星期我们都在堵那些中子可能穿透的裂缝。我们在地板下仔细搜索电力管线。（梅尔文·施瓦茨爬进了一根管道，却被卡住了，最后不得不让几个强壮的技术员把他拖出来。）每一个缝隙都用战舰上拆下来的锈铁块堵上。有一次，布鲁克黑文加速器的负责人终于忍不住向我发出了最后通牒，他暴跳如雷地冲我嚷道："除非我死了，否则你休想把那些脏东西堆在我的新机器旁边。"最终，我们略略让步了。到 11 月下旬，背景噪声终于被减少到可以接受的范围。

下面就是我们做的工作。

从 AGS 中出来的质子轰击目标靶，平均每次碰撞可以产生 3 个 π 介子。每秒钟发生 10^{11}（1 000 亿）次碰撞。生成的粒子中还混有中子、质子，偶尔还有一些反质子，以及目标靶的碎片。在穿过钢墙前，碎片要穿过大约 50 英尺长的空间。在这个距离上，大概有 10% 的介子会产生衰变，这样我们就可以得到数百亿个中微子。但是，其中只有一小部分是沿着正确的方向穿过 40 英尺厚的钢墙，到达离墙壁 1 英尺远的探测器——火花室。根据我们的估计，如果运气好的话，每周会有一个中微子和腔内的铝板发生碰撞！而在这一星期里，目标靶总共会溅射出 5×10^{17} 个粒子！这就是我们对背景噪声要求如此严格的原因所在。

我们希望发生两种碰撞：（1）一个中微子撞击一个铝核，产生一个 μ 子和一个受激铝核；（2）一个中微子撞击一个铝核，产生一个电子和一个受激铝核。原子核不必去管它，对我们而言，重要的是希望碰撞中产生的 μ 子和电子数目相等。当然，偶尔还会有一些 π 介子和来自受激核的碎片。

功夫不负有心人。在8个月的时间里，我们总共观察到了56次中微子碰撞，其中或许有5次是假的。这听起来很简单，但我却永远、永远也不会忘记发生第一次碰撞时的情景。当时我们已经用了一大卷胶片，这是一星期的数据采集结果。大部分画面都是空的，或者明显是宇宙线的痕迹。但是，突然间有了！一次壮观的碰撞，伴随着一条长长的 μ 子的轨迹划过。那真是一个激动人心的时刻。在付出这么多努力之后，实验终于获得了成功。

我们的第一个任务就是证明这确实是一次中微子碰撞，因为毕竟是第一次做这种类型的实验。我们集中了所有人的经验，大家轮流扮演恶人，在我们自己的结论中找出缺陷来。不过，数据确实无懈可击，看来是公布的时候了。我们已经有充分的把握将实验数据展示给我们的同行。你们应该听过施瓦茨在布鲁克黑文礼堂所做的报告。他就像律师一样，一一排除所有可能的选择。听众中有欢笑，也有泪水。场面几乎有些失控，梅尔文的母亲难以控制自己的哽咽，不得不让人来扶她出去。

实验共得出3个（总是3个）主要结论。回想一下，泡利首先假定有中微子的存在以解释 β 衰变中消失的能量，而 β 衰变会引发原子核发射出电子。泡利所说的中微子总是跟电子联系在一起的。而在我们观察到的几乎所有的中微子碰撞中，产物都是 μ 子。为什么我们的中微子不产生电子呢？

我们只能推断，我们所使用的中微子具有一种新的特殊性质——"μ 子性"。由于这些中微子都是在介子的衰变反应中和 μ 子一起产生的，可能在它们身上已经留下了 μ 子的印记。

为了向那些天生喜欢怀疑的听众证明这一点，我们不得不说明，我们的装置未能更容易地测到 μ 子。正是由于愚蠢的设计，它也不适合用来检测电子。这就跟当年伽利略的望远镜出现的问题一样。幸运的是，我们能够向批评者们证实：我们已经在设备中增加了检测电子的能力，并确实用电子束做过测试。

另一种背景效应来自宇宙辐射。宇宙线中的 μ 子确实有可能从我们的探测器背面穿过，并留下轨迹，从而让我们的物理学家误认为是中微子引起的 μ 子。为防备出现这一失误，我们装上了阻挡块，但是，我们怎样才能肯定它确实有效呢？

有一种方法。不论加速器是开是关（大概各占一半的时间），我们让探测器一直处于工作状态。在加速器关闭之后，被探测器记录到的任何 μ 子就都是不受欢迎的宇宙线。不过，没有任何 μ 子出现，看来宇宙线无法穿过我们的阻挡块。

我之所以提到这些技术细节，无非是想告诉大家，实验并非易事，对实验的解释也是一项精细的工作。海森堡曾经对一位站在游泳池入口处的同事评述道："这些人进进出出都穿着漂亮的衣服，但你能由此得出结论说，他们都穿着衣服游泳吗？"

我们——还有其他很多人——从实验中得出的结论是，自然界中存在（至少）两种中微子，一种跟电子联系在一起（普通的泡利中微子），一种跟 μ 子联系在一起。我们分别称之为电中微子和 μ 中微子，后者就是我们实验的产物。现在我们已经知道两者的差别，标准模型的术语叫"味"，人们列表7.1表述如下：

表7.1 两种中微子的表述

电中微子	μ 中微子
电子	μ 子

物理学上的简写如表7.2所示：

表7.2 两种中微子在物理学上的简写

v_e	v_μ
e	μ

电子放在它的孪生姐妹电中微子（下标所示）下面，μ 子放在 μ 中微子下面。让我们回忆一下，在做这次实验前，我们已经知道有3种轻子——e、υ 和 μ，它们都不受强力的影响。现在有了4种：e、υ_e、μ 和 υ_μ。这个实验一直被称作"双中微子"实验，不明就里的人还认为这是个意大利舞蹈队的名字呢！它堪称标准模型外衣上的纽扣。注意，我们现在有了两"族"轻子，这些点状的粒子如上表呈竖直排列。电子和电中微子属第一族，该族成员在宇宙中随处可见；第二族包含 μ 子和 μ 中微子。μ 子在今天的宇宙中并不容易见到，而必须在加速器或其他的高能碰撞中产生，比如由宇宙线产生。初创时的宇宙温度比现在高，充斥着大量这样的粒子。当电子更重的兄弟 μ 子第一次被发现时，拉比问道："谁让它来的？"双中微子实验最早给这一问题的答案提供了一些线索。

是的。两种不同中微子的存在解释了观察不到 μ-e-γ 衰变反应的问题。回顾一下，一个 μ 子应该可以衰变为一个电子和一个光子。但是，尽管很多人尝试着检测这个反应，却没人能成功。反应的次序应该是这样的：一个 μ 子首先衰变为一个电子和两个中微子——一个正常的中微子和一个反中微子。由于分别是物质和反物质，这两个中微子就会湮灭生成光子。然而，从来没有人观察到光子。原因现在已经很清楚了：正的 μ 子衰变为一个正电子和两个中微子，可后者分别是电中微子和反 μ 中微子。这两种中微子因为来自不同的家族而不会发生湮灭反应，就仍然以中微子的形态存在，所以没有光子产生，也就没有 μ-e-γ 衰变反应。

"谋杀公司"实验的第二个成果是创造了物理学研究的一种新工具：高温和低温下的中微子束。这种粒子束在 CERN、费米实验室、布鲁克黑文和谢尔普霍夫（苏联）都可以产生。别忘了，在 AGS 实验前，我们甚至还无法确定中微子的存在，但现在我们已经可以根据需要获得相应的中微子束了。

也许你们当中有人已经注意到了，我在回避一个话题。危机1呢？就是我们关于弱力的方程不能用于高能状态的问题。确实，我们在1961年的实验证明，碰撞率随着能量的提高而增大。到了20世纪80年代,上面所提到的加速器实验室在更高的能量下,用更密集的粒子流,获得了数百万次中微子的碰撞事件,反应速率高达每分钟好几次(比我们1961年的水平——每星期1~2次——高得多),而他们使用的探测器重达数百吨!可即便如此,也没有解决弱力的高能危机,只是更好地做了阐明。就像低能理论所预言的那样,中微子的碰撞率的确是随着能量的提高而增大的。然而,1982年W粒子的发现减轻了人们关于碰撞率会无限增大的忧虑。这是对理论进行修正的新物理学的一部分,可以产生更好的行为结果。它推迟了危机的爆发。至于具体推迟到什么时候,后面我们将做介绍。

巴西债务、短裙及其他

施瓦茨、斯坦伯格和莱德曼获得诺贝尔物理学奖可算是"谋杀公司"实验的第三个成果。不过这已经是1988年的事了,跟研究完成的时间相距27年。有一次,我听说一位记者在采访一位诺贝尔奖得主的儿子时问道:"你想和你的父亲一样,获得诺贝尔奖吗?"

"不!"孩子答道。"为什么?""我想单独获奖!"对于诺贝尔奖,我的确有一些看法。这个奖项对其所涉及领域的大多数人来说,都是值得敬仰的,或许这是由于获奖者的光芒所致,像最初的伦琴(1901年)和其他很多伟大的人物,包括卢瑟福、爱因斯坦、玻尔和海森堡等,都声名显赫。诺贝尔奖给获奖者罩上了一层神圣的光环。即使是你最好的朋友,你的发小,一旦他获得了诺贝尔奖,他的形象在你眼中也会有所改变。

据我所知,我也曾多次被提名。我想我可能会由于1956年发现的"长寿命中性K介子"而获得诺贝尔奖,因为这确实是个很不一般的发现,至今仍被用作关键的CP对称研究的工具。我还可能由于对 π 介子-μ 子宇称的研究(和吴健雄一起)而获奖。不过,斯德哥尔摩最终把奖颁给了理论家。实际上,这的确是个公正的决定。直到现在，反应的副产品极化 μ 子和它们的不对称衰变，仍然在凝聚态物理学、原子及分子物理学方面有着广泛的应用，以至于经常召开这方面的国际会议。

每年的 10 月都是令人焦躁不安的。当诺贝尔奖得主的名字陆续公布的时候，我可爱的儿女中总会有人打电话给我，并且总是要问："怎么样，得奖了吗……"事实上，有许多物理学家——我想在化学、医学和非科学领域的情况也一样——他们没有获得诺贝尔奖，但他们的成就丝毫也不逊于那些获奖者，可他们却不为人所知。为什么？我不知道。或许是运气，或许是环境，或许是上帝的旨意吧！

不过我是幸运的，我的工作得到了人们的承认。基于我的业绩，1958 年我被聘为哥伦比亚大学终身教授，待遇优厚。（在西方，美国的大学教授是最好的职位。你可以做你喜欢的任何事情，包括教书！）从 1956 年到 1979 年（这时我成为费米实验室的主任），我保持了旺盛的研究精力，这期间带出了大约 52 名研究生。大多数时候奖项是在我忙得无心考虑它们时不期而至：当选国家科学院院士（1964 年），获得总统科学奖章（约翰逊总统于 1965 年颁给我），还有其他好几种奖章。由于发现了第三代夸克和轻子（b 夸克和 τ 子），我和佩尔（Martin Perl）分享了 1983 年由以色列政府设立的沃尔夫奖。各种名誉学位也纷纷涌来，不过这可是个卖方市场，因为好几百所大学每年都在寻找几个人，把荣誉给出去。正因为如此，我开始以平和的心态对待诺贝尔奖。

1988 年 10 月 10 日早晨 6 点，电话铃声响起，传来的是我获奖的最终消息。我隐藏了好久的兴奋终于爆发了。我和妻子埃伦（Ellen）在非常谦恭地证实这个消息后，顿时就歇斯底里地大笑起来，直到电话铃声再度响起。从此以后，我们的生活改变了。当《纽约时报》的一位记者问我，我会怎样使用那笔奖金时，我告诉他，我还没有决定是赌上一大注赛马还是在西班牙买一座城堡。他立刻适时地打印了一份报价单给我。一周过后，就有一家房产机构打电话给我，告诉我位于卡斯蒂利亚的一座城堡的详细情况。

当你已经具有相当高的知名度时,荣获诺贝尔奖会带来一些有趣的副效应。我是拥有 2 200 名雇员的费米实验室的负责人,职员们都对这一荣誉感到自豪,把它当作一份提前到来的圣诞礼物。全实验室范围的会议多次召开,只是为了让所有的人都能听到老板的声音。我算是相当滑稽的了,可现在突然又被与约翰尼·卡森*相提并论(而且真正被大人物们当回事)。芝加哥《太阳时报》的大字标题"诺贝尔奖到手了"让我大吃一惊;《纽约时报》甚至贴出了我伸着舌头的一张照片。这张照片被放在头版!

所有这些都会渐渐淡去。但是,公众对你的头衔的敬畏永远不会消失。在这个城市的所有招待会上,我都被介绍为1988年度物理学方面的诺贝尔和平奖得主!当我想为芝加哥的公立学校做点什么时,诺贝尔奖的光环就起作用了。人们聆听着我的讲话,方便之门一扇扇打开了,一夜之间我们就有了加强城市中学科学教育的计划。诺贝尔奖这张不可思议的"通票",使一个人可以对社会活动产生影响。但是反过来,不管你因为什么荣获诺贝尔奖,你都会立刻成为一个各方面都精通的专家。巴西的债务?当然懂。公共安全?没问题。"莱德曼教授,请告诉我,妇女的裙子多长为好?""当然是越短越好喽!"我在心里这么说。不过,我确实很想凭借这个荣誉为美国高等科学教育的发展尽一份力。为这项事业计,让我再拿一次诺贝尔奖不好吗?

强力

在解决复杂的弱力问题上,我们取得了相当大的成功。但是,自然界中还有数百种强子在令我们烦恼。这些数目庞大的粒子都受强力的影响,那是一种

---

* 约翰尼·卡森(Johnny Carson),美国一名喜剧演员出身的电视播音员。

把原子核束缚在一起的作用力。这些粒子具有一系列性质，我们已经提过的有电荷、质量和自旋。

以 π 介子为例。有 3 种不同的质量相近的 π 介子。经过多次碰撞实验的研究后，它们被归为一族——π 介子族，其电荷属性分别是 +1、−1 和 0（电中性）。所有的强子实际上都是整族出现的。K 介子标记如下：K^+、K^-、K^0、$\overline{K}^0$（标记 +、− 和 0 表示电荷属性）。第二个中性 K 介子上面的横杠表示这是一个反粒子。Σ 粒子族也有类似的表示：Σ^+、Σ^0、Σ^-。人们一般更熟悉的粒子族是核子族：中子和质子，它们是原子核的两种组分。

同一族的粒子质量相近，在强碰撞中也表现出相似的行为。为了更专业地表达这个概念，人们发明了一个词"同位素自旋"，或简称"同位旋"。同位旋可以帮助我们更好地理解"核子"的概念。我们可以将核子看成一种简单的粒子，具有两种同位旋状态：中子和质子。类似地，π 介子也有 3 种同位旋状态：π^+、π^-、π^0。同位旋另一个有用的性质是：在强碰撞过程中，它是一个守恒量，就像电荷一样。一个质子和一个反质子的剧烈碰撞会产生 47 个 π 介子、8 个重子和其他一些粒子。但反应前后的同位旋总数是不变的。

问题是，物理学家们总想通过对尽可能多的属性进行分类，以更多地了解这些强子。于是就有了许多名字古怪的性质：奇异数、重子数、超子数等。为什么叫"数"呢？因为所有这些都是量子性质，因而就有量子数；而且量子数遵循守恒定律。这就允许理论家或实验家对强子加以分类总结，并把它们按结构归入更大的族。或许这是受了生物学家的启发吧。理论家们总是局限在数学对称性的框架内，他们坚信，基本方程也遵循这种对称性。

1961 年，加州理工学院的理论物理学家盖尔曼提出了一个极为成功的结构模型。他称之为"八正法"理论，这个名称来自佛祖的启示："至高无上的八正道，即正见、正思维、正语……"盖尔曼神奇地将强子划分为若干族，每族包含 8 个或 10 个粒子。本来，佛祖的启示是另一种形式的"怪想"，在物理学界中非常普遍。但是，几个神秘论者抓住这个理论的名字大做文章，竟声称世界的真正秩序与东方的神秘主义密切相关。

70 年代后期我遇到了一点麻烦。在发现了底夸克时，我受邀写一份简短的自传，以供费米实验室的时事通讯发表。我以为只有在巴达维亚的同事们才可能读到这篇文章，就将文章命名为"一篇未经认可的自传"，署名利昂·莱德曼。让我始料未及的是，这篇文章被荣幸地挑了出来重印在 CERN 的时事通讯上，随即又被《科学》杂志登了出来。《科学》杂志是美国科学促进会的会刊。这样，我的文章被全国成千上万的科学家读到了。文章中包含着下面一段话："1956 年，在听了盖尔曼关于中性 K 介子可能存在的报告后，他（莱德曼）的创造力巅峰时期到来了。他做出了两个决定：第一，把他的名字也改为带连字符的*……"

不管怎么说，即使用的是别的名字，理论家也还是香饽饽。盖尔曼的八正法理论列出了一幅强子的图表，就像当年门捷列夫的元素周期表一样，只不过更为神秘罢了。还记得吗？在门捷列夫的周期表里，同一列的元素具有相似的化学性质。这种周期性甚至在我们认识电子之前，就为我们提供了存在某种内部组织和电子壳层结构的线索。原子中有什么东西在不断重复，随着原子尺寸的增加而显示出一种规律。回过头来看，在我们知道原子的结构后，一切都显得那么理所当然。

夸克的呐喊

根据量子数分类的强子图谱表明强子仍然有更精细的结构。然而，亚核粒子的行为却不易观察。不过，有两位目光敏锐的物理学家却做到了，并且还有相应的文章发表。盖尔曼证明了存在一种他称为数学结构的东西。1964 年他

---

* 英文中盖尔曼的名字 "Gel-Mann" 带有连字符。

假定说，只要有3个"逻辑构造"存在，就可以解释强子的排列模式。他称这些构造为"夸克"。一般认为，这个词来源于乔伊斯（James Joyce）的恐怖小说《芬尼根的守灵夜》中的一句话（"冲马克王叫三声夸克！"）。盖尔曼的一位同事茨威格在CERN工作期间也有了相同的想法，不过他把那3个东西叫作"爱司"。

也许我们永远也无法确切知道这个想法是如何产生的。我只了解一个版本，因为当年我在场——1963年的哥伦比亚大学，那会儿盖尔曼正在做他的强子八正法对称性的报告，这时哥伦比亚大学的一位理论家谢尔伯（Robert Serber）指出，"八正法"结构成立的一个基础是存在3个亚组分。盖尔曼表示同意，但如果这3个亚组分是粒子的话，它们的电荷属性将是以3为分母的分数——1/3，2/3，–1/3，而这真是闻所未闻！

在粒子世界中，所有带电粒子的电荷属性都是以电子电量为单位度量的。每个电子的电量为$1.602\ 193 \times 10^{-19}$库。不用管库（库仑）是什么东西，我们只要知道使用这一串复杂的数字作为一个电荷的单位，并把电子的电荷看作1就行了。这样，我们可以很方便地得出质子的电荷也是$1.000\ 0$，还有带电的π介子、μ子（这里的精确度更高），等等。在自然界中，电荷都是以整数形式出现的——0、1、2……粒子的带电量都是电子电量的整数倍。电荷分为两种：正电荷和负电荷，我们不知道为什么会是这样。反正这就是电荷存在的方式。你可以设想一下，如果在一次碰撞中，电子会失去12%的电量，那么这个世界将变成什么样子？我无法想象。还好，现实并不是这样。电子、质子、π^+等粒子的电荷总是$1.000\ 0$。

所以，当谢尔伯提出带1/3电荷的粒子时，没人理睬他。这样的粒子从没有人见过，而且所有已知粒子的带电量都是电子电荷的整数倍，这一点早已深入物理学家们的意识之中。过去，这种关于电荷的"量子化"被用在探索更深层次的对称性上，这种对称性导致了电荷量子化。然而，盖尔曼重新考虑了这个问题，并提出了夸克假说。但他同时也把问题弄迷糊了，导致我们当中有些人所理解的夸克不是一个存在的实体，而只是一种权宜的数学构造。

今天，我们称 1964 年诞生的 3 个夸克为"上夸克""下夸克"和"奇异夸克"，或简记为 u、d 和 s。相应地有 3 个反夸克：ū、d̄ 和 s̄。夸克的性质必须仔细选取，以便可以用它们构造出目前已知的所有强子。u 夸克的电荷为 +2/3，d 夸克和 s 夸克都是 –1/3。反夸克的电荷和夸克数量相等，但符号相反。夸克的其他量子数也要能正确地加和。例如，质子由 3 个夸克构成——uud——电荷分别为 +2/3，+2/3 和 –1/3，加起来正好为 +1.0，跟我们已知的质子性质一致。中子由 udd 构成，电荷为 +2/3，–1/3，–1/3，加和为 0.0，这就对了，因为中子是中性的，电荷为零。

所有的强子都由夸克构成。根据夸克模型，有的包含 3 个夸克，有的包含 2 个。强子分为两种类型：重子和介子。重子，也就是质子、中子系列，由 3 个夸克组成。介子，包括 π 介子和 K 介子，由两个夸克组成——不过这两个夸克中必须有一个是反夸克。比如正 π 介子（π⁺）就是 ud̄，电荷为 +2/3+1/3 等于 1。（注意：d̄ 是反下夸克，电荷为 +1/3。）

为了适应这个新的假说，人们规定了夸克的量子数、自旋、电荷、同位旋等性质，以解释一部分重子（质子、中子、Λ 等）和介子。然后我们发现，这些量子数和其他的相关组合也适用于所有已知的数百种强子！而且，它们的合成物（例如质子）的一切性质在组成的夸克中都有体现，只不过需适当加以修正，因为夸克之间存在紧密的相互作用。至少，这是一代又一代理论家和计算机的任务，但前提是要给他们足够多的数据。

夸克的组合（如表 7.3 所示）引出了一个有趣的问题。根据环境修正自身的行为是人类的特性。但正如我们即将看到的那样，夸克从不单独出现，所以我们只能根据在各种不同的条件下观察到的情况，来推测它们的原始性质。

表7.3　一些典型的夸克组合和它们组成的强子

重子		介子	
uud	质子	u$\bar{\text{d}}$	π$^+$
uud	中子	$\bar{\text{d}}$u	π$^-$
uds	Λ	u$\bar{\text{u}}$+d$\bar{\text{d}}$	π^0
uus	Σ$^+$	u$\bar{\text{s}}$	K$^+$
dds	Σ$^-$	s$\bar{\text{u}}$	K$^-$
uds	Σ^0	d$\bar{\text{s}}$	K^0
dss	Ξ$^-$	$\bar{\text{d}}$s	$\bar{\text{K}}^0$
uss	Ξ^0		

　　物理学家们对于成功地将上百种看似基本的粒子减为仅仅3种夸克感到无比荣耀。（"爱司"一词已经无人谈起——在命名上，没有人能比得了盖尔曼。）一个成功理论的检验标准在于它是否能预测。夸克假说尽管还有待证实，但在这方面是个辉煌的胜利。举例来说，3个奇异夸克的组合sss从未被人类发现，不过这并不影响我们给它命名：负 Ω 粒子（Ω$^-$）。因为某些包含奇异夸克的粒子的性质已为我们所知，负 Ω 粒子的性质也就不难从中推测出来。粒子是一种信号很强的奇特粒子。1964年在布鲁克黑文的气泡室中发现了这种粒子，它跟盖尔曼博士所预言的完全一样。

　　并不是所有的问题都解决了——科学不是一蹴而就的事。很多问题依然存在：最基本的就是夸克是怎么组合在一起的？在以后的30年里，人们发表了成千上万篇理论和实验方面的论文，试图说明强力。在"量子色动力学"中，人们又假定了一种新的信使粒子——胶子，以便更好地把夸克"粘"（！！）在一起。这些都会在本书后续章节中讲述。

守恒定律

　　在经典物理学中有三大守恒定律：能量守恒、动量守恒和角动量守恒。它们跟时空的概念有着密切的联系，这一点我们将在第8章讨论。量子理论引入了许多其他的守恒量。也就是说，在一系列亚核反应、核反应以及原子反应中，它们都是不变的。其例子有电荷、宇称和一些新的特性，如同位旋、奇异性、重子数和轻子数等。我们已经知道，自然界中不同的作用力遵循不同的守恒定律。比如，强力和电磁力遵循宇称守恒，而弱力却不遵循这种守恒。

为了检验一种守恒定律，你需要进行大量的实验。而且，有待检验的性质（如电荷）在反应前后应该都是可以确定的。我们可以回想一下，能量守恒和动量守恒的基础是如此牢固，以至于当弱力的过程似乎违反了这种守恒时，人们提出以中微子的存在作为补救措施，并且获得了成功。一种守恒定律存在的另一个前提是：必须禁止发生可能违反这种守恒的反应。例如，一个电子不可能衰变为两个中微子，因为那将违反电荷守恒。另一个例子是质子的衰变。记住：质子不产生衰变。由于质子的三夸克结构，质子的重子数是确定了的。所以，质子、中子、Λ粒子、Σ粒子等——所有三夸克结构的强子——都具有重子数+1。相应反粒子的重子数为–1。所有的介子（作用力的传递者）和轻子的重子数都为0。如果重子数严格守恒的话，那么最轻的重子——质子——永远不会衰变，因为所有更轻的衰变产物重子数都为0。当然，如果是质子–反质子碰撞，因为重子数加和为0，就可以生成任何产物。这样，我们用重子数"解释"了质子的稳定性。中子衰变为质子、电子和反中微子，以及核内的质子可以衰变为中子、正电子和中微子的反应，都遵循了重子数守恒。

质子真是可怜。因为重子数守恒，它不能衰变为π介子；因为能量守恒，它不能衰变为中子、正电子和中微子；又因为电荷守恒，它也不能衰变为中微子或光子。守恒定律还有很多，而且我们认为，守恒定律塑造了我们的世界。很显然，如果质子可以衰变的话，那将会威胁到我们人类的生存。当然，那取决于质子的寿命。因为宇宙的年龄大概是150亿年，如果质子的寿命远远大于这个值，就不会对我们造成太大的影响。

　　然而，更新的统一场论预言，重子数并不是严格守恒的。这一预言极大地刺激了寻找质子衰变的努力，尽管迄今为止仍没有获得任何证据。不过，它确实描绘了弱守恒定律存在的可能性，宇称就是一个例子。为了理解很多重子的寿命远远长于它们可能的衰变产物的问题，人们提出了奇异性的概念。后来我们知道，粒子——例如 Λ 粒子或 K 介子——中的奇异性，意味着 s 夸克的存在。但是，Λ 粒子和 K 介子却可以衰变，而且，在反应中 s 夸克转变为更轻的 d 夸克。这就涉及弱力——因为强力没有 s→d 的反应；换句话说，强力遵循奇异数守恒。由于弱力很微弱，Λ 粒子、K 介子和同族的粒子衰变都很缓慢，从而寿命很长——10^{-10} 秒，而不是通常反应的 10^{-23} 秒。

　　关于守恒定律的许多实验操作都是幸运的，因为一个重要的数学证明指出，守恒定律和自然界所尊崇的对称性是相关的。（从泰勒斯到格拉肖，对称性只是这个游戏的名字。）这种关联是一位女数学家诺特在 1920 年发现的。

　　好，回到我们的话题上来吧。

铌球

　　除了成功地预言了 Ω 粒子和其他一些成果外，从没有人真正见到过夸克。我是从物理学的角度，而不是从一般闲聊的角度随便说说的。从一开始，茨威格就说爱司（夸克）是存在着的实体。但当费米实验室现任主任皮普尔斯还是一个年轻的实验家时，盖尔曼就告诉他不要试图去寻找夸克，因为夸克只是一个"字面上的东西"。

　　对一个实验家说这番话无异于火上浇油。人们开始到处寻找夸克。当然，每一次都以失败告终。人们在宇宙线中，在深海的沉积物中，在收藏多年的酒中（这里也有夸克，天哪！）寻找在物质中捕捉到的有趣的电荷。所有的加速器都开足马力，试图把夸克从母体中打出来。一个 1/3 或 2/3 的电荷应该很容易发现，但是大部分实验都一无所获。斯坦福大学的一个实验家声称，他用经过精加工的微小纯铌球捕获了一个夸克。但是，因为实验不可被重复，渐渐就被人们淡忘了，甚至还有玩世不恭的大学生在T恤衫上调侃："要想捉到夸克，你得有铌球。"

夸克是幽灵般的粒子。寻找自由夸克的失败和对初始概念的难以割舍的感情影响了人们对夸克概念的接受。直到20世纪60年代末，当另一种类型的实验需要夸克，或需要至少像夸克的东西时，夸克才又一次被提了出来，用以解释数目巨大的强子的存在和分类。但是，如果质子真由3个夸克所组成，为什么看不见它们呢？前面我们避开了这个问题，其实，它们是可以"看见"的。一切就像卢瑟福当年一样。

"卢瑟福"回来了

1967年，人们在SLAC利用新的电子束开展了一系列散射实验，目的是对质子结构进行更加深入的研究。高能电子和氢靶上的一个质子发生碰撞，散射后的电子能量降低，并且偏离原轨道一个很大的角度。质子内类似质点的结构在某种意义上跟散射卢瑟福的 α 粒子的原子核类似，只不过现在的问题更加精细而已。

斯坦福的实验组由SLAC的物理学家、加拿大人泰勒（Richard Taylor）以及MIT的两位物理学家弗里德曼（Jerome Friedman）和肯德尔（Henry Kendall）领导。他们得到了理论大师费曼和比约肯的大力协助。费曼一直致力于强力的研究，尤其对"质子里面有什么"感兴趣。他经常从帕萨迪纳加州理工学院的家中出发到斯坦福访问。斯坦福的理论物理学家比约肯（每个人都管他叫"Bj"）对实验过程有着浓厚的兴趣，喜欢发掘隐藏在杂乱的数据里面的规律。这些规律为控制（在黑箱中）强子结构的基本定律的发现指明了方向。

这里还要提到我们的老朋友德谟克利特和博斯科维奇，他们两人在这方面都有自己的见解。德谟克利特关于"原子"的标准是它必须是不可再分的。在夸克模型中,质子实际上是3个快速运动的夸克的黏合体。但是,由于那些夸克是互相束缚的,从实验的角度来看,质子就是不可分的。博斯科维奇又加了一条:一个基本粒子,即"原子",必须是点状结构的。质子不满足这条要求。MIT-SLAC实验组在费曼和Bj的帮助下逐渐认识到,在这种情况下,有效的标准应该是"点状结构",而不是不可再分性。把他们的数据转化为一个点状结构的模型,需要比卢瑟福实验高得多的精度。这个研究组拥有世界上两位顶尖的理论物理学家,为的也是方便这一研究。后来证实,实验数据的确表明:质子中有快速移动的点状结构存在。1990年,泰勒、弗里德曼和肯德尔3人由于确认了夸克的存在而荣获诺贝尔奖。(他们就是本章开头莱诺提到的3位科学家。)

有一个问题:既然夸克永远都不是自由的,那他们是怎样探测到夸克的呢?设想一个密封的盒子,里面有3个铁球。你摇晃这个盒子,并以不同的方式倾斜,仔细听一听里面发出的声音,最后你不难得出结论:里面有3个球。更为精细的一点是,夸克总是处于与其他夸克紧密结合的状态,这有可能改变它的原始属性。这个因素必须考虑,可是……慢一点,慢一点。

夸克理论使更多的人改变了信仰,尤其是当理论家们发现越来越多的数据能更好地吻合夸克理论时,他们把自由夸克的不可见性看成了夸克的一项基本属性,"禁闭性"则成了术语。夸克永远是禁闭的,因为当夸克间距增大时,分开夸克所需的能量也随之增大。这样,当能量增大到足以产生一个夸克-反夸克对时,我们就会得到4个夸克或两个介子。这就好像一个人拿住绳子的一头往家走,另一个人却剪断了绳子。天哪!变成两根绳子啦。

从电子散射实验中识别夸克的结构几乎成了西海岸科学家们的专利。但有一点我必须声明:在同一时间里,我的实验组在布鲁克黑文也搜集到了相似的实验数据。我经常开玩笑说,如果比约肯是位东海岸的理论家,那么发现夸克的人就该是我了。

SLAC和布鲁克黑文的对比性实验表明，夸克的检测方式不止一种。在两个实验中，靶粒子都是质子。不过，泰勒、弗里德曼和肯德尔使用的探测粒子是电子，而我们用的是质子。在SLAC，他们把电子打入"碰撞黑区"，测量散射出的电子。大量的其他产物，如质子、π介子等都忽略不计。在布鲁克黑文，我们将质子打进铀靶（质子肯定是打进去了），然后盯住产生的μ子对并仔细进行测量。（有些人可能一直没有注意到，电子和μ子都是轻子。除了μ子的质量比电子大200倍以外，两者的性质基本相同。）

前面我曾经说过，SLAC的实验跟卢瑟福的揭示原子核结构的散射实验相似。但卢瑟福只是把α粒子打入原子核，并测量散射的角度。SLAC的反应过程则要复杂得多。用理论家的语言加以描述，并用数学家的思维加以想象：在SLAC的机器里，打入的电子发射出一个信使光子进入了黑区。如果光子有合适的性质，就可以被一个夸克吸收。发射出一个信使光子（它又被吸收）后，电子的能量和运动都会改变。随后，电子离开黑区，被探测器接收。换句话说，从散射出的电子的能量，我们可以获得信使光子的信息，进而了解吸收光子的粒子的情况。而信使光子的性质表明，它只能被质子中的点状亚结构吸收。

在布鲁克黑文的双μ子实验中（这么叫是因为反应生成了两个μ子），我们把高能质子打入黑区中。质子中的能量可以激发出一个信使光子，在黑区中发射出来。这个光子在离开黑区前，就转化为一个μ子和一个反μ子，探测器接收到的正是这些粒子。跟SLAC实验一样，从中我们可以获得信使光子的性质。然而，双μ子实验的理论解释直到1972年才给出，因为它需要其他很多精巧的证明打基础。

这个实验的解释是由斯坦福大学的德雷尔（Sidney Drell）和他的学生颜东茂首先给出的。这并不奇怪，这里人人都为夸克疯狂。他们的结论是：打入的质子中的一个夸克和靶核（或者其他物质）中的一个反夸克发生碰撞并湮灭，生成一个光子，随后又转化为我们所接收到的μ子对。这就是著名的德雷尔-颜实验，尽管这个实验是由我们发明的，而德雷尔"仅仅"给出了正确的理论模型。

当费曼在一本书中称我的双 μ 子实验为"德雷尔-颜实验"时——我相信他是在开玩笑——我打电话给德雷尔，让他转告那本书所有的读者，请他们删去第47页上德雷尔和颜的名字并写上莱德曼。这事我可不敢劳费曼大驾。德雷尔高兴地同意了，正义赢得了胜利。

从那时起，所有的实验室都开始重复德雷尔-颜-莱德曼实验，这个实验为夸克生成质子和介子的详细方式给出了补充和确定性的证据。但是，SLAC/德雷尔-颜-莱德曼的研究并没有令所有的物理学家对夸克理论深信不疑，有些人仍持怀疑态度。在布鲁克黑文，我们曾有过一条可以消除疑惑的线索，可惜我们由于不理解这条线索的含义而没有抓住它。

在1968年的实验中（同类型实验的第一次）我们观察到，随着信使光子质量的增加，生成的 μ 子对数目呈平滑下降。在极短的时间内，信使光子的质量可以取任意值。不过，质量越大，寿命越短，也越难生成。又是海森堡规则在作怪。我们知道，质量越大，可运动的空间区域就越小，所以，随着能量的上升，可观察到的事件（μ 子对的数目）也越来越少。我们把这个关系画成了图。图底部的x轴表示质量的增大；垂直的y轴表示 μ 子对的数目。这样，我们应得到如下的图7.1：

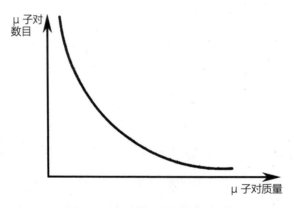

图7.1 μ 子对数目-质量关系（a）

我们应该看到一条平滑的下降曲线，表示随着从黑区中发射出来的光子能量的增大，μ子对的数目一直在减少。然而，实际的曲线却是下面这个样子（如图7.2）：

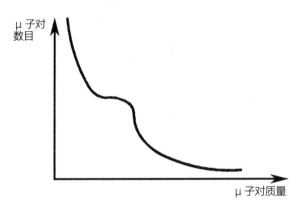

图7.2 μ子对数目-质量关系（b）

大约在3吉电子伏处，平滑的下降被一个"肩峰"所打断，这个肩峰现在被称为"莱德曼肩峰"。曲线中的这个肩峰表明一个未知事件的发生，这一事件不能简单地用信使光子来解释，它超出了德雷尔–颜实验的范围。我们并没有把这个肩峰看成一种新的粒子。这是第一次错过了一个重要的发现，而这个发现最终确立了夸克假说的成立。

顺便提一下，质子中质点结构的发现成全泰勒、弗里德曼和肯德尔获得了诺贝尔奖。对这一点，我们并没有真正感到后悔。在1968年，即使比约肯也可能不会从实验中得到启发，把布鲁克黑文的双μ子实验和夸克联系起来。现在回想起来，双μ子实验仍然是我一生中所做的最值得骄傲的一件事。夸克的概念虽然充满想象力，但从技术角度讲，实验是简单的——简单得让我错失了这10年来的最重要发现。夸克的数据由3个部分组成：德雷尔–颜关于质点结构的证明、"色"的概念的证明（后面将讨论），还有J/ψ粒子的发现，每一项都能拿到诺贝尔奖。要是当时我们都做出来的话，瑞典皇家科学院至少能省下两笔奖金哪！

11月革命

始于1972年和1973年的两个实验又一次改变了物理学的面貌。其中一个实验发生在布鲁克黑文。这是一个被矮小的灌木丛、松树和沙地所包围的旧兵营。距离这里有10分钟路程的地方，就是长岛南部那些世界闻名的美丽海滩。这里还是从巴黎直接飞过来的大西洋鹬鸽的栖息地。另一个实验发生在SLAC实验室，该实验室位于斯坦福大学西班牙风格的校园里边的一座褐色小山上。这两个实验其实都是试探性的实验。它们都没有什么明确的动机，但当它们在1974年11月一起出现时，它们在全世界引起了轰动。1974年末的事件后来以"11月革命"之名载入了物理学史册。此后，当科学家们聚在一起谈古论今时，都会提到这两个著名的实验。在这两个实验发生以前，理论家们都深信自然界应该是和谐和对称的。

我们应该首先指出，当时的夸克理论并没有涉及电子的问题，仍然将电子当作一个基本粒子，一个"原子"。现在已有两类点状的"原子"——夸克和轻子。电子、μ子和中微子都属于轻子。如果不是施瓦茨、斯坦伯格和莱德曼3个人做的双中微子实验改变了人们对对称性的信赖，这种分类方法是很完美的。现在，我们有4种轻子——电子、电中微子、μ子和μ中微子，但是只有3种夸克——上夸克、下夸克和奇异夸克。1972年的一张基本粒子表会是下面这个样子（如表7.4）：

表7.4 一张1972年可能的基本粒子表

夸克	u d s	
轻子	e	μ
	v_e	v_μ

但现在这个表没有什么意义。轻子们是两两成对地排列，而夸克部分是一种相对难看的3列排列，理论家们已经不再对这个数字"3"存有什么幻想了。

1964年，格拉肖和比约肯这两位理论家多少已经想到：如果存在第4个夸克，这张表将更和谐、更对称。自发现了第4个轻子——μ中微子后，夸克和轻子之间的对称性即被打破；而如果能找到第4个夸克，那么夸克和轻子之间的对称性又将恢复。1970年，格拉肖和他的同事提出了一个更为令人信服的理论。这个理论虽然稍微复杂一些，但却很诱人——它认为存在第4个夸克。这使得格拉肖成了夸克的热情鼓吹者。由于撰写了多部关于夸克的书（这足以表明他对夸克理论是多么热切），谢利*在他的崇拜者和反对者之中博得了声名。如今，作为物理学标准模型的一个主要建筑师，谢利的故事和他的雪茄，以及他对物理学发展方向所做的评注，显然更为人们所津津乐道。

格拉肖确实变成了第4种夸克的积极推销者，他把在理论中构想的这种夸克称作粲夸克。从研讨会到工作间，再到讨论会，他到处要求实验家们寻找这第4种引人入胜的夸克。他认为，在弱力理论中，这第4种夸克将与前3种夸克配成对——上/下夸克、粲/奇异夸克。夸克将出现新的对称，而且弱力理论中的一些缺憾将消失（医生可知道病根在哪里了）。例如，以前一些虽未被观察到但理论中需要存在的反应将不复存在。慢慢地他赢得了一些听众，至少在理论界有很多人都认同了他的观点。1974年夏天，理论家玛丽·盖拉德（她不仅是物理学界少有的女性之一，而且作为一位理论物理学家也是同道中的顶尖人物）、本·李（Ben Lee）和罗斯纳（Jon Rosner）合写了一篇研讨会综述论文《寻找粲夸克》。这篇论文对实验家特别具有指导性。它指出：这个夸克（称为 c）和它的反夸克（$\bar{c}$）可以从对撞黑区中找到，并且它们将合在一起组成一个中性介子。他们甚至提出，我的小组以前在布鲁克黑文获得的数据中，有 $c\bar{c}$ 衰变成两个 μ 子的证据，这可以用来解释为什么莱德曼肩峰接近3吉电子伏，即 $c\bar{c}$ 对的质量可能是3吉电子伏。

---

* 谢利，即谢尔登·格拉肖的昵称。

寻峰

然而，上述这些都是理论预言。其他发表出来的与11月革命事件有关的文章暗示，实验家们依然没有在验证理论家们的观点方面取得进展。但梦仍在继续，鱼仍在钓。这时，布鲁克黑文的科学家们正致力于"寻峰"，搜寻数据中的尖峰信号，以期发现新的物理现象，它们会推翻理论家们的理论，而不是加固它。

就在格拉肖、盖拉德和其他人谈论他们的"粲夸克"之时，实验物理学家正在设法解决自己的一些问题。那个时候，电子–正电子对撞机和质子加速器之间的竞赛已十分明朗了。虽然轻子支持者和强子支持者仍还各持己见，但在电子方面倒没什么问题了。显而易见，由于电子被认为是没有微观结构的点，所以它们有着很清晰的初始态：一个 e^-（电子）与一个 e^+（电子的反粒子——正电子）被加速器加速，在黑区里对头碰撞，这既简单又清楚。理论模型确信：这个电子–正电子对碰撞并湮灭，起初会放出一个信使光子，其能量等于电子–正电子对的质量。

由于信使光子的存在时间很短，之后它转化成实在的粒子对，并且依据守恒定律需要保持原来的质量、能量、角量子数和其他量子数。从黑区里面出来且我们通常可以看到的这些东西有：（1）另一电子正电子对；（2）μ 子–反 μ 子对；（3）各种强子的组合，其组合方式取决于初始条件（信使光子的能量和量子数）。从同一个简单的初始状态得到的各种可能的最终状态，取决于实验装置赋予粒子的最初能量。

将此与两个质子碰撞的实验进行对比。每个质子包含3个夸克，以强力彼此结合在一起，这表明它们在快速交换着胶子（强力的信使粒子，我们将在本章后面再次谈到胶子）。胶子的特性使原本复杂的质子变得更加复杂：比如，一个从上夸克到下夸克的胶子，在其运动过程中会忘记其本身的使命和出身（就像信使光子一样），而转化为任何夸克及其反夸克，比如 s 和 s̄。但 ss̄ 一闪即逝，因为胶子必须回到原来的夸克中被吸收。这样一来，事情就变得非常复杂了。

一些坚持使用电子加速器的科学家们嘲笑质子是"破罐头盒"，把质子-质子或者质子-反质子碰撞实验形容为两个破罐头盒的碰撞，碰撞时飞出一些鸡蛋壳啊，香蕉皮啊，咖啡渣和破彩票什么的，倒是很形象。

1973—1974 年，斯坦福大学的电子-正电子对撞机 SPEAR 开始运行，并得到了无法解释的实验结果：碰撞的强子产额比理论计算的多一些。故事很复杂，直到 1974 年 10 月才引起大家的兴趣。SLAC 的科学家在他们的小组负责人里克特（Burton Richter）离开的某一段时间中，开始致力于研究能量总共约为 3.0 吉电子伏的两个电子碰撞中的一些新奇现象。这个能量正是前面提到的 cc̄ 对的质量。

此时，在距离斯坦福大学以东 3 000 英里的布鲁克黑文，一个来自 MIT 的小组正在重复 1967 年的双 μ 子实验。丁肇中是这个小组的负责人。据说丁肇中曾经是中国台湾童子军的领袖，他在密歇根州立大学获得博士学位，又在 CERN 做博士后，然后于 60 年代加入我的小组，在哥伦比亚大学做助理教授。他在这里取得了更大的成绩。

丁肇中是一个小心谨慎、循规蹈矩而又有条理的实验家。他和我在哥伦比亚大学共事了几年，又在德国汉堡附近的 DESY 实验室做了几年，后来到 MIT 当教授去了。他很快就成为粒子物理学中的一个生力军（第 5 个还是第 6 个？）。我在给他写的推荐信中故意夸大了他的一些弱点（要想帮人找工作，这样做很有效），但我这样做只是为了说明："丁肇中是个严肃且极为认真的华人物理学家。"实际上，我对丁肇中是怀有偏见的，因为他是华人，这种偏见还是我在小时候养成的。那时我爸爸开了家小洗衣店，因此经常听他讲起华人与他进行竞争的许多事情。长大以后，与华人科学家共事总让我有点儿神经质。

丁肇中使用DESY的电子加速器进行研究，成为对电子碰撞中产生的电子–正电子对进行分析的专家。因此，他认为对电子对进行探测是进行德雷尔–颜实验——现在应该叫丁双轻子实验——的最好方法。所以，在1974年，当SLAC的同僚们在进行电子–正电子碰撞实验时，他正在布鲁克黑文使用高能质子轰击固定靶，然后使用当时最先进的探测装置探测从黑区出来的电子–正电子对。这个探测装置比7年前我们拼凑起来的探测器精确了许多。他使用夏帕克丝室，可以十分精确地确定质子轰击固定靶发出的信使光子，或者其他可以产生电子–正电子对的东西的质量。由于 μ 子和电子都是轻子，你可以选择是探测 μ 子对还是探测电子对。丁肇中是在寻峰，想寻找一些新现象，而不是力图证明原有理论。当时有报道称，丁肇中曾说："我倒是很喜欢跟理论家们一起吃中餐，但是，如果将你所有的时间都花在听他们使唤上，那简直就是在浪费时间了。"像他这种性格的人，作为粲夸克的发现者真是再合适不过了。

布鲁克黑文和SLAC的实验注定会得出相同的结论。但是，直到1974年11月10日，任何一个小组也不知道对方的工作进展。为什么这两个实验最终被联系起来了呢？ SLAC小组使用电子撞击质子，第一步产生一个虚光子；布鲁克黑文小组的实验，第一步会出现杂乱无章的初始态，但他们也只盯住这种状态之后所产生的虚光子。虚光子随后就蜕化成电子–正电子对。后来两个小组又都去观察信使光子，而信使光子因为碰撞能量的不同，可以具有任何瞬态质量和能量。SLAC小组使用的模型经过了实践检验，它认为信使光子可以蜕化成强子——比如3个介子或者1个介子与2个K中介子，或者1个质子、1个反质子加上2个介子，或者一对 μ 子，或者2个电子，等等。产物种类随入射粒子能量、动量、角量子数的不同而变化。

所以，如果存在某种新粒子，它的质量少于对撞粒子的能量总和，那么这种粒子就能在碰撞中出现。而且，如果新粒子与信使光子的各种量子数相同，并且当对撞粒子的能量和这种新粒子的能量相同时，这种新粒子的产额将最多。

我听说男高音歌唱家唱出的声音中，只有特定频率、特定大小的声音可以震碎某个玻璃杯，新粒子能够产生的道理大概跟这差不多。

在布鲁克黑文的实验中，加速器将质子打进固定靶（比如一小块铍）中。当相对于电子来说质量大得多的质子被打进铍原子核中时，很多新鲜的现象可以而且也的确出现了：夸克与夸克碰撞、夸克与反夸克碰撞、夸克与胶子碰撞、胶子与胶子碰撞。不论加速器的能量是多少，更低能量的碰撞总是能够发生，因为夸克总是需要分掉一部分入射质子的能量。因此，丁肇中为解释其实验现象而测量的轻子对数量总是有着很大的随机性。这种杂乱无章的初始态的好处是：你有可能得到某个碰撞能量以下所有应该出现的粒子。两个破罐头盒的碰撞也是这种情况，说不定两个罐头盒也会撞出什么东西来呢。它的缺点是：你只能从一大堆碎片中寻找很少的新东西。因此，要确实证明新粒子的存在，必须做大量的实验。而且必须有一个好的探测器，幸运的是丁肇中拥有这样的一个探测器。

SLAC的SPEAR仪器正好相反，它将电子与正电子对撞，其反应很简单：点状粒子——物质与反物质——相互碰撞湮灭。物质变成纯粹的光——信使光子。随后这些能量又变成物质。如果每束粒子的能量是1.552 5吉电子伏，则每次碰撞的能量将都是准确的3.105吉电子伏。而且，如果某种粒子的质量也是这个数值，那么就将产生这种新粒子而不是光子。你几乎一定会得到这个结果。这就是这个仪器所做的事情。它产生的碰撞具有可预测的能量。要得到其他能量，科学家们需要调整磁体和其他一些参数。斯坦福大学的科学家们可以对仪器的能量进行精确调节，达到的精度甚至大大超过了最初对仪器的设计指标，这称得上是技术的重大进步。坦白地说，我甚至不相信这可以实现。SPEAR仪器的缺点是你必须慢慢地以很短的步长调节仪器能量，以扫描整个能量谱。另外，当你正好碰到某个能量时，你也许可以在一天之内就发现一种新粒子；或者，当你错过了某个能量范围时，你什么也找不到。

我们再回过头看一下布鲁克黑文。1967—1968年，当我们观察一些双μ子的肩峰时，碰撞能量已经覆盖了1吉电子伏到6吉电子伏的范围。在6吉电子伏时，μ子对的数量只有1吉电子伏时的1/1 000 000；在3吉电子伏附近，μ子产额突然达到平台；到3.5吉电子伏以上，μ子产额又恢复了以前的变化趋势。换句话说，确有一个平台，其宽度从3吉电子伏到3.5吉电子伏。1969年，当我们打算公布这些数据时，我们7个作者开始争论如何解释这一肩峰。是否因为探测器的问题而隐藏了某种新粒子的作用？是否有新的反应，导致信使光子的产额变化？那时没有人知道μ子产生的确切过程，我坚持认为：这些数据还不是太理想，称之为一次发现还为时过早。

这之后，1974年11月那个伟大的时刻来到了。布鲁克黑文和SLAC两个小组都有了在3.105吉电子伏处μ子产额增强的可靠数据。在SLAC实验室这边，当仪器在这个能量下工作时，探测碰撞的计数器开始疯狂地跳动，探测器的示数这时增强了几百倍，而在加速器调到3.100或3.120吉电子伏能量时，示数又显得正常了。这个强共振正是我们一直要寻找的那个问题的答案；SLAC的小组曾经探测过这个能量范围，但不幸错过了共振增强区。布鲁克黑文那边，丁肇中的数据显示，经过精确测定的轻子对产额以3.10吉电子伏为中心有个明显的尖峰。他也认为这个尖峰只能证明一件事：他发现了一种新的物质状态。

后来，布鲁克黑文和SLAC之间为了这个重大发现的科学优先权展开了无休止的争论。到底是谁先发现的呢？指责声和谣言四起。一种说法指责SLAC在得知丁肇中的实验后才明白自己的实验方向；另一种说法称，丁肇中的原始数据本来没有什么结果，但在SLAC发表实验结果后到丁肇中发表实验结果前这段只有数小时的时间内，他已获悉SLAC的结论，并更改了自己的实验结果。SLAC小组将这种新粒子命名为ψ，丁将其命名为J。今天通常称这种新粒子为J/ψ。科学界现在多少得到了一些和谐。

为何大惊小怪（一些酸葡萄）

这一切看起来都很有趣，可为什么会引起这么大的震动呢？11月11日，两个实验室的联合声明很快传遍了世界的各个角落。CERN的一位科学家回忆道："真是难以置信，走廊里的每个人都在谈论这件事。"星期日的《纽约时报》将这件事登载在头版上："新的令人惊奇的粒子被发现。"《科学》杂志称："两种让物理学家既高兴又困惑的新粒子。"科学作家协会会长沙利文（Walter Sullivan）后来在《纽约时报》撰文说："这是物理学前所未有的飞跃……它将带给我们不可预料的未来。"两年后，丁肇中和里克特因J/ψ而分享了1976年的诺贝尔奖。

这个消息传来时我正在费米实验室忙于一项有关E-70的实验。17年后，当我端坐在书房里奋笔疾书的时候，还能回想起当年的感受吗？作为一个科学家，作为一个粒子物理学家，我为这个重要发现而感到万分高兴，高兴之余自然也有几分对发现者的嫉妒，甚至还有一点"恶狠狠"的怨恨。这该算是正常的情绪反应吧，因为我曾经在那里工作过——应该说丁肇中一直在做我未做完的实验！虽然在1967—1968年时还没有可以得到这种精确结果的仪器，但我们在布鲁克黑文实验室所做的那个实验孕育了两项诺贝尔奖，如果当初我们有一个功率更强的探测器，如果比约肯那时在哥伦比亚大学，如果我们更聪明一点……如果我的祖母可以有轮子——就像我们讽刺"异想天开"者时常说的那样——她就会变成有轨电车了。

算了，我只能怪自己。1967年，当我发现那个可疑的峰后，只是将其标注了一下，就忙着申请使用新型高能设备，研究双轻子现象去了。CERN计划在1971年建成一台质子-质子对撞机ISR，其能量是布鲁克黑文这台设备的20倍。我放弃了布鲁克黑文几乎马上就要到手的成就，向CERN提出了使用其设备的申请。当那套设备终于在1972年开始运转后，我仍然没有观察到J/ψ。这次是因为实验数据中有很强的背景介子噪声，而且我们还不太了解为ISR配备的新型铅玻璃粒子探测器的性能，因而不慎让它受到了很强的辐射，影响了它的性能，可这一点当时我们却不知道。实际上，背景辐射本身也是一个重大发现：我们探测到了具有高切向动量的强子，它同样反映了质子内部的夸克结构。

同样在1971年，费米实验室正准备启动一台我寄予厚望的200吉电子伏的设备。这个装置终于在1973年初开始运转了，但是这次我因为……反正是由于某种原因吧，我们并没有着手做曾经计划过的工作，却因几个小组在费米实验室的崭新工作环境下得出的古怪数据而分心。后来证明，这些实验数据只是些表面新奇的现象，并没有实质新奇的地方。当我们终于又开始做双轻子实验时，11月革命已经发生了。所以，我不仅在布鲁克黑文错过了J/ψ，还在两台新设备上错过了它。这样的事，真可以算是粒子物理学中因为一错再错而与重大发现失之交臂的典型了。

现在让我们回到正题，说说为什么人们对J/ψ如此重视。首先，J/ψ是一种强子。我们以前也找到了为数上百的强子，为什么偏偏对这个强子如此感兴趣呢？只是因为它有个奇怪的名字J/ψ吗？当然不是。它的奇异之处在于它不一般的质量（3倍于质子的质量）和非常精确的质量数值（尖峰的宽度小于0.05兆电子伏）。

精确的质量可做如下解释：一个不稳定粒子不可能有很精确的质量数值，海森堡的不确定性关系从理论上证明了这一点。粒子的寿命越短，其质量数值的不确定性就越大，这是量子理论的限制。所谓质量分布是指在对一个粒子的质量进行多次测量时，会得到不同的测量值，以钟形曲线随机分布。曲线的峰顶，比如J/ψ的3.105吉电子伏，称为粒子质量，而其分布曲线的宽度则可以用作粒子寿命的参数。由于每次测量都带有不确定性，我们可以理解，如果粒子的寿命是无穷大的话，我们就有无数次机会来测量这个粒子的质量，粒子质量的分布曲线就会无限狭窄。甚至从原理上考虑，一个寿命很短的粒子的质量也不可能测得很准。在实际测量中，即便使用非常精确的设备来测量这个粒子的质量，测量值的分布还是很宽的。例如，某个典型的强相互作用粒子会在 10^{-23} 秒内衰变，其质量分布大概有 100 兆电子伏的宽度。

　　另外需要注意的是，我们发现，强子中除了自由质子以外都是不稳定的。强子（也包括其他粒子）的质量越大，它的寿命就越短，因为它可衰变为更多东西。所以，当我们在 1974 年发现 J/ψ 的时候，虽然它是当时质量最大的粒子，但其质量数值却惊人地准确，比典型强相互作用粒子的质量分布精确上千倍。这说明它有很长的寿命，一定有某些东西阻止它进行衰变。

裸粲夸克

　　究竟是什么东西抑制了 J/ψ 的衰变呢？

　　理论家们都同意：是一个新的量子数，或者等价的、一条新的守恒定律在起作用。但是，究竟是什么样的守恒定律呢？是什么新东西需要守恒呢？一时间，理论家们各持己见，莫衷一是。

　　新的实验数据还在不断涌现，但这时只有电子－正电子设备在提供实验数据了。后来，意大利的对撞机 ADONE 和德国的 DORIS 也加入进来，与 SPEAR 协同工作。另一个能量峰出现在 3.7 吉电子伏，被称为 ψ'。这时不再称它为 J 了，因为这次是斯坦福大学独立发现的（丁肇中小组最终退出了这项实验的竞争，因为他们的设备已经很难发现这个粒子，也不能验证它）。这时，大家虽然都急着去发现新粒子，但检测 J/ψ 粒子质量的精确性还是被放在了首位。

　　最后，终于有一种理论被人们接受：也许 J/ψ 就是人们期待已久的那种 c 和 c̄——粲夸克和反粲夸克——结合在一起的粒子。换句话说，它可能是一种介子，属于由夸克和反夸克组成的强子中的一类。格拉肖得意地把它称作"粲偶素"。而后，人们又花了两年时间来证明这一理论的正确性，并最终取得成功。

这个证明的困难之处在于，当 c 和 c̄ 结合在一起时，粲夸克的性质被相互抵消了：c 所拥有的，c̄ 都给抵消掉了。虽然所有的介子都包含夸克和反夸克，但它们不必像粲偶素那样由夸克和它本身的反夸克构成，例如质子就是由 ud̄ 构成的。

人们继续寻找"裸粲夸克"：由粲夸克和（比方说）反下夸克组成的介子。反下夸克不会抵消它同伴的各种性质，这样粲夸克的所有性质都会暴露出来，由于自由的粲夸克是不能存在的，我们也只能这样退而求其次了。这种 cd̄ 介子终于在 1976 年由戈德哈贝尔（Gerson Goldhaber）领导的 SLAC–伯克利小组在斯坦福大学的电子–正电子对撞机上找到了，这种介子被命名为 D^0。在接下来的 15 年里，这台仪器一直在从事 D 的相关性质研究。今天，研究由 cd̄ 和 cs̄ 组成的介子的性质是博士论文的丰富题材。日渐复杂的夸克状态谱让我们对夸克的性质有了更多了解。

现在我们知道为什么 J/ψ 的质量数值如此精确了。粲夸克是一种新的量子数，强力的守恒定律不允许粲夸克衰变成更小质量的夸克。它要衰变的话，只能通过弱力和电磁力进行，而弱力和电磁力起作用的时间都很长，因此粲夸克有长寿命，质量很精确。

最后一批反对夸克理论的人终于打退堂鼓了。夸克理论曾给出过很多正确的理论预测，并在实验中被多次验证。可能就连盖尔曼也开始承认夸克是实际存在的了，尽管夸克的禁闭问题（它们不能单独存在）仍然使之与其他物质粒子有所不同。有了粲夸克，周期表又回归平衡了（如表 7.5，表 7.6）：

表 7.5　夸克

上夸克（u）	粲夸克（c）
下夸克（d）	奇异夸克（s）

表 7.6　轻子

电中微子（v_e）	μ 中微子（v_μ）
电子（e）	μ 子（μ）

现在有了4种夸克（夸克有4种味）和4种轻子，我们可以把它们分为两代，它们在表7.5与表7.6中垂直排列。u–d–v_e–e是第一代粒子。由于上下夸克组成了质子和中子，因而可以说第一代粒子主宰着我们现有的物质世界；第二代粒子c–s–v_μ–μ只有在加速器的强烈碰撞中才得以短暂生存。虽然这些粒子看上去有点儿古怪，但我们却不应该忽视它们的存在。因为我们是坚持不懈的探索者，我们必须尽力了解大自然给它们安排了什么角色。

前面我对那些预言了J/ψ就是粲偶素的理论家们没有给予应有的关注。如果将SLAC比作实验的心脏，哈佛大学就是指导理论的大脑。格拉肖，还有他在布朗克斯理科中学的同学温伯格，总是受到一群热心年轻人的支持。这里我还要单独感谢海伦·奎因（Helen Quinn），因为她在我的理论小组里工作，并对粲偶素万分热心。

第三代粒子

说些题外话吧。总结近期发生的事情总是有些困难，尤其当总结者还身在其中时。没有足够的时间使自己变得比较客观。不过我还是要尽力回忆一下近期发生的事情。

20世纪70年代，随着更大能量的加速器和与之匹配的设计巧妙的探测器投入使用，寻找"原子"的进程越来越快。各个方向的实验都在进行着：探索各种带粲的粒子，从更微观的角度审视各种相互作用力，在更高能量附近寻找新发现，集中解决一些新出现的问题，等等。不过，后来进展速度突然间就变慢了，因为这时研究经费出了问题，要找到资助越来越困难了。越南战争耗尽了钱财，使人们意志低落。这时又发生了石油危机，人们的观念变了，不再那么重视基础研究了。这些变化对我们那些从事"小科学"的同行打击更大。而高能物理学家们因为群策群力，并且分享大型实验室的设备，所以受到的伤害相对来说就少一些。

理论家们对工作条件要求不高（给他们一支笔，几张纸，一间办公室，他们就可以工作了），加之以前积累的大量原始数据等待处理，因此理论物理学开始兴旺起来。我们还可以看到一些老面孔：李政道、杨振宁、费曼、盖尔曼、格拉肖、温伯格，还有比约肯。同时还出现了许多新人：韦尔特曼（Martinus Veltman）、特霍夫特（Gerard't Hooft）、萨拉姆（Abdus Salam）、戈德斯通（Jeffrey Goldstone）、希格斯（Peter Higgs），等等。

让我们大致回顾一下这段时间里的实验进展，主要说一说对未来领域的大胆探索，而稳步的前沿推进则略提一二。1975年，佩尔不顾其同事和实验合作者的一致反对，坚持认为SLAC的数据中显示了一些第5种轻子存在的线索。他几乎凭借一人之力，慢慢使其实验合作者，直至后来所有的人都接受了他的理论。这种被称为 τ 子的轻子虽然比电子和 μ 子重，但是与电子和 μ 子一样有两种：τ^+ 和 τ^-。

第三代粒子正在浮出水面。因为电子和 μ 子都有其对应的中微子，自然 τ 子也应该有其对应的中微子（v_τ）。

在这一段时间里，费米实验室的莱德曼小组最终掌握了进行双 μ 子实验的正确方法。同时，实验室将设备进行了改装。性能大大提高了的设备可以将能量从 J/ψ 的3.1吉电子伏连续扫描到将近25吉电子伏，这已经是费米实验室400吉电子伏设备的上限了（这里我们说的是使用粒子撞击固定靶，所以有效作用能量只是入射粒子束能量的一部分）。然后，在9.4、10.0和10.4吉电子伏处探测到3个新的峰。这些峰确定无疑，就像在晴朗的天空下，你在大塔吉滑雪场上看到的蒂顿山脉一样清晰。通过该设备得出的实验数据量是如此之大，以至于世界上双 μ 子实验的数据量激增了100倍。这种粒子被命名为"Υ"（我想，这是最后一个可供使用的希腊字母了）。它重复着 J/ψ 粒子的故事，要守恒的新东西是美夸克——某些不那么有艺术性的物理学家管它叫底夸克（b夸克）。Υ被解释为是 b 夸克和反 b 夸克结合形成的粒子。高一些的能量实际上是这种新"原子"的激发态。虽然底夸克的发现不像 J/ψ 引起了那么大的轰动，但这确实是新一代基本粒子。随之产生的问题是：究竟有多少代基本粒子？为什么大自然喜欢重复，一代基本粒子好像复制了前一代基本粒子的一些性质？

让我来简单地描述一下发现 Υ 的工作过程吧。我们的小组由来自哥伦比亚大学、费米实验室和长岛斯托尼布鲁克的科学家组成，还有一些年富力强的实验家。我们使用更多的丝室、磁体和火花描迹室等组成了当时最好的能谱仪。我们的数据搜集系统也是当时最新的，这是一套由天才工程师西帕奇设计的电子设备。我们所有人都在费米实验室的同一台设备上工作，实验中出现的问题彼此了解，大家在一起也混得很熟。

约翰·姚（John Yoh）、赫布（Steve Herb）、英尼斯（Walter Innes）和布朗（Charles Brown）是我所见过的 4 个最好的博士后。起重要作用的软件的性能也接近完美，可以充分满足前沿工作的需要。我们所面对的问题是，必须密切注意千万亿次碰撞中哪怕是仅有的一次反应，因为我们需要记录很多这种稀有的双 μ 子事件。我们需要对仪器进行调试，使它在很强的不相关粒子的干扰下还能顺利工作。这一点我们的小组做到了，在很强的辐射干扰下，我们的探测器仍能稳定有效地工作。我们还学会了使用冗余方法来排除假实验数据。不论大自然会怎样巧妙地愚弄我们，我们都可以将实验数据去伪存真。

在这以前，我们使用双 μ 子模型，在 4 吉电子伏以上的能量中发现了 25 个电子对。奇怪的是，其中 12 对都集中在 6 吉电子伏附近。一个峰吗？我们经过讨论，打算发表这个结果，说在 6 吉电子伏附近可能存在新的粒子。6 个月后，当实验数据积累到 300 对电子对时，却发现 6 吉电子伏附近并没有高峰。我们曾建议将这个粒子称为 Υ，但更多更精确的实验数据出现后证明：这个粒子是不存在的。这次事件是一次实验失误。

后来，我们对设备进行了改装，并尽量结合以前的经验，重新安排了靶、屏蔽、磁体以及探测室的位置。自1977年5月新设备开始重新运行后，每个月只能得到27个结果或最多300个结果的日子一去不复返了，每星期都有上千个实验结果出现；而且，背景干扰也少多了。一台新设备使人们涉足完全陌生的领域，这在物理学中是不多见的。第一台望远镜和第一台显微镜的使用在历史上也许更加光辉，但前人因为有了它们而产生的激动不可能比我们现在的激动更多。新设备运转才一星期的时间，我们就在9.5吉电子伏附近发现了一个很宽的峰。随着实验数据的积累，这个峰也变得越来越明显。实际上，在此之前约翰·姚也曾在我们的300次运转中在9.5吉电子伏附近观察到密集的数据。可当时他因为正忙于考察6吉电子伏附近的那个高峰，根本顾不上，所以只是在一瓶香槟酒的瓶子上标注了个"9.5"，然后就将它塞进了冰箱。

6月份我们打开香槟酒庆贺，并向整个实验室披露新发现（已经或多或少泄露了一些）。赫布为礼堂里挤得满满的热心听众们讲演。这可是费米实验室的第一次重大发现。那个月末我们发表了由770个事件的实验数据证明在9.5吉电子伏附近发现一个宽峰的实验结果——从统计上说这个实验结果是可信的。那时我们还未曾花时间检验这个峰是不是因为探测器工作失灵而引起的。是不是探测器在这里有死区？是不是软件在这里出错？我们开始到处寻找可能出错的地方，通过对设备进行一些我们可以预知结果的实验来检验其是否可靠。最终证明所有设备都运转正常，并没有意料之外的错误发生。到了8月份，通过更多的数据和更完备的分析，我们得到了3个很窄的峰，代表"Υ"家族：Υ、Υ′、Υ″。1977年，当时还没有现成的理论来解释这些尖峰，因此从那时起我们进入了美夸克（底夸克）的新领域！

我们自然可以得出结论说，我们所找到的是一种新的夸克（称为b夸克）及其夸克的束缚态：就像J/ψ是$c\bar{c}$结合形成的介子一样，Υ是$b\bar{b}$结合在一起形成的介子。因为Υ的质量接近10吉电子伏，那么b夸克的质量应该接近5吉电子伏。c夸克的质量只有1.5吉电子伏，b夸克因此成了当时最重的夸克。像$c\bar{c}$和

$b\bar{b}$这样的粒子，都可以处在能量最低的基态，也可以处在不同的激发态。我们发现的3个尖峰代表 Υ 的基态和2个激发态。

有趣的是，我们实验家也可以像理论家们那样对付这个奇怪的粒子的方程。这个粒子由一个夸克环绕一个反夸克组成。旧的薛定谔方程就够用了，并且只需回头扫一眼我们读研究生时的笔记，就可以跟那些职业的理论家比赛，来计算这种新粒子的能级和其他性质了。我们觉得很有意思，但胜利者是他们。

当约翰·姚很快从理论上得出这个峰后，我感觉到前所未有的畅快。现在我还对那时的感觉记忆犹新。但快乐之中仍然有些顾虑："这不可能是真的！"我当时的表现就是到处找人诉说，对谁说呢？科学家的妻子们啊，好朋友啊，孩子们啊，还跟实验室主任威尔逊说，而他的实验室那时正急需一些新发现。我们给在德国DORIS的同事们打电话，询问他们的电子–正电子对撞机是否可以达到产生 Υ 的能量。DORIS的设备是我们之外唯一在这个能量下有机会获得实验结果的设备。这些设备简直就是在变魔术，他们也得到了相同的结果。更加畅快！（而且感觉放松了许多。）成功之后我就开始琢磨是否会因此获奖。它会获奖吗？

就在实验设备顺利运转一星期后，一场火灾发生了，这给实验室带来了很大的创伤。1977年5月，肯定是由某个低价投标人提供的用来监测磁场电流的劣质设备突然失火了，火苗蔓延到丝室。电器火灾会产生很多氯气。当勇敢的消防员们用水龙头灭火的时候，空气里就出现了盐酸雾滴，这些酸落在电路板上，就开始慢慢腐蚀电路板。

抢救电子设备需要一些技术。CERN的朋友曾告诉我，他们那里也曾发生过类似的火灾，所以我打电话给他们，想听听他们的意见。我记下了一个电子设备救援专家的名字和电话号码。此人是荷兰人，目前在一家德国公司工作，但却住在西班牙中部。火灾发生在星期六，而当时的时间已是星期日早晨3点了。我立刻从费米实验室往西班牙挂电话，终于找到了这个人。他同意来这边帮忙，最早可以在星期二到达芝加哥。而一架满载化学药品的飞机将从德国起飞，在星期三到达。但他需要一张美国签证，通常办签证需要10天时间。我在接通了驻马德里的美国大使馆的电话后，就对着话筒大声喊道："原子能！国家安全！几百万美元危在旦夕……"然后电话转给了大使的一位秘书。他起先对我的说辞并不在意，直到我说出了自己的哥伦比亚大学教授身份。"哥伦比亚！为什么你不早说呢？我是1956年那一届的，"他喊道，"让你的人来找我吧。"

星期二，杰西先生如期到达。他用鼻子嗅着900张电路板，而每张电路板上大概有50个晶体管（1975年的技术）。星期三，化学药品也运到了。繁文缛节又给我们增添了几分麻烦，不过，美国能源部总算也帮了我们的忙。到了星期四，我们已经有了一条组装线：物理学家、秘书、物理学家的妻子们或者女朋友们。大家都来帮忙，将一块电路板放进神秘的A溶液中，取出后再放进B溶液，接着又用氮气吹干，再用骆驼毛刷子刷，而后叠放起来。原先我还以为我们得跟这个荷兰人一道举行宗教典礼，念一通咒语才能修好这些电路板呢，但实际上却无须这样劳神。

杰西还是一个骑师，他住在西班牙是为了训练骑兵。当他得知我养了3匹马时，立刻就从实验室溜出去跟我妻子以及费米实验室马术俱乐部的那伙人遛马去了。作为一个真正的骑师，他指点每个人。很快，这些准骑兵就开始训练各种专业动作了。现在，我们费米实验室有了专业的骑兵团，如果CERN或者SLAC实验室的敌人们胆敢骑马进攻我们的话，我们肯定会在马背上迎击他们。

星期五那天，我们把所有的电路板装了回去，每一块都经过了仔细的测试。到了星期六早晨，所有工作已经完成。几天后的测试分析证明：那个峰还在那儿。杰西先生又在这里逗留了两周，他一直在骑马，吸引了很多人的目光。他还给我们讲如何防火。我们除了化学药品之外并未付给他额外的费用。这就是第三代夸克和轻子诞生的故事。

"底"夸克的名字意味着一定存在一个"顶"夸克（如果你喜欢"美夸克"

这个名字，那它就是"真夸克"了），现在，新的周期表如表7.7所示：

表7.7 新的周期表

	第一代	第二代	第三代
夸克	上夸克（u） 下夸克（d）	粲夸克（c） 奇异夸克（s）	顶夸克（t） 底夸克（b）
轻子	电中微子（v_e） 电子（e）	μ 中微子（v_μ） μ 子（μ）	τ 中微子（v_τ） τ 子（τ）

此书撰写之时，顶夸克还没有找到。*实验中也没有发现 τ 中微子的踪迹，但没人怀疑它们的存在。最近几年中，费米实验室提出过几个"三中微子实验"规划。这些实验相对于我们现在的双中微子实验来说将会更上一层楼，但由于做起来花费巨大，最终都被否决了。

请注意周期表中左下角的那些粒子（v_e-e-v_μ-μ），它们都是在1962年的双中微子实验中发现的，而在20世纪70年代末底夸克和 τ 子使模型得以（接近）完成。

一旦在这张表中加上各种作用力，它就简洁地总结了各种各样的现象。从伽利略在比萨斜塔上抛下那两个质量不同的球这种准加速器开始，到现代加速器中得到的各种数据，都可以根据这张表得到合理的解释。这张表被称为标准模型，或者称为标准图样，或者称为标准理论。（记住啦。）

时至1993年，这张表仍然是粒子物理学的标准图表。90年代的仪器主要是费米实验室的太瓦质子加速器和CERN的电子-正电子对撞机（称为LEP）。成百上千的物理学家使用这两台仪器寻找标准模型以外的粒子存在的踪迹。位于DESY、康奈尔、布鲁克黑文、SLAC以及日本筑波KEK的稍逊一点的仪器，也都在努力完善我们对标准模型的认识，并寻找更深层次的微观世界的线索。

还有很多事情要做。今后的一个任务是继续寻找夸克。请记住：自然界中只存在两种夸克组合：（1）夸克加反夸克（$q\bar{q}$）——介子；（2）3个夸克

---

* 费米实验室在 1995 年确认找到了顶夸克。

（qqq）——重子。我们现在可以合成不同的强子，如 $u\bar{u}$、$u\bar{c}$、$u\bar{t}$，或者 $\bar{u}c$、$\bar{u}t$、$d\bar{s}$、$d\bar{b}$、…还有 uud、ccd、ttb、…可能有数百种组合（也许有一个人知道究竟有多少）。所有这些粒子或者已经被发现并记录在案，或者终将被发现。通过测量粒子的质量、寿命和衰变方式，人们越来越了解夸克通过胶子所进行的强相互作用，还有弱力的一些性质。还有很多事情要做。

另一个实验的亮点称为"中性流"，它在我们认识这些基本粒子的进程中起着关键的作用。

回到弱力

到20世纪70年代，人们已经搜集了大量关于不稳定强子衰变的数据。这种衰变恰好展示了作为组分的夸克的内部反应——例如，一个上夸克变成下夸克，或者反过来。更有启示意义的是这几十年来的中微子散射实验。总体说来，这些数据都有力地说明了弱力必然以3种有质量的信使粒子为载体：W^+、W^- 和 Z^0。这3种粒子必然是重子，因为弱力的有效作用距离非常短，不到 10^{-19} 米。量子理论有一条粗略的定律：作用力的作用范围反比于其信使粒子的质量。电磁力能够作用到无穷远处（尽管随距离的增加而变弱），其信使粒子是具有零质量的光子。

但是，为什么有3种传递力的粒子呢？为什么有3种信使粒子——分别为带单位正电荷、带单位负电荷和不带电荷——来传播引起粒子类型转变的场呢？为了解释这些问题，我们需要列一些物理变换式，注意需保证箭头（→）两侧某些量的守恒，包括电荷守恒。如果一个中性粒子衰变成带电荷的粒子，比如带正电荷的粒子，那么必然会有带负电的粒子去抵消它。

首先，让我们看看一个典型的弱力过程：一个中子衰变为一个质子。我们用如下式子表述：

$$n \rightarrow p^+ + e^- + \bar{v}_e$$

我们以前见过这个过程：一个中子衰变成一个质子、一个电子和一个反中微子。
注意：右边质子的正电荷和电子的负电荷相抵消；而反中微子是中性的。一切
问题都解决了。不过，这只是对这一反应的浅显的解释，就像一个蛋孵化成一
只蓝背樫鸟一样，你并没有看到胚胎都经历了哪些变化。一个中子是 3 个夸克的
聚合体——一个上夸克和两个下夸克（udd）；一个质子则是两个上夸克和一个
下夸克（uud）的聚合体。所以，当一个中子衰变成一个质子时，一个下夸克就
转变为上夸克。因此，研究中子内部的夸克经历了什么变化更有启发意义。用
夸克的语言来说，相同的反应可以表述成：

$$d \rightarrow u + e^- + \bar{v}_e$$

即中子内的一个下夸克转变成了一个上夸克，同时释放出一个电子和一个反中
微子。但是，这种表述过于简单化了。电子和反中微子并不直接从下夸克中发
射出来。这里涉及一个和 W$^-$ 相关的中间反应。弱力的量子理论将中子衰变过程
划分为两个阶段：

$$（1）d^{-1/3} \rightarrow W^- + u^{+2/3}$$

和

$$（2）W^- \rightarrow e^- + \bar{v}_e$$

注意：下夸克首先衰变为 W$^-$ 和一个上夸克，W$^-$ 接着衰变为一个电子和一个反中
微子。W 作为弱力的媒介参与了衰变反应。上述反应中 W 必须带上负电荷，以
抵消 d 转变为 u 的电荷变化。你将 W$^-$ 的单位负电荷加上上夸克的 +2/3 电荷，就
可以得到在反应起始时的下夸克的 –1/3 电荷。这样，一切都明了了。

在原子核中，上夸克同样可以衰变为下夸克，使质子变成中子。用夸克的
语言来说，这个过程可表述为 $u \rightarrow W^+ + d$ 和 $W^+ \rightarrow e^+ + v_e$。这里我们需要一个带正电
荷的 W 来达到电荷平衡。通过以上表述我们看到在中子和质子相互转换的过程

中夸克的衰变需要一个 W^+ 和一个 W^- 作为中介。不过，仅仅这一点还不够。

20 世纪 70 年代中期，跟中微子束相关的一些实验让我们认识到"中性流"的存在，这种中性流需要一种中性的质量很大的传递力的粒子。这些实验受到工作在统一场论前沿的一些理论物理学家（如格拉肖）的激励，但令人沮丧的是，事实上弱力似乎只需要带电的传递力的粒子。我们在继续寻找中性流。

"流"就是任何一种可以流动的东西。比如水流沿着河床或者管道流动，电流沿着导线或者溶液流动。W^+ 和 W^- 则是粒子从一种状态流到另一种状态的中介，并且由于需要保留电荷的轨迹而产生了"流"的概念。W^+ 是正电荷流的媒介，W^- 是负电荷流的媒介。像前面所描述的那样，这些流是在自发的弱衰变过程中被研究的。不过，它们也可以通过加速器里中微子的碰撞形成，而布鲁克黑文双中微子实验中产生的中微子束使之成为可能。

让我们看看 μ 中微子（我们在布鲁克黑文实验中发现的那种）和一个质子碰撞——或者更确切地说，是和质子中的上夸克碰撞——会发生什么情况。一个 μ 反中微子和一个上夸克碰撞，产生一个下夸克和一个正 μ 子。

$$\bar{v}_\mu + u^{2/3} \rightarrow d^{-1/3} + \mu^{+1}$$

用文字描述就是：μ 反中微子加上上夸克产生下夸克和正 μ 子。也就是说，当中微子和上夸克碰撞时，上夸克转变为下夸克，中微子转变为 μ 子。同样，用弱力理论来描述就是一个双阶段过程：

$$(1)\ \bar{v}_\mu \rightarrow W^- + \mu^+$$

$$(2)\ W^- + u \rightarrow d$$

反中微子和上夸克碰撞变成 μ 子，上夸克变为下夸克。整个过程是以带负电的 W 粒子为中介的。甚至早在 1955 年，理论家——特别是格拉肖的老师施温格尔——就注意到有可能存在一种中性流，表述如下：

$$v_\mu + u \rightarrow u + v_\mu$$

这个式子说明什么呢？反应式的两侧都是 μ 中微子和上夸克。中微子和上夸克碰撞反弹,但依然是中微子,而不是像前面的反应一样变为 μ 子。上夸克移动了位置却仍然是上夸克,质子仍然是质子。如果我们仅仅从表面上观察就会认为,μ 中微子和质子碰撞后没有发生作用,但实际情况却更加微妙。在前述反应中,在上、下夸克相互转换的过程中,我们借助了 W^+ 和 W^-。这里,中微子同样必须发射出信使粒子给上夸克(被上夸克吸收)。当我们试着写反应式时就会发现,这种信使粒子必须是中性的。

这种反应和两个质子间的电力相仿;其间存在中性信使粒子——光子——的交换,这就产生了允许光子相互推挤的库仑定律。在此过程中粒子的种类并未发生变化。这种相似性并不是偶然的。统一场论者们(不是指"统一教",而是格拉肖和他的朋友们)在尝试将弱力和电磁力统一起来时需要这样的一个过程。

因此,实验上的挑战是:我们能否让中微子和原子核碰撞,产生的也是中微子?一个至关重要的因素是:我们必须观察受到撞击的原子核。在布鲁克黑文的双中微子实验中我们得到了一些不很确定的实验证据。梅尔文·施瓦茨将它们称为"厕所"。一个中性粒子进入,一个中性粒子出来,电荷保持不变。原子核受撞击而分裂,但是,布鲁克黑文实验中的中微子束能量相对较低,所以只发现了非常低的能量——施瓦茨的戏谑由此而来。由于某些我已记不清楚的缘由,这种中性弱信使粒子被记为 Z^0,而不是 W^0。但是,如果你想让你的朋友印象深刻,请用"中性流"这个术语,这能很形象地说明弱力需要中性的信使粒子。

激动人心的时期

让我们回顾一下理论家们是如何考虑的。

弱力最先是由费米在 20 世纪 30 年代认识到的。当他写下他的理论时,只是将其作为量子电动力学（QED）的部分模型。费米想看看这种新的作用力是否按照早先认识到的电磁力的模式来作用。请记住，在QED中场的概念是建立在信使粒子光子上的。所以，费米的弱力也应该有信使粒子。但它们是怎样的情形呢？

光子具有零质量，因此可以得到有名的长程作用电力的平方反比定律。而弱力的作用程非常短，所以费米赋予了该力的传递粒子以无穷大的质量。费米理论后来的版本（特别是施温格尔提出的）引入重的W^+和W^-作为弱力的传递粒子。其他的一些理论家也是这样做的，比如李政道、杨振宁、盖尔曼……我不喜欢列出理论家的名字，因为他们中的99%会因此而不自在。如果我漏引了某位理论家，多半不是因为我忘记了，而是因为我讨厌他。

现在到了难以捉摸的部分。在标题音乐中，反复出现的主旋律引出了主题——或者人或者动物，就像《彼得和狼》中的主乐调的奏响预示着彼得将要出场一样。也许更为合适的例子是《颚》中预兆大白鲨出现的大提琴一样。我会逐渐进入第一个主题——上帝粒子的符号，不过我不想过早揭开它的面纱，循序渐进会好一些。

在20世纪60年代末和70年代初，一些年轻的理论家开始研究量子场论，寄希望于将QED的成功拓展到其他作用力上。你可能会回想起这种解决超距作用的优雅方法所遇到的一些数学上的麻烦：一些本应很小的可测量物理量在方程中却以无穷大的形式出现。费曼和他的朋友们发明了重正化的方法将这些可测量量（比如e和m——电子的电荷和质量）中的无穷大隐藏起来。QED被称为一种重正化的理论，因为你可以摒除那些无穷大的量。可是，当把量子场论应用到其他3种作用力——弱力、强力和引力——上时，理论家却遇上了挫折。在这些作用力中，无穷大的物理量无所不在。一切都变得病态以至于量子场论在根本上是否正确都值得怀疑。一些理论家重新审视了QED，想弄明白为什么这种理论（对电磁力）是合适的，而其他理论却不合适。

QED 这一准确给出了 11 位的 g 值的超精确理论，属于所谓的规范理论中的一类。"规范"这个术语在这里是指标度，比如 HO 规范铁路轨道。规范理论表述了自然的对称性，跟实验结果极为接近。杨振宁和米尔斯（Robert Mills）于 1954 年发表的一篇重要论文更加突出了规范理论的重要性。它不是提出一种新的粒子来解释实验观察到的现象，而是寻找一种对称性来预言这种现象。当我们将规范理论应用到 QED 上时，就可以得到电磁力，这既保证了电荷守恒，同时又防止了无穷大的出现。具有规范对称性的理论是可以重正化的（记住这一点）。不过，规范理论意味着规范粒子的存在。所谓的规范粒子正是我们所说的信使粒子：QED 中的光子，以及弱力中的 W^+ 和 W^-。那强力呢？当然是胶子。

有两个原因（如果不是三个的话）促使一些最好也最为聪明的理论家着眼于弱力。首先，弱力充满了无穷大，还不清楚如何将它转换为规范理论；其次，统一场论的需要，爱因斯坦对统一理论的宣扬深深影响了这群年轻人中的许多人。他们的目标是将弱力和电磁力统一起来，这是一个令人生畏的任务，因为弱力相对于电磁力来说非常微弱，作用程也短得多，并且破坏宇称。除此之外，这两种作用力非常相似。

第三个原因恐怕是：解决这个难题的家伙会获得极大的荣誉。加入竞争行列的主要有当时在普林斯顿的温伯格，以及跟温伯格同为科幻小说俱乐部成员的格拉肖、英格兰帝国学院的巴基斯坦天才萨拉姆、荷兰乌得勒支的韦尔特曼和他的学生特霍夫特。年长一些的包括施温格尔、盖尔曼和费曼。还有其他很多人都加入了这一行列，戈德斯通和希格斯是其中有影响的两位。

撇开从 20 世纪 60 年代到 70 年代中期理论界的各种争论，我们发现，弱力的重正化理论最终已经建立起来了。同时我们发现，它和电磁力——QED——的姻缘现在似乎也很自然了。不过，要做到这一点，就必须给统一的"电弱力"建立一个普适的信使粒子家族：W^+、W^- 和 Z^0 光子。（这有点像混亲家庭中，继兄弟姐妹们争吵不断但又在尝试和谐共处。）新引入的重粒子可以使之满足规范理论的要求。4种粒子可以满足宇称破坏的所有要求，以及弱力显而易见的微弱。可是，当时（1970年以前）不仅W和Z没有被观察到，甚至连Z^0引起的反应都没有被观察到。实验室里的每一个年轻人都能够轻易指出电磁力和弱力在行为上有多么不同，那我们又怎么能谈论一个统一的电弱力呢？

不论是在独处时还是在办公室、家里或者坐在飞机上，专家们都得面对这样一个问题，那就是弱力的力程很短，需要有重的信使粒子。但是，规范对称并不能预言重的信使粒子，这一点以无穷大的形式体现出来，它深深地困扰着理论家。另外，这3种重粒子W^+、W^-和Z^0是如何与无质量的光子和谐共处的呢？

英国曼彻斯特大学的希格斯指出了一条路径——还有另一种粒子（我们马上就要讨论它）。当时在哈佛大学（现在在得克萨斯大学）的温伯格对其做了进一步的推广。我们在实验室里显然无法观测到电弱对称性。理论家们也知道这一点，但仍不屈不挠地寻找基本方程的对称性。所以，现在的情况是：我们在寻找方法建立对称性，然后在利用方程对实验进行预测时却又要打破这种对称性。处在抽象中的世界总是完美的，但当我们涉及一些具体问题时，它又不是那么完美了。是这样的吗？等等，我并没有想出个所以然啊。

现在让我们来看看这种粒子是如何起作用的。

在希格斯工作的基础上，温伯格发现了一种机制。用这一机制，一组初始质量为零的信使粒子代表了统一的电弱力。它们由于往理论里添加了某些多余的东西而获得了质量。可以吗？难道不行吗？用希格斯的主意去毁掉对称性，噢！——W和Z获得质量，光子保持零质量，在被摧毁的统一理论的废墟中出现了弱力和电磁力。带有质量的W和Z粒子在挣扎中产生了粒子的放射性，它们与穿过宇宙的中微子偶尔产生作用；与此同时，信使光子产生了电的相亲和相斥。这样，放射性（弱力）和光（电磁力）紧紧地结合在了一起。实际上，希格斯的想法并没有破坏对称性，只不过是将其隐藏起来罢了。

就剩下一个问题啦。为什么每个人都相信这些数学上的伎俩呢？韦尔特曼和特霍夫特也在这一领域做了也许是更为细致的工作，并且指出（依然有点儿神秘）：如果采用希格斯的伎俩打破对称性，那么，原先极度困扰我们的那些无穷大就都消失了，整个理论立刻变得洁净清爽。重正化出现了。

从数学上说，方程中的每一项都有了符号，使得以前那些无穷大被抵消掉了。不过，这样的项极多，为了提高效率，特霍夫特编写了一个计算机程序。在1971年7月的一天，他看见一个复杂的积分项和另外一个复杂的积分项相减。如果分开计算，它们都会给出无穷大结果。然而在读取结果时，计算机打出了一个又一个零，所有的无穷大都消失了。这就是特霍夫特的论文，它应当可以跟德布罗意的划时代的博士论文相比拟。

寻找 Z^0

理论已经谈得够多的啦。很显然，这是一件挺复杂的事情，稍后我们还会继续讨论。反正40年左右面对学生——不论是大学新生还是博士后——的经验告诉我，即使在第一次接触某事物时你有97%的东西无法理解，可当你再一次碰到它时，往往就会觉得似曾相识。

关于真实世界，这些理论给了我们怎样的启示呢？最重要的启示我们留到第8章再说。在1970年它对实验家的直接启示就是：Z^0必须存在，这样理论才是完整、合理的。如果Z^0是粒子的话，我们就应该找到它。跟光子一样，Z^0是中性的。不同之处在于，光子没有质量，而Z^0却被预言跟其兄弟W一样是重粒子。所以，我们的任务就很明确了：寻找某种像重光子一样的东西。

搜寻W粒子的实验有很多，其中包括我做的那几个实验。我们观测中微子对撞实验，但什么都没有发现，于是断言：无法找到W粒子只是因为W粒子的质量大于2吉电子伏。如果没有这么重，那它必将在布鲁克黑文第二阶段的一系列中微子对撞实验中被观察到。我们观测了质子对撞，但仍没有W粒子的踪影。所以，现在我们的结论是：W粒子的质量大于5吉电子伏。理论家们也对W粒子发表了看法，对其质量的估计也在不断增大。到了70年代晚期，质量估计已经增加到70吉电子伏，这对当时的仪器来说的确是太高了。

回头再说说Z^0吧。一个中微子从原子中散射出来，如果它发射出一个W^+（反中微子发射W^-）的话，那它将变成一个μ子。但是，如果它发射出Z^0的话，那它仍将是中微子。就像前面提到的一样，因为没有电荷的变化，我们将其称为中性流。

对中性流的实验检测并非易事。试想：仅仅是一个看不见的中微子进来，一个同样看不见的中微子出去，同时伴随着被撞击核子所发射出的一束强子。从检测器中检测到强子很难说明什么问题，这仅仅是背景中微子的效应。在CERN，有一间被称作Gargamele的用来操纵中微子束的巨型气泡室，它从1971年起开始使用。加速器是一台30吉电子伏的仪器PS，可用来产生1吉电子伏的中微子。在1972年，CERN小组热衷于寻找无μ子事件的踪迹。而新建的费米实验室的仪器可以产生50吉电子伏的中微子束，其巨大的电中微子探测器是由克莱因（David Cline，威斯康星大学）、曼（宾夕法尼亚大学）、鲁比亚（哈佛大学、CERN、北意大利、意大利航空公司……）负责的。

对这一发现故事我们无法公正地评价。这是一段疯狂的时期，人类的利害关系和科学的社会政治方面都穿插其中，我们就跳过去吧，仅简单地说说1973年Gargamele小组多少有些勉强地宣布观测到了中性流。在费米实验室，克莱因曼鲁比亚小组同样得到了这样的数据。混乱的背景影响很大，信号极不明显。他们先是认为已经找到了中性流，接着又否定，然后又再次肯定。这一摇摆不定使得他们的努力看起来像是"变化的中性流"。

到了1974年，在伦敦两年一次的罗切斯特国际会议上，一切都清楚了：CERN发现了中性流，费米实验室进一步证实了这一结果。证据显示出了某种

"类似Z^0"的粒子的存在。不过,严格地说,尽管中性流是在1974年就确定被发现了,对Z^0的存在还是又花了9年时间才于1983年由CERN证实。Z^0的确非常"重":91吉电子伏。

到了1992年,CERN的一台仪器LEP偶然地得到了200万个以上的Z^0,这是由其4台巨型探测器收集到的。这为Z^0的衰变研究提供了大量的宝贵数据,足足让1 400多名研究者忙乎了好一阵。请回想一下:卢瑟福发现了 α 粒子,并且解释了它,还进一步把它当作原子核存在的证据。我们是用中微子做相同的事情;我们看到,中微子束对于信使粒子的寻找、夸克的研究等都起到了重要的作用。昨天的幻想就是今天的发现,也是明天的手段。

回到强力:胶子

我们需要20世纪70年代的另外一项发现来构筑完整的标准模型。夸克我们已经知道了,但是,夸克被紧紧地绑缚在一起,以至于我们无法得到自由夸克。那么,这种绑缚的机制是什么呢?我们采用了量子场论来探讨,但其结果却再次让人丧气。比约肯已经解释了斯坦福大学早些时候做的电子和质子中的夸克碰撞反弹的实验结果。不管这种作用力是什么,电子散射表明:当夸克彼此非常接近时,这种力出奇地小。

这是一个令人振奋的结果,因为我们也想在这里应用规范对称。规范理论可以预言与直觉相反的思想:强力在夸克相互靠近时变得非常弱,而在它们分开时则变强。这一过程是由几位年轻人发现的,他们是哈佛大学的波利策(David Politzer)、普林斯顿的格罗斯(David Gross)和维尔切克。它有一个足以让每个政客嫉妒的名字:"渐近自由"。"渐近"大体上是指"越来越靠近,但是永远不会达到"。夸克具有渐近自由。当一个夸克逐渐靠近另一个夸克时,强力就会变得越来越弱。这说明：当夸克相互紧靠在一起的时候，它们就像是自由的一样，是不是有点儿自相矛盾？但是，当它们分开的时候，作用力就变得越来越强。短距离意味着高能量，故在高能量时强力变弱，这恰好跟电磁力相反（正如爱丽丝所说，一切都越来越奇怪了）。更为重要的是，强力跟其他作用力一样，也需要信使粒子。在某些地方，我们称其为胶子。不过怎么称呼它和搞清楚它是两码事。

我们下面将谈到另一种在理论界引起广泛争议的想法。盖尔曼给它取的名字是"色"（colour）——不过这跟你我原来所认识的颜色不同。色理论可以解释一些实验结果，同时也可以预言。例如，它可以解释一个质子为什么会有两个上夸克和一个下夸克（泡利原理不允许两个相同的粒子处在同一状态）。如果一个上夸克是蓝色的，而另一个是绿色的，那么就可以满足泡利原理了。色对于强力就像电荷对于电力一样。

盖尔曼和其他持这种理论的人指出：色只能有3种形式。我们可以回想法拉第和富兰克林指出了电荷有两种形式：正电荷和负电荷；而夸克需要3种。所以，现在我们看到夸克有3种颜色。色的想法可能是借鉴了调色板的三基色原理。一种更好的类比是将电荷属性看成一维的，有正负两个方向，而色是三维的（红、蓝、绿三个轴）。色属性可以解释为什么夸克组合只能是夸克加反夸克（介子）或者三夸克（重子）。这些夸克组合没有色；当我们观测介子或者重子时却无法看到夸克。红色夸克和反红色的反夸克组合成了介子，红色和反红色抵消了。同样，质子中的红、绿、蓝三色夸克组合得到了白色（你可以用颜色轮盘验证一下），一样没有了色。

尽管这些是将其命名为"色"的很好的理由，但它不具有字面上的意义。我们只是在描述理论家赋予夸克的另一种抽象属性，以用来解释不断积累的实验数据。我们也可以用汤姆、迪克、哈里或者A、B、C来命名，但是色的叫法更为合适（或者更为生动）。现在看来，色以及夸克和胶子永远只是黑箱的一部分，只是个抽象体，它永远无法触发盖革计数器，永远不会在气泡室留下踪迹，也永远不会触动电子探测器的导线。

尽管如此，强力随夸克间距减小而变弱的概念，从未来的统一观点出发看还是激动人心的。随着粒子的间距减小，它们的相对能量增加（短距离意味着高能量）。这种渐近自由说明强力在能量高时减弱。统一场论的探寻者们寄希望于在足够高的能量下，强力在大小上可以和电弱力相比拟。

那信使粒子呢？我们如何描述这种作为色力的传递者的粒子呢？我们可以认为胶子带有两种色——一种色及一种反色——并且，当它们被夸克发射或吸收时，夸克会改变色。例如，红色反蓝色胶子将红色夸克变为反蓝色夸克。这种转换是强力的根源，命名家盖尔曼称之为"量子色动力学"（QCD），以跟"量子电动力学"（QED）相呼应。色转换要求我们有足够的胶子给出所有的转换。8 种胶子可以做到这一点。如果你问一位理论家："为什么是 8 种？"他会巧妙地回答你："嗯，是因为 8 等于 9 减去 1。"

夸克无法在强子外被观察到，这一事实让我们觉得不太舒服，但是，夸克永远被囚禁的物理图像还是稍微缓和了这种不舒服的感觉。在短间距内，夸克之间的作用力相对较弱。这是理论家们可资炫耀的领域，他们可以计算出夸克的状态特性以及夸克在碰撞实验中的作用。但是，当夸克相互分离时，这种作用力就变强了，增加间距所需的能量也迅速增加，以至于远在我们将夸克真正分开之前，注入的能量就已经产生了新的夸克-反夸克对。这一令人困惑的特性说明：胶子并不是一种简单的、被动的信使粒子。实际上，它们相互间有力的作用。这正是 QED 和 QCD 的不同之处，在 QED 中，光子之间没有相互作用。

但 QED 和 QCD 仍有很多相似性，特别是在高能领域。QCD 正缓慢但稳步地展现它的成功。因为这种作用力在长间距时不很清楚，所以计算不会非常精确。许多实验结论声明："我们的结论和 QCD 的预言是一致的"，这种声明其实很含糊不清。

如此说来，如果我们永远观察不到自由夸克的话，我们会有一种什么样的理论呢？我们可以做实验，按多种方式观测电子，尽管它们都被绑缚在原子内。我们能否对夸克和强子也这样做呢？比约肯和费曼认为，在极为强烈的粒子碰撞中，高能夸克将会探出头来。这些高能夸克在离开它的夸克同伴们的影响前，会将自己掩饰在窄窄的强子簇内——例如3个或者4个或者8个π介子，或者再加上一些K介子和核子。这些粒子沿着初始夸克的方向行进。它们被称作"喷注"，对其所做的研究工作仍在继续。

采用20世纪70年代的仪器，这些喷注不易被分辨，因为我们只能产生慢速的夸克引发少量强子的宽喷注。我们想得到的是密集的窄喷注。最初的成功应当归于一位年轻的女实验家汉森（Gail Hanson），她是MIT毕业的博士，在SLAC工作。她做了仔细的统计分析，表明在SPEAR的3吉电子伏正负电子碰撞残迹中确实出现了强子。她发现注入的是电子，产生的是夸克和反夸克，方向相反以保证动量守恒。通过分析可将这些相关的喷注显现出来，虽然量极少，但却是确定的。当德谟克利特和我坐在CDF控制室中时，我们看到包含大约10个强子的针状簇，两个喷注以180度分离，每几分钟就会在大屏幕上闪现。出现这样的结构，除了将其归结为喷注是具有极高动量、极高能量的夸克（它在出射前伪装了自己）的后代外，不会有其他原因。

但是，70年代沿着这条线索得出的重要发现，是在德国汉堡的PETRA正负电子对撞机上做出的。这台机器碰撞时的总能量达到30吉电子伏，不需要分析即显示了双喷注结构。这样，人们几乎可以从实验数据中看见夸克。不过，我们还看到了其他一些现象。

PETRA的4台探测器中的1台有其自己的首字母缩写：TASSO（Two-Armed Solenoidal Spectrometer，即双臂电磁谱仪）。TASSO小组试图探寻三喷注是否可能出现。QCD理论的结论是：当正负电子湮灭产生一个夸克和一个反夸克时，其中之一很可能会发射出一个信使粒子——胶子。这里有可将"虚"胶子变为实际胶子的足够能量。胶子跟夸克一样"害羞"，所以从作用区离开时也要将自己伪装好。这样就得到了强子的三喷注，不过得多费点能量。

1978年，当总能量为13吉电子伏和17吉电子伏时我们什么都没得到。不过，当能量达到27吉电子伏时，就有现象发生。另一位女物理学家、来自威斯康星大学的教授吴秀兰推动了分析工作。不久，她的程序就发现了存在强子的三喷注的40多起事件，每一喷注有3到10条轨迹（强子），就像飘散的头饰一样。

PETRA的其他小组不久也搭上了这辆"彩车"。他们的实验数据同样记录了三喷注事件。一年以后，搜集了几千个事件。这样，我们就探测到了胶子。胶子的轨迹状态是由理论家埃利斯（John Ellis）在CERN采用QCD方法计算出来的，他的理论工作对寻找胶子的实验起了很大的促进作用。1979年夏天，在费米实验室的一次研讨会上发布了发现胶子的公告。我被请上芝加哥多纳休的电视节目，向电视观众讲解这个发现。我花了很大的力气向观众表明，尽管在此之前我们曾发出过粒子辐射危险的警告，但费米实验室现在的设备并不像非洲野牛一样肆虐，放射出大量杀伤性的核辐射。我的这一番话几乎掩盖了电视节目的重点——胶子的发现。

现在，我们已经得到了所有的信使粒子，它们被更专业地统称为"规范玻色子"。"规范"来源于规范对称性，"玻色"来源于印度物理学家玻色，是他发现了自旋量子数为整数的一类粒子，这些粒子后来也被称为"玻色子"。物质粒子的自旋量子数都是1/2，被称为费米子，而所有信使粒子的自旋量子数都是整数1，因此都是玻色子。上面的解释忽略了一些细节问题。比如光子，早在1905年爱因斯坦就预言了光子的存在，可直到1923年康普顿才从原子中电子的X光衍射实验中观察到了光子；虽然20世纪70年代中期就发现了中性粒子流，但W子和Z子直到1983—1984年才从CERN的强子对撞机上被直接观察到；胶子则迟至1979年才被发现。

在对强力的长篇论述中，我们应该注意一点：强力被定义为夸克与夸克之间通过胶子传递的力。但这如何解释以前所说的质子与中子之间的"老的"强力呢？直到现在我们才知道，这是胶子从质子或中子里泄漏的一部分相互作用所产生的力，质子和中子依靠它相互结合成原子核。过去的强力可以用交换 π 介子来很好地描述，现在它则被视为夸克–胶子作用过程的复杂性的一种表现。

路到尽头了吗？

到20世纪80年代，我们已经找到了所有的物质粒子（夸克和轻子），也找到了3种作用力（除了引力）的所有的信使粒子——规范玻色子。把力的传递粒子加到物质粒子中，我们就得到了完整的标准模型（称为SM），整个"宇宙的秘密"似乎都被揭开了（如表7.8、表7.9）：

表7.8　标准模型：物质粒子

物质	第一代	第二代	第三代
夸克	u d	c s	t？ b
轻子	ν_e e	ν_μ μ	ν_τ τ

表7.9　标准模型：作用力的信使粒子

作用力	规范玻色子
电磁力	光子（γ）
弱力	W^+　W^-　Z^0
强力	8种胶子

记住，每种夸克都有3种色。说得复杂一点就是：我们一共找到了18种夸克、6种轻子和12种规范玻色子（力的传递粒子）。而且还应有一张反物质表，那里的物质粒子都是这张表对应物质粒子的反粒子。所以，所有已知的基本粒子共有60种之多。不过，谁会这么算呢？你只需要知道上面这两张表。现在，

我们可以相信已经找到了德谟克利特所说的"原子"了，那就是这些夸克和轻子。3种作用力和它们的信使粒子形成了德谟克利特哲学的"永恒的剧烈运动"。

上述表中的粒子虽然已经很多了，但是将整个宇宙的一切概括成这么两个表未免有点儿夸张。人类一直致力于将宇宙万物加以概括简化，寻找终极规律。各种"标准模型"的建立在西方世界的历史上也一再出现。目前的这个理论直到20世纪70年代才被称为标准模型，在现代物理学的历史上使用这样的称呼是很罕见的。历史上当然还有很多其他的标准模型（如表7.10），表里的只是其中几个。

表7.10　标准模型：加速的历史

设计者	时间	粒子	作用力	等级	评价
泰勒斯 （米利都人）	公元前600年	水	未提及	B–	他首次用自然作用而不是上帝来解释这个世界，用逻辑取代了神话
恩培多克勒 （阿克拉干人）	公元前460年	土、气、火、水	相亲相斥	B+	提出了多种"粒子"组合产生各种物质的观点
德谟克利特 （阿布德拉人）	公元前430年	不可见、不可分的"原子"	永恒的剧烈运动	A	他的模型需要太多的粒子，而且形状各异。但是他的基本思想是"原子"不可分，现在的基本粒子保留了这一思想
牛顿 （英国人）	1687年	坚硬的、有质量的、不可穿透的原子	重力（作用于宇宙）、未知力（作用于原子）	C	他喜欢原子但却没有进行深入研究。他的引力让20世纪90年代的学者非常头疼
博斯科维奇 （达尔马提亚人）	1760年	"力点"，不可分且没有形状和维度	点间的吸引力和排斥力	B+	他的理论是不完整且有局限的，但是"零半径"的点状粒子产生"力场"的观点对现代物理学来说是极其重要的
道尔顿 （英国人）	1808年	原子——化学元素（碳、氧等）的基本单位	原子间的吸引力	C+	他重新组织了德谟克利特的思想——他的原子不是不可分的；他还指出原子与原子靠不同的重量区分开，而不是德谟克利特所说的形状

续表7.10

设计者	时间	粒子	作用力	等级	评价
法拉第（英国人）	1820年	电荷	电磁力（加上引力）	B	将原子的思想应用到电上，他认为电流是由"带电微粒"——电子组成的
门捷列夫（西伯利亚人）	1870年	排列在元素周期表上的50多种原子	没有提到作用力	B	他利用道尔顿的概念组织了所有已知元素，制作了著名的化学元素周期表。其中蕴含着更加深入、更加有意义的结构
卢瑟福（新西兰人）	1911年	两种粒子（原子核和电子）	核（强）力，加上电磁力、引力	A–	他通过发现原子核，指出了道尔顿原子内部更为简单的结构
比约肯、费米、弗里德曼、盖尔曼、格拉肖、肯德尔、莱德曼、佩尔、里克特、施瓦茨、斯坦伯格、泰勒、丁肇中，还有其他几千人	1992年	6种夸克和6种轻子，加上它们的反粒子。夸克有3种色	电磁力、强力、弱力：12种力的传递粒子——加上引力	未完成	"Γυφφαω"（笑声）——阿布德拉的德谟克利特

为什么我们的标准模型是不完备的？一个显著缺陷就是顶夸克还没有被观察到。另一个缺陷就是我们遗漏了基本作用力之一的引力。没有人知道如何将这种早就被发现了的力添加到模型中去。还有一个美学上的缺陷就是这个模型显得不够简洁——更像是德谟克利特的土、气、火、水，再加上相亲相斥。模型中参量太多了，捻了过多的节。

这并不是说标准模型不是科学的伟大发现之一。在这背后包含了许许多多的人（男的和女的）夜以继日的工作。不过，在称赞它的美妙形式和开阔视野的同时，人们仍然感到不畅快，仍然想探寻一种更为简单的、即便是古希腊人也会欣赏的模型。

听：你是否听到了从虚空中发出的笑声？

第8章

最后的上帝粒子

当上帝巡视他的世界时，他惊讶于它的美丽——这个世界是如此之美，以至于他不禁潸然泪下。它由一种粒子和一种由信使传递的作用力组成，而这个信使，尽管异常简单，但本身也是一种粒子。

上帝在巡视他所创造的世界时，他发现这个世界也是令人厌烦的。于是，他进行了一番计算，然后高兴地笑了。他使宇宙膨胀并冷却下来。看！宇宙已经足够凉爽，他的可靠而忠实的使者——希格斯场已经有了活力。而在此之前，这个使者还不能忍受宇宙开创时的酷热。在希格斯场的影响下，粒子开始从场中吮吸能量并逐渐变大。每个粒子都以自己的方式变大，但这些方式各不相同。一些粒子变得硕大无比，而另一些粒子只是略微增大，还有一些则一点变化都没有。尽管在此之前只有一种粒子，可现在已经有了12种；尽管在此之前信使和粒子毫无二致，可现在它们已经不再相同；尽管在此之前只有一种作用力传递者和一种作用力，可现在已经有了12种传递者和4种作用力；尽管在此之前宇宙有着无穷无尽的、没有实际意义的美丽，可现在已经有了民主党人和共和党人。

上帝在巡视他所创造的世界时，他被深深地打动了，情不自禁地大笑起来。他强压住笑容，召来了希格斯，带着责备的口吻严肃地说道：

"你为什么要破坏世界的对称性？"

希格斯被上帝语气中流露出来的不满吓得胆战心惊，辩解道：

"哦，主啊，我并没有破坏对称性。我只不过是把它隐藏在能量消耗的圈套中。这样做，我的确使世界变得复杂啦。

"谁能够预见到除了这一套枯燥沉郁的相同物体之外，我们还能拥有核子、原子、分子、行星和恒星呢？

"谁能够预言日落、海洋和那些由被闪电和热激发的各种讨厌的分子所组成的有机物呢？又有谁能想到进化，以及那些物理学家们在竭力探求而由我在为您效劳时小心隐藏起来的东西呢？"

上帝努力止住自己的笑容，原谅了希格斯，并提升了他。

——《最新新约全书》3：1[*]

本章中我们的任务是把《最新新约全书》这首诗（？）改写成粒子宇宙学这门硬科学。但是，我们现在还不能放弃先前对标准模型的讨论。有一些东西我们可以得出结论——但还有一些却不能。在标准模型及其后的故事中，这两者都很重要。另外，我还必须再列举几个成功的实验，它们帮助我们牢固地建立了对微观世界的最新认识。这些细节让我们感受到了模型的力量，同时也认识到它的局限性。

标准模型里有两种令人烦恼的缺陷。第一种与它的不完备性有关。顶夸克直到1993年初仍没有找到。中微子中尚有一种（τ中微子）也没有被直接观测到，我们所需要的许多数字还没有获得精确值。例如，我们不知道中微子是否有静止质量。我们需要知道CP对称性的破坏——物质的起源过程——是如何出现的。最重要的是，为了保护标准模型的数学一致性，我们需要引入一个新的现象，称之为"希格斯场"。第二种缺陷则纯粹是美学上的。标准模型极其复杂，对很多人来说，它看起来只是通往更简单的世界观之路上的一个中途站。

---

[*]　此为作者自创内容。

希格斯场的思想和随之而来的粒子——希格斯玻色子，跟刚才我们列出的所有问题都有关联，所以为了纪念它，我们将本书命名为：上帝粒子。

标准模型的痛苦一瞥

我们来考虑中微子。

"哪个中微子？"

嗯，这无关紧要。我们不妨以电中微子为例——最普通的第一代中微子——因为它的质量最小。（当然，除非所有的中微子质量都是零。）

"好的，电中微子。"

它没有电荷。

它没有强力或者电磁力。

它没有大小，不存在空间尺度，它的半径是零。

它可能没有质量。

没有别的东西能比中微子所拥有的性质更少（校长和政治家除外）。它的存在就像悄悄话那样模糊不清。

小时候我们这么说：

墙上的小飞虫

你没有任何亲人吗？

没有母亲？

没有父亲？

真丢人，你这个私生子！

而现在我这么说：

> 世上的小中微子
>
> 你被以光速掷出
>
> 没有电荷，没有质量，没有空间尺寸？
>
> 羞耻啊！你简直是伤风败俗。

然而，中微子是存在的。它有一个特定的活动区域——轨道，并且总是以接近（或等于）光速的速度沿着一个方向前进。中微子确实具有自旋，不过如果你问是什么在自旋，那你就暴露出自己还没学会完全用量子理论思考问题。自旋是"粒子"概念所固有的。如果中微子的质量确实为零，那么，它的自旋和它恒以光速运动这两点加起来，就使它具有一个新的性质——手性。这将把自旋的方向（顺时针或逆时针）与运动的方向永恒地联结起来。它可以具有"右手"手性，就是说一边顺时针自旋一边前进；也可以有"左手"手性，也就是说逆时针自旋着前进。因此，这里存在着一种有趣的对称性。规范理论倾向于认为所有粒子都是零质量并具有普适的手征对称性。这个词再一次出现了：对称。

手征对称性是描述早期宇宙之无穷无尽的众多美妙的对称性之一。早期宇宙是一种像墙纸一样不断重复，即使是走廊、门和墙脚也不能阻隔的图案。难怪上帝对它厌烦，并下令在希格斯场内赋予质量，使手征对称性破缺。质量为什么会破坏手征对称性呢？一旦一个粒子有了质量，它运动的速度将小于光速。现在，你作为一个观察者，就能够比粒子速度更快。于是相对于你来讲，粒子反转了它的运动方向，但是自旋方向并没有改变。因此，在某些观察者看来是左手方向的物体，对另一些观察者来说则变成了右手方向的。然而，还有中微子，它可能是这场手征对称性之战的幸存者。中微子总是左手方向的，反中微子总是右手方向的。这种手性是这个可怜的小家伙仅有的几个性质之一。

哦，对了，中微子还有一个性质——弱力。中微子来自需要无穷长时间（有时候是几微秒）才能发生的弱作用过程。正如我们已经看到的，它们可能会与另一个粒子碰撞。这种碰撞需要两个粒子如此接近、如此亲密，因而它极少发生。对中微子来说，在一个几英寸厚的钢板内发生猛烈碰撞，就像在一望无垠的大西洋里面偶然发现一颗小宝石一样——随便盛上一杯大西洋的水，这颗宝石就在杯子里了。然而，尽管中微子缺少各种性质，但它对事件的过程却有着巨大的影响力。例如，正是这些从星核处涌出的大量中微子，导致了恒星爆炸，使那些在即将死亡的恒星中烹制出来的重元素扩散到整个宇宙。这些爆炸的残骸最终聚集起来，并产生了硅、铁及我们在地球上发现的其他物质。

最近，人们付出了巨大的努力去探测中微子的质量，如果它确实有质量的话。作为我们的标准模型的一部分，这 3 种中微子都有可能是天文学家们所称的"暗物质"的候选者，他们说这些物质遍布宇宙，支配着宇宙由万有引力驱动进行演化。迄今为止，我们所知道的是：中微子可能有很小的质量……或者可能是零质量。零是个很特别的数，即使最小的质量，比如说百万分之一个电子质量，跟零相比在理论上都会很重要。作为标准模型的一部分，中微子和它们的质量是现在仍有待解决的问题的一部分。

隐藏的简洁性：标准模型的狂喜

在英国人的信念里，当一个科学家真的对某人动怒并开骂时，他会小声地说："该死的亚里士多德派。"这是最容易引起争斗的话了，很难想象还会有更让人难以忍受的羞辱了。人们一般这么评价（也许并不理智）亚里士多德，说他阻碍了物理学进步长达 2 000 年，直到伽利略鼓足勇气和信心向他宣战为止。在当时站在大教堂广场上的多数人眼里，伽利略羞辱了亚里士多德的追随者们。现在，这座斜塔所在的广场挤满了卖纪念品的小贩和卖冰淇淋的小货架。

我们已经回顾了物体从斜塔上坠落的故事——一片羽毛飘然落下，一个钢球迅速落下。对亚里士多德来说，这看起来是个很好的素材，他说："重的物体落得快，轻的物体落得慢。"这相当直观。此外，如果你滚动一个球的话，它最终会静止下来。因此，亚里士多德说，静止是"天生的和优先的，而运动需要动力使物体保持移动状态"。这也很显然，而且可以被我们的日常生活经验所证实。可是……这是错误的。伽利略并没有把他的蔑视投向亚里士多德，而是对准了那些拜倒在亚里士多德脚下并毫无异议地接受其观点的一代代哲学家。

伽利略看到的是运动定律所具有的深奥的简洁性。如果我们可以略去使其变得复杂的因素，比如说空气阻力和摩擦力，那么物体仍然是真实世界的一部分，但真实世界却隐藏了其内在的简洁性。伽利略把数学——抛物线、二次方程——视为世界必须遵循的规律。第一个登上月球的宇航员阿姆斯特朗在没有空气的月球表面让一片羽毛和一个锤子同时坠落，从而在全世界面前证明了斜塔实验的正确性。在没有阻力的情况下，这两个物体以同样的速率下落。实际上，如果没有阻力的话，一个在水平面上滚动的球将永远滚下去。这个球在高度抛光的桌面上会滚动得很远，而在空气导轨或者光滑的冰面上会滚动得更远。要进行抽象思维，假想运动时没有空气和滚动摩擦力，这需要一些能力。但是，当你这么想的时候，你的收获就是你将对时空的运动定律产生新的认识。

通过这个感人的故事，我们了解了隐藏的简洁性。大自然就是以这种途径隐藏它的对称性、简洁性和美，它们能被抽象的数学描述。在伽利略的空气阻力和摩擦力（以及类似的政治障碍）所处的地位上，我们现在看到的正是标准模型。为了追溯这个想法的轨迹，一直到20世纪90年代，我们得重新回到那个传递弱作用力的重信使粒子的故事中去。

1980年的标准模型

20世纪80年代初，有很多人在理论上扬扬得意。标准模型已经出现了，它简洁地概括了300年来粒子物理学的发展，并向实验者们提出了挑战，促使他们去"填补空白"。W^+、W^- 和 Z^0 在那时还没有被观测到，顶夸克也一样。τ 中微子的观测需要进行三中微子实验，这样的实验已经被提上日程。但是，实验步骤很复杂，而且成功的可能性很小。这些粒子的存在都没有被证实。关于带电 τ 轻子的实验强有力地表明：τ 中微子一定存在。

顶夸克是所有机器上的研究主题，这些机器不仅有质子对撞机，还有正负电子对撞机。一种名为"特里斯坦"的崭新机器正在日本建造。（"特里斯坦"——日本文化和日耳曼神话之间的深层联系是什么呢？）这是个使用正负电子的机器。如果顶夸克的质量小于等于35吉电子伏，或者说不到它的孪生兄弟——质量为5吉电子伏的底夸克——之重的7倍以上，这台机器就能产生顶夸克和反顶夸克，即 $t\bar{t}$。至少就迄今为止对顶夸克的探寻来说，"特里斯坦"的实验和期望结果是暗淡的。顶夸克很重。

大统一狂想

寻找W粒子是欧洲人全力以赴的目标，他们决心向世界显示在这项研究中他们已经取得的成就。要想发现W，就必须有一部能量足够高的机器来制造它。那么，究竟需要多大的能量呢？这得看W有多重。在卡洛·鲁比亚坚持不懈的论证和说服下，CERN于1978年在他们的400吉电子伏质子对撞机的基础上，开始建造质子–反质子对撞机。

20世纪70年代晚期，理论家们预测W和Z"比质子重100倍"。（记住，质子的静止质量很接近1吉电子伏。）科学家们对于W和Z质量的这项预测非常自信，以至于CERN愿意投资1亿美元甚至更多的钱在这"一件确定的事情"上。这就是一个能够在撞击中释放足够能量来产生W和Z的加速器，以及一套用来观测碰撞的精密而昂贵的探测器。是什么给了他们这么强的信心呢？

这种乐观来自一种感觉：一个统一理论——我们的最终目标——就要实现了。不是一个由6种夸克、6种轻子和4种作用力组成的世界模型，而是一个可能只有一类粒子和一种巨大的——极其巨大的——统一作用力组成的模型。古希腊人的观点有望得到验证。为探索物质的构成，他们从水搜寻到空气，到土，到火，最后到全部这四者的组合。

统一，也就是寻找一个简单的、兼容并蓄的理论，可它就像圣杯一样难以得到。爱因斯坦早在1901年（22岁）时就记述了分子力（电磁力）和万有引力的关系。从1925年到1955年他逝世，他一直在寻找一种统一的电磁引力，但却一无所获。这个由有史以来世界上最伟大的科学家所付出的巨大努力失败了。现在，我们知道还有另外两种力：弱力和强力。没有这些作用力，爱因斯坦朝着统一方向所付出的努力注定要失败。爱因斯坦失败的第二个主要原因是他远离了20世纪物理学的核心成就——量子理论（尽管爱因斯坦对它的形成做出了巨大贡献）。他拒绝接受这个激进的、革命性的理论，而这个理论实际上给所有作用力的统一提供了一个框架。到20世纪60年代，4种作用力中的3种都已经用量子场论的公式准确地表达出来，也就是说，这3种作用力已经"统一"了。

所有那些思维深邃的理论家都在追寻这一目标。我记得20世纪50年代早期在哥伦比亚大学开过一次学术研讨会。会上，海森堡和泡利阐述了他们新颖的基本粒子统一理论。这个研讨会所在的房间（普平楼301房间）拥挤不堪，前排坐着玻尔、拉比、汤斯、李政道、泡利、库什、兰姆和雷恩沃特——当时和后来的一批成功者。如果博士后们有资格被邀请与会的话，他们会不顾忌所有消防法的规定。研究生们则好像要挂在墙壁上，现场挤满了人。这个理论对我来说太难了，但是我不懂并不意味着它是正确的。泡利的最后陈词承认："是的，这是个疯狂的理论。"每个人都记得玻尔从听众角度做出的评论，比如"这个理论的问题在于它还不够疯狂"。就像其他许多勇敢的尝试一样，这一理论很快也消失了。这一次，玻尔又说对了。

一个一致性很好的力理论必须满足两个标准：它必须是一个量子场论，并结合了狭义相对论和规范对称性。后一个特点，就我们所知，也只有这个特点保证了数学上的相容性和可重正化。但是，我们还有更多的东西要去了解；规范对称性还有着深层的美学吸引力。令人好奇的是，这个想法来自还没有被量子场论表达出来的一个作用力：引力。爱因斯坦的引力理论（与牛顿的万有引力理论对立）来源于如下愿望：物理学定律对所有观察者，不仅包括在加速系统中和处于引力场中（比如在以每小时 1 000 英里的速度旋转的地球表面）的观察者，也包括那些处于静止状态的观察者，都是相同的。在这样的一个进行旋转实验的实验室中，作用力的存在使实验结果与匀速运动——无加速——的实验室中得到的结果迥然不同。爱因斯坦想寻找对所有观察者都相同的物理学定律。在他的广义相对论（1915）中，他置于自然之上的"不变性"要求从逻辑上暗示了引力的存在。阐述这个理论时我说得很快，但是我当时付出了很大的精力去理解它！相对论包含了一个内在的对称性，暗示了一个自然力的存在——在这里就是引力。

与之类似，规范对称性暗示了一个更加抽象的附加于相关方程上的不变性，并且在不同的情况下产生了弱力、强力和电磁力。

规范

我们已经站在了解上帝粒子之路的起点上。有几个观点必须回顾一下。一个观点与物质粒子——夸克和轻子——有关。在稀奇古怪的自旋量子单位中，它们都有 1/2 自旋。还有也能用粒子——场量子——表示的力场。这些粒子也有自旋。它们与我们曾经讨论过的信使粒子和规范玻色子（光子、W 粒子和 Z 粒子、胶子）并无不同，所有这些粒子都已经被发现并测得其质量。为了使列举的这些物质粒子和力的传递粒子显得更有意义，我们来考虑一下不变性和对称性的概念。

我们一直围绕着规范对称性这个观点徘徊，因为它很难，或许不可能完全解释清楚。问题在于，这里我们只能用文字表达，而规范理论所用的语言是数学。用文字表达的话，我们必须依赖于比喻。这会带来更多歧义，但对我们理解问题可能会有所帮助。

例如，一个球有完美的对称性，我们可以从任何角度以任何轴旋转它而不使系统产生任何改变。旋转这种行为可以用数学来描述。旋转之后，球体可以用与旋转前完全相同的方程来描述。球的对称性导致了描述球体旋转的方程的不变性。

可谁会关心球体呢？跟球体一样，空无一物的空间也具有旋转不变性。因此，物理学方程也必须具有旋转不变性。在数学上，这意味着：如果我们以任何轴和任何角度旋转 xyz 坐标系，这个角度都不会在方程中体现出来。我们已经讨论过其他这样的对称性，比如说，处于一个平坦的无穷大平面上的物体，可以向任何方向移动任何距离，而整个系统与物体移动前完全相同（不变）。从点 A 到点 B 的这种移动称为平移，我们相信空间对平移也具有不变性。也就是说，如果我们把所有距离都增加 12 米，那么这个 12 不会出现在方程中。同样的道理，物理学定律也必须具有平移不变性。为了完善这个关于对称性和守恒的说法，能量守恒定律出现了。奇怪的是，与之相联系的对称性与时间有关，也就是说和物理学定律在时间上具有平移不变性有关。这意味着在物理学方程中，如果我们加入一个固定的时间间隔，比如说 15 秒，则在方程中时间出现的每个地方，增加的时间会抵消掉，从而使方程对于这种变化保持不变。

现在，让我对那些爱发牢骚的人解释一下吧。对称性显示了空间性质的新特点。在本书的前几章中，我提到了诺特。她在1918年做出的贡献如下：对于每一种对称性（在基本方程没能照顾到空间旋转、平移和时间平移时出现），都存在一个相应的守恒定律！现在守恒定律已经可以用实验来检验。诺特的工作把平移不变性和经过充分检验的动量守恒定律、旋转不变性和角动量守恒定律、时间平移和能量守恒定律联系起来。这些实验难以打破的守恒定律（使用反向逻辑）告诉了我们时间和空间遵循的对称性。

在间奏曲 C 中讨论的宇称对称性，是将离散对称性应用于微观量子领域的一个例子。所谓镜像对称，就是一个物理系统的所有坐标系进行完全的镜面反射。从数学角度上说，这相当于把所有的 z 坐标变成 $-z$ 坐标，z 是指向镜面的坐标轴。正如我们所看到的，尽管强力和电磁力遵循对称性，但弱力并不遵循，这在1957年曾引起我们的极大兴趣。

到现在为止，我们的主要工作还只是回顾，课也上得不错（我有这么一种感觉）。在第7章，我们看到可以有更多的与几何无关的抽象的对称性，而几何是我们在上文所举例子的根据。我们最好的量子场论——QED，对于看起来很有戏剧性的数学描述上的变化具有不变性——这种变化不是几何旋转、平移或者反射，而是在描述场时抽象得多的一种变化。它的名称就是规范变换。任何更详细的描述都会导致数学上的烦琐计算，这很不值得。我们只要说 QED 方程对规范变换是不变的就够了。这是一个很强的对称性，我们可以只根据它推导出电磁力的所有性质。历史上我们并不是这么做的，只是在今天的一些研究生教材上才这样推导。对称性保证了力的传递粒子即光子是没有质量的。因为无质量与规范对称性相关联，所以光子被称为"规范玻色子"。（记住，"玻色子"是指具有整数自旋的粒子，通常是信使粒子。）由于 QED、强力和弱力都被证明能用具有规范对称性的方程来描述，所以，所有力的传递粒子——光子、W 粒子和 Z 粒子、胶子——都被称为规范玻色子。

爱因斯坦花了30年去寻找统一理论却毫无建树。到20世纪60年代晚期，格拉肖、温伯格和萨拉姆在这方面达到了高峰，他们成功地统一了弱力和电磁力。这个理论的最大意义是揭示了一族信使粒子的存在，这些粒子包括光子、W^+、W^-和Z^0。

现在讨论的是上帝粒子这个主题。在规范理论中我们如何得到很重的W粒子和Z粒子？零质量的光子，以及质量很大的W粒子与Z粒子，这些完全不能相比的粒子究竟是如何出现在同一个家族中的呢？它们巨大的质量差异导致了电磁力和弱力彼此行为上的巨大差异。

我们以后再回到这个令人头疼的问题上来。太多的理论问题已经耗尽了我的精力。除此之外，在理论家开始解答这个问题之前，我们必须找到W粒子。它们好像在等着我们。

寻找W粒子

对W粒子的寻找工作因CERN落实了经费（或者更准确地说，把钱给了卡洛·鲁比亚）而启动。应该注意的是，如果W粒子的质量约为100吉电子伏，那么我们需要有远大于100吉电子伏的碰撞能量。一个400吉电子伏的光子与一个静止光子相撞并不能达到这个要求，因为只有27吉电子伏的能量能被用来产生新粒子，剩下的能量都被用来使动量守恒了。这便是鲁比亚对对撞机的路线进行规划的原因所在。他的想法是建造一个反质子源，把入射器用于CERN的400吉电子伏超级质子同步加速器（SPS），以制造反质子。当聚集起足够数目的反质子后，他就把它们或多或少地放到SPS的磁铁环中去，就像我们在第6章中解释的那样。

与后来的太瓦质子加速器不同的是，SPS不是超导加速器。这意味着它所能达到的最大能量有限。如果两个粒子束，即质子束和反质子束都被加速到 SPS 的最大能量 400 吉电子伏，你就可以得到 800 吉电子伏——非常大。但是，实际选择的能量却是每个粒子束 270 吉电子伏。为什么不是 400 吉电子伏呢？首先，如果是 400 吉电子伏的话，磁铁在碰撞时间内将长时间——长达数小时——承受很高的电流。CERN 的磁铁并非为此专门设计，因此会过热。其次，要保持一个高强度的场（不管多长时间）代价高昂。SPS 磁铁的设计用途是慢慢地把磁场升高到全部 400 吉电子伏能量，接着在释放粒子束去轰击固定靶进行实验时停留几秒钟，然后把磁场减到零。鲁比亚关于两个粒子束相撞的想法极具创造性，但他的主要问题在于他的机器起初的设计用途并不是对撞机。

CERN 同意了鲁比亚的看法，即每个粒子束能量为 270 吉电子伏——总能量为 540 吉电子伏——对于制造 W 粒子或许是足够了，它只有大约 100 吉电子伏"重"。1978 年，这项计划获得了批准并获得了足够数目的瑞士法郎作为资金。鲁比亚成立了两个小组。第一组是一些加速器专家——包括法国人、意大利人、荷兰人、英国人、挪威人和一个临时来访的美国人。他们使用的语言是不熟练的英语，但却是正确无误的"加速器语言"。第二组是一些实验物理学家，他们将建造一个巨大的探测器——以诗歌化的名字命名为 UA-1——来观察质子和反质子之间的碰撞。

在反质子加速器小组中，一个名为范德梅尔的荷兰科学家发明了一种叫"随机冷却"的新方法，用这种方法可以在积聚这些稀罕玩意儿的存储环里，把反质子压缩到很小的体积内。这个新发明是得到足够的反质子以产生可观的质子和反质子对碰撞（每秒 50 000 次碰撞）的关键。鲁比亚不仅是个优秀的技术人员，他还不断给他的小组打气，想方设法吸引支持者，处理市场事务、打电话、做宣传。他采用的技巧是：不停演讲，到处旅行。他的演讲就像机枪一样，每分钟投影 5 个幻灯片，所以你分不清是胡言乱语还是虚张声势，是夸张的言辞还是事情的本质。

卡洛和大猩猩

对于很多研究物理学的人来说，卡洛·鲁比亚是其中比较勇敢的一位。有一回，在圣菲召开的一次有很多人参加的国际会议上，我要在鲁比亚进行宴会演讲之前介绍他（这是在他因为发现W粒子和Z粒子而赢得诺贝尔奖之后）。我讲的是这样一个故事：

在斯德哥尔摩的诺贝尔奖颁奖典礼上，奥拉夫国王把卡洛拉到一边，告诉他出了点问题。国王解释说，因为犯了一个很大的错误，这一年只能颁发一枚奖章。为了决定谁是金奖得主，国王设计了3个勇敢的任务。他在众目睽睽之下把3个帐篷搭在现场。卡洛被告知，在第一个帐篷中，他将发现4升高度提纯的梅子白兰地——一种保加利亚人所喜爱的饮料。这些饮料必须在规定的20秒内喝掉！第二个帐篷里面有一只长着尖利牙齿的大猩猩，它已经3天没有进食了。卡洛的任务是拔掉大猩猩那些容易伤人的牙齿，时间是40秒。第三个帐篷里面则藏着某国军队中最多才多艺的妓女。卡洛的任务是充分满足她的要求，时间是60秒。

发令枪一响，卡洛就跳进了第一个帐篷。大家都听见了喝酒发出的"咯咯"声。18.6秒后，他自豪地展示了4个被喝光的1升容量的白兰地酒瓶。

不多会儿，神话般的卡洛晃晃悠悠地走进了第二个帐篷。大家都听见了巨大的、震耳欲聋的咆哮声，然后是一片沉寂。在39.1秒以后，卡洛跌跌撞撞地走了出来，朝着麦克风摇晃着脑袋说道："好吧，那只牙疼的猩猩在哪呢？"

可能是因为宴会上的葡萄酒起作用了，赴宴的所有听众都赞许地叫喊起来。最后，我介绍了卡洛。在沿着通向讲台的过道经过我身边的时候，他压低了声音对我说道："我没听明白，稍后请解释一下。"

鲁比亚不能容忍愚蠢的行为，他的强有力的管制方式激起了一些人的怨恨。在他成功以后，陶布斯写了一本关于他的书，书名是《诺贝尔之梦》。这本书并不是奉承他的。曾经有一次，在一所冬季学校里，我当着卡洛的面宣布：这本书的电影版权已经被出售，并且说一个与卡洛腰围几乎完全相同的演员格林斯特里特（Sydney Greenstreet）已经签约扮演卡洛。可马上就有人指出，格林斯特里特已经死了，要不他倒真是个很好的人选。在另一次集会上——在长岛举行的一次夏季会议，有人在海滩上做了一个标记："严禁游泳，大海正由卡洛使用。"

鲁比亚在寻找 W 粒子的各个前沿方向都很起劲。他不断催促探测器制造小组组装巨型磁铁，这种磁铁能够检测和分析从 270 吉电子伏质子跟 270 吉电子伏反质子的对撞中飞出的 50 或 60 个粒子。对于反质子收集器或者被称为 AA 环的建造，他也有着很丰富的知识，而且还很积极。这种仪器可以把范德梅尔的想法付诸实践，并且它可以提供高密度的反质子源导入 SPS 环中加速。这种环需要有射频腔、增强水冷装置和一个特殊设计的作用室，UA-1 探测器就装在这个室里面。与 UA-1 竞争的 UA-2 探测器理所当然地获得了 CERN 的批准，以此来维护鲁比亚的信誉并为他的成功增加保险系数。UA-2 在技术上很难，但是建造它的小组成员都很年轻并充满热情。受到预算较少的限制，他们设计了一个完全不同的探测器。

鲁比亚的第三条战线是保持 CERN 的热情，鼓吹世界团结，并为伟大的 W 实验制定日程。整个欧洲都在支持这件事，因为它意味着欧洲科学时代的到来。一个记者曾经说道，失败将使"主教和首相们"都大失所望。

这项实验于 1981 年开始走上正轨。每个仪器——UA-1、UA-2 和 AA 环——都经过了充分的检验，并准备就绪。科学家们对第一次运行进行了精心设计，并检验了由对撞机和探测器所组成的复杂系统各部分的性能。这次运行取得了良好的效果。在运行过程中，曾出现过泄漏、错误和事故，但最终得到了数据！并且所有这些数据都是在一个新的复杂性层次上的。由于 1982 年的罗切斯特会议将要在巴黎召开，CERN 实验室的科学家们都全力以赴，以获取实验结果。

　　有意思的是，UA-2这个补救探测器首先出彩，它观察到了强子喷注，这种很窄的强子簇是夸克的标志；而仍然处于学习阶段的UA-1错失了这个发现。在大卫击败哥利亚时，每个人都感受到了温暖，除了哥利亚本人*。在这件事中，鲁比亚这个对失败深恶痛绝的人意识到，观察到喷注是CERN取得的具有实质意义的成功——花在机器、探测器和软件上的全部努力获得了回报。所有的措施都起作用了！如果我们看到了喷注，那么W粒子也快要出现了。

骑行在29号轨道上

　　也许，用一种奇异的旅行可以很好地说明探测器的工作原理。在这里，我首先讲解一下费米实验室的CDF探测器，因为它比UA-1更先进，尽管所有"4π探测器"的基本原理都是相同的。（4π的意思是探测器把碰撞点完全包围起来。）注意：当一个质子和一个反质子相撞的时候，粒子将会沿着各个方向喷射出去。平均而言，有三分之一的粒子是中性的，剩下的粒子都带有电荷。我们的任务是确切地搞清楚每个粒子的去向及行为。同任何物理观测一样，我们只是取得了部分成功。

　　假设我们骑在一个粒子上，比方说是在29号轨道上。它沿着与碰撞线成一定角度的方向飞出，并撞在真空容器（粒子束管）的薄金属壁上。粒子毫不费力地穿过金属壁，然后又穿过含有大量金质细丝和气体的一段20英寸左右的路径。尽管没有标记，但这一段是夏帕克的领地。在到达径迹室的尽头之前，粒子有可能经过40~50条金丝。如果粒子带有电荷，那么当粒子经过时，它附近的金丝就会进行记录并近似估计粒子经过时与金丝的距离。把金丝所显示的信息

---

* 源自《旧约》故事。哥利亚是非利士的巨人勇士，被大卫用石头打死。

收集起来，我们就能得到粒子行进的路径。因为丝室处于强磁场中，所以带电粒子的轨迹呈曲线状。同时，仪器自带的计算机会计算出这条曲线的数据，从而给出29号粒子的动量。

下一步，粒子穿过磁性丝室的圆柱形壁，来到了"量热计区域"，它用于测量粒子的能量。从现在开始，粒子以后的行为就取决于它的种类了。如果它是电子，它将在间距很小的薄铅盘上撞得粉碎，并把它的全部能量都传递给灵敏的探测器。当计算机发现29号粒子进入铅闪烁器量热计内的3~4英寸之后停止运动，它就下结论：这个粒子是电子！然而，如果29号粒子是强子的话，在耗尽能量之前，它将穿透10~20英寸的量热计材料。在这两种情况下，能量由粒子在磁场中运动轨迹的曲率决定。它被精确地加以测量，再与测量所得的动量进行相互比较。但结论并非由计算机做出，而是由物理学家们给出的。

如果29号粒子是中性的，那么径迹室就不会对它进行记录。当粒子出现在量热计里时，其行为在本质上是与带电粒子相同的。在这两种情况，粒子与量热计材料之间发生了核的碰撞，碰撞碎片又导致了更多的碰撞，直到全部初始能量都被耗尽为止。所以，我们能够记录和测量中性粒子，但是不能画出它们的动量图。我们也不能精确判断它们的运动方向，因为它们在径迹室中没有留下任何痕迹。光子是一种中性粒子，由于它像电子一样能被铅相对较快地吸收，所以可以被识别。另一种中性粒子中微子则完全脱离探测器，带走所有的能量和动量，一点痕迹也不留下。最后，还有一种中性粒子，也就是 μ 子，它穿过量热计时会留下少量能量（它不会发生很强的核碰撞）。它可以穿过30~60英寸厚的铁片，最后到达 μ 子探测器——丝室或者闪烁计数器。这就是识别 μ 子的方法。

对所有的47种粒子——或者不管粒子的数目是多少——在这种特定的碰撞中我们都这样做一遍。系统把每次碰撞后含有近百万比特信息的数据——这些数据相当于一本几百页的书所含的信息量——存储下来。数据采集系统必须迅速判定这次碰撞是否有意义；它必须或者放弃或者记录这次碰撞，或者把数据传送到"缓冲区"里，并清除所有的寄存器，为下一次碰撞做好准备。如果一个系统处于良好的工作状态，它的判断时间平均为百万分之一秒。最近（1990—1991）在太瓦质子加速器的几次满负荷运行中，CDF探测器磁带上存储的总信息量与100万本小说或者5 000套《不列颠百科全书》所含的信息量相当。

在这些出射粒子中，有一些寿命很短。它们在粒子束管中可能只能从碰撞点移动零点几英寸就自发分裂了。W粒子和Z粒子的寿命非常短，以至于它们的飞行距离是不可测量的，我们只能通过测量它们产生的粒子来确定它们的存在。这些粒子通常都隐藏在每次碰撞之后飞出的残骸中。因为W粒子质量很大，它的衰变产物能量比平均值高，这有助于我们找到它们。这种像顶夸克或者希格斯粒子一样的外来者，都会有一个预期的衰变模式，这些模式必须从不断出现的混乱的粒子中提取出来。

从大量的电子数据中概括出能揭示粒子碰撞本质的结论，这一过程需要付出巨大的努力。必须核对和校正数以万计的信号；必须通过查看每次有意义的碰撞来审查和确认数以万计的代码行。这项工作非常复杂，能做出来就是一个小小的奇迹：对太瓦质子加速器的对撞机运行一次所收集的数据进行处理并做出判断，足以让一个营的业务熟练而又富有热情的专业人员（即使他们也许在官方分类中被划归为研究生或者博士后）花费2年或3年的时间，而且还须装备性能强大的工作站，以及运行良好的分析程序。

胜利！

在CERN这个对撞机物理学发端的地方，所有一切运行正常，证明先前的设计是正确的。1983年1月，鲁比亚宣布发现了W粒子。W粒子出现的信号是5个清楚的事件，这些碰撞只能用 W 粒子的产生和其后发生的分裂来解释。

大约 1 天后，UA-2 又发现了另外的 4 个事件。在这两种情况中，实验者都要对大约 100 万次制造出的各种核残骸的碰撞做分类。科学家们怎样才能让自己和众多的怀疑者相信这些结果呢？对新发现做出贡献的是一种特殊的 W 衰变：$W^+ \rightarrow e^+ +$ 中微子，或者是 $W^- \rightarrow e^- +$ 反中微子。在对这些事件进行详细分析时，我们必须证明：（1）所观察的单一轨道确实是电子的而不是其他粒子的；（2）电子的能量总和大概是 W 粒子质量的一半。所谓"丢失的动量"是由不可见的中微子携带的，它可以通过参与碰撞的粒子的初始动量"0"减去所有可见的动量之和而得到。这个新发现大大得益于一起很幸运的意外事件：在 CERN 的对撞机所设定的参数条件下，W 粒子几乎都是静止的。为了发现一个粒子，有很多限制条件必须满足。对 W 粒子的质量而言，一个重要的条件就是，所有的候选事件都产生相同的数值（在允许的测量误差范围内）。

鲁比亚很荣幸地获得了向 CERN 学会陈述他的研究结果的机会。他自然很紧张，这项工作已经进行了 8 年。他的报告很精彩。他用充满激情的逻辑（！）向学会展示了这项工作的所有优点和闪光之处，即使是鲁比亚的反对者也欢呼起来。欧洲拥有了自己的诺贝尔奖：它于 1985 年被正式颁发给鲁比亚和范德梅尔。

在成功地发现 W 粒子之后的大约 6 个月，它的中性伙伴 Z^0 存在的第一个证据出现了。因为没有电荷，在众多的可能性中，它衰变为一个 e^+ 和一个 e^-（或者是一对 μ 子，即 μ^+ 和 μ^-）。为什么呢？这里对在阅读前一章时昏昏欲睡的读者解释一下。因为 Z 粒子是中性的，它的衰变产物的电荷必须相互抵消，所以从逻辑上可以推断衰变产物是电荷相反的粒子。由于电子和 μ 子都能够被精确测量，所以 Z^0 比 W 更容易被识别。问题在于，Z^0 比 W 更重，产生的数量也少。尽管如此，到 1983 年晚些时候，UA-1 和 UA-2 都分析出了 Z^0。有了 W 和 Z^0 的发现，并且证实了它们的质量都与预测相符，电弱理论——它统一了电磁力和弱力——便无懈可击了。

完成标准模型

到1992年为止，UA–1和UA–2以及费米实验室太瓦质子加速器的CDF探测器已经收集了数以万计的W粒子。现在已经知道，W的质量约为79.31吉电子伏。CERN的周长为17英里的"Z^0工厂"——LEP（大型电子–正电子存储环），收集了大约200万个Z^0粒子。Z^0的质量经测量可知为91.175吉电子伏。

一些加速器变成了粒子工厂。第一批工厂位于洛斯阿拉莫斯、温哥华和苏黎世，它们负责制造介子。加拿大现在正在设计一个K介子工厂，西班牙则想建造一个 τ 子–粲夸克工厂。此外，还有3个或4个建造底夸克工厂的计划。CERN的Z^0工厂在1992年进行了满负荷生产。在SLAC，一个小型的Z^0项目或许被称为杂货店或者专卖店更恰当些。

为什么需要这些工厂呢？我们可以对粒子的制造过程进行非常详细的研究，尤其是比较重的粒子，它们有很多种衰变模式。对每种模式的几千次碰撞我们都想要一个样本。对于比较重的Z^0，衰变模式有很多，从中我们可以得知弱力和电弱力的很多情况。此外，我们也需要了解尚未发现的情况。例如，如果顶夸克的质量小于Z^0的一半，那么衰变过程就是（强制性的）Z^0→顶夸克+反顶夸克。也就是说，一个Z^0可以衰变成一个由一个顶夸克和一个反顶夸克组成的介子，尽管这种情况极为罕见。Z^0最有可能衰变成电子对或者 μ 子对或者底夸克对，就像前面提到过的那样。电弱理论成功地解释了这些粒子对的出现，使我们相信Z^0衰变成顶夸克和反顶夸克也是可以预言的。我们说衰变是强制性的，是由于物理学的"极权主义"规则。如果我们制造出足够的Z^0，那么根据量子理论的概率，我们就可以找到顶夸克存在的证据。然而，在CERN、费米实验室和其他地方制造的几百万个Z^0中，我们从来没有见到过这种特定的衰变。这向我们昭示了一些关于顶夸克的重要情况。它的质量一定比Z^0质量的一半重。这就是Z^0无法制造出顶夸克的原因。

我们在谈论什么？

　　理论家们在向统一进发的路上提出了一个非常宽的假想粒子谱。通常这些粒子的性质（除了质量以外）都可以很好地用模型来描述。根据质量越大制造起来越困难这个规律，没有看到这些"外来者"这一事实为它们的质量提供了一个下限。

　　这里涉及了某个理论。理论家李政道说：如果有足够能量的话，质子–反质子对碰撞将产生一个假想粒子——就称其为"李昂子"吧[*]。然而，产生"李昂子"的概率或者相对频率依赖于它的质量。"李昂子"越重，它产生的频率越低。理论家们正加紧工作，为的是绘出一张表示每天产生的"李昂子"数目与粒子质量之间关系的曲线图。例如，质量＝20吉电子伏，1 000个"李昂子"（多得令人眩晕）；质量＝30吉电子伏，2个"李昂子"；质量＝50吉电子伏，1/1 000个"李昂子"。在最后一种情况中，整套设备要运行1 000天才能观测到一次粒子碰撞，实验者通常坚持至少要有10次碰撞，因为他们还额外牵扯到效率和背景的问题。所以，在给定的一次运行，比如说150天（一年的运行时间）以后，没有发现粒子碰撞，我们就可以查看一下这条曲线。沿着曲线一直看到比如说应该有10个粒子碰撞的地方——对"李昂子"来说，这与它的质量（如40吉电子伏）相对应。保守估计大约有5次碰撞会被漏掉。因此，这条曲线说明，如果它的质量是40吉电子伏，我们将会看到一个表征少量碰撞的微弱信号。但是我们什么都没看到，因此结论是："李昂子"的质量大于40吉电子伏。

　　下一步是什么呢？如果"李昂子"或者顶夸克或者希格斯粒子值得研究的话，我们可以有一个包含3项策略的选择。第一，让系统运行的时间更长，但要实现这一点很困难。第二，让每秒碰撞次数变得更多，也就是说增大发光度。好极了！这正是费米实验室在20世纪90年代所做的事情，它的目标是把粒子碰

---

[*]　李昂子，Lee-on，这个杜撰的词一语双关。Lee 系李政道的姓，Lee-on 的发音又暗合本书作者之名"利昂"。

撞率提高大约100倍。只要碰撞时有足够的能量（1.8太电子伏就足够了），提高发光度就会发挥作用。第三个策略是提高仪器的能量，它将增加所有重粒子产生的概率。这就是超级对撞机。

借助W粒子和Z粒子的发现，我们已经识别出6种夸克、6种轻子和12种规范玻色子（信使粒子）。关于标准模型，还有一点，就是我们还没有完全面对困难。在我们接近这个未知领域之前，应该多注意它一下。把它写成3代至少给出了一种模式。我们也注意到了其他一些模式。更高的代，质量就更大，这在我们这个今天温度较低的世界里很有意义，但当整个世界比较年轻也很热的时候，它就不会特别重要。在一个非常年轻的宇宙里，所有粒子都具有巨大的能量——数十亿个太电子伏以上，所以底夸克和顶夸克之间静止质量的微弱差异不会有很大的影响。所有的夸克、轻子以及其他粒子，以前的地位都是相等的。出于某种原因，上帝需要它们，也没有不爱哪一个，所以我们只好认真地对待它们。

CERN测量得到的Z^0的数据提出了另一个结论：不太可能还有第4或者第5代的粒子。这是怎么回事呢？那些在瑞士工作，被积雪盖顶的雪山和深深的冰湖以及华丽的饭店诱惑着的科学家们，是如何得出这么一个限制性结论的呢？

这是一个简洁的推理。Z^0有许多种衰变模式，每种模式、每种衰变的可能性都在一点点地缩短它的寿命。如果人类有很多疾病、敌人和危险，人的寿命也会缩短。但这个类比并不恰当。每个衰变的机会都为Z^0打开了一条加速灭亡的通道或者途径。所有途径的总和决定了Z^0的寿命。要注意，不是所有的Z^0都具有相同的质量。量子理论告诉我们，如果一个粒子是不稳定的——不能永远存在——它的质量在某种程度上一定就是不确定的。海森堡关系告诉我们寿命是如何影响质量分布的：寿命长，分布宽度窄；寿命短，分布宽度宽。换句话说，寿命越短，质量的确定性就越小，质量分布的范围就越宽。理论家们可以很愉快地给我们提供一个表示这种联系的公式。如果你有很多 Z^0 和一亿瑞士法郎来建造一个探测器的话，它的质量分布宽度就很容易测量。

如果碰撞时 e^+ 和 e^- 的能量总和大大低于 Z^0 的平均质量 91.175 吉电子伏，那么所制造出的 Z^0 的数目是零。操作人员提高仪器的能量，直到出现了少量的 Z^0 并被每个探测器记录下来为止。仪器的能量提高了，Z^0 的产量也会增加。这是在 SLAC 所进行的 J/ψ 实验的翻版，但是，在这里宽度只有 2.5 吉电子伏；也就是说，在 91.175 吉电子伏的时候会出现一个峰，在峰两边的 89.9 吉电子伏和 92.4 吉电子伏处，数目下降到峰值的一半左右。（回忆一下你就可以知道，J/ψ 的宽度要窄得多：约为 0.05 兆电子伏。）这个钟形曲线给出了一个宽度，它实际上就是粒子的寿命。每个可能的 Z^0 衰变模式都缩短了它的寿命，并把宽度增加约 0.20 吉电子伏。

这与第 4 代有什么关系呢？我们注意到，这 3 代中的每一个都有一个小质量（或零质量）的中微子。如果第 4 代也有一个小质量的中微子，那么作为它的一个衰变模式，Z^0 一定包括这个新代中的中微子 ν_x 以及它的反粒子 $\bar{\nu}_x$。这种可能性将使宽度增加 0.17 吉电子伏。所以，对于 Z^0 的质量分布宽度科学家们研究得很仔细。事实证明：3 代标准模型所作的预言是准确的。关于 Z^0 的这些宽度数据排除了小质量第 4 代中微子存在的可能性。所有 4 个 LEP 实验都证明：它们的数据只允许有 3 个中微子对存在。与前 3 代结构相同的第 4 代（包括一个小质量或者零质量的中微子）存在的可能性被 Z^0 产物的数据排除了。

顺便说一句，同样值得瞩目的结论早在多年前就由宇宙学家提出过。他们的结论基于大爆炸之后宇宙膨胀和冷却的早期阶段里中子和质子结合形成化学元素的方式。氢元素和氦元素的数量之比依赖于（我不再解释）有多少种中微子，那些丰富的数据也强有力地暗示了 3 种粒子的存在。因此，LEP 研究与我们对宇宙进化的了解有关。

现在，我们有了一个几乎完整的标准模型，只有顶夸克尚未找到。τ 中微子也没有找到，但就像我们所看到的那样，这个情况远没有那么严重。引力被纳入模型的日期将推迟到理论家们能更好地理解它的那一天。当然，希格斯粒子——上帝粒子也没有找到。

寻找顶夸克

1990年，当CERN的质子–反质子对撞机和费米实验室的CDF都在运行时，新星电视台（NOVA TV）播放了一个名叫"为顶夸克而竞赛"的节目。相对CERN的620吉电子伏对撞机来说，CDF的优点在于它的能量是CERN的3倍，高达1.8太电子伏。CERN通过更好地冷却对撞机的铜线圈，成功地把粒子束的能量从270吉电子伏升高到310吉电子伏，并竭尽全力榨出每一点能量，以使自己更具有竞争力。尽管如此，3倍这个因子仍然难以抵消。CERN的优点在于9年的经验、软件开发和数据分析的专长。他们还参考费米实验室的一些想法重新制作了反质子源，他们的碰撞比率比我们的稍微好一点。1989—1990年，UA–1探测器退役了。鲁比亚现在是CERN的总指挥，并为他所在的实验室规划着未来，因此，UA–2承担起寻找顶夸克的任务来。另外一个次要目标是更加精确地测量W的质量，因为这是标准模型的一个重要参数。

当新星电视台的节目播完时，两个组都没有发现顶夸克存在的任何证据。实际上，就在这个电视节目播放期间，"竞赛"就已经结束了，因为CERN基本已经出局。每一组都根据顶夸克的未知质量分析了信号未出现的原因。如我们所知，未能发现一个粒子可以反映出一些关于它质量的情况。理论家们知道有关顶夸克的制造和特定衰变渠道中的每一件事情——除了质量。顶夸克的产生概率严格依赖于未知的质量。费米实验室和CERN都确定了相同的极限：顶夸克的质量大于60吉电子伏。

费米实验室的 CDF 继续运转。渐渐地，仪器的能量开始耗尽。到对撞机运行结束为止，CDF 已经运行了 11 个月，观测到了超过 1 000 亿（10^{11}）次碰撞——但是没发现顶夸克。经过分析给出的顶夸克的质量下限为 91 吉电子伏，这个数字使顶夸克至少比底夸克重 18 倍。这个令人吃惊的结果打乱了很多研究统一理论的理论家的工作，尤其是那些致力于电弱模式的理论家。在这些模型中，顶夸克的质量应该低得多，这也导致了一些理论家带着特别的兴趣来审视顶夸克。质量的概念以某种方式与希格斯粒子紧紧联系在一起。顶夸克的重量是一条特别的线索吗？除非我们找到顶夸克，测量它的质量，并使它大体上服从于实验的三次方规律，否则我们就不可能知道答案。

理论家们又开始计算了。实际上，标准模型仍然未受触动。理论家们经过演算得出结论：这个模型可以允许重达 250 吉电子伏的顶夸克存在，比这更重的质量将显示出标准模型存在根本问题。实验者们又受到鼓舞，继续去寻找顶夸克。但是，由于顶夸克的质量大于 91 吉电子伏，CERN 放弃了努力。正负电子对撞机由于能量太低而毫无用处。在世界上所有的研究仪器中，只有费米实验室的太瓦质子加速器能用来制造顶夸克，所需要的碰撞次数至少是现有碰撞次数的 5 到 50 倍。对于 20 世纪 90 年代来说，这可真是一个挑战。

标准模型是一个不稳定的平台

我有一张很喜爱的幻灯片，上面的图案是一个穿着白色长袍、头上有着光环的神凝视着一部 "宇宙机器"。这架机器有 20 根控制杆，每一根都设定在某个数字上。还有一个标有 "推动它以创造宇宙" 字样的活塞。（我的想法来源于一个学生在浴室的干手器上留下的记号："按动它，以便从院长处得到信息。"）其要点是：为了开启宇宙，必须指定大约 20 个数字。这些数字（或者称为参数，物理世界里这样称呼它们）是什么？嗯，我们需要12个数字来指定夸克和轻子的质量，还需要3个数字来指定力的强度。（第4种作用力——引力，实际上不是标准模型的一部分，至少现在还不是。）我们还需要一些数字来显示一种力是怎样与另一种力联系起来的。然后，我们需要一个数字来显示CP对称性的破坏是如何出现的，一个数字来表示希格斯粒子的质量，以及其他一些类似的项目。

如果我们有这些基本数字，那么其他所有的参数就都可以由它们得出——例如，平方反比定律中的数字2、质子的质量、氢原子的大小、H_2O的结构、双螺旋结构（DNA）、水的冰点以及1995年阿尔巴尼亚的国内生产总值。我不知道怎样推导这些数字，但是我们拥有能力高强的计算机……

为了更加简洁，我们不得不确定这20个参数，这有点儿让我们哭笑不得。任何一个有自尊的上帝都不会用这种方式组织一个机器来创造宇宙。也许只有一个参数——或者可能是两个。用另一种说法来代替就是：我们对自然世界的经验使我们期待有一个更加精致的组织形式。所以，就像我们抱怨过的，这才是标准模型存在的真正问题。当然，我们仍然有大量的工作要做，以精确地查明这些参数。问题在于美学——6种夸克、6种轻子、12种传递作用力的规范粒子，夸克呈现出3种色，然后还有反粒子。引力则在一旁等着。现在我们需要泰勒斯，他在哪儿呢？

为什么不考虑引力呢？因为还没有人迫使引力——广义相对论——遵守量子理论。量子引力这个主题是20世纪90年代的理论前沿之一。要描述现在这么大规模的宇宙，我们不需要量子理论。但是，从前宇宙几乎和一个原子一样大！实际上，它还要小得多。极其微弱的引力通过粒子的巨大能量得到了增强，而这些粒子制造了行星、恒星，以及有着几十亿颗恒星的星系，所有这些质量压缩到了一根针的针尖上，这要比一个原子小得多。在这个最初的引力大漩涡中，量子物理学的规律必须应用在这里，而我们不知道该怎么去做！在理论家当中，广义相对论和量子理论的联姻是当代物理学的中心问题。沿着这些线索进行的理论努力被称为"超引力"，或者"超对称"或者"超弦"或者"万物理论"（TOE）。

在这里，我们拥有能够使世界上最好的数学家为难的奇妙的数学。他们谈论 10 个维数：9 个空间维数和 1 个时间维数。而我们生活在四维世界：3 个空间维数（东西、南北和上下）以及 1 个时间维数。我们的直觉不可能察觉到 3 个以上的空间维数。但这"没问题"，因为剩余的 6 个维数已经被"压缩"了，卷曲到小得难以想象，以至于在我们所知道的世界中很难发现它们。

今天的理论家们有一个大胆的目标：他们在寻找一个理论，一个没有参数的理论，它能够描述早期宇宙的酷热中所存在的朴素的简洁性。每一件事都必须来自基本方程；所有的参数都必须从理论中得出。问题在于，我们唯一能选择的理论与所观察的世界没有联系——现在无论如何都没有。这个理论有一个小小的适用范围，就是在专家们称之为"普朗克质量"的假想领域。在这个领域，宇宙中所有粒子的能量都是超级对撞机能量的 1 000 万亿倍。这种更大的质量的存在时间为 $1/10^{45}$ 秒。自那以后不久，这个理论陷入了迷宫——太多的可能性，没有一条明确的道路可以表明我们人类、行星和星系出现的必然性。

20 世纪 80 年代中期，TOE 对有着理论信仰的年轻物理学家们诱惑力十足。尽管存在着长年的投入换来很少回报的风险，但他们追随着领导者们（一些人会说，像旅鼠一样）对普朗克质量进行研究。我们这些费米实验室和 CERN 的人在家中待着，没有明信片，没有传真，但是我们已经开始醒悟。一些招募进来研究 TOE 的更为杰出的工作人员退出了，不久，研究工作又从普朗克质量开始往回走，遭遇挫折的理论家们开始寻求一些切实的东西进行计算。整个冒险过程还没有结束，但研究的速度已经减慢了，科学家们正尝试着用更加传统的方法去研究。

这些在建立一个完善的、更为高等的理论之途上比较流行的研究方向有很好听的名字：大统一、组分模型、超对称、色论，等等。它们都有同一个问题：

没有数据！这些理论做了很多预言，例如超对称（被深情地缩写为"Susy"）。如果理论家投票选举的话（实际上并没有），它可能会是最流行的理论，超对称预言的粒子数目不少于实际粒子数目的两倍。像我已经解释的那样，统称为费米子的夸克和轻子都有半个单位的自旋。然而，统称为玻色子的信使粒子都有一个单位的自旋。在超对称中，通过假定每个费米子都有一个玻色子伙伴，每个玻色子都有一个费米子伙伴，从而满足了对称性。这个命名是很可怕的。电子的超对称伙伴被称为"标量电子"，所有轻子的伙伴都被统称为"标量轻子"。夸克的伙伴被称为"标量夸克"，对于一个单位自旋的玻色子，它的半个单位自旋的伙伴都加了一个词缀"微"：胶子变成了"胶微子"，光子变成了"光微子"，此外还有"W微子"（W的伙伴）和"Z微子"。装腔作势并不会产生一个理论，但这个理论确实很流行。

在20世纪90年代，随着太瓦质子加速器不断提高能量，对标量夸克和W微子的寻找也将继续下去。2000年马上就要来到了，正在得克萨斯州建造的超级对撞机将使对"质量领域"的探索提高到2太电子伏。质量领域的定义非常松散，并且依赖于用来产生新粒子的反应的细节。然而，超级对撞机力量的一个标志是：如果在对撞机中没有发现超对称粒子，那么大多数超对称的积极参与者就都会同意公开彻底地放弃这个理论。

但是，超导超级对撞机有一个更直接的目标，一个与标量夸克和标量轻子相比更有吸引力的目标。作为对我们所知事物的简要概述，标准模型有两个主要缺点：一个是美学的，一个是具体的。我们的审美观告诉我们，在这个模型中粒子和作用力的数目太多了。更糟糕的是，这么多粒子的区分是靠分配给夸克和轻子的那些看起来随机的质量，即使那些作用力也由于信使粒子的质量原因而差异很大。那个具体的问题则在于不一致性。力场理论与所有的数据都吻合得很好，然而，用这些理论预测高能实验的运行结果时，它们预测得很吃力，最后还得出了一个错误的物理结论。这两个问题都能被一个物体（或者一种力）

解释或者解决，它必须被有机地加入标准模型中去。这个物体和作用力有着相同的名字：希格斯。

最后……

　　所有可见的物体、人类都只是纸做的面具。但是在每一件事情中……
某种未知但理性的事情能够从那些非理性的面具后面显现出自己的特点。
如果人类要斗争，那就穿过这些面具斗争吧！

——亚哈船长

　　美国文学中最好的小说之一是梅尔维尔的《白鲸》，它也是最令人失望的一本小说——至少对船长来说。小说的几百页都充斥着亚哈要求下属们搜寻并用鱼叉去叉一头叫"白鲸"的大型白色深海哺乳动物。亚哈被激怒了。这头鲸咬掉了他的腿，他要复仇。一些批评家建议：除了腿以外，这条鲸还应该咬掉更多的东西，这样就能更充分地解释这位优秀船长的愤怒。亚哈对他的第一个助手星巴克解释说，白鲸不仅仅是一头鲸，它更像是一副纸做的面具，代表着自然界中更深层的力量。这是亚哈必须面对的。所以，小说用了几百页来描述亚哈和他的助手们愤怒地在海上疾驶，不停地探险遇险，杀死了许多个头不同的小鲸。最后，水面上出现了气泡：大白鲸。紧接着，这头鲸溺死了亚哈，杀死了其他水手，然后灵活地把船弄沉，故事就这样结束了。惨败！也许亚哈需要一个更大的鱼叉，这被19世纪的预算限制否决了。不要让这一切发生在我们身上，白鲸粒子就要出现了。

　　对于标准模型，我们需要问一个问题：它仅仅是副纸做的面具吗？一个理论怎么会与低能量状态时的所有数据吻合，而对高能量状态却作出了荒谬的预测呢？答案是指出这个理论漏掉了某种东西，某些新的现象。当把这些现象补充到理论中时，与实验数据比如说费米实验室的能量相比，它们可以被忽略，因此也不会破坏实验数据的一致性。这个理论所遗漏的东西可以是一个粒子，也可以是作用力行为的变化。这些假定的新现象在低能状态下必须能够忽略，但在超级对撞机里或者高能状态下的影响则必须很大。当一个理论不包括这些现象时（因为我们不了解它们），在高能状态下我们就会得到不一致的数学结论。

这有点儿像牛顿物理学。对于通常的现象它解释得很好，但是它却预言我们可以把一个粒子的速度加到无穷大。这令人难以置信的推论与爱因斯坦的狭义相对论完全对立。当达到子弹和火箭的速度时，相对论的效应为无穷小。然而，当速度接近光速时，一个新的效应出现了：高速运动时，物体的质量开始增加，它不可能达到无穷大的速度。当物体的运动速度与光速相比很小时，狭义相对论将淹没在牛顿物理学的结论中。这个例子的弱点在于，尽管不存在无穷大速度这一结论可能给牛顿物理学带来困扰，但对标准模型来说，高能状态下发生的情况还要严重得多，它远远不是一个外伤。过一会儿我们就回到这上面来。

质量危机

我已经暗示过，希格斯粒子的作用是把质量赋予那些没有质量的粒子，从而把这个世界真实的对称性伪装起来。这是个新鲜奇特的想法。直到此时，就像我们在神话史中看到的那样，通过寻找理论基础——德谟克利特的原子论，我们获得了简洁这个特性。于是，我们一步步地从分子走到化学上的原子，再到原子核、质子和中子（以及它们为数众多的希腊亲戚），直至夸克。历史将使人们相信，我们会在夸克里面找到小人，事实上这的确有可能发生。但是，我们确实没有想到，我们期待已久的完善的理论会以这样的面目出现。可能它更像以前我所说的万花筒，在筒里面，一些小镜片把少量的彩色玻璃转变成无数看起来很复杂的图案。希格斯的最终目的（这不是科学，而是哲学）可能是创造一个更加有趣也更加复杂的世界，就像这一章开始时的寓言所讲述的那样。

这种新的观点是说，所有空间都包含着一个场——希格斯场，它渗入真空中而且处处相同。这意味着：当你在晴朗的夜晚仰望星星时，你的视线穿过了希格斯场。受这个场影响，粒子获得了质量。这本身并没有什么不正常的，因为粒子能够从我们讨论过的（规范）场中获得能量。例如，如果你携带一个铅块到埃菲尔铁塔的顶端，铅块获得了势能，因为在地球重力场中它的位置发生改变了。由于 $E = mc^2$，势能的增加等效于质量的增长，在这种情况下，就是地球–铅块这个系统的质量的增长。现在，我们把爱因斯坦的那个年代久远的理论变得稍微复杂一点。质量 m 实际上由两部分组成：一部分是静止质量 m_0，它就是实验室测得的粒子静止时的质量；另一部分质量是粒子依靠运动（就像太瓦质子加速器中的质子一样）或者依靠场中的势能"获得"的。我们来看一下原子核中类似的动力学情形。例如，如果你把组成氘核的质子和中子分开，系统的质量总和就增加了。

但是，从希格斯场中获得的势能，它的行为在几个方面与我们更熟悉的其他场不同。从希格斯场中得到的质量实际上是静止质量。事实上，在最神秘的希格斯理论中，所有的静止质量都由希格斯场产生。另一个不同之处就是，不同的粒子从希格斯场中吸收质量的量不同。理论家们称，标准模型中粒子的质量是表征粒子与希格斯场结合强弱程度的一个度量。

希格斯场对夸克及轻子质量的影响，使人联想到1896年塞曼的发现。这个发现是：当把磁场加到原子上时，原子中电子的能级会发生分裂。这个场（扮演了希格斯的角色）打破了原子参与的空间对称性。例如，一个能级受磁场影响会分裂成3个：A能级从场中获取能量，B能级失去能量，C能级的能量则一点都不变。当然，现在我们很清楚这些情况是怎么发生的。这是简单的量子电磁学。

迄今为止，我们对控制希格斯场产生的质量增加的机制一无所知。但问题还不停地出现：为什么只有这些质量——W^+、W^-和Z^0的质量，上夸克、下夸克、粲夸克、奇异夸克、顶夸克和底夸克的质量，还有轻子的质量——没有明显的特征呢？这些质量从电子的0.000 5吉电子伏一直变化到顶夸克的超过91吉电子伏。我们应该记得希格斯的这个奇异的想法在用来阐述电弱理论时所取得的巨大成功。在这个理论中，希格斯场被建议作为隐藏电磁力和弱力统一性的途径。总共有4种无质量的信使粒子——W^+、W^-、Z^0和光子——能够携带电弱力。接下来的是希格斯场。很快，W和Z吸收了希格斯的质量并变得很重，而光子并没有受到触动。电弱力分解成弱力（弱是因为信使粒子很重）和电磁力，它的性质由没有质量的光子决定。"对称性被自发地打破了。"理论家们说。而我则倾向于说，希格斯通过赋予质量把对称性隐藏了起来。根据电弱理论的性质，理论家们成功地预言了W和Z的质量，他们脸上轻松的笑容使我们想起特霍夫特和韦尔特曼所证实的：在这个理论中不存在无穷大。

我详述质量问题，部分原因是在我的职业生涯中它一直伴随着我。20世纪40年代，这个问题看起来很受关注。我们用了两种粒子来解释质量之谜：电子和μ子。它们看起来在所有方面都完全相同，除了μ子比它的小兄弟电子重200倍以外。它们都是无法感受强力的轻子，这一事实使情况变得更加有趣。我被这个问题所迷惑，并选择了μ子作为我最喜欢的研究课题。研究的目标是在μ子和电子的行为中找到除了质量之外的其他一些不同之处，以此作为研究质量差异机制的线索。

电子有时候会被原子核捕获，导致一个中微子和一个反冲核的出现。μ子能做到这一点吗？我们测量了μ子被捕获的过程——是的，相同的过程！高能电子束把质子散射出去（斯坦福大学在研究这个反应），我们测量了与布鲁克黑文实验室相同的 μ 子参加的反应。在反应率方面的微小差异吸引我们研究了很多年，但是什么结果也没出现。我们甚至发现电子和 μ 子有各自的中微子伙伴。我们已经讨论过超高精度的 g-2 实验，在这个实验中，科学家们测量了 μ 子的磁力，并把它与电子相比较。除了额外的质量影响，其余都是相同的。

所有寻找质量起源线索的努力都失败了。沿着这条路，费曼写下了他著名的问句："为什么 μ 子很重？"现在，至少我们有了一个部分的、绝对不完整的答案。一个洪亮的声音说："希格斯！"我们已经被质量的起源困扰了 50 年左右，现在希格斯场从新的角度又阐述了这个问题：不仅仅是 μ 子，至少它为所有的质量都提供了一个共同的来源。新的费曼问题有可能是：对于分配给粒子的那些质量，它们看起来没有什么规律，希格斯场怎样决定它们的顺序呢？

运动状态改变引起的质量变化，系统结构改变引起的质量改变，以及一些粒子——肯定有光子，可能有中微子——的静止质量为零这个事实，都对作为物质基本属性的质量概念提出了挑战。这时我们必须回顾一下质量的计算过程。计算得出了无穷大，这个问题我们一直没有解决——只是"重正化"而避开了。这是我们面对夸克、轻子和作用力传递者——这三者用质量进行区分——的问题时的背景。这使得希格斯理论可以维持下去——质量不是粒子的内在特性，而是从粒子和环境之间的相互作用中获得的特性。所有夸克和轻子都是零质量的事实，使得质量不像电荷和自旋那样是粒子的内在特性，这个观点似乎更加正确。在这种情况下，它们可以遵循很好的对称性——手征对称性。在这种对称性下，它们的自旋永远与运动方向相伴随。但是，那种美妙的情形被希格斯现象掩盖住了。

哦，还有一件事情。我们谈论了规范玻色子和它们的一个单位自旋，我们也讨论了费米子物质粒子（半个单位自旋）。哪一种是希格斯场产生的？自旋为零的玻色子。自旋意味着空间的方向性，但希格斯场在每一个场所把质量赋予给物体，没有任何方向性。由于这个原因，希格斯有时被称为"标量（没有方向）玻色子"。

幺正性危机

我最尊敬的一位理论家韦尔特曼，像我们一样对新场的这种向外输出质量的属性很感兴趣。他对希格斯工作的评价远远低于它的使命：希格斯只是为了使标准模型具有一致性。没有它，标准模型就会在很简单的一致性检验中失败。

下面是我想说的话题。关于碰撞我们谈论了很多。我们使100个粒子瞄准特定的靶，比如说一片1平方英寸大的铁片。一个谨慎的理论家能够计算出发生散射的概率（记住，量子理论只允许我们对概率作出预测）。例如，这个理论可能预测说，我们指向靶的100个粒子中有10个会散射出来，概率是10%。现在，很多理论预测说，散射的概率依赖于我们使用的粒子束的能量。在低能量状态下，我们知道的所有研究作用力——强力、弱力、电磁力——的理论预测的概率都与实际实验结果相符。然而，众所周知的是，对弱力而言概率随着能量的增加而增加，比如说在中等能量状态下，散射概率可能会增加到40%。如果理论预测散射概率比100%大，那很显然，这个理论就不再合理了。某些地方出现了问题，因为概率超过100%没有意义。表面上看来，这意味着比最初粒子束中的粒子数目还要多的粒子发生了散射。一旦发生这种情况，我们就说这个理论违反了幺正性（超出了单位概率）。

在我们研究的历史上，谜团在于弱力理论与低能状态下的实验数据吻合得很好，但在高能状态下作出的预测却很荒谬。当理论预测灾难发生在现有加速器所能达到的能量范围之外时，人们发现了这个危机。但理论的失败表明：某些东西被遗漏了，某种新的过程，也许是一些新的粒子，有能力阻止概率升高到不合理的值，如果我们知道它是什么的话。你会记得弱力是由费米发明的，目的是用它来描述核子的放射性衰变。这些衰变基本上都是低能现象。随着费米理论的不断发展，对于在 100 兆电子伏能量范围内的大量过程它预测得非常准确。双中微子实验的一个动机，是在更高的能量状态下检验这个理论，因为根据预测，幺正性危机将发生在 300 吉电子伏处。我们在几个吉电子伏情况下做的实验证明这个理论正朝着发生危机的方向发展。这表明理论家们在理论中漏掉了一个质量近似为 100 吉电子伏的 W 粒子。最初的费米理论并不包括 W，它在数学上等效于使用一个质量为无穷大的力传递者。与旧理论所适用的早期实验（低于 100 兆电子伏）相比，100 吉电子伏已非常大。但当我们询问 100 吉电子伏的中微子会有什么行为时，这个 100 吉电子伏的 W 粒子就不得不被包含进来，以避免幺正性危机——但是还需要更多。

好了，这个回顾只是简单地解释一下我们的标准模型所遭受的严重的幺正性疾患。现在，这个灾难正在大约 1 太电子伏处发生。一个物体可以避免这个灾难，如果……如果存在一个具有特殊性质的中性重粒子，我们称之为——猜一下——希格斯粒子的话。（早些时候我们提到了希格斯场，但我们应该还记得一个场的量子是一整套粒子。）这些可能正是创造了质量多样性的那些粒子（或者类似的物质）。在空间中可能存在着希格斯粒子或者一个希格斯粒子的家族。

希格斯危机

有很多问题需要我们去回答。这些希格斯粒子的性质是什么？更重要的是，它们的质量是多少？如果它出现在碰撞中，我们怎么识别它？一共有多少种类型？希格斯是产生了所有质量，还是仅仅使质量有所增加？我们怎样才能对它了解得更多？因为它是上帝的粒子，我们可以等。如果我们过着堪称模范的生活，那么，当我们升到天堂的时候就会搞清楚。或者我们可以花80亿美元在得克萨斯州的沃克西哈奇建造一个用来产生希格斯粒子的超级对撞机。

宇宙学家们也沉迷于希格斯思想，因为他们对标量场参与宇宙膨胀这种复杂过程的必要性尚存几分困惑，这一过程增加了希格斯所必须承受的负担。更多的情况请见第9章。

现在所构造的希格斯场能够被高能量（或者高温）破坏。这将产生抑制希格斯场的量子波动。这样，那些纯粹的、带着令人眼花缭乱的对称性的关于早期宇宙的粒子宇宙学图像，对希格斯来说就太热了。但是，随着温度或能量降到低于10^{15}开或者100吉电子伏，希格斯开始活动并且大量生产粒子。于是，比如说在希格斯之前，我们拥有无质量的W粒子和Z粒子，以及光子和一个统一的电弱力；随着宇宙的膨胀冷却，希格斯出现——使W粒子和Z粒子变大，再出于某种原因忽略光子——打破了电弱对称性；经过较重的力传递粒子W^+、W^-和Z^0的调和，我们得到了弱力，还得到了由光子传递的单独的电磁力。这好比是：对某些粒子来说，希格斯场就像重油一样，它们可以在其中缓慢地移动，显得很沉重；对于另外一些粒子来说，希格斯场像水一样；而对于其他某些粒子，比如说光子或者可能是中微子，希格斯场则是不可见的。

或许我应该回顾一下希格斯思想的起源，因为我对希格斯思想的出现说得有点儿模糊。它也被称为"隐藏的对称性"或者"自发对称性破裂"。这个理论被爱丁堡大学的彼得·希格斯引入粒子物理学中。理论家温伯格和萨拉姆分别独立地利用它解释了统一的和对称的电弱力朝着两个迥然不同的作用力的转化，这个电弱力是由一个有着4个零质量的信使粒子的家族所传送的，而这两个不同的作用力是：QED，它拥有无质量的光子；弱力，它拥有较重的W^+、W^-和Z^0粒子。温伯格和萨拉姆把统一的弱电理论建立在格拉肖早期工作的基础上，而格拉肖则追随施温格尔，他只是知道存在着一个一致的、统一的电弱理论，但并没有把所有的细节组成一个整体。类似的理论家还有戈德斯通和韦尔特曼以及特霍夫特。还有一些科学家应该被提及，但那样的话这一章就变成传记啦。再说了，点亮一只电灯泡需要多少名理论家呢？

观察希格斯的另一个途径是从对称的观点着眼。在高温下，对称性暴露出来——美丽、纯洁的简单性。在较低的温度下，对称性被破坏。下面用一些比喻来说明问题。

考虑一块磁铁。磁铁之所以是磁铁，是因为在低温下它的原子磁场有序地排列起来。磁铁有特定的方向，即南北极。这样，它就丧失了作为一块非磁铁所具有的对称性。对于非磁铁，所有的空间方向都是等价的。我们可以"修理"这块磁铁。通过升高温度，磁铁变成了非磁铁。热使分子产生扰动，这将最终破坏原子磁场排列的有序性，于是我们就得到了纯粹的对称性。另一个比较通俗的比喻是墨西哥帽：对称的卷边围绕着对称的圆顶。在圆顶的顶端有一个珠子。墨西哥帽具有完美的旋转对称性，但是并不稳定。当珠子下落到一个更为稳定（低能量）的位置，即帽子边缘的某个地方时，对称性就被破坏了，尽管其基本结构是对称的。

在另一个比喻中，我们设想有一个在非常高的温度下充满水蒸气的完美球体，它的对称性也很完美。如果我们对整个系统进行冷却的话，最后就会得到一池水，有些冰漂在水面上，剩余的水蒸气则在水面上方。通过这种简单的冷却行为，对称性已经被完全破坏了。在这个比喻中，这种行为允许重力场发挥作用。然而，通过简单地加热整个系统，我们可以重新达到完美的对称状态。

所以，在希格斯出现之前，我们看到的是对称和厌倦；在希格斯出现之后，我们看到的则是复杂和兴奋。接着，当你注视夜空的时候，你会注意到整个空间都充满了神秘的希格斯影响，正是这些影响导致了我们所知所爱的世界的复杂性。

现在描述一下公式（啊哈！）。对于20世纪90年代在费米实验室和其他加速器实验室里测量的粒子以及作用力的性质，这些公式都作出了正确的预测和总结。当我们启动在很高能量状态下运行的反应时，这些公式作出了错误的预测。啊哈！但是，如果我们把希格斯场包括进去，那么我们就修改了这个理论，得出了一个即使在1太电子伏能量下一致性仍然很好的理论。希格斯拯救了时代，拯救了标准模型及其拥有的所有优点。所有这些都证明它是正确的吗？一点也不。这只是理论家所能做到的最好结果。或许上帝更聪明一点吧。

题外话

回到麦克斯韦的时代，那时物理学家们觉得他们所需要的是一种遍及整个空间的媒质，光和其他电磁波都能够在其中传播。他们把这种媒质称为以太，并为它设定了一些性质以实现其功能。以太还提供了一个绝对坐标系，从而使光速的测量成为可能。爱因斯坦敏锐的洞察力揭示了以太是空间的一个负担。此处我们摆弄的是一个严肃的概念，这个概念不是别的，正是德谟克利特发明（或者发现）的"虚空"。今天，虚空，或者更精确的说是"真空状态"，变成了前沿和中心。

真空状态由宇宙中的那些区域组成，在这些区域里所有物质都被去除，也不存在能量和动量，它们是"根本什么都没有"。比约肯在谈到真空状态的时候说道，他尝试着对粒子物理学做一些像凯奇*对音乐所做的工作：一段为时4分钟22秒的……空白。只是对会议主席的畏惧阻止了他。尽管比约肯是研究真空状态性质的专家，但是他不能跟特霍夫特比，后者对"根本什么都没有"的理解要好得多。

这个故事令人伤心的部分是，真空状态（作为一个概念而言）的原始的绝

---

* 约翰·凯奇（John Cage, 1912—1992），美国先锋派古典音乐作曲家，勋伯格的学生，著名实验音乐作曲家。其最著名的作品便是下文所描述的《4分22秒》（有时也被误作"4分33秒"），全曲共三个乐章，乐谱上没有任何音符，唯一标明的要求就是"Tacet"（沉默）。

对性已经被20世纪的理论家们玷污了，以至于它比已经被抛弃的19世纪的以太要复杂得多。除了那些可怕的虚粒子之外，取代以太的是希格斯场，我们还不知道它的全部维数。为了发挥这些作用，必然存在至少一个电中性的希格斯粒子，这也是实验必须揭示的。这也许只是冰山一角；我们可能需要有大量各种各样的希格斯量子玻色子来完整地描述新的以太。很明显，会出现一些新的作用力和新的过程。我们可以概括一下我们知道的东西：在描述希格斯以太的粒子中，至少有一些必须是零自旋，它们与质量有一种密切的神秘联系，还必须在低于1太电子伏能量的温度下出现。关于希格斯的结构也有一场争论。一派认为它是基本粒子；另一派则认为它由新的、像夸克一样的物质组成，这些物质最终将在实验室中看到；第三个阵营则对顶夸克的巨大质量很感兴趣，他们相信希格斯是夸克和反夸克的边界。只有实验数据才有发言权。在这期间，如果我们能看见这些粒子，那将是一个奇迹。

新的以太是能量的一种参考框架，在这种情况下能量就是势能。希格斯本身并没有解释在真空状态下产生的其他残骸和理论垃圾。规范理论把它们的需求放到一边，宇宙学家们利用的是"假"真空能量，而在宇宙演化的过程中，真空会产生伸展和膨胀。

人们渴望一个新的爱因斯坦出现，他会在灵感闪现的时候，恢复这有趣的空白状态。

找到希格斯！

这样看来，希格斯这个概念很好。那为什么它没有被广泛接受呢？彼得·希格斯这位（不情愿地）把自己的名字命名给这个概念的科学家在研究别的东西。韦尔特曼，希格斯理论的一个构造者，把这个概念称为隐藏人类无知的"清洁垫"。格拉肖则没那么友好，他把希格斯称为"厕所"，我们在里面"冲洗"现存理论的不一致性。其他一些最主要的反对意见是有关希格斯的实验证据连影子都没有。

怎样才能证明希格斯场的存在呢？就像QED、QCD或者弱力一样，希格斯场有自己的信使粒子，即希格斯玻色子。想证明希格斯的存在吗？找到它吧。标准模型足够强大，它告诉我们质量最低的希格斯粒子必须"轻于"1太电子伏。为什么？如果大于1太电子伏，标准模型就变得不一致，幺正性危机就会出现。

希格斯场、标准模型和我们对上帝创造宇宙的描绘都依赖于希格斯玻色子的发现。不幸的是，地球上没有一个加速器可以提供足够的能量以产生一个重达1太电子伏的粒子。

然而，你可以建造一个。

沙漠对撞机

1981年，我们在费米实验室潜心建造太瓦质子加速器和质子－反质子对撞机。当然，我们还注意到了整个世界尤其是CERN对W粒子的搜寻。到那年春天的晚些时候，我们开始相信超导磁体能够起作用并且能够依据严格的规范大量生产。我们相信（至少有九成把握）1太电子伏的质量规模——这块粒子物理学的处女地——能够以相对节约的成本达到。

这样才能想象"下一台机器"（不管在太瓦质子加速器之后到底是什么东西）将会是更大的超导磁体环。但是在1981年，美国粒子研究的未来都抵押给了布鲁克黑文实验室的一台苟延残喘的机器。这就是"伊莎贝拉计划"，一个有着适当能量的质子－质子对撞机。这台对撞机本应在1980年就开始工作，但是被技术问题推迟了。在这期间，物理学的前沿已经又向前推进了一步。

1981年5月，在一年一度的费米实验室使用者会议上，在适时地报告了实验室的状态之后，我对这个领域的未来，尤其是"1太电子伏的能量前沿"做了一个猜测。我发表评论说，卡洛·鲁比亚——他已经是CERN的领导人了——很快就会"用超导磁体铺设LEP隧道"。周长约为17英里的LEP环包含了一个用于正负电子对撞机的常规磁体，这个环需要巨大的半径来减少电子引起的能量损失。当电子被磁体限制在圆形轨道中的时候，将有能量辐射出来。（半径越小，辐射越多。）所以，CERN的LEP机器使用的是弱场和大半径。对于加速质子，这个机器也很理想，因为质子的质量大得多，不会辐射很多能量。有远见的LEP设计者肯定会想到把这作为这个大隧道的最终应用。具有超导磁体的这样一个机器会在每个环中轻易地产生5太电子伏的粒子，或者在碰撞中达到10太电子伏。而美国能提供的与之竞争的除了2太电子伏能量的太瓦质子加速器外，只有状况不佳的"伊莎贝拉"——一个400吉电子伏的对撞机（总能量0.8吉电子伏）——尽管这台机器有很高的碰撞产额。

到了1982年夏，费米实验室的超导磁体项目和CERN的质子–反质子对撞机看起来都要成功了。8月，当美国的高能物理学家聚集在科罗拉多州的斯诺马斯讨论这个领域的现状和未来时，我做了一个提议。在一场名为"沙漠中的机器"的演讲中，我建议学会认真地考虑一下优先建造一个新的基于"已被证明的"超级磁体技术的巨型加速器，并逐步前进到1太电子伏的质量领域。我们来回忆一下，要制造质量可能为1太电子伏的粒子，参与碰撞的夸克至少必须贡献出这个数目的能量，携带着夸克和胶子的质子必须有更高的能量。1982年我所做的猜测是每个粒子束10太电子伏。我对成本做了大胆的估计，当然不可或缺的前提就是希格斯粒子的诱惑实在是难以抗拒。

在斯诺马斯，人们就"沙漠对撞机"（最初就这么叫）这个话题展开了一场生动的辩论。如果机器太大，它就只能建造在荒无人烟、土地也没有价值并且没有山和峡谷的地方，这个名字的命名正是基于以上想法。这个想法的错误之处在于，作为一个实际上在地铁里长大的新纽约人，我根本没想到深挖隧道得花多大力气。历史在反复地讲述这个问题。德国人的机器"赫拉"（HERA）是在人口密集的汉堡地下，CERN 的 LEP 隧道则是在侏罗山脉下面挖出来的。

我尝试着使全美的所有实验室联合起来支持这个观点。SLAC 一直朝着电子加速的方向努力，布鲁克黑文（Brookhaven）则想尽办法让"伊莎贝拉"继续工作；康奈尔大学一群聪明活泼的家伙正在试图把自己的电子对撞机升级到他们称之为 CESR Ⅱ 的状态。我把自己的"沙漠对撞机"实验室命名为"Slermihaven Ⅱ"，以代表这个新冒险背后激烈竞争的实验室之间的联合。

我不打算陈述冗长的科学策略，但是经过了一年的挫折之后，美国粒子物理学会正式建议放弃"伊莎贝拉"（重新命名为 CBA，即粒子束碰撞加速器的缩写），转而支持"沙漠对撞机"。现在，"沙漠对撞机"被称为超导超级对撞机，它的每个粒子束能量将达到20太电子伏。同时——1983年7月——费米实验室的新加速器作为成功的例子上了报纸的头版，它把质子加速到了创纪录的512吉电子伏。不久，科学家们取得了进一步的成功，一年后，太瓦质子加速器创造了900吉电子伏的纪录。

里根总统和超级对撞机：一个真实的故事

到1986年，关于超导超级对撞机的建议已经准备就绪，即将提交给里根总统批准。能源部的一个部长助理请我这个费米实验室的主任为总统做一个简短的录像片。他认为，对高能物理知识所做的10分钟的讲解，可能会在内阁会议讨论这项建议时发挥作用。怎样才能在10分钟内把高能物理学传授给一位总统呢？更重要的是，你怎么样教这位总统呢？经过痛苦的思索，我们突然想到让一些高中学生来参观实验室，让他们看一下这些机器，然后向他们提很多问题，再收回为他们设计的答题纸。这一切总统都会看到和听到，或许会对高能物理学的内容有所认识。于是，我们邀请了附近一所学校的孩子们到实验室来。有些内容我们讲解得详细一些，有些则让他们自发地去了解。我们拍了 30 分钟的电影，再把最好的 14 分钟剪接起来。华盛顿的熟人警告我们说：不要超过 10 分钟，否则注意力难以集中。于是我们删掉了更多的内容，最后给他提供了一个讲解清晰的供高中二年级学习的 10 分钟高能物理学短片。几天以后有了回音："太复杂了！一点儿都不紧凑。"

怎么办？我们重新制作了音轨，去掉了孩子们的问题（别忘了，有一些问题是很难的），再由一个专家的画外音讲述孩子们可能提到过的问题（由我撰写），然后，在动作还没有变化时给出这些问题的答案。科学家讲解，孩子们呆呆地看。这次我们把短片做得极其清楚和简单。我们在外行中进行了检验，然后把它递交上去。能源部那个家伙已经很不耐烦了。

这部短片还是没给总统留下深刻印象。"已经好多了，可还是太复杂。"

我开始变得焦虑起来。不仅超导超级对撞机有失败的危险，我的工作也危在旦夕。那天夜里我在 3 点钟就醒了，我想到了一个绝妙的主意。下一部录像片会是这样的：一辆梅赛德斯汽车开到了实验室的入口处，一个大约 55 岁的高贵绅士出现了。画外音说："这是第 14 联邦巡回法院的马修斯法官，他正要去参观一个大型的政府研究实验室。"这位"法官"对实验室的主人——3 位英俊的年轻物理学家（有一位是女士）——解释说，他搬到了这所实验室的隔壁，每天去法庭上班的时候都开车经过这里。他在《芝加哥论坛报》上看到了介绍我们工作的文章，知道我们正在研究"电压"和"原子"。因为他从来没有研究过物理学，因此他对这一切很好奇。他进入了实验室并感谢物理学家们这天上午抽出时间来陪他。

我的想法是把总统看成是一位聪明的外行，他有足够的自信，敢于承认自己不懂。在接下来的 8 分半钟里，这位法官频繁地打断物理学家们的介绍，坚持让他们走得慢点儿并把每一点都说清楚。在9分多钟的时候，法官伸出手，看了看他的劳力士表，然后优雅地向年轻的物理学家们致谢。接着，他带着害羞的微笑说："你知道我实在是理解不了你告诉我的事情，但是我确实感受到了你们的热心以及研究工作的庄严。不知何故，我感觉这肯定像西部探险一样……骑在马上的人类和一片巨大的、未经开发的土地……"（是的，我是这么写的。）

当这个录像片送往华盛顿时，那位部长助理非常高兴："你成功了！太好了，就是这样！这个周末它将在戴维营放映。"

我大大地松了一口气，喜滋滋地上床睡觉。但在一身冷汗之后我凌晨4点就醒了。某个地方出问题了，接着我就知道了答案。我忘了告诉部长助理那个"法官"是从芝加哥演员公司雇来的一个演员。现在总统正为找不到一个合适的最高法院法官人选而发愁，假如他……我心里忐忑不安，身上不停地出汗，一直挨到华盛顿时间早上8点。打了3个电话后我找到了部长助理。

"我说，关于那个录像片……"

"我跟你说过它很不错。"

"但是我不得不说——"

"它很好，不要担心。我该去戴维营了。"

"等一等！"我叫道，"听着！那个法官，那个法官不是一个真正的法官。他是个演员，总统也许想跟他谈话，接见他。他看起来很聪明。假如他……"（长时间的停顿）

"最高法院？"

"是的。"

（停顿，然后是窃笑）"看，如果我告诉总统他是个演员，总统肯定会委任他去最高法院就职。"

没过多久，总统批准了超导超级对撞机。我们从威尔的专栏文章得知，对这个议案所进行的讨论很简短。在一次内阁会议上，总统听取了秘书们的意见，这些秘书对超导超级对撞机的价值一清二楚。然后总统引用了一句广为人知的橄榄球术语："把球掷出去！"人们认为他这句话的意思是："开始干吧。"于是超级对撞机成了一项国家计划。

在紧接着的一年中，学会开始积极地在整个美国和加拿大寻找建造超导超级对撞机的地点。这个计划的任何东西都激起了人们的兴趣。想象一下，一台机器可以使得克萨斯州沃克西哈奇的市长公开站出来，并用这样的句子进行一番热情洋溢的演讲："我们国家一定会第一个找到希格斯标量玻色子！"甚至《达拉斯》*也在一个次要情节中提到了超级对撞机：尤因（J.R.Ewing）和其他人试图把超导超级对撞机所在地周围的土地全买下来。

我为了推销超导超级对撞机做了成千上万次演讲。有一次，当我提到市长先生在国民管理会议上发表的评论时，得克萨斯州的官员打断了我的话。他纠正了对"沃克西哈奇"的发音。很显然，我已经超出了得克萨斯人和纽约人口音之间的正常差异，我不能拒绝他的纠正。"先生，我的确努力了。"我肯定了这位官员的提醒，"我到那里去，在一家餐馆停下来，然后用很清楚的话请侍者告知我现在在哪儿。她很清晰地回答说：'B–U–R–G–E–R–K–I–N–G。**'"大多数官员都笑了，除了那个得克萨斯人。

1987年有3件大事。第一个是，大约160 000年前的大麦哲伦星云中存在着一颗超新星，它发出的光最终到达了地球，这使得我们第一次探测到来自太阳系外的中微子。然后是高温超导的发现，这个发现因可能带来技术收益而使整个世界都兴奋起来。在早期，人们曾经希望会很快找到室温超导体。这种想象来源于削减的能量成本、飘浮起来的火车、无数的现代奇迹，以及对科学来说大大减少了的超导超级对撞机的建造成本。现在来看，我们显然是过于乐观了。1993年，高温超导体仍然是科学研究前沿和了解物质本性的非常活跃的阵地，

---

* 美国电视史上最成功的黄金时间肥皂剧，尤因是其主要角色。
** 即"汉堡王"，是美国一家著名的快餐连锁店。

但它距离商业和实际应用仍然有很长的路要走。

第三件大事是对超级对撞机建造地点的寻找。费米实验室之所以是一个竞争者，在很大程度上是因为太瓦质子加速器可以被用作超导超级对撞机主环的入射器。主环是一个周长为54英里的卵形轨道。但是在衡量所有需要考虑的事情之后，能源部决策委员会选择了沃克西哈奇。这个决定于1988年10月公布，也就是在费米实验室的一大群同事聆听我获得诺贝尔奖的趣事后几星期。现在我们的聚会截然不同，面色阴郁的同事们聚集在一起收听新闻，大家都为实验室的未来捏一把汗。

1993年，超导超级对撞机开始建造，它的完工日期大概是2000年前后的一两年内。为了增加质子－反质子对的碰撞次数并提高发现顶夸克的可能性，以及探索低于超导超级对撞机能量范围的领域，费米实验室正在积极主动地升级它的设备。

当然，欧洲人也在加紧研究。经过了一段时间的激烈辩论、研究、设计和委员会议之后，卡洛·鲁比亚作为CERN的总指导，决定"用超导磁体铺设LEP隧道"。你应记得，加速器的能量是由磁环的直径以及磁场强度决定的。受限于17英里的隧道周长，CERN的设计者们被迫朝着他们可以在技术上实现的最高磁场的目标努力。这个磁场强度是10特，大约比超导超级对撞机的磁场强度高60%，比太瓦质子加速器磁场高2.5倍。迎接这一艰难的挑战将需要新一轮的关于超导技术的辩论。如果成功了，相对超导超级对撞机的40太电子伏能量，欧洲科学家们建议的这台对撞机也将达到17太电子伏的能量。

如果这些新机器都建成的话，财政和人力资源的总投资是巨大的，风险也非常高。如果希格斯理论被证明是错误的，会怎么样呢？即使它确实是错误的，在"1太电子伏质量范围内"进行观测的动力仍然非常强大。我们的标准模型必须进行修正，或者抛弃。这就像哥伦布启程寻找东印度群岛一样——他的信徒们相信，如果没有到达目的地，他也会发现一些别的东西，这些东西可能会更有意义。

第9章

内空间、外空间和时间前的时间

你走在皮卡迪利大街上//在你苍老的手中——//有一束罂粟或百合//每个人将会说//当你走着自己神秘的路,如果这个年轻人敞开心扉//所用的方式对我们来说过于深奥,哦,这个异常深沉的年轻人//这一定是一个异常深沉的年轻人。

——吉尔伯特和沙利文,《容忍》

在《为诗辩护》中,英国浪漫主义诗人雪莱声称:艺术家的神圣使命之一,就是"从科学中吸收新知识并与人类的需要相结合,赋予它人类的感情,使其成为人类血肉之躯的一部分"。

并没有很多的浪漫主义诗人急于接受雪莱的挑战,这或许可以解释我们的国家和星球目前所处的令人遗憾的状态。如果拜伦、济慈、雪莱和他们讲法语、意大利语和乌尔都语的同行都来解释科学,那么,科学文艺的水平将会远远高于目前。当然,这不包括您——您已不仅仅是"亲爱的读者",还是和我一起战斗到第9章的朋友和同事。以皇家法令的名义说,您是一位完全合格的文学读者。

科学文艺评论家告诉我们,只有三分之一的人可以给出分子的定义,或者说出一个健在的科学家的名字。为了使这个令人沮丧的数据更加具体化,我曾经补充说:"你知道利物浦市只有60%的居民明白非阿贝尔规范理论吗?"在

1987年哈佛大学的毕业典礼上，我们随机抽查了23个毕业生，结果只有两个人能解释为什么夏天比冬天热。顺便说一句，答案不是"夏天太阳离地球更近"。太阳离地球并不更近。地球自转的轴线是倾斜的，所以当北半球朝着太阳倾斜时，阳光更接近于垂直入射到地球表面，这个半球就是夏天。南半球得到的是倾斜入射的阳光——于是它就是冬天。6个月后两个半球的情况正好相反。

可悲的是，那另外21个没有回答出问题的哈佛毕业生（哈佛，我的天！）的无知。他们活到现在还不能理解最基本的常识——季节。当然，有些时候人们也会让你感到惊奇。几年前，在曼哈顿IRT地铁上，一个老人费力地在笔记本上计算着一个基本的微积分问题，失望中他问旁边的陌生人是否懂一点微积分。那个陌生人点头称是，并顺利地帮助他解决了问题。当然，并不是每天都有一位老人坐在地铁里，紧挨着诺贝尔奖获得者、理论物理学家李政道学习微积分的。

我也有过类似的经历，但结局却不一样。一天，我坐在一列从芝加哥出发的市郊火车上。车厢里很拥挤，靠站时一个护士带着一群病人上车了。这些人来自当地的精神病院，我被围在了他们中间。这时，护士开始点人数："一，二，三——"她停下来盯住了我，问道："你是谁？"

"我叫莱德曼，"我回答说，"诺贝尔奖获得者，费米实验室主任。"

她指着我，难过地继续数道："是的，四，五，六……"

但认真地说，关于科学盲的担忧是合理的，这有很多原因，其中一个便是科学、技术以及公共福利之间的联系越来越多。我试图在本书中表述一种科学的世界观，而人们对这一世界观的迷失也是一个很大的遗憾。尽管不完整，但它仍然伟大、美丽并具有显著的简洁性。正如布罗诺夫斯基（Jacob Bronowski）所说：

> 科学的发展进程就是一步步地发现新秩序，它将长久以来看起来不同的事物统一起来。法拉第将电和磁联系起来。麦克斯韦将电磁和光联系起

来。爱因斯坦将时间和空间、质量和能量、光的运动轨迹和子弹的飞行联系起来；在自己生命的最后时光里，他尝试着将所有这些相似点结合起来，这种结合将在麦克斯韦的方程组和他自己的引力几何之间找到一种单一的假想的秩序。

当柯尔律治（Coleridge）试图给出美的定义时，他往往会陷入深思：美，如他所说，是"变化的统一"。科学只不过是为了在多姿多彩的自然界中发现统一而进行的探寻，或者更准确地说，是为了在我们多种多样的体验中发现统一而进行的探寻。

内空间／外空间

为了在适当的背景中观察这座"物理大厦"，我们必须提一下天体物理学。我需要解释一下为什么最近粒子物理学和天体物理学的结合达到了一个前所未有的程度。我曾经称之为内外空间的结合。

在内空间的研究者们建造越来越强大的微观加速器来观察亚核领域的同时，我们那些研究外空间的同行们也在综合来自越来越强大的望远镜的数据。这些望远镜的功率更大，并装备了新技术，以使灵敏度更高，从而能够很好地观察细节。另外一个突破来自建于太空的天文台，它们使用仪器探测红外线、紫外线、X 射线、γ 射线——一句话，整个电磁波谱。而这些电磁波的大部分都被地球的不透明和闪烁的大气层阻挡。

在过去的 100 多年里，宇宙学的集大成者就是"标准宇宙模型"。它认为宇宙在大约 150 亿年前起源于一种高温、高密度的致密状态。那时，宇宙的密度是无穷大或者接近无穷大，温度是无穷高或者接近无穷高。这个"无穷大"的描述让物理学家感到不安。所有这些限定词都是量子理论不确定性的影响结果。

由于我们也许永远无法知道的一些原因，宇宙发生了爆炸并从那时起一直膨胀并冷却，直到现在。

那么，宇宙学家是如何发现这一点的呢？大爆炸模型出现在20世纪30年代。在这以前，哈勃发现所有星系（大约1 000亿个恒星的集合）都在离他而去。他在1929年测量了这些星系的移动速度。哈勃必须从遥远的星系收集足够的光来分析其谱线，并与地球上相同元素的谱线相比较。他发现，所有的谱线都系统地向红色方向移动。众所周知，当光源离开观测者运动时就会发生这种现象。实际上，"红移"就是光源和观测者之间相对速度的一个度量。多年来，哈勃发现所有星系在所有方向上都是离他远去的。这里面没有任何其他的奥秘，仅仅是空间膨胀的展示而已。因为所有星系间的空间都在膨胀，天文学家克努布（Hedwina Knubble）从仙女座的特维洛行星上也能观察到同样的现象——所有的星系都离她远去。事实上，物体离得越远，它远离的速度就越快。这就是哈勃定律的实质。它暗示：如果我们将这部电影倒着看，最远的星系运动得较快，将会逐渐靠近较近的目标，最终，所有物质将会汇聚到一起，凝结成一个非常非常小的一体。此时的时间目前估计为150亿年前。科学中最著名的比喻是让你把自己想象成为一个二维的生物"扁虫"。你知道从东到西，从南到北，但没有上下的概念。要将"上下"抛出你的视野范围。假定你生活在一个正在膨胀的气球表面，表面上布满了观察者的居所——行星和恒星，它们聚集成星系分布在气球上。所有这些都是二维的。从任何一个有利的角度来看，当表面持续扩大时，所有的物体都向外运动，在这个宇宙中任意两点的距离都会增大。在我们实际的三维世界中也是一样的。这个比喻的另一个优点就是，没有哪一个点是特殊的，就像我们的宇宙一样。表面上所有的点和其他点都是平等的。没有中心，没有边缘，没有掉出宇宙之外的危险。我们所做的关于宇宙膨胀的比喻是我们的全部所知，它并不是指恒星冲向外部空间。正是空间承载着整个的星系，同时星系本身也在不断地膨胀。很难把这个在宇宙中无处不在的膨胀过程用形象的方式表达出来。没有外部，没有内部，只有宇宙本身在不断地膨胀。膨胀成为什么呢？再想一想你作为一个扁虫在气球表面上的生活，这个表面就是存在于我们这个比喻中的所有东西。

大爆炸理论的两个主要附加结论最终压倒了它的反对者，现在它已成为大家的共识。有一个是如下的预测：最初的白炽状态（假设它非常非常热）的光仍然会以剩余辐射的形式存在着。回想一下，光由光子组成，光子的能量和它们的波长成反比。宇宙膨胀的一个结果就是所有的长度都变长了。对应于高能量光子的波长原来是极小的，我们预测它将伸长到几毫米的微波区域内。1965年，大爆炸的余烬——微波背景辐射被发现了。整个宇宙都被这些光子所冲刷，它们沿着所有可能的方向运动。多少亿年前，当宇宙比现在小得多、热得多的时候，这些光子开始它们的旅程，最终在新泽西州贝尔实验室的天线上结束。这就是命运！

在这个发现之后，对波长分布的测量变得至关重要（请把书翻回去重新阅读第5章），这个工作最终也完成了。利用普朗克方程，这个测量工作使你能够得出曾被这些光子洗礼的宇宙物质（空间、恒星、星际尘埃、一个偶尔呼啸而过的脱离轨道的卫星）的平均温度。根据NASA从COBE卫星得到的最新（1991年）测量结果，这个温度比绝对零度高2.73开。这个剩余辐射也是热大爆炸理论的有力证据。

在列举成功之处的同时，我们也应该指出我们的困难所在，尽管这些困难最终被克服了。天体物理学家曾经非常仔细地测量过微波辐射，以求得太空不同区域的温度。这些不同区域的温度以异乎寻常的精度（优于0.01%）相吻合，这个事实值得人们思考。为什么？因为当两个物体的温度精确相等时，我们可以很合理地假设它们曾经接触过。然而，专家们肯定温度精确相同的不同区域从来没有接触过——不是"几乎没有"，而是"从来没有"。

天体物理学家能够说得这么绝对，是因为他们已经计算了当那些被COBE观测到的微波辐射发生时天空不同区域分开的距离。时间是大爆炸发生后 300 000

年，不是像我们所希望的那么早，但确实是我们能得到的最接近的结果。它显示：它们分开得非常远，即使以光速运动也不能使这两个区域发生相互作用。然而它们温度相同，或者非常接近相同。我们的大爆炸理论不能解释这一点。是失败吗？还是另一个奇迹？它可以用"因果律"或者各向同性、危机来解释。因果律是指在天空中从未发生接触的区域之间看起来似乎有着必然的因果联系。各向同性是指从大局来看，你看到的任何地方都是相同模式的恒星、星系、星团和星际尘埃。一个人可以生活在大爆炸模型当中，对于多少亿个从未相互接触的宇宙小块的相似性，他可以说这完全是巧合。但我们不喜欢"巧合"。如果你投资买彩票或者你是芝加哥小熊队的新球迷，发生奇迹没什么关系，但在科学中不行。当它们出现时，我们就会怀疑某种更加重要的东西隐藏在阴影背后。稍后我们再具体叙述。

一个拥有无限预算的加速器

大爆炸模型的第二个成功之处跟宇宙的组成有关。你以为世界由空气、泥土、水（我把火省略了）和广告牌组成，但如果我们用分光望远镜仔细地观察和测量，我们得到的大多数是氢和氦。它们占了宇宙的98%，其余的部分由其他的大约90种元素所构成。我们通过分光望远镜知道了轻一些的元素的相对数量——看！——大爆炸理论家们说，这些元素的丰度恰恰在预料之中。下面就说明我们是如何知道这一点的。

宇宙在诞生前就包含了目前所观察到的宇宙拥有的所有物质，也就是说，大约1 000亿个星系，每个里面有1 000亿颗恒星（你能听到卡尔·萨根的声音吗？）。你今天所能看到的一切都缩小成为比针尖还小得多的体积。实在太拥挤了！温度很高——大约10^{32}开，比目前的3开左右要高得多。因此，物质被分解成更加原始的成分。一个合理的图像是一碗"热汤",或者稠浆,它们由夸克和轻子组成(或者里面有的随便什么东西,如果有的话)。它们在高能量的作用下被碾碎并混合到一起,这个能量是 10^{19} 吉电子伏,或者是一个"后超导超级对撞机"物理学家能够想象并建造的最大的电子对撞机所能提供能量的万亿倍。引力在微观范围内影响巨大(但现在几乎不被理解)。

在这样一个奇特的开端之后,宇宙开始膨胀和冷却。在冷却过程中,碰撞变得不再那么剧烈。那些在宇宙幼年时期曾经亲密接触的夸克开始凝聚成质子、中子和其他强子。早些时候,这样的结合体会在剧烈的碰撞之后分离,但宇宙的冷却是无情的,碰撞也变得越来越温和。在宇宙诞生 3 分钟后,温度已经下降得足够低,质子和中子结合形成稳定的原子核(此前它们会迅速分解),这被称为核合成时期。既然我们懂得不少原子核物理学知识,那我们可以计算一下形成的化学元素的相对丰度。它们是极轻元素的原子核,重元素需要在恒星中慢慢"烹制"。当然,原子(原子核加电子)的形成要等到温度降到足够低,从而允许电子在原子核周围形成组态的那一时刻;而这个合适的温度直到 300 000 年前才达到。在那以前没有原子,我们也不需要化学家。一旦中性的原子形成了,光子就可以自由地运动,这就是我们后来得到微波光子信息的原因。

核合成是成功的:计算所得的丰度和测量所得是一致的。哇!因为这个计算结果是由核物理、弱相互作用和早期宇宙条件的紧密结合而得出的,这个一致对大爆炸理论是一个强有力的支持。

在讲这个故事的过程中,我也解释了内空间和外空间的结合。早期的宇宙只不过是一个拥有无限预算的加速器实验室。我们的天体物理学家必须知道关于夸克、轻子和作用力的一切,从而为宇宙演化建立模型。还有,正如我在第 6 章中所指出的,宇宙的一个伟大实验给粒子物理学家提供了数据。当然,在早于 10^{-13} 秒的时间里,我们对物理学定律非常不确定。

尽管如此,我们仍在对大爆炸领域和宇宙演化的理解方面不断取得进展。

我们的观察是在事件发生150亿年后进行的。在宇宙中传播了150亿年的信息偶然撞到我们的天文台上。我们也得到了标准模型，以及支持并试图扩展它的加速器数据的帮助。但理论家不耐烦了，来之不易的加速器数据给出的能量相当于宇宙存在了10^{-13}秒的时候。天体物理学家需要知道在更早的时间内的可操作的定律，所以他们鼓动粒子物理学家卷起袖子，写了大量的论文：希格斯粒子、统一场论、合成物（夸克内部的物质），还有许多推测性的理论。这些理论试图在标准模型之外来建造一座通往大自然的更完美描述的桥梁，以及一条通往大爆炸理论的道路。

理论，还是理论

现在是凌晨1点15分，在我的书房几百码之外，费米实验室的机器正在进行质子和反质子的碰撞。两个巨大的探测器在接收数据。由342个科学家和学生组成的CDF小组正在忙着检查他们新的5 000吨重的探测器。当然，不是所有人。一般来说，这个时候有一些人会在控制室里。在环的一半的地方，新的D-0探测器（它有321个协作者）正在进行调谐。这次运行已经维持了一个月，它在开始工作时通常不太稳定，但数据提取会一直持续大约16个月，中间暂停一次，为的是调整新加速器的相位，以增加碰撞速率。尽管寻找顶夸克是主要目标，但检验并扩展标准模型也是目标的基本部分。

在5 000英里外，我们的CERN同行也在努力工作，检验各种各样关于如何扩展标准模型的理论观点。但在这个出色而纯粹的工作进行的同时，理论物理学家们也没闲着。在这里我准备给出一个简单而互有联系的版本来描述以下3个最有吸引力的理论，这3个理论是：大统一理论、超对称理论、超弦理论。这里我们只能轻描淡写一番。有些思考真的是非常深刻，以至于只能被它们的创造者及其母亲和一些亲密的朋友所欣赏。

但首先得说说,"理论"这个词给它自身带来了普遍的误解。"那是你的理论"是一种很常见的嘲笑。或者"那只是一个理论",这就是我们滥用的后果。量子理论和牛顿理论都是我们世界观的成功的、经过验证的组成部分。它们是不容置疑的,我们只是在做进一步的推理而已。牛顿的思想在还没有被验证之前只是"理论",后来它被验证了,但名字没有变——它永远是牛顿理论。另外,超弦理论和大统一理论的研究是在我们现有知识的基础上,推广我们目前理解的推测性工作。好的理论是能经受检验的。以前,任何理论都必须满足这个必要条件。现在我们要对付的是大爆炸,这也可能是我们第一次遇到一个也许永远都不会被实验所证实的理论。

大统一理论（GUT）

我曾经描述了弱力和电磁力如何统一为由 4 种粒子（W^+、W^-、Z^0 和光子）传递的电弱力。我也曾描述过研究三色夸克和胶子性质的 QCD（量子色动力学）。这些力现在都被量子场论所描述,服从规范对称性。

将 QCD 和电弱力联合起来的尝试统称为大统一理论。在世界的温度超过 100 吉电子伏（大约是 W 粒子的质量,相当于 10^{15} 开）时,电弱统一就变得很明显。正如我们在第 8 章中记述的,我们可以在实验室里达到这样的温度。另外,大统一理论所说的统一需要 10^{15} 吉电子伏的高温,这是最狂妄的加速器制造者也想象不到的。这一估计通过检查测量弱力、电磁力和强力强度的 3 个参数而得到。有证据显示,这些参数事实上随着能量而改变,强力变弱,而电磁力变强。在能量为 10^{15} 吉电子伏时,这 3 个参数发生合并。这就是大统一发生的地方,这里自然定律的对称性是在一个更高的层次上。再说一次,这是一个有待验证的理论,但是测量到的强度变化趋势确实暗示：在这个能量附近会发生3种力的合并。

这里有为数很多的大统一理论，它们都有各自的兴衰时期。举个例子，一个早期GUT研究者预测质子是不稳定的，会衰变成一个中性π介子和一个正微子。在这个理论中质子的寿命是10^{30}年。而宇宙的寿命却短得多——大约10^{10}年，所以不会有很多质子衰变。质子的衰变将是难得一见的事件。记住，我们认为质子是一个稳定的强子——这也是件好事，因为一个稳定的质子对于宇宙和经济的未来都有好处。然而，尽管预计的衰变率是如此之低，实验却是可行的。比如说，如果它的寿命确实是10^{30}年，我们观察一个单独的质子一年，我们只有10^{30}分之一（10^{-30}）的概率能够看到衰变。反过来，我们可以观察很多质子。在10 000吨水中有大约10^{33}个质子（相信我），这将意味着每年会有1 000个质子衰变。

所以，雄心勃勃的物理学家们走到地下——俄亥俄州伊利湖下面的盐矿，日本富山下的铅矿，连接法国和意大利的勃朗峰隧道——以阻挡宇宙背景辐射。在这些深矿和隧道里，他们放置了巨大的盛有纯水的塑料容器，大约有10 000吨重。那将是一个边长大约70英尺的立方体。这些水被数百个巨大而灵敏的光电倍增管监控着，它们会探测出质子衰变时所释放的能量。到目前为止还没有观察到质子的衰变，但这并不意味着这些雄心勃勃的实验没有价值，因为它们建立了一种测量质子寿命的新方法。考虑到效率不高，质子的寿命肯定比年更长，如果这个粒子确实不稳定的话。

有趣的是，为质子衰变而付出的长期而不成功的等待被一个意想不到的惊喜带来了生气。我已经讲到过1987年2月的超新星爆发；而物理学家们在伊利湖和富山下的探测器中同时看到了中微子的爆发。中微子和光的结合与恒星爆发的模型符合得非常好。你真该看看天文学家多么扬扬得意！但质子并没有衰变。

大统一理论遇到了困难，但是大统一的理论家们仍然保持乐观。我们没有必要为验证该理论而建一个GUT加速器。大统一理论除了质子衰变以外还有其他可验证的结果。比如说，作为大统一理论之一的SU（5）理论预测粒子的电荷是量子化的，必须是电子电荷的三分之一的整数倍。（记得夸克的电荷吗？）这非常令人满意。另一个结果就是夸克和轻子联合形成一个家族。在这个理论里，夸克（质子内部）可以转化成轻子，反之亦然。

　　大统一理论预测了超重粒子（X玻色子）的存在，它们比质子重1 000万亿倍。如果它们真的存在并以实粒子出现的话，那还是有非常非常微小的影响的，比如罕见的质子衰变。对这一衰变的预测还是有点实际的含义——尽管有些不着边际。比如说，如果氢原子的原子核（一个质子）可以完全转化成辐射，它将提供一种比聚变能效率高100多倍的能源。一吨水所能提供的能量可供整个美国使用一天。当然，我们必须马上把水加热到大统一所需的温度。可能有些被麻木的幼儿园教师弄得与科学无缘的孩子们会认为，他们有更好的办法来完成这件事——帮帮这些教师吧！

　　在大统一温度（10^{28}开）范围内，对称性和简单性已经达到只有一种物质（轻子–夸克？）和一种由一些粒子传递的力。哦，对，引力，还在那儿摇摆呢。

超对称性

　　爱打赌的理论家们最喜欢超对称性。我们早就接触过超对称性了，这个理论将物质粒子（夸克和轻子）和力的传递者（胶子、各种W粒子……）结合在一起。它作出了大量的实验预测，但迄今为止还没有一个被观察到。但是这多么有趣啊！

　　我们有引力微子、W微子、胶微子、光微子——引力子、W粒子和其他粒子的类似物质的伴随粒子。夸克和轻子也分别有它们的超对称伴随粒子：标量夸克和标量轻子。这个理论的责任就是要说明：为什么每一个已知粒子的伴随粒子都没有被发现。哦，理论家们说了，别忘了反物质。在20世纪30年代以前，人们做梦也想不到每一个粒子都有它的孪生反粒子。记住，任何建立起来的对称性必然是要被打破的（就像镜子一样？）。这些伴随粒子一直没有被发现是因为它们很重——建造一个足够大的机器，它们就会全部出现。

数学理论家向我们担保说，这个理论有着辉煌的对称性，除了它可恶的粒子繁殖。超对称性也承诺将我们带向引力的纯量子理论。此前将我们的引力理论——广义相对论——量子化的努力一直在被无穷大难题困扰，这些无穷大无法被重正化。超对称性承诺将带领我们进入一个优美的引力量子理论。

超对称性也"教化"了希格斯粒子，它如果失去对称性，将无法完成发明它时所被赋予的任务。希格斯粒子作为一个标量玻色子（0自旋），对它周围的真空特别敏感。它的质量受到空间中短暂存在的所有物质的虚粒子的影响，每一个虚粒子对其能量和质量都有贡献，直到可怜的希格斯粒子越来越胖，从而难以挽救电弱理论。超对称性的伴随粒子用它们相反的符号影响着希格斯物质。也就是说，W粒子使希格斯粒子变重，而W微子则消除这个效果。所以，这个理论允许希格斯粒子拥有可接受的质量。但是，这一切并不证明超对称性是正确的。它只是美的。

这个问题还远远没有解决，烦人的话题又出现了：超引力、超空间几何学——优雅的数学和令人望而却步的复杂性。但一个吸引人的实验结果是，超对称性慷慨地为暗物质和稳定的中性粒子提供了候选者，它们可以有足够的质量与可观察宇宙中大量存在的物质相抗衡。假定超对称粒子在大爆炸时代生成，预测粒子中最轻的一个——可能是光微子、希格斯微子或是引力微子——能够作为稳定的剩余物组成暗物质而幸存，这也使天文学家心满意足。下一代的机器必须证实或者否定超对称性……但是，哦，哦，哦，多漂亮的妞！

超弦

　　我相信是《时代》杂志无休止地对粒子物理学词汇进行修饰，把它吹捧成"万物理论"（TOE）。最近出的一本书写得好一点：《超弦，万物理论？》（这样读起来能引发思考）。弦理论承诺可以统一描述所有的作用力（甚至是引力），所有的粒子、空间和时间，而没有任意参数和无穷大。简而言之，即所有一切。基本的前提是用短弦来代替点粒子。弦理论的特点体现在它的结构上，它推动了数学前沿的发展（就像过去物理学经常做的那样），把人类想象力的概念限制也推到了极点。这个理论的产生有它的历史和英雄：韦内齐亚诺（Gabriele Veneziano）、施瓦茨、内沃（André Neveu）、拉蒙（Pierre Ramond）、哈维（Jeff Harvey）、谢克（Joe Sherk）、格林（Michael Green）、格罗斯和一位名叫威滕（Edward Witten）的天才鼓动家。其中有4位杰出的理论家在新泽西州一个偏僻的研究所里一起工作，被称为"普林斯顿弦乐四重奏"。

　　弦理论是一个关于很遥远的地方的理论，几乎与亚特兰蒂斯和奥兹国*一样遥远。我们将要讨论的是普朗克的领域。如果它确实存在（就像奥兹国一样），它将是大爆炸宇宙论最早出现的地方。我们没有任何办法幻想得到那个时代的什么实验数据，但这并不代表我们不应该坚持下去。假设一个人发现了一个数学自洽的理论（没有无穷大量），它在某种程度上描述了奥兹国，并以我们的标准模型作为它能量极低的结果。如果它还是唯一的——没有竞争者能够做到同样的事——那么我们都可以高兴地放下我们的铅笔和馒刀。超弦并不喜欢唯一。在超弦理论的大前提中有非常多的可能途径获取数据。让我们看看这个理论还有什么特点（尽管我们并不想假装去解释它）。哦，对了，在第8章中提到过，它需要10个维数：9个空间维数和1个时间维数。

　　现在我们都知道只有三维空间，尽管我们刚刚想象过自己生活在一个二维

---

*　亚特兰蒂斯系传说在大西洋中沉没的岛；奥兹国源自《绿野仙踪》，指神奇的地方。

的世界。为什么不是九维？"它们在哪里？"你问对了。卷起来了。卷起来了？嗯，这个理论是从引力开始的（它建立在几何学的基础上），所以我们可以想象那六维被卷进了一个小球。这个球的大小的典型值是普朗克尺度——10^{-33}厘米，大约是那个代替点粒子的弦的大小。我们所知的粒子以这些弦振动的方式出现。一个伸长的弦（或者线）有无穷多种振动模式，这就是小提琴或者是琵琶的基本原理。实际弦的振动可以分为基本音符和它的和弦即频率模式。微弦的数学机制与此相类似。我们的粒子来自那些频率最低的模式。

我无法形容是什么使这个理论的提倡者这么兴奋。威滕几年前在费米实验室对所有这一切做了一个颇具吸引力的精彩报告。当他做总结时，在掌声响起之前几乎有10秒钟的沉默（这已经很长了），我还是头一次遇到这样的情况。我冲回我的实验室想把我听到的东西解释给我的值班同事听，但当我回到实验室的时候，大部分都忘了。狡猾的演讲者只是让你觉得你明白了。

由于这个理论遇到了越来越困难的数学和各个可能方向上的衍生问题，超弦理论的进展和热门程度也降到了一个更为合理的水平。现在我们只能等待。每一个有能耐的理论家都会对它保持兴趣，但我怀疑TOE要赶上标准模型还需要很长时间。

平坦和暗物质

在等待理论援救的同时，大爆炸理论还有一些难题。让我再选择一个问题，它使物理学家们大惑不解，即使它使我们——不管是实验家还是理论家——在（宇宙的）最初状态方面获得了一些含糊的概念。它被称为"平坦问题"，并有着特别的人文内涵——对于宇宙是否将永远膨胀下去，还是将反过来经历一个收缩阶段的几乎病态的兴趣。这个问题在于宇宙有多大的引力质量。如果足够大，那么膨胀就会逆转，我们就会面临"大挤压"。这被称为封闭宇宙。如果没有足够的引力质量，宇宙将永远膨胀下去，变得更冷——开放宇宙。在这两种机制之间有一个"临界质量"，如果宇宙正好有足够的质量，则可以减缓膨胀，但不足以使其逆转——这就叫平坦宇宙。

下面打个比方，想一想将一枚火箭射离地球表面。如果我们给这枚火箭的速度太小，它将落回到地面（封闭宇宙），因为地球的引力太强了。如果我们给它一个巨大的速度，它就可以挣脱地球引力，飞入太阳系中（开放宇宙）。显然这里有一个临界速度，速度稍稍小于它就会使火箭落回来，稍大一点就会使火箭脱离地球。在速度刚好的时候，就是平坦的。火箭飞离地球，但速度越来越小。对于我们地球上的火箭来说，这个临界速度是 11.2 千米/秒。现在，模仿这个例子，想想一个有固定速度的火箭（大爆炸），并问一问行星（整个宇宙的质量密度）有多重才能逃离或飞回。

我们可以通过数星星的办法来估计宇宙的引力质量（已经有人这么做过了）。单独来看，这个数量太小，因而难以制止宇宙的膨胀；它预言了一个开放的宇宙并留有很大的余地。然而，有很有力的证据表明：存在着一种非辐射性物质，即"暗物质"，它们在宇宙中无处不在。当这些观察到的物质和估计的暗物质合在一起的时候，测量结果表明：宇宙中的质量接近于临界质量——不少于 10%，也不大于两倍。因此，宇宙最终将继续膨胀或是收缩还没有定论。

暗物质的可能候选者有很多。当然，它们的大多数是粒子，并有着富于想象力的名字——轴子、光微子——这是我们亲爱的理论家和发明家取的名字。一个最具吸引力的可能是：暗物质是一个或多个标准模型中的中微子。这些在大爆炸时代留下的难以捉摸的物体应该有巨大的密度。如果……如果它们具有有限的静止质量，那么中微子将是理想的候选者。我们已经知道，电中微子太轻了，那么就还剩下两个候选者，其中 τ 中微子是最令人满意的。这有两个原因：（1）它存在；（2）我们对它的质量几乎一无所知。

不久以前，我们在费米实验室进行了一个创造性的、精妙的实验，这个实验被设计用来探测 τ 中微子是否具有能用来封闭宇宙的有限质量（这里，宇宙学的需要促成了一个加速器实验，这是一个粒子-宇宙学的结合。）

想象在一个寒冷的冬夜，在大风吹过的伊利诺伊大草原上，一个值班的研究生被关在一间电子小屋里。数据已经积累了8个月。他检查着实验的进程，每天例行公事的一部分是检查中微子质量效应的数据。（你不用去直接测量质量，但质量的影响会引起一些反应。）他通过计算进行整个数据的抽取工作。

"这是什么？"他突然警觉起来。他难以相信屏幕上显示出来的东西。"哦，我的天！"他运行计算机检查。都是肯定的。那里有——质量，足够封闭整个宇宙！在他的53.2亿个同胞中，这个22岁的研究生独自一人在这个星球上经历了这个难以置信的、令人窒息的确凿消息，他知道了宇宙的未来。这是一个重要发现的时刻！

嗯，想起来是一个很不错的故事。研究生那部分是真的，但实验没有检测到任何质量。那个实验还不够好，但本来应该能……可能有一天能做得足够好。读者们，请将这段话读给您天真的孩子听听！告诉他：（1）实验经常失败；（2）实验也不总是失败。

查尔顿、戈尔达和古思

但即使还不理解宇宙是怎样具有一个平坦宇宙所需的临界质量，我们对此仍非常确定。我们将会看到这是为什么。在自然界能够为它的宇宙选择的质量中（比如说是临界质量的 10^6 倍或者 $1/10^{16}$），它选择了一个接近平坦的。事实上情况比这更糟。宇宙从两种互相对立的命运——立刻膨胀开去或立刻收缩——中存活下来150亿年了，这看起来简直是个奇迹。它表明在宇宙年龄为

1秒钟的时候，其平坦程度必须进行完美的选择。如果它偏离了一点点，这一边，我们可能在单个原子核产生之前就被碾得粉碎；如果偏向另一边，宇宙膨胀到现在这个时候已经变得冰冷而死气沉沉。这又是怎样的一个奇迹啊！很多科学家可能将那个明智的上帝看作查尔顿·赫斯顿（Charlton Heston）型的神灵——留着长胡须、眼里闪着奇怪的激光，或者（在我看来）玛格丽特·米德（Margaret Mead）型、戈尔达·迈尔（Golda Meir）型或玛格丽特·撒切尔（Margaret Thatcher）*型的神灵。上帝的"合同"清楚地说明自然定律不会被修改，它们是怎么样就怎么样。这个平坦问题中有太多的奇迹，人们在寻找原因让它变得"自然"。这就是为什么我的研究生忍受着寒冷，试图去确定中微子到底是不是暗物质。他想知道是无限膨胀还是大挤压。我们也是。

　　平坦问题、三度均匀辐射问题和大爆炸模型中的其他一些问题，已经在1980年被MIT的粒子理论学家古思（Alan Guth）解决了——至少在理论上是如此。他的改进版本就是"暴胀大爆炸模型"。

暴胀和标量粒子

　　在过去150亿年的简要历史中，我忘了提到宇宙的演化在很大程度上包含在爱因斯坦的广义相对论方程中。一旦宇宙温度降低到10^{32}开，经典（非量子）的相对论就占主导了，后面的情况实际上都是爱因斯坦理论的结果。不幸的是，发现广义相对论强大力量的不是它的主人，而是它的追随者。1916年，在哈勃（Edwin Hubble）和克努布之前，宇宙被认为是非常稳定的、静态的物体，爱因斯坦犯了他自称的"最大的错误"——他在他的方程中加上了一项，以防止出现预言中的膨胀。因为这不是一本关于宇宙学的书（有很多这类优秀的

*　以上列举的都是 20 世纪的名人，其中赫斯顿为演员，米德为社会学家，迈尔和撒切尔是女政治家。

书），我们很难对这些概念做到公平，它们中的很多内容已经超出了我的工作范围。

古思发现的是一个符合爱因斯坦方程组的过程，它产生了一种非常大的爆破力并使得宇宙迅速膨胀。宇宙在大约 10^{-33} 秒的时间内，尺寸从比一个质子（10^{-15} 米）小很多膨胀到跟一个高尔夫球差不多大。这个暴胀过程受到了一种新场的影响，一种无方向（标量）场——这种场一板一眼都像……希格斯粒子！

就是希格斯粒子！天体物理学家在一种全新的背景下发现了希格斯物质。希格斯场在这个被我们称作"暴胀"的预膨胀宇宙事件中扮演什么角色呢？

我们已经注意到希格斯场和质量的概念密切相关。导致剧烈暴胀的是这样一个假设，它认为暴胀前的宇宙充满了希格斯场，其能量非常大，导致了非常迅速的膨胀。所以，"在一开始就存在希格斯场"可能跟事实出入不大。希格斯场在空间中是恒定的，它遵循物理定律，随着时间发生变化。这些定律（加入爱因斯坦方程组中）产生了暴胀阶段，它发生在宇宙产生后的 10^{-35} 秒到 10^{-33} 秒这个巨大的时间间隙中。理论宇宙学家将初始状态描述为"假真空"，是因为希格斯场有能量成分。能量释放产生粒子和辐射，最终使它转变成了真的真空，这都是在开始时极高的温度下发生的。接下来，就是我们更加熟悉的大爆炸，它相对来说安静点，膨胀和冷却开始了。10^{-33} 秒以后宇宙已经被确定了。"今天我是一个宇宙。"有人对这一瞬感叹道。

希格斯场曾经代表了创造粒子的所有能量，它临时隐退，又几次在不同的伪装下出现，目的是保持数学上的一致性，消除无穷大，管理由于作用力和粒子继续分化而产生的越来越多的复杂关系。这就是辉煌灿烂的"上帝粒子"。

现在等一下，我还没有把这些补全。这个理论的创始人古思是一位年轻的粒子物理学家，他试图去解决看起来完全不同的问题：标准的大爆炸模型预测了磁单极子——分离的单极——的存在。寻找磁单极子是粒子猎手最喜欢的游戏，每一个新建造的机器都曾寻找过磁单极子，但都没有成功。所以磁单极子至少是非常稀少的，尽管那个荒谬的宇宙学预言说有大量的磁单极子存在。作为一个业余的宇宙学家，古思在试图通过修正大爆炸宇宙来消除磁单极子时产生了暴胀的想法；进而，他发现，通过改进暴胀观点可以解决宇宙论的所有其他缺陷。古思后来评价说，他非常幸运做出了这个发现，因为所有的组成部分都是已知的——这也说明了天真对于创造性工作的好处。泡利曾经抱怨自己缺乏创造性："唉，我懂得太多了。"

为了完成对希格斯最后的赞颂，我应该简单解释一下这种迅速膨胀是如何解决各向同性、因果律和平坦性这 3 个危机的。暴胀发生的速度远远大于光速（相对论对空间能膨胀多快并没有限制），这正是我们所需要的。在一开始，宇宙的各个小区域是紧密接触的。暴胀使这些区域大大膨胀，并自然地把它们分成不相连的区域。在暴胀以后，膨胀的速度小于光速，所以，当它们的光到达时，我们不断发现宇宙的新区域。"啊，"宇宙的声音在说，"我们又见面了。"现在它们跟我们类似，对这一点的认识不会再引起人们震惊了：各向同性！

平坦性？暴胀的宇宙做了清楚的陈述：宇宙处于临界质量；膨胀将不断减缓，但永远不会逆转。平坦性：在爱因斯坦的广义相对论中，一切都是几何。质量的存在使得空间发生弯曲；质量越大，曲率越大。一个平坦的宇宙是两种弯曲类型的临界条件。大质量使空间向内弯曲，就像球体表面一样。这产生吸引力并趋向于封闭的宇宙。小质量使空间向外弯曲，就像马鞍的表面。它趋向于一个开放的宇宙。平坦代表一个具有临界质量的宇宙，处于向内弯曲和向外弯曲"之间"。暴胀有这样的效应，它将很小的弯曲空间拉得很大，使它变得平坦——非常平坦。对于绝对平坦以及处于膨胀和收缩临界点的宇宙的预测，可以通过确认暗物质和继续测量其物质密度来得到验证。关于这一点，天体物理学家已经肯定地告诉我们它即将完成。

暴胀模型在其他方面的成功使它获得了广泛的承认。比如，大爆炸宇宙有一个"小小"的烦恼，就是它不能解释为什么宇宙存在这么多团块结构——星系、恒星以及其他。定性地说，那些团块结构没有什么问题。由于偶然的波动，有些物质脱离等离子体结合在一起。稍强的引力吸引其他物质，使引力越来越强。这个过程继续下去，星系迟早会形成。但细节表明：如果只是靠"偶然的波动"，这个过程就太慢了，所以星系形成的种子肯定在暴胀阶段就种下了。

那些考虑这些种子的理论家把它们想象成在最初物质分布时的很小（小于0.1%）的密度变化。这些种子从哪里来呢？古思的暴胀理论提供了一个很吸引人的解释。这必须回到宇宙历史的量子阶段，在暴胀过程中，奇异的量子力学波动可能导致不规则的产生。暴胀将这些微小的波动放大到跟星系的大小相当的尺度。最近，由COBE卫星进行的观察（1992年4月公布）表明，各个方向上的微波背景辐射温度差别很小。这与我们的暴胀情节一致，是很令人高兴的。

COBE所看到的一切反映了宇宙年轻时——只有300 000岁——的条件，它们也打上了暴胀引起的质量分布的烙印，在密度高的地方热一些，密度低的地方就冷一些。观察到的温度差异提供了形成银河系所需的种子存在的实验证据。难怪这则新闻成为全世界报纸的头条。这个温度差异只有百万分之几度，实验需要特别小心，但这是多么大的回报啊！人们可以在这些均匀的胶状物中发现那些团块结构的证据，这些结构预示了星系、恒星、行星和我们的存在。"这就像见到了上帝的脸。"欣喜若狂的宇航员斯穆特（George Smoot）说道。

帕格尔斯表达了他的哲学观点。他强调说，暴胀阶段就是最终的巴别塔，它将我们跟过去发生的一切有效地分割开，拉伸并稀释曾经存在的所有结构。所以，尽管我们知道关于初始状态也就是从10^{-33}秒到10^{17}秒（现在）的激动人心的故事，但总是有那些烦人的孩子说：是的，宇宙存在了，可它是怎么开始的呢？

　　1987年，我们在费米实验室召开了一次名为"上帝之脸"的会议，一群天体物理学家、宇宙学家和理论家聚集在一起讨论宇宙是如何开始的。这个会议的官方名字是量子宇宙学，它取这个名字是因为这样专家们可以照顾到那些还不甚知晓的领域。我们还没有令人满意的量子引力理论存在，而没有它就没有办法应付更早些时候宇宙的物理条件。

　　会议的花名册是一个奇异的名人录，其中有霍金、盖尔曼、泽尔多维奇、林德（Andrei Linde）、哈特尔（Jim Hartle）、特纳（Mike Turner）、科尔布（Rocky Kolb）和施拉姆（David Schramm）。讨论是抽象的、数学的，也非常生动。对我来说大多数很难懂。我最欣赏的是霍金关于宇宙起源的总结发言。那是在星期天的早晨，当时大约有 16 427 个其他布道者在 16 427 个讲坛上说着差不多相同的主题。霍金的演讲是通过合成器传出来的，这让他显得更有权威。通常他都有一些有趣而复杂的东西要讲，但他很简单地表达了最深刻的思考。"现在宇宙是这样，是因为过去宇宙曾经是那样。"他悠悠地说。

　　霍金说，量子理论在宇宙学应用上的任务，就是具体地描述宇宙诞生那一瞬间的起始条件。他的假设前提是合适的自然定律——我们希望它由现在正在读三年级的某个天才完成——将接管并描述后来的演化。这个新的伟大理论必须集成对宇宙初始条件的描述，它是在对自然定律完美理解的基础上形成的，所以可以解释所有的宇宙学观测报告。它也必须将20世纪90年代的标准模型作为它的一个必然结果。如果在这个突破之前，我们已经通过超级对撞机得到的数据获得了一个新的标准模型，它对从比萨斜塔实验以来的所有数据有更简洁的说明，这样就会好得多。喜欢挖苦人的泡利曾经画了一个空的长方形，然后声明他已经复制了提香最好的作品——只是遗漏了细节。事实上，我们"宇宙的诞生和演化"这幅油画还需要更多的描绘。但框架是很美的。

时间开始之前

让我们再回到诞生之前的宇宙。我们生活在一个我们知之甚多的宇宙。就像一个从一块胫骨的碎片推想乳齿象的古生物学家，或者一个借助一些古代的石头就能使消失很久的城市重现的考古学家，我们得到了从实验室世界获取的物理定律的帮助。我们确信（尽管现在我们还不能证明这一点）：倒转回去，只有一个事件的序列可以通过自然界定律把我们从我们观察到的宇宙带到最开始和"从前"。这个自然规律甚至在时间开始前就存在了，只有这样宇宙的开始才会发生。我们说，我们相信这一点，但我们能证明它吗？还有，"时间开始前"是什么样的？现在我们已经离开物理学，来到了哲学的领域之中。

时间的概念和事件的出现联系在一起。一件事的发生记录了一个时间点。两件事定义了一段时间。一个规则的事件序列可以定义一个"时钟"——心跳、钟摆、日升日落。现在，想象一个什么事都没有发生的情况。没有嘀嗒声，没有一日三餐，没有任何事发生。这可能就是宇宙"以前"的状态。大事件——大爆炸是一个伟大的事件。除其他事物以外，它还创造了时间。

我说的是，如果我们不能定义一个时钟，那我们就不能赋予时间意义。考虑一下粒子衰变的量子观点。以我们的老朋友介子为例。在它衰变以前，我们没有办法在介子的宇宙中确定时间。它没有任何改变。它的结构（如果我们理解了一些东西的话）是相同的、不变的，直到它在自己私人版本的大爆炸中发生衰变。将这跟我们人类退化的经历对比一下。相信我，有很多迹象表明，这个退化正在进行甚至还很明显！在这个量子世界中，像"什么时候介子衰变""什么时候发生大爆炸"这样的问题是没有意义的。另外，我们可以问这样的问题："大爆炸发生多久了？"

我们可以努力去想象大爆炸前的宇宙：没有时间，没有特征，但却是用一种难以想象的方式体现着物理定律。这些使宇宙——像拥有介子的宿命——以有限的概率去爆炸、变化、转变、状态改变，等等。这里，我们可以改进我们用来引出本书时所用的比喻。我们再把最初的宇宙和一个在高耸的悬崖上的巨石相比，但这次它坐在一个水槽中。依经典物理学来说这是稳定的。然而，量子物理学允许隧道效应——一个我们在第 5 章中研究过的奇特的效应，第一起事件就是这块巨石出现在水槽的外面，呀，它掉出了悬崖，下落并释放其潜在的能量，创造了我们现在所知的宇宙。在这个想象的模型中，我们亲爱的希格斯场扮演了比喻中悬崖的角色。当我们将宇宙逆转回到开始时，能够看到时间和空间的消失让我们感到很欣慰。在时间和空间趋于零时，我们用来解释宇宙的方程不再成立，也不再有意义。在这一点上，我们已完全处在科学之外。可能这时空间和时间也失去了意义；它给了我们这样的可能：概念的消失是平滑地发生的。留下了什么呢？留下的一定是物理定律。

当我们研究所有这些关于空间、时间和起源的优美的新理论时，一个明显的挫折出现了。与科学史上的所有其他阶段相反——当然是从 16 世纪开始，我们没有办法解决实验和观测的问题，至少近期是不可能的。即使在亚里士多德的年代，人们可以（冒险）去数马嘴里的牙齿，然后加入关于马的牙齿数量的辩论中去。而现在我们的同事正在为一个只有些许数据的论题而辩论——宇宙的存在。这理所当然地把我们带到这本书的古怪的副书名上：如果宇宙是答案，可该死的，谁知道问题是什么呢*。

回到希腊

现在已经快到早上 5 点了，我懒洋洋地瞅了一眼第 9 章的最后几页。出书的最后期限过了很长时间了，我现在已经没有灵感了。突然，我听到在巴达维亚

---

*　本书原版副书名为"If the Universe Is the Answer, What Is the Question?"即"如果宇宙是答案，那么问题是什么？"

我们的旧农舍外面有一阵骚动。马圈里的马在乱转，互相踢着。我走出来，一
眼就看到了这个穿着一件宽袍和一双崭新便鞋的家伙走出谷仓。

莱德曼：德谟克利特！你在这里干什么？

德谟克利特：这些也叫马吗？你应该看一看我在阿布德拉养的埃及战马。它们
有17条腿甚至更多。它们能够飞！

莱德曼：噢！哎，你怎么样？

德谟克利特：你有一小时时间吗？我被邀请到弱场加速器的控制室去，它于
2020年1月12日刚刚在德黑兰启动。

莱德曼：哇，我能去吗？

德谟克利特：当然，如果你行动起来的话。现在，握住我的手说一声 $\Pi\lambda\alpha\nu\chi\kappa$
$\mathrm{M}\alpha\sigma\sigma$（普朗克质量）。

莱德曼：$\Pi\lambda\alpha\nu\chi\kappa\ \mathrm{M}\alpha\sigma\sigma$。

德谟克利特：大点声！

莱德曼：$\Pi\lambda\alpha\nu\chi\kappa\ \mathrm{M}\alpha\sigma\sigma$！

突然之间我们已经来到了一个令人惊讶的小房间——星际飞船"进取号"
（Enterprise）的控制舱，与我预想的完全不同。这里有一些放着清晰画面的多彩
屏幕（高清晰度电视），大批的示波器和拨号器不见了。在一个角落里，一群小
伙子和姑娘们正在进行生动的讨论。我旁边的一个技术人员在一个手掌大小的
盒子上按动按钮，看着一个屏幕。另一个技术人员正对着麦克风说波斯语。

莱德曼：为什么在德黑兰？

德谟克利特：哦，在世界回归和平之后的一些年里，联合国决定将"新世界加
速器"放在古代世界的十字路口。这里的政府是最稳定的，同时也有更好

的地质条件，靠近廉价的能源、水和技术工人，还有阿布德拉南部最好的羊肉串。

莱德曼：现在在做什么？

德谟克利特：这个机器正在进行 500 太电子伏的质子–反质子碰撞。自从 2005 年超级对撞机发现了 422 太电子伏的希格斯粒子后，人们一直怀有强烈的愿望去探究"希格斯象限"，来看看还有没有更多的希格斯粒子。

莱德曼：他们发现希格斯粒子啦？

德谟克利特：一种希格斯粒子。但他们认为存在一整族的希格斯粒子。

莱德曼：还有什么其他的？

德谟克利特：哦，嗯，是的。当在线数据显示有 6 个喷注和 8 个电子对这一怪诞事件时，你应该在这儿。到现在为止，他们已经看到了几个夸克、胶微子和光微子……

莱德曼：超对称性？

德谟克利特：是的。一旦机器的能量超过 20 太电子伏，这些小家伙就蹦出来了。

德谟克利特召来一个操着浓重波斯口音的人，很快，几杯热气腾腾的牦牛奶就送到了我们手中。当我索要一个显示屏看看发生了什么时，有人把我的虚拟现实头盔合紧，那些从只有上帝才知道的计算机中产生的数据所组成的事件飞快地从我眼前闪过。我注意到，2020 年的这些物理学家（要在我的年度，他们还是学前儿童）还需要用勺子灌输信息进去。一个梳着奇特的非洲发式的高个黑人姑娘，拿着一个看起来像是笔记本电脑的玩意儿闲逛着。她好笑地看着我，仿佛眼前没有德谟克利特这个人似的。"蓝牛仔，就像我的祖父曾经穿过的一样。看你这身行头，一定是从联合国总部来的吧！你在视察我们吗？"

"不，"我说，"我是从费米实验室来的，而且我已经有好几年不干了。现在情况怎么样？"

下面的一个小时在眼花缭乱的解释中度过：神经网络、喷注算法、顶夸克和希格斯校准点、真空沉积钻石半导体、飞比特，还有更糟的——25年来的实验进展。她是从密歇根来的，从一所有名的底特律理科高中毕业。她的丈夫是哈萨克斯坦的一个博士后，在基多大学工作。她解释说，那座机器的半径只有100英里，这个合适的尺寸在1997年室温超导实现突破后才得以发现。她的名字叫梅塞德斯。

梅塞德斯：嗯，超级碰撞研发小组在这些新材料上遇到了困难，他们捕获到了铌合金中的奇特效应。事事相关，我们突然有了这个在50华氏度开始有超导现象的针晶材料，这个温度相当于凉爽的秋天的温度。

莱德曼：临界场是多少？

梅塞德斯：50特！如果历史没记错的话，你的费米实验室的机器能达到4特。今天已经有25家公司制造或生产这种材料了。在2019财政年度，它的经济效益大约是3 000亿美元。飘浮在纽约和洛杉矶的超级列车运行速度达到了每小时2 000多英里。大量的钢丝绒经过新物质的激发之后，可以给世界上大多数的城市提供纯净水。每周我们都能看到一些新的应用。

一直静静地坐着的德谟克利特，这时讨厌地插进了这个中心话题。

德谟克利特：你看到过夸克内部吗？

梅塞德斯：（摇着头，微笑着）这是我的博士论文课题。最好的测量结果来自上一次超级对撞机实验。夸克的半径难以置信地比厘米还小。目前我们能说的是，夸克和轻子是你能得到的最近似于点的粒子。

德谟克利特：（蹦跳着鼓掌，歇斯底里地笑着）"原子"！它终于来了！

莱德曼：有什么奇怪的吗？

梅塞德斯： 嗯，利用超对称性和希格斯粒子，从纽约市立大学来的年轻理论

家——一个叫蒙特阿古多（Pedro Monteagudo）的家伙——推出了一个新的

超对称-大统一方程，成功地预测了所有夸克和轻子中由希格斯产生的物

质，就像玻尔解释氢原子中的能级一样。

莱德曼： 哦！是真的吗？

梅塞德斯： 是的，蒙特阿古多方程已经取代了狄拉克、薛定谔和其他所有的观

点。看看我的T恤吧。

好像我需要这样一个邀请。但当我仔细看那上面显示的奇怪图形时，我感

到模糊和地震般的头晕目眩，然后它们都消逝了。

"倒霉。"我已经回到了家里，从我的论文上抬起头来，脑袋都大了。我注

意到一个影印的新闻标题：**超级对撞机的国会拨款受到质疑**。计算机的调制解

调器在"嘟嘟"作响，来了一封电子邮件，邀请我去华盛顿出席关于超导超级

对撞机的参议院听证会。

再见

亲爱的朋友，我们从米利都开始已经走了很长的一段路了。我们在科学的

道路上穿越了古今世界。非常抱歉，就这么飞快地掠过了许多大大小小的里程

碑。但我们已在一些很重要的地方驻足停留：牛顿和法拉第，道尔顿和卢瑟福，

当然还在麦当劳吃了汉堡包。我们看到了内空间和外空间的合作。就像在一条

丛林密布的蜿蜒小路上行驶的司机，我们偶尔也能看到被树林和雾霭遮挡的高

耸的大厦：2 500年来的智慧结晶。

一路上我试图插进一些科学家的逸闻趣事。把科学家和科学区分开是很重要的。科学家通常也是普通人。正因为如此，他们才有着很强的多样性，使得人们如此……如此有趣。科学家有的很安静，也有的雄心勃勃；他们有的受好奇心驱动，也有的是为了一己私利；他们有的有着天使般的美德，也有的贪得无厌；他们有的绝顶聪明，也有的年老时还像孩子般天真。寻根问底，神魂颠倒，心灰意懒……在这个叫作科学家的人类子集中，有无神论者，有不可知论者、厌战者、虔诚的教徒，还有人认为创世者是神——不管是圣人，还是像《绿野仙踪》中的摩根一样有些装模作样。

科学家之间能力的差距也是巨大的。这是允许的，因为科学既需要建筑大师，也需要混凝土操作工人。我们之中有权威至上的人，有绝顶聪明的人，有心灵手巧的人，有直觉灵敏的人。但对于科学来说，最最重要的还是——运气。这里面甚至也有笨蛋……笨蛋！

"你是指别人相对于你来说的吧。"我的母亲有一次抗议道。

"不，妈妈，是像其他的笨蛋一样笨。"

"那他是怎样得到博士学位的？"她感到疑惑。

"坚持，妈妈。"坚持是一种耐着性子把工作干完的能力，一遍又一遍地做，直到把工作完成。那些颁发博士学位的也是人——迟早他们会让步的。

那么，如果有什么是我们称作科学家的人类联合体的共性的话，那就是我们中的每一个人为科学这座智慧大厦做出贡献时的那份骄傲和崇敬。它可能是一块小心翼翼地放进去的砖块，或者是由我们的大师们安上的雅致的横梁。我们建设科学大厦时带着一种敬畏的感觉，充满了怀疑的色彩。我们带着我们到来时发现的东西，带着所有的人类的变化，从各个方向为这一目标进行努力。这里每个人都有他自己的文化和语言，但在建设科学之塔的共同任务中都能立即进行交流、理解，并且心心相印。

现在，是让你回到你的现实生活中的时候了。在过去的3年里，我一直渴望着这一切能够结束。我承认我会想念你们的——我的同事和读者。在我埋头灯下的静谧之夜，你一直是与我同行的忠实伙伴。我已经将你想象成退休的历史教师、赛马场的赌注登记人、大学生、卖酒的商人、摩托修理工、高中二年级学生。当我需要振奋一下时，你就变成了一个抚摸着我的脑袋瓜的美艳绝伦的伯爵夫人。就像一个看完小说的读者不愿意离开里面的人物一样，我会想念你们的。

物理学的终结？

在走之前我要为最后的这次 T 恤生意说几句话。我可能曾给你留下这样的印象：上帝粒子一旦被理解清楚，将会最终告诉我们宇宙是怎样运行的。这是真正的思想家的事情，是粒子理论家们带着薪水深刻思考的领域。他们中的一些人相信，还原论终将会有结果，我们将从本质上知道所有的一切。然后，科学将集中在复杂的事物上：超级巴克球、病毒、早晨的交通堵塞、仇恨和暴力的救治……所有这些东西。

还有另一种观点——我们就像在广阔的海岸边玩耍的孩子［在格拉斯（Bentley Glass）的比喻中］。这个观点允许真正无尽的边际存在。在上帝粒子的背后揭示了一个辉煌的、令人目眩的世界，但却是我们的眼睛终将适应的一个世界。很快我们便会察觉到，我们并没有得到所有的答案：电子、夸克和黑洞里面到底有什么呢？这些问题将引导着我们继续探究下去。

我想我更喜欢乐观主义者（或者是不怕失业的悲观主义者？），那些相信我们将"知道一切"的理论家。但我心中的实验主义者却让我不能这样自大。徜徉在通往奥兹国或普朗克物质以及通往那个事件（宇宙诞生）发生 10^{-40} 秒以前时代的道路上，我们从米利都到沃克西哈奇的旅行，看起来就像是在温纳贝戈湖上愉快地巡游。我想的不仅是围绕太阳系运行的加速器和像大厦一般的探测器，不仅是我的学生和学生的学生们牺牲的成千上万个小时睡眠时间，我担心的是我们的社会为了继续我们的探索事业而必须唤起的必要的乐观情绪。

我们确实知道的和我们在10年以内即将知道的更完美的知识，可以用超导超级对撞机的能量来衡量：40兆兆伏。为了让即将到来的超导超级对撞机的碰撞显得更加合理，必然还会有一些更为重要的现象在这么高的能量下发生，甚至它还会有为我们提供绝对惊奇的无限可能。在新的自然规律的作用下，我们会发现存在于夸克内的古代文明。也许那种自然规律对我们现在来说是难以想象的，就像今天的量子理论（或者铯原子钟）对于伽利略一样。嗬！在白衣人到来之前，让我转到另一个经常提起的问题。

让人震惊的是，我们那些在别的方面才华横溢的科学家们竟然经常忘记历史的教训，即科学对社会的最大冲击来自那些驱使人们寻找"原子"的研究。即使不算它对遗传工程、材料科学或可控核聚变的贡献，"原子"的探寻本身也已经数百万倍地回赎了它的代价；而且，迄今为止这种情况还没有任何改变的迹象。不到工业预算百分之一的抽象研究投资，却比道·琼斯指数300年来的业绩要好得多。尽管这样，我们还是一次又一次地受到沮丧的当权者的威胁，他们只想把科学的重点放在社会的直接需求上，而忘记甚至可能从来就没有理解这样的道理，即影响人类生活质量和数量的大多数重大科技进步都来自纯粹的、抽象的和出于好奇心的研究。阿门。

还得以上帝结尾

在竭力发掘灵感来结束这本书的时候，我研究了为普通大众撰写的几十本科学图书的结尾。它们总是充满哲理，其中，"创世者"几乎总是以作者最喜欢的形象，或者是作者最喜欢的作家的形象而出现。我注意到在科普读物中有两类总结方式。一种以谦卑为特征，其中对人类的屈尊往往始于提醒读者我们已多次被驱除出中心：我们的行星不是太阳系的中心，我们的太阳系不是银河系的中心，我们的银河系也不是什么特殊的星系，等等。如果这还不足以甚至让一个哈佛人气馁的话，它还会告诉读者：我们和周围一切事物的组成物质，只不过是宇宙中基本物体的小样品而已。然后，这些作者会提到：人类及其所有机构和遗产对宇宙的后续演化来说是微不足道的。罗素算得上是谦卑评价的大师了：

概括地说，但也更无目的或意义地说，这就是科学让我们信仰的世界。也就是在这样的一个世界里，我们还得寻找我们理想的归宿。人类是某些起因的产物，而这些起因恐怕都不知道自己将要达到什么结果；我们的起源和成长、我们的希望和忧虑、我们的爱和信仰都只不过是原子偶然排列的结果；没有火、没有英雄主义、没有任何强烈的思想和感情可以让某个人的生命延续到坟墓之外；世世代代的劳动、祖祖辈辈的奉献、所有的灵感和所有天才的日中之光都注定要在太阳系的大消亡中灰飞烟灭；整个人类成就的神殿将不可避免地埋葬在宇宙毁灭的废墟之下——所有这一切即使并非不容争辩，也可以说是基本确定的，没有一个拒绝这些事实的哲学理论可以站得住脚。我们灵魂的安全居所也只能建立在这些事实的框架里，建立在不屈不挠的绝望基础上。

人类的生命是短暂和无力的，无情、黑暗的末日将缓慢而坚定地落在他和同类的身上……

对于这些我温柔地说了声：噢！这个家伙讲得有些道理。温伯格说得更简洁："宇宙看起来越容易理解，那它就越没有意义。"现在我们肯定显得很卑微。

还有一些跟他们完全相反的人，他们认为，人类理解宇宙的努力一点也没有让自己屈尊，反而使之升华了。这些渴望"了解上帝心灵"的人们说，通过这样做，我们成为整个过程的关键部分。激动人心的是，我们又恢复了我们人类作为宇宙中心的合法位置。这一派的有些哲学家走得更远，把世界说成是人类心智创造的产物；其他稍稍谦虚一点的人则认为，人类的精神存在——哪怕是在一个无穷小斑点的普通星球上——本身就是这个"伟大计划"中的关键部分。对此我更加温柔地说：有人需要的感觉真好！

但我更倾向于两种说法的结合。如果我们这里还谈论上帝的话，让我们回想一下那些给我们描绘了这么多值得纪念的上帝面孔的人。下面是本书可爱的好莱坞脚本的最后一幕。

主人公是天体物理协会的主席，迄今唯一一位三次获得诺贝尔奖的人。入夜，他站在沙滩上，两腿分开，向着镶满宝石的黑暗天空挥动拳头。他带着人类的仁慈，他明白人类最强大的成就，他向宇宙呼喊，声音盖过了巨浪："我创造了你！你是我的精神产物——我的想象和发明。是我给了你原因、目的和美。要不是我的意识和创造力发现了你，你还有什么用？"

天空中出现了一道炫目的光芒，一束强光照亮了我们这位沙滩主人。在巴赫B小调弥撒曲庄严、高潮的和弦配乐下，也可能是在斯特拉温斯基的短笛独奏《春之祭》中，天空中的光慢慢地变成了上帝的脸，他微笑着，但带着极度甜蜜的悲伤表情。

天空慢慢褪黑。字幕滚动出现。

致谢

不知是一个叫伯吉斯（Anthony Burgess）还是梅雷迪思（Burgess Meredith）的人曾经提出过一个宪法修正案，禁止作者们在"致谢"中感谢自己的妻子为文稿打字。我们不用妻子打字，也省得去蹚这片浑水了。尽管如此，我们还是要感谢一些人的帮助。

理论物理学家和宇宙学家迈克尔·特纳（Michael Turner）认真阅读了文稿，他指出了文中许多细微（有些还很明显）的理论错误并帮我们进行了修改。对于这样一本如此偏向实验的书，这就像马丁·路德（Martin Luther）让主教校阅他的九十五条论纲。迈克*要是还有什么错误的话，那就怪编辑们吧！

费米国家加速器实验室（及其位于华盛顿的老板——能源部）促成了本书的创作，并提供了大量实质性的帮助。

阿默斯特大学图书馆的馆员布里奇曼（Wilis Bridgeman）帮助我们分享了罗伯特·弗罗斯特图书馆和"五大学联合系统"的图书资源。福克斯（Karen Fox）为本书提供了创造性的研究结果。

文稿编辑安德森（Peg Anderson）把全副精力都投入本书上，她问了所有该问的问题。我们怀疑她是被委任为荣誉物理学硕士而投入战场中去的。

《集萃》杂志的杰出采编斯坦（Kathleen Stein）给我们指派的采访任务为本书的创作播下了种子（或者说是病毒？）。对这一项目的信心，内斯比特（Lynn Nesbit）比我们自己还要坚定。

---

* 迈克尔的昵称。

为了本书的出版，编辑斯特林（John Sterling）不知流了多少汗。但愿他每次泡热水浴时都会想起我们，说不定还会喊出什么好词来。

利昂·莱德曼

迪克·泰雷西

历史注解及参考文献

听科学家们谈论历史时，必须保持几分警惕，因为他们的版本和职业的、学者型的科学史家笔下的历史不一样。我们不妨把它叫作"赝史"，而物理学家费曼称之为"传奇史"。为什么会这样呢？科学家（当然也包括我们）把历史当作说教材料的一部分："你看，这就是科学的发展过程。首先是伽利略，然后是牛顿和他的苹果……"可事实并没有这么简单，推进或阻碍这一发展过程的大有人在。在科学上，一个新观念的演变过程可能非常复杂——即使在传真机出现之前的年代也是这样：一支简单的鹅毛笔就坏事有余。

在牛顿的时代就出版了大量的文章、书籍、通信和讲稿，而争夺第一个发现者荣誉的优先权之战则早在牛顿以前就开始了。历史学家们把这些东西都搜罗出来，编制了有关这些人物和观念的浩瀚文献。然而，从讲故事的角度来说，还是传奇史好用，因为它屏蔽了夹杂在真实生活中的噪声。

至于文献来源，当一个人积50年物理学工作经历来总结这些知识的时候，他是很难准确指出每一个事实、每一处引述和每一条信息的确切来源的。事实上，科学中有些最好的故事根本就没有来源，但它们已成为科学家们集体意识的一部分。这些故事是"真的"，不管它是否确实发生过。但我们还是参考了一些书目，下面列出了其中较好的几本书供读者参阅。我们这里开列的书目并不全面，也不是说它们就是本书引用信息的原始出处或最好的文献资料。书目的排列也没有什么特别的顺序，只不过是一个实验物理学家想到哪里就写到哪里的结果而已。

本书参考了牛顿的几个传记版本，特别是约翰·梅纳德·凯恩斯（John

Maynard Keynes）的版本，以及 Richard Westfall, *Never at Rest,* Cambridge: Cambridge University Press, 1981.

对于本书的撰写，以下两本著作提供了非常宝贵的资源：

Abraham Pais，*Inward Bound: Of Matter and Forces in the Physical World,* New York: Oxford University Press, 1986.

William Dampier, *A History of Science,* Cambridge: Cambridge University Press, 1948.

此外，下列传记也为本书提供了很大的帮助：

Walter Moore, *Schrödinger: Life and Thought,* Cambridge: Cambridge University Press, 1989.

David Cassidy, *Uncertainty: The Life and Science of Werner Heisenberg,* New York: W.H. Freeman, 1991.

John Allyne Gade, *The Life and Times of Tycho Brahe,* Princeton: Princeton University Press, 1947.

Stillman Drake, *Galileo at Work: His Scientific Biography,* Chicago: University Of Chicago Press, 1978.

Pietro Redondi, *Galileo Heretic,* Princeton: Princeton University Press, 1987.

Emilio Segrè, *Enrico Fermi, Physicist,* Chicago: University Of Chicago Press, 1970.

我们受惠于以下三本书：

Heinz Pagels, *The Cosmic Code,* New York: Simon & Schuster, 1982.

Heinz Pagels, *Perfect Symmetry,* New York: Simon & Schuster, 1985.

Paul Davies, *Superforce,* New York: Simon & Schuster, 1984.

有些不是科学家写的书也为本书提供了丰富的轶事、引言和其他可贵的信息，其中最重要的有：

Philip J. Hilts, *Scientific Temperaments,* New York: Simon & Schuster, 1982.

Robert P. Crease and Charles C. Mann, *The Second Creation: Makers Of The Revolution In Twentieth-Century Physics,* New York Macmilan, 1986.

本书开始描写的宇宙起源景观更像是哲学而不是物理学。芝加哥大学的理论物理学家兼宇宙学家迈克尔·特纳评价说这种猜测是合理的。查尔斯·C.曼发表在《集萃》杂志上名为"137"的文章为本书描述"137"这个奇异的数字提供了很好的详细资料。为了解德谟克利特、留基伯、恩培多克勒和苏格拉底以前其他哲学家的信仰，我们还参考了大量的书目，其中包括：

Bertrand Russell, *A History of Western Philosophy,* New York: Touchstone, 1972.

W. K. C. Guthrie, *The Greek Philosophers: From Thales to Aristotle,* New York: Harper & Brothers, 1960.

W. K. C. Guthrie, *A History of Greek Philosophy,* Cambridge: Cambridge University Press, 1978.

Frederick Copleston, *A History of Philosophy: Greek and Rome,* New York: Doubleday, 1960.

W. H. Auden, ed., *The Portable Greek Reader,* New York: Viking Press, 1948.

书中大量的日期和细节查阅了一套可以让人在图书馆里度过数小时美好时光的多卷本文集：

Charles C. Gillispie, ed., *The Dictionary of Scientific Biography,* New York: Scribner's, 1981.

其他文献资料还包括：

Johann Kepler（论文集），Baltimore: Williams & Wilkins, 1931.

Alan J. Rocke, *Chemical Atomism in the Nineteenth Century,* Columbus: Ohio State University Press, 1984.

第9章中伯特兰·罗素忧郁的引文，引自他的《自由者的崇拜》(*A Free Man's Worship,1923*)。

译后记

　　初夏的北京依然凉爽宜人，可一层阴湿的办公室吸引了蚊子的提前光临。《上帝粒子》的校稿终于看完了，抬头伸个懒腰，不经意间发现偷袭成功的蚊子也高兴地趴在显示屏上手舞足蹈。咦，这只咬人的生物"原子"，谁能借德谟克利特锋利的尖刀把它切成"夸克"！

　　对于构筑大千世界基本元素的"原子"的探索延续了几千年，从扑朔迷离的金木水火土到道尔顿实实在在的原子，再到现在耗资百亿美元苦苦追寻的希格斯玻色子——本书所谓的"上帝粒子"，人类的好奇心和孜孜不倦的科学精神激励着一代又一代大儒贤圣。

　　人类探寻极微观世界的动力是什么？对于科学家来说，本质上还是系统科学思维的驱使，因为找出这些物质和作用力基本粒子，就有可能在此基础上构筑美丽简洁的大统一理论（GUT），一种囊括物质世界的万物理论（TOE）。有了它，科学家就解开了客观世界这个"伟大而永恒的谜"（爱因斯坦语，下同），找到了"内心的自由和安宁"；有了它，小到苹果落地，大到天体运行，现实至今日的声光电磁热问题，理论至100多亿年前宇宙大爆炸那一千万亿分之一秒之内到底发生了什么等所有问题都能迎刃而解。

　　也有不可知论者。每次听到书中老德谟克利特透过虚空的"咯咯"笑声，我就想起犹太人的格言"人类一思考，上帝就发笑"。庄子曰：吾生也有涯，而知也无涯。以有涯随无涯，殆已；已而为知者，殆而已矣！或许终极粒子和终极理论真的不存在，毕竟科学是没有终点的，物质的层次也应该没有尽头。没有最好，只有更好。但这并不支持不可知的世界观。相反，物质世界的深邃和无穷尽才是她的美妙绝伦之处。她将一如既往地激励我们朝着更远、更深的方向寻觅探究，一旦在一个新的层次上有所领悟，就给予我们鲜花美誉和丰厚的奖励：原子的发现开启了化学革命的大门，电子的发现开创了电力和信息时代，夸克、轻子和胶子意味着什么呢？

亲爱的读者，或许在读完本书后您获得了较为全面的粒子物理知识，或许人类几千年来系统的科学研究方法给了您灵感，或许您陷入了更深的思考。但无论如何，恭喜您！因为您正在功利之外追求更高的精神享受，撇开喧嚣寻找"内心的自由和安宁"。受时间和精力所限，译稿中错误难免，我们随时期盼您提出批评意见！

米绪军

2014年5月于北京

校译后记

利昂·莱德曼与迪克·泰雷西合著的《上帝粒子》一书，英文本初版于1993年。10年后，它有了第一个中译本，我很荣幸地受邀担当了此书的校译工作。

《上帝粒子》述说的是探寻物质最终要素这个老生常谈的故事，但作者的生花妙笔却把它讲得趣味横生、引人入胜，在破解谜案式的叙事中穿插了许多俏皮的字句、机智的旁白和诙谐的典故，向读者呈现了一组极富人文色彩的科学家群像。我非常赞同这样的一个评价和判断：此书"可能是迄今描写物理学的最有趣的一部作品"，莱德曼则是"理查德·费曼之后最有魅力的物理学家"。

莱德曼本人因发现 μ 子型中微子、揭示了轻子的内部结构而荣获1988年诺贝尔物理学奖。在粒子物理学领域，莱德曼更大的声誉，或许就是他给本书的主角希格斯玻色子（希格斯粒子）所起的绰号了。但，"上帝粒子"之名，其实源自莱德曼的一句诅咒。

他可能联想到爱因斯坦说过的一句话，即物理学家的工作是"读懂上帝的思想"。希格斯粒子对于我们最终理解物质的结构举足轻重，而同时它又是那样难以捉摸，所以，莱德曼称之为"上帝粒子"（God Particle）。不过，他原先取的名字是"该死的粒子"（Goddamnn Particle），"考虑到它那'恶毒'的本性，再加上花在它身上的巨额资金，我认为这个名字可能更加合适"。但出版商觉得不雅，于是变通一下，就成了"上帝粒子"。

在《上帝粒子》一书中，莱德曼讲述的故事有两个谜案需要去解决，它们都跟粒子有关。第一个是人们苦苦追寻的由德谟克利特最早提出的不可见也不可分的物质粒子——"原子",它位于整个粒子物理学讨论的基础问题的核心。人们已经为解决这个谜案奋斗了2 500年。在《上帝粒子》的前几章中,莱德曼详细地回顾了前辈们所做的工作,又在后几章中引导读者回到现在来追寻第二个,也许是更大的一个谜案,其主角便是他认为在指挥着宇宙交响曲的粒子。其中最让粒子物理学家挠头的,非希格斯预言的那个"该死的粒子"莫属。

可这一切究竟是怎样扯到一起的呢?下面,仅就原著中鲜有提及的一些背景情况,做些补充介绍。

让我们先将视线转向1964年。这一年的8月,时为英国爱丁堡大学数学物理讲师的彼得·希格斯兴冲冲地写了一篇论文投给欧洲的《物理快报》,但是,它却被编辑以不宜发表为由拒绝了。希格斯对此"愤愤不平",因为他相信他所证明的东西在粒子物理学中会有很重要的结果,同行们显然没有理解他工作的真谛。次年,希格斯到哈佛大学做报告,听众同样对他的理论持怀疑态度。一位哈佛大学的物理学家后来承认,他们"一直期待着折磨一番这个自以为可以绕开戈德斯通定理的白痴"。

再说当年,在对自己的论文略作修改后,希格斯把它投给了《物理快报》的竞争对手——美国的《物理评论快报》。这篇论文被送到"识货"的南部阳一郎(2008年诺贝尔物理学奖得主)手中,请他做同行评议。南部要求希格斯评论一下他的论文与比利时物理学家罗伯特·布劳特与弗朗索瓦·恩格勒刚刚(1964年8月31日)在同一期刊发表的论文之间的关系,解释其理论的物理学意义。

希格斯此前从未听说过布劳特与恩格勒针对同一问题所做的工作,于是他听从建议,在自己发表于1964年10月19日只有两页半篇幅的论文中加了一则注脚,表示注意到了他们的论文;又在正文中添加了最后一段,提出存在一种粒子场,并预言存在另一个有质量且自旋为零的玻色子的可能性,即存在希格斯场的量子粒子的可能性。这种能吸引其他粒子进而产生质量的粒子，就是著名的希格斯玻色子。根据希格斯模型，基本粒子是跟一种看不见的、无所不在的场发生相互作用而获得了质量。一切物质的质量都由希格斯场的存在而决定。

这意味着，如果希格斯玻色子真的存在并能识别出来，那就能回答一个长期以来只有哲学家和疯子才会提出的"傻"问题：物质为什么会有质量？借用欧洲原子能委员会的发言人彼得·杰尼的说法，即物理学家需要希格斯玻色子来解释一个对普通人来说不是问题的问题：万物皆有质量。也就是证实物质质量起源的机制。

到了20世纪70年代，通过对多种粒子的研究，物质的所有性质原则上都可以用一种相对简单并更有条理的理论来解释，即把现实中的一切归结为大约12种粒子和4种作用力。这种数学上自洽的理论被称为"标准模型"，主要由温伯格、萨拉姆和格拉肖于20世纪60年代完成，堪称目前人类对微观世界认识方面的最高理论成就，也提供了我们理解自然现象所需要的一切基本原理（温伯格曾预言：我们迟早会发现控制所有自然现象的物理原理）。它将那些组成天地万物的所有基本微粒系统地分门别类，形成了一张简单的列表，并阐明了微粒之间相互作用的规律。

希格斯玻色子为什么如此重要？物理学家揭示，粒子可分为两种类型：构成物质的粒子称为费米子，传递力的粒子称为玻色子。两者之间的区别是，费米子每一个都占据各自独立的空间，而玻色子则可以堆叠在一起，不占据任何空间。不论是两个玻色子，还是2万亿个玻色子，都可以精确地在同一个位置上彼此叠加。这也解释了玻色子何以是传递力的粒子。它们可以结合起来形成宏观的力场，譬如像使我们待在地球上的引力场或使罗盘磁针偏转的磁场。

经由物理学家的引领，现在我们已经见识了宇宙大舞台几乎所有的演员。虽然物理学仍有许多未解之谜，但令人称奇的是，大到不可思议的宇宙，小到难以想象的基本粒子，不胜枚举的数据（主要来自物理学、化学和生物学）都能够被描述和预测，精确到叹为观止的地步，而需要的仅仅是一些基本元素：夸克、轻子、四种基本作用力，再加上希格斯玻色子。

寻找希格斯玻色子，正是建造超级对撞机的主要原因之一。

2012年7月4日，位于日内瓦的欧洲核子研究中心举行发布会，宣布"发现了一种和希格斯玻色子的性质非常相符的粒子"。恩格勒与希格斯也应邀出席了发布会（他们是第一次见面。布劳特久病不治，已于2011年5月去世）。会场上，83岁高龄的希格斯流下了激动的热泪。他说："对我来说，这真的是我一生中不可思议的一件事。"这一刻，他苦苦等了48年之久。2013年10月8日，瑞典皇家科学院宣布，本年度的诺贝尔物理学奖由恩格勒与希格斯共同分享。这一结果，不出许多业界人士的预料。

人们或许会感到奇怪，上帝粒子的提出和发现并非希格斯一人之功，为什么先前"名分"都安在了希格斯头上？或者说，希格斯的名气何以要远远大于布劳特与恩格勒？据学者考证，这与1979年诺贝尔物理学奖获得者、美国物理学家史蒂文·温伯格的笔误多少有些关系。

温伯格在1967年基于布劳特、恩格勒和希格斯所做的相关工作，建立了统一电磁力和弱核力的标准模型，电弱理论预言了希格斯粒子除了它质量以外的所有性质。可是，温伯格在引用这两组人1964年发表的研究成果时，却不经意地把希格斯的论文排在了布劳特与恩格勒的论文之前（尽管后者完成的论文发表时间要比前者早一个月），而且把期刊名称也写错了。这样，表面看起来，希格斯的工作要明显早于布劳特与恩格勒的工作。

可笑的是，许多研究论文的作者并不认真查看原始文献就搬用，将温伯格的笔误进一步扩大化，在一定程度上也成就了希格斯的盛名。直到2012年5月，温伯格本人才意识到自己的这一引用失误，并就此做了公开纠正。同年9月，欧洲核子中心的官方网站将"希格斯机制"正式更名为"布劳特-恩格勒-希格斯机制"（BEH mechanism）。

《上帝粒子》一书对希格斯其人没有过多描述。此君十分低调、谦和，多年来面对媒体时他一直不愿直呼那个粒子的学名，而称之为"以本人命名的玻色子"。他甚至认为，其他几位同样做出了重要贡献的同行因此而受到了不公正的对待。他也反对"上帝粒子"之类的标签——虽然他本人是一名无神论者，却担心这个称呼"会伤害笃信宗教者的感情"。

最后再说说莱德曼。

继《上帝粒子》之后，他在2013年又出版了《超上帝粒子计划》（*Beyond the God Particle*）一书。在书中，他再度深入解释了发现"上帝粒子"的最终结果，讨论了困扰物理学家多年的几个重要问题：为什么科学家们始终坚信"上帝粒子"的存在？"上帝粒子"之外还有新的粒子、力和物理定律吗？需要多大能量的新加速器进行"超上帝粒子"X计划以及介子加速器计划？

莱德曼曾经数次来到中国，参与教育部与中国科协的研究计划和国际会议。据与莱德曼有过交往的中国学者李大光回忆，2000年莱德曼在北京做演讲时，放映仪器出现故障，一时无法解决，他竟单腿跪在讲台上，翻动投影仪上的胶片。这一幕深深感动了在场观众。

2018年10月3日，莱德曼在美国爱达荷州去世，享年96岁。

尹传红

2022年5月于重庆